本书获中国社会科学院老年科研基金资助

中国社会科学院
老年科研基金资助

现象环与中国古代
美学思想

栾勋遗文集

栾勋 著

汤学智 编

中国社会科学出版社

图书在版编目（CIP）数据

现象环与中国古代美学思想(栾勋遗文集)／栾勋著,汤学智编.—北京：
中国社会科学出版社,2015.7
ISBN 978-7-5161-5631-5

Ⅰ.①现… Ⅱ.①栾…②汤… Ⅲ.①美学思想—研究—中国—古代
Ⅳ.①B83-092

中国版本图书馆 CIP 数据核字（2015）第 041776

出 版 人　赵剑英
责任编辑　张　林
特约编辑　金　泓
责任校对　高建春
责任印制　戴　宽

出　　版　中国社会科学出版社
社　　址　北京鼓楼西大街甲 158 号
邮　　编　100720
网　　址　http://www.csspw.cn
发 行 部　010-84083685
门 市 部　010-84029450
经　　销　新华书店及其他书店

印　　刷　北京君升印刷有限公司
装　　订　廊坊市广阳区广增装订厂
版　　次　2015 年 7 月第 1 版
印　　次　2015 年 7 月第 1 次印刷

开　　本　710×1000　1/16
印　　张　31
字　　数　525 千字
定　　价　108.00 元

栾勋遗像（1933—2008）

　　栾勋先生作为一位孜孜不倦的学者，主攻中国古代文论和古典美学，造诣高深，多有创获，是我国学界一位有独特贡献的研究家。他精读古代文献，烂熟于心，厚积薄发，所写论著，深得中国古典美学之精髓，又能结合现实提出新思想、新观点，发前人所未发。他的“混沌论”思想的精到阐发，开辟了中国美学史研究的一个新视野；他的《中国古代美学概观》一书和《现象环与中国古代美学思想》一文，提出十分重要的学术思想，一时成为古代文论研究中的学术亮点，产生了重大影响；尤其是他撰写的论文《说“环中”》，见解独特、深刻，受到学界广泛好评，获得中国社会科学院优秀科研成果奖；他文采斐然，深受青年学子欢迎，许多青年学生乐于以他为学术引路人；他提出的研究中国古代美学要从古代的“人学”入手的思路，以及有关“从矛盾论到两端论”、“经权论”等重要思想观点的论述，对后学思考中国古代文艺思想具有很大的启示意义。

——摘自文学研究所为栾勋先生撰写的《讣告》

1982 年夏　家中书桌前

1969 年冬　颐和园昆明湖畔

1985 年春　扬州师院（今扬州大学）

2002 年秋　扬州中学

2002 年春　扬州中学　朱自清塑像前

1985 年春　扬州大学　出席学术会议的
同研究室成员合影

2002年秋　扬州瘦西湖　与扬州大学刘岸挺(右)、
古风(左)教授

1977年夏　扬州大学文学院　与刘如瑛教授

1999 年夏　参加博士研究生论文答辩

1989 年春　避暑山庄与台湾学者龚鹏程教授

1984 年秋　新疆喀什师院讲学与学生合影

目 录

诗 文

论 著

读书笔记选编

附　　录

一　纪念栾勋先生文集

二 栾勋先生墓碑记

序

何西来

为栾勋先生这部遗文集写序,已经是他辞世六年有余了。提起笔,不禁悲从中来,感慨系之。他是抱着无限遗憾离开这个世界的,他心有不甘。学智在纪念文章中,把他的遗憾概括为三:死的遗憾、生的遗憾和学术的遗憾。他的朋友、同事和学生,在回忆他的文字中,也多有或深或浅涉及这些遗憾的,大都不胜惋惜。

栾勋既是我的同事,又是我的老友,相交相知,四十余年。在“文化大革命”及其前后的那些风急浪高的特殊年代,我们曾风雨同舟,共过患难。他以他的智慧、谋略,特别是以他人格的刚劲和勇毅,给过我许多帮助,使我敢于直面邪恶的袭来,不惮于前行。

他生前曾多次提到,要把他的学术论文编一个集子,编好后,希望我能为他写一篇序。我说,好的,等你编好了,出了清样,我就动手。他一次一次说,我一次一次应允,直到住了医院,辗转病榻之上,也还念念不忘此事。我知道,对于一个学者来说,他的学术研究及其成果,就是他的生命存在的方式。栾勋先生更是如此,我了解他。然而,由于种种原因,这出版学术论文集的事情,在他艰难竭蹶的生命中,始终仅仅只能是一个愿望。

在栾勋先生过世三周年的时候,他的族人和家人要在家乡为他筑墓立碑,以为纪念。应他妻儿之约,我为这位阴阳两隔的老友写了墓碑和碑记。

那以后,学智来和我商量,还是要千方百计地把栾勋兄生前想编、想出的学术论文集,编出来,印出来,以告慰他的在天之灵。我们约定,书由他来编，序由我来写。

学智在编辑栾勋先生的遗文集中，是不辞劳顿，全力以赴，很费了心思的。如果说把已面世的论文收集起来，加以编排还比较容易的话，选择栾先生数量极大的读书笔记中的一小部分（成为专辑）就非常费事了。这又是学智请同一研究室对古代文论深有研究的彭亚非研究员做的，亚非尽心尽力，功不可没。另外，约写与编辑纪念栾勋先生的文章，学智也花了很大力气。遗文集编好之后，他又找有关领导支持，并向院老干局申请出版资助。直到一切都有了头绪，要与出版社签出版协议了，他才催我在不影响健康的前提下，尽快将序写出。本来，一年之前，当遗文集已编好时，学智便将目录送我，但我因重病缠身，大有自顾不暇之势。现在病情已得到有效控制，才可以动笔了。

遗文集包含了栾勋先生一生所写的全部重要学术论文，可以见出他所涉及的领域、他的学术风格和他在中国古代文论及中国古代美学研究上所达到的水平与高度。更重要的是，可以见出他的为人、才力和学力。

遗文集取名《现象环与中国古代美学思想》，是以集中的一篇论文的标题做书名的。这篇论文写成于 20 世纪 80 年代中。稿子给我看，我的眼前为之一亮，我说，老栾，你真的上路了，走上了真正属于自己的，既不同于先行者，更有别于同辈人的学术道路。这篇论文，视野开阔，逻辑精严，论证周密、集中，且行文清劲、畅达，不是就美学谈美学，而是紧扣现象环的切入点与聚焦点，从广袤的哲学史、思想史和文化史的渊薮中勾玄提要，成一家之言。我那时正主管《文学评论》的事，力主发表他这篇论文。文章发表后在学术界产生了不小的影响，为后来学人所师法。

吴予敏作为栾勋先生辅导过的学生，他的回忆文章对栾勋在中国古代美学和古代文论研究中的成就，作了比较全面、比较准确的评述。他曾邀请栾勋先生到他执教的深圳大学，系统地讲述了自己"三环"（思想环、宇宙环、现象环）、"三论"（两端论、中和论、神秘论）的学术思想与构架。予敏认为，栾勋对中国古代美学研究的主要贡献有三点：用"两端论"取代了"矛盾论"；试图以对中国古代美学的"环论"概括，取代"循环论"；提出"以人为中轴"的生命哲学，将人提到与"道"相合的境界，以取代过去对道的本体作片面物质化或精神化的解释。

栾勋先生之所以能在中国古代文论和中国古代美学的研究中，提出属于他自己的见解，体现出独特的学术风格，我以为有以下几点值得注意：

其一，他的学术研究对象虽然属于古代，但不泥古，不食古不化，不跟在古人和前人的后面，亦步亦趋。从他的提出问题、展开论述和得出最终的学术结论来看，他都是始终立足于现实的历史环境的。当代的历史生活，是他获得学术灵感的沃土。读他的论著，你能感受到一个现代知识分子的那颗用世之心的跳动。不错，他的文章有书卷气，但却没有冬烘气，更没有当时流行的社论式的八股腔调。

其二，他是主张厚积薄发的，不轻易动笔，更不轻易出手。总要尽可能充分地占有资料，经过充分地思考与辨析，才提出问题，寻找切入点，理清相关的内在逻辑关系，总之是差不多烂熟于心了，这才下手。作为学术研究的准备，他认真地做了大量的阅读笔记，他以此积累材料，也以此积累思想。他的读书笔记，绝对可以说是"等身"。编者之所以在遗文集中，特意撷取了一部分读书笔记，就是为了展示他严谨的治学精神。当然，这也只能是一斑窥豹。

其三，栾勋先生有极好的中国哲学史、思想史和文化史的素养，否则就很难驾驭"三环"、"三论"这样的大题目，并且做到出经入史，议论风生，一气灌注。他探讨的，当然是中国古代美学和古代文论的问题，但他绝不是就美学论美学，就文论谈文论，而是把问题放在更为广阔的哲学史、思想史和文化史的大背景下来定位的。这就使他的论著，显出浩荡的大器度，大气概，常能见人所未见，道人所未道。

其四，他对先秦诸子如孔子、孟子、墨子、老子、庄子、韩非子的美学思想或文学思想的研究，不是仅就其有关美学、文学的专论，就事论事，敷衍成篇，而是把他们的美学思想或文学思想，放在他们各自的总体思想体系和人生经历中，进行细致的考察与评估的。就是说，侧重点虽在美学或文学，但是一定要顾及他们的全人和全部的著作。他在学术研究中，始终遵循了"知人论世"的原则，正像他在学术与现实的关系中认定"经世致用"的宗旨一样。

其五，栾勋先生的论著有他自己行文的特色，这源于他的主体人格，所谓"各师成心，其异如面"。他的文风清刚简约，立论明断而坚劲，无拖泥带水，不钝刀子割肉，从不模棱两可。他的性格很硬，无论遇到怎样的困顿和挫折，他都不肯低头认输。生活上如此，学术上也如此。

以上五端只是我在与他几十年的交往中感受到的，自然不无以偏概全之嫌，好在遗文集中收入他的《中国古代文论的研究方法问题》和《学人的知识结构与中国古代文论研究》两篇论文，读者不妨仔细翻阅。那是他一生学术研究的经验总结，他所讲的，正是他所做的。这有他的学术成果来证明。他最不齿的是在学术研究上搞花拳绣腿的一套，欺世盗名，贻误后学。

作为一篇为故去多年的老友的遗文集撰写的序文，到了该收煞的时候了。我的眼前又浮现出他与命运抗争，不服软、不言败的坚强而又高傲的身影。这高傲，自然也很带了几分悲怆的色彩。

放在本书卷首的诗《问苍天》，是栾勋先生 2003 年 12 月 10 日上午雪后偶有所感而写成的，可以作为他的诗体独白、自画像和心灵"天问"来看。其悒郁不平之气，可谓溢于言表。

虽说是"偶感"，其实却久积心头。那证明，便是他此前写的两副对联和一首断章：

朝览东原思野马
夕观西岭看低鹰

1992 年永乐东小区

满面浮尘君莫笑
一身浩气我无亏

2001 年永乐东小区

断章

我有太多的苦恼，
那多半缘于我的骄傲；
然而集中所有的苦恼，
敌不过我的一个骄傲。
骄傲源于我的自豪，
自豪是历史的笙箫。
见鬼去吧，

自豪蔑视卑怯，

那一切一切的苦恼！

2001 年 12 月 27 日夜 11 时 45 分

然而，栾勋先生的遗著终于要付梓面世了。年寿有时而尽，未若文章之不朽也。文章在，书在，人就仍然活着。这无论对于高傲的逝者，还是对于苟活的生者，都是一种慰藉。

2014 年 8 月 10 日阴历甲午中元节

编者附记：

现在是 2015 年 4 月 8 日上午 10 时许。我独自伏案最后校阅这篇情理并茂感人至深的华章。与以往那种欣喜、品鉴、钦佩的感受不同，此刻心中涌动着难以抑制的哀伤与悲痛，遗憾与愧疚。万没有想到，作者这位曾经气壮如牛的关中硬汉，竟在完稿后不足四个月，匆匆驾鹤西归，永远离开了我们。得知噩耗时，我和老伴正在美国小居，面对单位发来的"讣告"函，实在无法接受，愕然，怅然，茫然，半晌不知所措，潸然泪下，欲语无言。亲爱的何兄，这时我才明白，实际上，你是在"重病缠身"之下，倾生命全力践行对朋友的郑重承诺的！正是你的忘我奉献，使本书得以华彩开篇，圆满收官。你言信行果，至诚至忠，没有留下一丝缺憾。而我，由于当时误以为你的病情真的已获"有效控制"，一次再次地径直登门催稿，求助，多有打扰。于今思之，心下难安，愧疚不已。好在这部始终得到你指导和支持的书很快可以出版，也算实现了你生前一大夙愿，安息吧，朋友！

诗　文

一

问苍天

我曾经问过苍天：
我是个可笑的失败者吗？
苍天笑而不答。
我曾经问过苍天：
我是个可怜的弱者吗？
苍天不笑不答。
我于是问苍天：
究竟是我负你，还是你负我？
苍天红着脸回应：
你不负我，是我负你！
我拉着苍天的手，说：
你难得像今天这样诚实！
希望你天天诚实，永远诚实！
苍天摇了摇头，为难地说：
这是不可能的，因为
我不是人！

2003 年 12 月 10 日
上午雪后偶成

（编者按：该诗书写于一笔记本首页。原无题，现题为编者所加。）

二

人文玄思

我有太多的苦恼，
那多半由于我的骄傲。
骄傲是心灵的号角，
苦恼是人生的歌谣。
它们都不是动听的音乐，
却也并非无谓的喧嚣。
只是太烦人了，
何以解脱这无形的长镣？
幸有前贤教我"虚静"，
虚静是"自由"的笙箫。
虚静中——
乘思想的长风，
破疑难的波涛；
过去和现在尽收眼底，
未来距我只有一步之遥。
看到了吗？
未来圆融一体，
不再分彼岸和此岸，
不再有今朝和明朝；
但又是"和而不同"，

不存在"七雄"和"王霸",
更不幻想虞舜和唐尧。

鲁谷子

2001 年 12 月 30 日

附记：我是一个科学工作者，不会写诗，更不幻想成为诗人。假如把这里的文字当作诗，那是笑话；但是假如把它看作我的心灵的舞蹈，那是近乎真实的。

三

治学方法断想

清人戴震批评以前的治学方法：

"依于传闻，以拟其是；择于众说，以裁其优；出于空言，以定其论；据于孤证，以信其通。"——戴氏《与姚孝廉姬传书》。

中国传统文字学："识文字，通训诂，明声假。"

"中国旧学，考据、掌故、词章为三大宗。"

做学问要从《十三经注疏》开始，即从考据入手。

直至今日，仍然有人将戴震与笛卡儿相提并论，认为"笛卡儿清算了中世纪神学，戴震清算了宋明理学"。

德国海森贝格发现的不确定性理论，在我看来，就是混沌论。它们是科学的，当然也是人文的。它们颠覆了传统的认知哲学，也颠覆了不死的上帝。

在我们周围不断凭空产生，又不断凭空消失的粒子，即所谓暗物质，证明了在人的头脑中也同样存在这种怪物。正是这些挣脱了思维规律的束缚的"怪物"，使人类神奇般地感知到了某种现象的存在，因为它不受因果关系的束缚，表现为直下真实，直下呈现，具有明显的神秘性。

（编者按：这段文字为作者毛笔手书，置于写字台玻璃板下，应该是很喜欢的。原无题，现题为编者所加。手书稿清俊生动，自有一格，特附于后。）

清人戴震批評以著的治学方法：

"依于传闻，以拟其是；择于众説，以裁其优；出于空言，以定其

論；据于孤证，以信其通。" ——戴氏"與姚孝廉姫传书"

中国傳統文字学，識文字、通训詁、明聲優。"

"中国學、考据、掌故、詞章為三大宗。"

做學問要從"十三經注疏"開始，即以考据入手。

直至今日，仍然有人將戴震与笛卡尔放提並論，認為"笛卡儿

清祸了中世紀神學，戴震清祸了宋明理学。"

荣寶齋

德国海森贝格发现的不确定性理论，在本书中未，就是

混沌论。它们是科学的当然也是人文的。它们颠覆了传统

的认知。哲学也颠覆了不死的上帝。

在我们周围不都依空产生，又不都依空消失的粒子，呈现这种怪物，正是这些

暗物质，证明了在人的头脑中也同样存在这种怪物，使人觉得神太多般地感到

挣脱了思想规律的结束的"怪物"，使人觉得神太多般地感到

真实某种现象的存在，因为它不只是因果关系的束缚，表现了

直不真实，直不是现，具有迟显的神秘性。

荣宝斋

论　著

一

中国古代美学的理性主义

中国古代美学应首推儒家，创始于孔子（公元前 551—前 479 年），发展于孟轲（公元前 372—前 289 年）和荀卿（公元前 312—前 213 年?）。他们先后生活在春秋末期到战国后期，生活在学术思想比较活跃、自由的历史环境里。

在每一个社会变革的历史时代都面临着新的任务，完成这些任务是社会继续前进的必要条件。但在这些任务通过社会实践完成之前，有一个思想认识的阶段，有一个探讨、争论整个社会及其一切成员所关心的政治、道德、哲学等问题的过程。这些问题反映着社会上各个阶级的利益，自然也就成了那个时代的艺术等审美活动的重要内容。人们期望能在艺术中对这些迫切的问题给予回答，所以社会上的统治阶级总是把艺术看作是宣传自己思想的最重要的手段之一。

春秋战国就是这样一个典型的历史时期，迅速发展着的社会经济冲击着腐朽的上层建筑，动摇着旧的社会制度。西周末年，中央政府的统治力量愈来愈弱，政权逐渐下移。春秋时期形成王室内丧权（王纲失坠），诸侯争强，出现了五霸；到战国时期，多数诸侯也相次大权旁落，政出私门（大夫），兼并为七雄。正如孟轲所说："圣王不作，诸侯放恣，处士横议。"[①] 在这种历史的演进过程中，矛盾的激化表现为各国间兼并战争的加剧，各国内世家大臣争权夺利，倾轧不已，从而促使社会上各种势力在急剧的动乱中为自己寻找新的出路。也促使社会上依附于各阶级和阶层的士人的思想空前活跃。严酷的现实使他们在思考、在研究，他们发表着各

① 《孟子·滕文公下》。原文为简注，保留原貌，下同。

自不同的见解，对一切传统的思想、制度发生动摇以至怀疑。于是出现了"百家争鸣"的诸子学说。美学在其中由于学派不同而表现为不同的形态。儒家以孔、孟、荀为代表，在社会批评方面企图唤起理性来解决纷乱如麻的社会问题，与其相适应的美学思想也较有系统、较有见地，对后世产生过深远的影响。

美学作为一种社会意识形态，总是在不同程度上概括了它所以产生的那个时代的艺术实践和审美活动，反映出这个或那个阶级的利益、观点和要求，影响着人们形成对现实生活的一定态度，达到为其社会制度服务的目的。这样，实际的社会需要常常以特殊的形式反映在社会的审美需要中。中国古代儒家的美学思想在这方面表现得更为明显，更为突出。一方面，它紧密地联系着当时的社会制度、政治思想、哲学理论与道德观念，它是在理性的召唤下产生的，它是充分的理性主义的美学。另一方面，它同时又取决于古代艺术本身，特别是诗与乐的发展及其所产生的社会作用，因此，在孔、孟的论说中诗与乐占有不可忽视的地位。

诗与乐的教育论

孔子是儒家学派的开山祖，他的美学思想主要体现在诗教、乐教之中。他的思想以礼制的政治思想为主，而以诗教、乐教为辅。因此，探讨其美学思想必须密切地联系他的政治思想，即需了解他所谓诗、乐与礼的关系。孔子主张宗周尊王，以复周礼为他的政治口号，这实质上是保守的；但由于当时自由民的兴起，"礼"的思想的动摇，礼制的站不住脚，已成了当时的必然趋势，使他在许多方面不得不作一定的让步或改革，因而他想实现"复礼"的方法或手段，如诗教、乐教的美感教育等，在当时是较为进步的。这就构成了他的思想体系中的一些矛盾现象，这种矛盾自然地反映在他的礼制的政治思想与诗乐的美学思想上。

春秋"弑君三十六，灭国五十二"，诸侯国间的长期战乱表明周王朝的统治衰微，并且表明旧制度正在崩溃，即从西周以来一直依靠野蛮的刑罚和迷信鬼神强迫推行的礼制处于败坏之中。人们对于"天"、"德"、"礼"等维护统治权的信念由动摇而漠视，由怀疑而批判。这表明人权意识在逐步觉醒。孔子却认为，由于"礼坏""乐崩"造成了天下大乱，拨乱的办法莫如"复礼"。但是"礼盛则离"。"香礼"过度也会使人离心离德。为了消除已经发生或还会发生的礼制的弊端，又莫如运用"诗教"和"乐教"，从人们的思想上、心灵上加以"循循善诱"，并且为了使广泛地流行于社会上的"诗"和"乐"得到统一的理解，使人们知道有所选择、有所褒贬。他在诗和乐的教育论方面发表过不少颇有见地、颇有影响的议论。他的美学思想正是从他利用诗和乐来进行教育的实践中产生的。

　　孔子"复礼"的目的当然不是为了社会的前进，而是为了维护、稳定原来的社会秩序，可是他也清醒地意识到，由于社会变革的剧烈，纯粹的保守决然无济于事，必须对"礼"作一翻新的解释，以求得人们的重新接受。于是大声疾呼道："克己复礼为仁"①。这里有两点值得注意：一是恢复起来的"礼"并不完全否定"小己"，只是要求节制自己的欲望和约束自己的行动以成全"大己"。这分明已经羞羞答答地承认了人权在一定程度上的存在。二是在"礼"中输入了"仁"。尽管"仁者爱人"并非消除原有的等级界限，但是"仁也者，人也"②，又确乎毫不隐讳地宣告了在一定范围内对于人的个性的尊重。"人而不仁如礼何?"③ 对于人而缺乏仁心，"礼"就无法推行，只有提倡仁，方能推行礼。"仁"是决定人们相互关系的道德标准，孔子要求每个人的行为严格地适应于自己在社会中所处的地位。

　　《礼记·哀公问》有一段记载，有助于我们理解孔子的政治思想：

　　　　孔子侍坐于哀公。哀公曰："敢问人道谁为大?"孔子愀然作色而对曰："君之及此言也，百姓之德也，固臣敢无辞而对；人道政为大。"公曰："敢问何谓为政?"孔子曰："政者正也。君为正，则百姓从政矣。君之所为，百姓之所从也，君所不为，百姓何从? ……"

---

① 《论语·颜渊》。
② 《孟子·尽心上》。
③ 《论语·八佾》。

哀公提出"人道"（这"人道"含有"为人之道""做人之道"的意思），在当时可以说是石破天惊的一问。孔子对他的提问的称赞，说明"礼"与"人道"的关系至为密切，而尊重"人道"必须有政治上的实际措施，那首先是"君为正"，这在当时可以说是耐人寻味的一答。它无异于宣布对野蛮的最高奴隶主的无上权威必须有所限制。由此可见，在一定范围内和一定程度上尊重人权与限制王权是孔子主张的"礼"的内容的两个方面。这里清楚地说明了在人类社会发展史上，奴隶制和封建制都是以少数人的统治为基础的，当这种制度行将就木的时候，专制和剥削的残酷性总是表现得十分露骨，因此要想推翻它，往往必须举起理性主义的旗帜，即便是为了维持它的继续存在而在某些带根本性的环节上作一些必要的改良，也不得不输进一些理性主义的血液。近代西方资产阶级启蒙主义者以理性为号召，古代东方奴隶主阶级中具有民主倾向的思想家也曾经呼唤过理性，其间的道理是存在着共通之处的。人们一经意识到那僵化了的、没有民主、没有人权、不尊重个性的专制制度的腐败，自由思想的产生就成为不可避免的了。没有自由思想，就没有伟大的西方的文艺复兴；没有自由思想，也没有古代中国的百家争鸣，自然更不会有闪烁着丰富思想光辉的诸子学说。

新的礼制要在实际生活中得以推行，阻力是很大的。孔子认为要消除这种阻力必须辅以诗和乐的教育。关于这一点，他说得很明白，"兴于诗，立于礼，成于乐。"① 在孔子看来，造就一个有修养的完美的人，必须施行这样三个方面的教育，而其关键则为礼教。诗和乐既然列为人生的必修课程，它们的社会作用、政治目的也就被揭示出来了。

诗在当时具有更大的普及性和实用性，因此孔子论诗更为详尽。

子曰："小子何莫学夫《诗》？《诗》，可以兴，可以观，可以群，可以怨；迩之事父，远之事君；多识于鸟兽草木之名。"②

孔子在这里提出的兴观群怨的原则（用我们今天的话说，大意就是可以使人警醒起来，感奋起来，可以使人得到认识，受到教育，可以使人交融情思，有利团结，还可以使人通过讽刺，怨而不怒），不仅说明他由

---

① 《论语·泰伯》。
② 《论语·阳货》。

诗见出了文艺的社会作用，也说明他把兴观群怨视为一首好诗所应有的效力。虽说孔子提出的这个见解是由诗而发，指诗而言，事实上这个理论原则同样适用于其他文艺样式。这在古代文艺理论上，孔子确有开创者的贡献，在客观上具有不可忽视的进步性。

所谓兴观群怨，实质上是指诗歌艺术中情与理的结合。诗必须具有真情实感，才能使人读来兴会淋漓，在潜移默化之中受到感染和教育，而真情实感又必须根植于现实生活之中。诗歌只有真实地反映现实社会的盛衰得失，才能使读者在感情上得到交流，从而才可望对读者发挥它的认识作用和教育作用。人们的认识一致了，就可以互相协调彼此的关系，对政治上的缺欠提出自己的批评建议，以便使当权者了解这种缺欠而采取措施，加以改进。因此，学诗既可以通达人情，明了社会上的种种"事父""事君"之理，又可以认识自然，"多识于鸟兽草木之名"。但是，所有这些都不能离开美感作用，美感教育作用也就是一种提高读者的思想认识和道德情操的作用，是一种独特的思想教育作用。文艺的各种社会职能只能通过美感作用来完成，所以中国古代文艺理论经常强调文学的这种陶情冶性、移风易俗的作用。

从孔子的诗教中，我们可以看出他重理但并不毁情，只是认为情必须以理性为归趋，以使受教者通情达理，而理的标准在乎合于"礼"，以"礼"修身、齐家、治国、平天下。很显然，这是把诗应用于智育、德育、美育等方面，使之合于道义的理性要求。

孔子重礼，不但重诗教，也重乐教。一则乐像诗一样附属于"礼"，再则礼兵也是衡量有成就、有修养的完美的人的重要标准。如"子路问成人，子曰：'若臧武仲之知，公绰之不欲，卞庄子之勇，冉求之艺，文之以礼乐，亦可以成为人矣。'"①

但是孔子重乐的目的，不只是由于乐能给人们以动听的声音，还由于它能增进个人的修养，也就是在于乐能感化人心，达到使人去恶从善、以乐治国的政治目的。所谓"移风易俗，非乐莫善"。② 正是概括地说明了乐教的作用。

---

① 《论语·宪问》。
② 《孝经》。

以礼治为中心，辅以诗和乐，不仅是孔子的美感教育方针，而且更主要的也是他的政治策略。就是说，他力图避免触动现存制度，而通过意识形态的调整以弥补政治制度上已经出现的严重缺陷，以缓和当时日益锐化的社会矛盾，维护当权者的继续统治。这一方面，唯心主义的历史观决定了他到处碰壁的一生。另一方面又使得他能够在礼治与美感教育的关系中提出一些前所未有的思想。

荀卿说："诗言是其志也，礼言是其行也，乐言是其和也。"① 这是说，礼要求人们在行为上恪守等级制度，诗是为了正人心，乐是为了和性情，而"礼别异""乐和同"互为表里，互相补充，正是为了使人们安于既定的等级名分。"礼"和"诗""乐"的结合，组成了国家的强制和教化的两种职能。

在孔子看来，礼使行动合理，乐使性情冲和，冲和就不会闹事了，但是上有所失，下有所欲，理想的平静生活实际上是没有的，于是起着美的作用的诗，恰好可以用来缓和生活中可能出现的矛盾。

统治者办了好事，臣下可以通过诗歌加以颂扬；统治者有了错误，臣下同样可以运用诗歌进行委婉曲折的讽谏。《国语·周语》中有这样的话："为民者宣之使言，故天子听政，使公卿至于列十献诗。"《礼记·王制》中记载有"天子五年一巡狩，……觐诸侯，……命大师陈诗以观民风"。《汉书·艺文志》也谈到"古有采诗之官，王者所以观风俗，知得失，自考正也"。这样，诗歌既可以供统治者观察自己治理的得失，了解民情，又可以使被统治者有限制地表明自己的是非，自然就成了协调统治者与被统治者关系的一种有利工具。由此可见，礼使行动合理，乐使性情冲和，而诗可以进一步起到通情达理的作用。所以，礼和诗、乐统一，就表现为政治思想与美学思想的统一，在这种统一中，政治思想决定着美学思想。

综上所述，可以明显地看出，中国古代美学思想的产生，一开始就与当时的政治、道德、哲学等有着密切的联系。孔子及其门徒认为人（当然不是指社会上所有人）应当承受现实生活中的欢乐和痛苦，艺术（特别是音乐）应当给人（也不是所有人）以享受和欢乐。但是他们力求使

---

① 《荀子·儒效》。

人的情感受到节制，服从一定的伦理学和美学的规范。这就预先决定了他们的美学思想的理性主义性质，也可以说，他们是从理性主义的哲学走到美学领域的。

关于文艺的美感教育问题，不仅我国古代孔子一派的乐教和诗教的兴观群怨之说是理性主义的，类似的见解在古希腊也曾有过。亚里士多德的美学思想无论从《诗学》，还是从《尼各马科伦理学》来看，可以认为是理性主义的，他认为，文艺作品的创作过程是理性的活动，创作要求诗人的是清醒的理智。诗的特性和优点是比历史更有普遍性。对于文艺的职能，他认为，艺术能陶冶人的情感，但这情感都是受理性指导的，它要合乎适当的强度，才能使人获得心灵上的健康，使人高尚起来，使灵魂净化，摆脱不良的情欲，这对维护社会道德可以起到良好的作用。

诗的批评论

孔子的礼制思想要求人们在行动上对于既定的阶级关系不得有丝毫的损害，这无疑是落后的。但是达到政治目的的手段却排除了先前的高压政策，而主张通过诗教、乐教来统一人们的思想，净化人们的感情，使人们心悦诚服地接受统治者的政策要求，应该承认这种方法在当时具有相对的进步性。肯定了这一点，我们就能正确地理解孔子的诗教和乐教，就能正确地估价孔子的诗的批评论在美学上的意义及其所产生的积极影响。

孔子十分重视诗与乐的教育作用，为了更好地发挥这种作用，获得更大的政治效果，他对于诗和乐作过全面、深入的研究，并在研究的基础上提出了他对于诗的意义的重要论述。为了政治上，也为了教育上的需要，他说："《诗》三百，一言以蔽之，曰：'思无邪'。"这就揭示出了他所认定的《诗》三百的思想性表现在对人对事有明确的是非褒贬的态度，而这种态度又依据一定的政治、道德的观念。因而读者学诗，既可以因其扬善而使善心在感奋中得到发扬，又可因其刺恶而使恶念在感奋中得到消除。经过这样不断地切磋琢磨，读者的思想境界就会随着道德修养的日渐加深而得到逐步升扬。一个思想境界很高的人，情性自然也会是端正无邪的。由这样的人所组成的社会，就是孔子所理想的社会。很明显，在孔子的诗的批评论中，不仅体现着他的和平中正的社会理想，而且还寄托着他对温柔敦厚的美学理想的追求。因而在他的批评论中，美学批评与社会批评，正如他的社会理想与美学理想一样，是融合一体的，或者至少是一个东西的两面。

"思无邪"出于《诗·鲁颂·駉》。诗序说这首诗是歌颂僖公的躬牧于野，这显然是汉代经生的附会之词。但是诗中所描写的牧民因为自己拥有相当数量的良马而表现出志得意满、别无希冀的神态，却塑造出了一个自足自乐、安分守己的形象，并且透过这个形象反映出一种理想化的恬静的牧歌生活。孔子欣赏"思无邪"一语，曲折地表明他肯定了这首诗在社会思想和美学思想方面的价值。在形式上，此诗共分四章，分别用"思无疆""思无期""思无斁""思无邪"四个回环递进的句式作为各章之间的内在层次。孔子为什么唯独选取"思无邪"作为《诗》三百的评价呢？刘宝楠的《论语正义》解释道："诗之为体，论功颂德，止僻防邪，大抵皆归于正，于此一句可以当之也。"这是比较符合孔子对诗歌社会功能的看法的。诗歌本有暴露和歌颂两方面的作用，但是片面地讲歌颂，或者片面地讲暴露，都是不正确的，只有当歌颂则歌颂、当暴露则暴露，才算有的放矢。歌颂和暴露都要符合一定的分寸。歌颂过分，容易变成阿谀；暴露不当，又会违背礼制原则。所以他认为，正确的界限就是"思无邪"。当诗歌的内容能够对读者产生"思无邪"的作用的时候，它就同时收到了"论功颂德，止僻防邪"的效果。因此，"思无邪"是孔子在衡量《诗》三百的社会价值时所规定的政治标准。所谓"《关雎》乐而不淫，哀而不伤"[①]，就是这一标准的具体应用。《关雎》是一首爱情诗。孔子认为"淑女"和"君子"自是理想的配偶。"君子"对"淑女"产生爱悦之情是允许的；因"求之不得"而有"辗转反侧"之忧也是可以理解的。但是难能可贵的是"君子"并未过分放纵他的爱悦之情以致失去理智的控制，也未由于一时的哀愁而伤害自己固有的道德修养。唯其做到了既不矫情，也不违理，作品中的"君子"也就保全了一种雍容儒雅的人格的美。所以《关雎》符合"思无邪"的标准。

孔子论诗要求"无邪""不淫""不伤"，也就是要求诗歌的内容必

---

① 《论语·八佾》。

须具有道德的乃至政治的意义。要把这种要求实现在对某一部具体作品的批评中，取决于作家、作品和批评家这三个互相联系的环节，所以后人常把"思无邪"推演为一个总的美学原则：不仅可以视为批评标准，也可以视为创作思想，还可以视为批评家所必须具备的修养。这样，其影响就具有了两重性；就其对文学的本质认识来说，影响是积极的；就其设置思想框框方面看，则又产生了很大的束缚性，随着历史的发展，这种束缚性愈趋明显。但是无论如何，它在当时确是一个难得的美学原则。孟轲进一步从积极方面发挥了"思无邪"的思想，而且鉴于仅仅掌握一个美学原则不一定就能作好批评这样一种实际状况，他提出了"知言养气"论①。所谓"知言"，就是能够正确地感知不同的语言形式所表达出来的不同的思想内容；而"养气"则是指将外在的思想道德原则经过持久不懈的修养功夫融化为内在的血肉。孟轲虽未明说"养气"与"知言"之间的关系，但同时提出二者，又确乎意味着他以自己的经验来要求批评家必须具有较深的思想道德修养，必须具有一种对语言艺术的敏锐的判断力。

但是批评家具备了上述修养，还不一定能够如意地进行社会的、美学的批评。因为在实际的批评工作中，特别是在实际的文学批评中，情况比人们所设想的往往要复杂得多，还必须有一种具体的批评方法，才能使批评切中肯綮。诗是一种语言艺术，其语言在表达思想方式上既不同于一般，那么怎样通过语言了解作品的思想呢？孟轲认为论诗的人要"不以文害辞，不以辞害志，以意逆志，是为得之"②。"以文害辞"，是抓住个别字眼割裂全文的意义，结果陷入断章取义；"以辞害志"，是根据辞句的表面意义而歪曲其内在的思想，结果必然是以皮相代替实质。他主张根据完整的诗篇去探索作者原来的创作意图，去分析作品的实际内容。这就是"以意逆志"。"意"是批评家的想法，"志"是诗人的志趣。怎样才能使批评家的想法准确无误地符合诗人的志趣呢？孟轲于此创造性地提出了"知人论世"："颂（诵）其诗，读其书，不知其人可乎？是以论其世也"③。"论世"就是要了解古人所处的特定的环境，"知人"就是由此体

---

① 《孟子·公孙丑上》。
② 《孟子·万章上》。
③ 《孟子·万章下》。

察其为人，两者相辅相成，才能通过"颂"（诵）、"读"理解古人的"诗"和"书"。这无疑是比较客观的批评方法，它对于后世的美学批评产生了长久的、良好的作用。

我们说过，在孔子那里社会批评与美学批评是合而为一的，到了孟轲，这个特点更趋显著。"以意逆志"和"知人论世"的提出，虽然是在不同的场合针对着不同的问题，但我们可以而且必须把它们联系起来加以考察，方能看出其中的美学意义。"以意逆志"的方法用在诗歌批评上，其途径是通过文辞以意去接近作者的志，也就是着重在测度和体会，其客观根据是外在的作品。当着批评家的测度和体会符合作品的客观内容时，结论自然是可信的，但情况并不能保证总是这样。作品内容的客观性同作者的思想及其所处的世事有着密切联系。所以必须"知人论世"。只有批评家将作品、作家、时代三者进行综合性的研究，"以意逆志"才取得了充分的根据。可见"以意逆志"和"知人论世"在批评方法上是两个互相制约、不可分割的环节。孟轲对于《小弁》和《凯风》两诗的解释①，具体地应用了他自己所建立起来的批评方法。高于抓住表面字句论定《小弁》"怨亲"，由此又确定其为"小人之诗"，公孙丑更举出《凯风》诗的"不怨亲"为例，企图为高子的偏见辩护，都是由于他们使用的批评方法不当所造成的。所以孟轲批评高子如此机械地论诗既不能正确地理解诗意，又不能灵活地区分不同的诗所具有的不同的思想内容。孟轲认为确定一首诗的思想，应该分析诗中的具体的人和事，然后才能得出正确的结论。这种强调对有关情况进行分析的方法，包含着一种朴素的实事求是的精神。

综上所述，孔子规定了关于诗的总的原则，孟轲据此进一步提出了具体的批评方法，这就形成了中国古代关于诗的完整的美学观点。尽管这个批评论存在着不可避免的历史局限，但它把诗作为教育手段，即肯定诗的教育作用和认识作用，并主张对诗进行具体分析。这些论点，从根本上来说是正确的，有进步意义的，对后世的影响也是好的、积极的。

---

① 《孟子·告子下》。

人的性格美论

中国古代美学中，关于诗与乐的美感教育作用，有着非常精辟的论述。对于一个人的美感产生影响的因素很多，除了生活中的许多条件，个人的文化教养、性格特点外，所属阶级的世界观、政治观、道德观等对美感的形成都有很大作用。但是，所有这些因素如果都是基本上正确的、积极的，集中到最根本的一点就能造就人的性格的美。关于人的性格的美论究竟是怎样的呢？由于中国古代思想家个人的社会地位、思想观点的不同，对这个问题的回答也不一样。

孔子对于美的理解，同他的唯心主义世界观、阶级地位、政治观点有着密切的关系。如他的得意门生有子所说的"礼之用，和为贵，先王之道斯为美"。[①] 这美的含义主要还是就政治制度、治国方法等方面而言的。在说到"君子成人之美，不成人之恶"[②] 时，美恶的尺度又主要偏向于道德品质方面。再如，"子谓《韶》，尽美矣，又尽善也。谓《武》，尽美矣，未尽善也。"[③] 孔安国注道："《韶》，舜乐名，谓以圣德受禅，故尽美。《武》武王乐也以征伐取天下，故未尽善。"

很显然，孔子对乐舞的评价是同政治标准、道德规范相联系的。通过以上几例，我们不难看出，孔子对于美的理解，都和政治与道德相联系，而在孟轲和荀卿的美论中，在这一点上则有较大的发展。

孟轲为了教化，主张必须对人的本质有一个统一的认识，于是他提出了"人性皆善"的哲学。他说："人性之善也，犹水之就下也。人无有不善，水无有不下"[④]。顺性而行，人就可以为善，逆性而行，人也可以为恶，正如水为外力所逼可以逆流而上一样，人假如遭到了外在的利欲之势的诱迫也会表现出不善的行为。本性与外势处于经常的矛盾之中，人为了

---

① 《论语·学而》。

② 《论语·颜渊》。

③ 《论语·八佾》。

④ 《孟子·告子上》。

保持善性，战胜恶势，应该懂得尽心养性之理，应该实行修心养性之道。孟子的美论就是从他所构思的这套心性之学中派生出来的。他曾经针对人的品性给美下了一条定义："充实之谓美。"① "充实"的内容是"善"和"信"，善和信二者都是好品德。人的这种好的品德达到完备圆满就成了美的人。由此可见，美就是充实的人性所固有的善和信，而信是诚，也即真。结论必然是：一个人的性格的美，应该是和真与善的统一。从我们上文所谈到的孟子诗论中，可以看出他是贯彻了自己的美学思想的。非常有趣的是，两千年以后，孟轲的这一关于美的定义，在美学的命名者鲍姆加登的美学观点中有近似之处。他认为，感性认识的完满，感性圆满地把握了对象就是美。又说美是和欲求相伴着的，美本身既是完满，它也就是善，善是人们欲求的对象。完满表现为三个方面：真、善、美。

孟轲主张"人性善"，恶是由于丧失本性而产生的，为了务善去恶，他强调修养，强调保持。荀卿批判了性善论，认为孟子的错误在于不了解"性"和"伪"的区别。性是天然的，无所谓丧失，倘若失而复得，就不是"性"而是"伪"了。他推倒了孟轲的性善论，提出了截然相反的性恶论。由于人性本恶，产生了人的后天教化的需要，人为的教化就是"伪"，人只有"积伪"才能除恶向善。为了"积伪"，荀卿强调行为，强调扬弃。他的美论也正是从他的性恶论派生出来的。他认为人性美不是自在的，而是需要经过人的自为方能产生。他说："性者本始材朴也，伪者文理隆盛也"，"无伪，则性不能自美"②。这里所谓"伪"，乃是指加工，经过人的加工使"本始材朴"的物性具有了"文理隆盛"的品质。"文理隆盛"就是美赖以存在的条件。如果说荀卿对于生活美和艺术美的关系的看法在理论上还有缺陷的话，那么他对于美的本质的揭示，在那一时代可以说登上了美学思想的高峰，即使在今天也依然放射着它的不可磨灭的光辉。"不全不粹之不足以为美"③，这是他针对人的品德给美下的定义。这是一个充分理性化的美论。"全"，与孟轲的所谓"充实"存在着某种联系，但是"粹"，却是荀卿的独见之明。

---

① 《孟子·尽心下》。
② 《荀子·礼论》。
③ 《荀子·劝学》。

"全"是就"积伪"的广度而言，它要求人在锻炼自己的德行方面做到万无一失的地步。"粹"是就"积伪"的深度而言，它要求人在涵养德行方面反复研究，思通其理，在实际行动中做到心无二念，独立不迁。人一旦达到了"全"和"粹"这种理想的境界，那就在社会生活中，既能够坚持自己的信念，又能够顺应历史的潮流，胸有成竹，进退自如了。这样的人，是一个完全的人，纯粹的人，因而是一个性格美或品德美的人。

把荀卿关于美的定义应用到艺术创作上来，就是要求艺术既要多方面地再现社会生活，但又不是无选择地照搬照抄，必须对之进行加工和提炼，以便除去其杂质，表现其精华。"全"要求集中，"粹"要求概括，它们的结合，意味着个别与一般的统一。"全"和"粹"的思维过程，就是艺术创造里的典型化过程，因而又全又粹的艺术形象可以说就是我们今天所说的典型形象。

把孔子、孟子和荀子的美学思想应用于文学批评而又得其精髓的是汉代的刘安。他对于屈原的《离骚》评价极高："《国风》好色而不淫，《小雅》怨诽而不乱。若《离骚》者，可谓兼之矣。"① 这显然是根据"思无邪"的观点而又作了恰如其分的发挥。"其志洁，故其称物芳。其行廉，故死而不容自疏。"我们从中可以看到"充实之谓美"的理论影响，而其方法则是"知人论世"。"其称文小而其指极大，举类迩而见义远"②，这种艺术效果就是作家从众多中采取有代表性的个别，因而这个别就同时表现着一般。这样的艺术形象既使人感到好像就是身边之事，身边之人，同时又使人感到它的含义深广、韵味无穷，这也就是我们今天所说的典型形象。由此可见，"全"和"粹"的美学思想在中国古代艺术和艺术评论里，有着深远的影响。

中国古代儒学家的美学观点对于中国美学思想的发展有着非常重要的意义。他们提出的关于美的本质、关于艺术的本质及其社会作用、关于艺术创作以及艺术批评的标准等重要问题的精辟见解，不仅推动了当时学术思想、文艺创作的发展繁荣，而且也影响了以后思想家和艺术家的美学观点。

---

① 《史记·屈原列传》。
② 同上。

通过前面的简述，不难看出中国古代美学思想的一些重要特点。其中有些见解既有别于古希腊罗马的美学观点，又有别于古代东方其他国家的美学观点。另外，中国古代美学思想、美学观念是在社会激变中，人们对当时作为统治思想基础的"天""神"发生动摇的过程中形成的，是在人们的社会斗争的现实生活和文艺实践中形成的，所以它很少宗教色彩，独立于宗教之外，这也是形成中国古代美学思想的理性主义的重要因素。

此外，由于美学思想的产生，像其他社会意识形态的产生一样，是人类社会发展的必然结果，是人们对社会生活、对艺术实践的认识和概括的产物，所以，各个时代各个国家的美学思想中又有一些共同的特点。如，美学思想的产生和发展从一开始就与文艺实践、文艺理论，特别是诗与乐的产生和发展有着十分密切的联系。中国古代的文艺理论及以后的"诗话""词语"自不待言，就是从古希腊、罗马、古代东方诸国到19世纪，美学观点也是多在广义的"诗学""诗艺"等著作中阐述出来。再如，美学与政治、哲学、伦理等的关系，也是古今中外的一切思想家们（不管他们的哲学思想、政治见解和美学观点正确与否，也不管他们是唯物主义者还是唯心主义者）所探讨的共同问题。历史上不少的美学家是程度不同地把美与真、善等联系在一起的。儒家把尽善尽美作为衡量文艺作品的最高标准。古希腊罗马艺术中就曾出现过一个最重要的美学范畴——"美和善的统一"。苏格拉底就把美同美德联系在一起，他认为，人愈认识到美德是什么，就愈懂得什么是美的、好的，也就愈道德高尚，因此他认为诚实、美德和美是一致的。亚里士多德也认为，艺术没有独立存在的价值，它必须与人们的道德、生活联系起来。他在《修辞学》中说："美是一种善，其所以引起快感，正因为它善。"类似的意见不胜枚举，美、艺术与道德的关系之所以这样密切，是因为道德问题直接触及每个人的根本利益，哲学观点和政治性的一般要求常常通过道德的要求而反映出来。

造成美学思想中存在一些共同特点的原因，除了主要是人们认识方面的因素外，各民族间的相互影响、文化交往现象也是不能忽视的。从古代到现代，各民族间的这种交流，无论在东方还是在西方就没有停止过。这种友好交往相互丰富了各自的文化，使之取长补短、互相融注，推动了文化艺术的不断发展，增强了各民族间的友谊和相互了解。古代中国与波斯、印度等东方诸国就有过大量的相互交往，特别是在诗、乐、舞、绘画等方面。到了现代，各国间的友好往来和文化艺术交流更为频繁、更为广泛，我们期待美学与其他科学和艺术，都将因之而迅速发展，共同走向更为昌盛的境地。

1978 年 12 月

原载《美学论丛》1980 年第 2 辑

二

论孔子的文艺思想

孔子名丘，字仲尼，先祖是宋国的宗室，他当然是殷商的苗裔，也就是奴隶主贵族的子孙了。而丘也，殷人也，他对于过去的家世是不无留恋之情的，因为到他这一代，已经从贵族下降到一般平民了。"吾少也贱，故多能鄙事。"[1] 他对于现实的经历所引起的感受远远不是自豪，而是一种故作淡泊的哀怨。依恋过去，哀怨现实，是孔子从身世中所产生的思想感情上的矛盾。

孔子是鲁国人。在文化传统方面，鲁国是保存周代礼乐文物典章制度最丰富的诸侯国。孔子熟悉奴隶主贵族生活，又好学慎思，所以有着很深的贵族文化教养。这种教养造成了他的"述而不作，信而好古"的学风。从鲁国的现实和更广阔范围的历史环境中，孔子所闻所见的是新事物对于旧教条的冲击，新旧在交替，改革势在必行。然而如何改革呢？是支持"犯上作乱"，还是坚持"周虽旧邦，其命维新"的传统？孔子选择了"维新"的道路，即一方面采取一定的保守态度，另一方面对于民众的疾苦寄予一定的同情，对于民众的力量给予一定的重视。"维新"，并不是出于一个阶级让位于另一个阶级，而是在于从原有的统治阶级内部寻求新的平衡。这一点，决定了孔子的政治态度、思想学风的特色，也决定了他的悲剧性的历史命运。

孔子作为中国古代思想史起点上的思想家，在文化方面所做的工作，重点不在创新，而在订正，就是所谓修诗书、订礼乐。他的文艺思想，主要是从"修订"过程中表述出来的。

---

[1] 《论语·子罕》。

（一）孔子的人格美论

文艺是美学的最主要对象，任何较为深刻的文艺思想都必然归结为一定的美学课题。美学，可以说就是关于艺术的哲学。

周代社会并未经过革命洪炉冶炼，而是从"维新"的母体里逐步地蜕变出来的。政治上的"维新"和文化上的"学在官府"，使得中国思想史起点上的思想家，不同于古希腊的"智者"。希腊的"智者"，一开始便指出并且解答了宇宙根源的问题；与这一问题相关联，他们致力于自然认识的活动。中国的孔子沿着西周以来天人关系的讨论和研究的学术途径，结合着现实的矛盾，在哲学上获得了怀疑天道、肯定人道的认识。从这里出发，很自然地形成了以道德论、政治论和人生论为主要内容的社会思想体系；他研究的对象多半以人事为范围，而关于自然的认识相对地所占分量甚小，因此，作为第一个美学思想家，孔子在美学上的贡献主要表现在社会美的研究和论说方面。而社会以人为中心，人格美论也就很自然地在他的美学思想中占有特别突出的地位。由于在哲学方面孔子对于宇宙根源探讨极少，因而在美学方面关于自然美的议论也极少见。"知（智）者乐水，仁者乐山。"① 似乎说到了山的凝重、水的灵活的美，但对于山水的自然美的论说，只是作为"仁者"和"知者"这种社会美中的人格美的补充认识而附带地提出来的，主要是为了引出"知者动，仁者静。知者乐，仁者寿"的结论。这种以物性比人性的方法，从孔子开始，意在沟通天工和人事、自然和社会。由此加深和丰富人们对社会的认识，并非专门的艺术理论，但对后来的文学艺术的发展产生了深远的影响。

广义地说，"仁"是孔子思想体系的核心内容，它决定着一切，贯穿着一切。狭义地说，"仁"是孔子所确定的最高道德标准，它是其他一切道德元素的统帅和灵魂。"智"是以"仁"为依归的认识和表现，是有益于社会的才能。"仁者"对于"仁"，具有坚定的信念，实行仁德毫无私心，在任何情况下始终与仁德同在。"智者"对于"仁"在认识和表现上

---

① 《论语·雍也》。

带有一定的功利性。这就是所谓"仁者安仁，知（智）者利仁"①。孔子在论说人格美的时候，经常是仁智相连。

　　子曰："里仁为美。择不处仁，焉得知？"②

这是孔子就一般的社会群居生活所发表的人格美论。

　　樊迟问仁。子曰："爱人。"问知。子曰："知人"。樊迟未达。子曰："举直错诸枉，能使枉者直。"③

这是孔子针对人的政事生活所发表的人格美论。

孔子从不轻易地以"仁""智"许人，因为"仁"和"智"都不是一般人所能达到的人格美。所谓"仁者不忧，知（智）者不惑"④，"不忧""不惑"的精神境界确非常人所能企及。因为这包含着对于命运论、鬼神论的怀疑以至否定，包含着对于自由和必然的认识，包含着人的自我主宰能力。然而当孔子锤炼自己的人格美的时候，却不单单要求自己成为一个"仁者"或"智者"，而是希望成为一个仁智兼备的人，也就是说成为一个"圣人"。圣人所具有的人格美是崇高的，决不能轻易获得；但也绝不是高不可攀的空想，只要勤学苦练，那就可以造成一种现实性的品格。因此，孔子绝不明白地以圣人自居，却又忍不住暗暗地以圣人自许：

　　子曰："若圣与仁，则吾岂敢？抑为之不厌，诲人不倦，则可谓云尔已矣"。公西华曰："正唯弟子不能学也。"⑤

孔子对于自己的人格美是否已经达到了圣人的境界，在这里采用了抽象地谦让，具体地确认的态度。学生深知老师的脾气，子贡对这件事提出

---

① 《论语·里仁》。
② 同上。
③ 《论语·颜渊》。
④ 《论语·宪问》。
⑤ 《论语·述而》。

了自己的看法："学不厌，智也；教不倦，仁也。仁且智，夫子既圣矣。"①

在孔子的言论中，常常美恶相对待，比如"君子成人之美，不成人之恶"②，"尊五美，屏四恶"③ 云云。这里的美恶，可以看作美学上的美丑，同时也可以看作伦理学上的善恶。在子贡的言论中，就是善恶对举的："纣之不善，不如是之甚也。是以君子恶居下流，天下之恶皆归焉。"④ 可见美和善在孔门的美学概念中，特别是用于人格美时，含义并无迥别。正因为这样，"善人"也就成了孔子人格美论的一项重要内容。不过美人和善人是有区别的，前者在判断上多半着眼于现象，后者则专指本质。孔子肯定过"宋朝之美"⑤；宋朝即宋国的公子朝，他长得美丽，历史上有明文记载。子贡说过："纣之不善"，然而殷纣却是一个多力的美男子，这也是于史有徵的。

从孔子论说的次第看来，善人人格美所达到的境界上略次于圣人，但是在当时的现实中，他们都是罕见的人物。因此孔子既慨叹"圣人，吾不得而见之矣；得见君子者，斯可矣"；又慨叹"善人，吾不得而见之矣；得见有恒者，斯可矣"。⑥ 君子和圣人的区别，在于虽无明显的客观建树，但有很高的主观修养。有恒者和善人的区别，是不能在某一方面有具体的建树，却有值得肯定的操守。善人和恶人相对，特点是长于政教，反对不教而诛和野蛮的残杀。

> 季康子问政于孔子曰："如杀无道，以就有道，何如？"孔子曰："子为政，焉用杀？子欲善而民善矣。……"⑦
> 子曰："善人教民七年，亦可以即戎矣。"⑧

---

① 《孟子·公孙丑上》。
② 《论语·颜渊》。
③ 《论语·尧曰》。
④ 《论语·子张》。
⑤ 《论语·雍也》。
⑥ 《论语·述而》。
⑦ 《论语·颜渊》。
⑧ 《论语·子路》。

> 子曰："'善人为邦百年，亦可以胜残去杀矣'。诚哉是
> 言也！"①

怎样才能达到善人的境界呢？子张曾经就此请教过孔子。孔子回答道："不践迹，亦不入于室。"② 这就是说人要成为善人，应该充分学习和利用别人的成就；不如此，学问道德就难以到家。可见善人并非先验的，他和天纵之圣③在生成方面也存在着区别。

"圣人"和"善人"在现实中是稀有的，但又并非绝对不可能出现，所以他们的人格美是现实的。圣人、善人诚然是杰出的人物，然而在人格上不能要求他们完美无缺。孔子推崇同时代的蘧伯玉，称之为"君子"④。"君子"与"圣人"在修养上是近似的。可是这位君子的特点恰恰是"欲寡其过而未能也"。⑤ "欲寡其过"，是"君子"在操守上严于律己；"而未能也"，是说君子也不能完全避免缺点和错误发生。正因为这样，所以在现实生活中对于别人不能求全责备，即所谓"无求备于一人"⑥。那么，有没有一种完美的人格呢？完美的人格又是怎样的？对此，孔子与子路曾有过一番讨论：

> 子路问成人。子曰："若臧武仲之知，公绰之不欲，卞庄子之
> 勇，冉求之艺，文之以礼乐，亦可以为成人矣。"曰："今之成人者
> 何必然？见利思义，见危授命，久要不忘平生之言，亦可以为成
> 人矣。"⑦

所谓"成人"，就是"全人"，就是在人格上全美的人。具体地说来，就是具有智慧的、清心寡欲的、多才多艺的素质，同时又是由于礼乐的教

---

① 《论语·子路》。
② 《论语·先进》。
③ 《论语·子罕》。
④ 《论语·卫灵公》。
⑤ 《论语·宪问》。
⑥ 《论语·微子》。
⑦ 《论语·宪问》。

养，因而文采斐然的人。集众美于一身，这样的人在当时的现实中根本不存在，他是孔子理想中的综合体。理想不等于现实，孔子是重视实际的，所以退而求其次，认为现实中的人只要能够做到：看见利益便能想起该得不该得，遇到危险肯于牺牲自我，尽管处境穷困依然信守平日的诺言，也就可以算作全人了。孔子生活在大乱方兴的时代，"上失其道，民散久矣"。① 社会危机异常深重，而最危险的就是民心涣散。孔子是一个以挽救时代危机为己任的人，又是一个极为重视人的作用的人，所以他要求社会的人具有一种共同的人格美，以便整饬人心，维持既定的东周秩序。在中国古代思想史上，我们可以看到一种明显的现象：要维持一种社会制度，思想家们所强调的往往是在于人的共性的培养，以便协调整个社会关系，求得社会的安定。孔子在美学思想方面正是突出共性，承认个性而不太看重个性，因而主张通过诗教、乐教来培养具有这种共性的人。

（二）孔子的诗教和乐教论

在人格美论中，孔子以政治道德为本质，以礼乐教化为文采，其文艺思想也就自然地体现在他的诗教、乐教之中。他的思想以礼治的政治思想为主，而以诗教、乐教为辅。因此，探讨其文艺思想必须密切地联系他的政治思想，即需要了解他观念中诗、乐与礼的关系。孔子在政治上是一个补天派，一方面他要维护东周的体制，另一方面又要去除西周以来的积弊。他企图进行再一次的"维新"，而"维新"的政治道路必然带来理论思想上的矛盾。孔子主张宗周尊王，以复周礼为他的政治口号，这实质上是保守的，但由于自由民的兴起，"礼"的思想的动摇，礼制的站不住脚，已经成了当时的必然趋势，这就促使他在许多方面不得不作一定的让步或改革，因而"复礼"内容的某些方面，以及用以"复礼"的方法或手段，如诗教、乐教的美感教育等，在当时是较为进步的。这就构成了他的思想体系中的一些矛盾现象，这种矛盾现象自然地反映在他的礼治的政治思想与诗和乐的文艺思想上。

春秋"弑君三十六，灭国五十二"，诸侯国间的长期战乱表明周王朝

---

① 《论语·子张》中曾子的话。

的统治在衰微，并且表明旧制度正在崩溃，即从西周以来一直依靠野蛮刑罚和迷信鬼神强迫推行的礼制处于败坏之中。人们对"天""德""礼"等维护统治权的信念由动摇而漠视，由怀疑开始走向批判，这表明在人事与天命的对立中，关于人的意识在开始觉醒。孔子看到了这些现象，并且意识到了这些现象中所包含的矛盾的严重性，因而企图对社会现实进行改革。他认为"礼坏""乐崩"造成了天下大乱，拨乱的办法莫如"复礼"。但"礼盛则离"，"复礼"过度也会使人离心离德。为了消除已经发生或还会发生的礼制的弊端，又莫如运用"诗教""乐教"，从人们的思想上情操上加以"循循善诱"，并且为了使广泛地流行于社会上的"诗"和"乐"得到统一的理解，使人们知道有所选择、有所褒贬，他在诗和乐的教育论方面发表过不少颇有见地、颇有影响的议论。他的文艺思想正是从他利用诗和乐来进行教育的实践中产生的。

孔子复礼的目的不是为了推动社会沿着新的方向前进，而是为了使其在原有的轨道上更好地运行。他清醒地意识到，由于社会变革的剧烈，纯粹的保守决然无济于事，必须有所扬弃，必须对"礼"做一番新的解释，才能求得人们的重新接受。礼应该以重视人事为前提，以仁为指归。于是他大声疾呼道："克己复礼为仁。"① 这里有两点值得注意：一是恢复起来的"礼"并不完全否定"小己"，只是要求节制自己的欲望和约束自己的行动以成全"大己"，即所谓"君子博学于文，约之以礼，亦可以弗畔（叛）矣夫！"② 这里已经透露出古代关于人的权利和义务的思想，虽则是朦胧的，却也是深刻的。二是在"礼"中输入了"仁"。尽管仁者"爱人"，并非消除原有的等级界限，但是"仁也者，人也"③，又确乎毫不隐讳地宣告了在一定范围内对于人和人的性格的尊重。"人而不仁如礼何？"④ 对于人而缺乏仁者之心，"礼"就无法推行，只有提倡仁，方能推行礼。"仁"是决定人们相互关系的道德标准，孔子要求每个人的思想行为要严格地适应于自己在社会中所处的地位。对于一般人，孔子认为应该

---

① 《论语·颜渊》。

② 同上。

③ 同上。

④ 《论语·雍也》。

具有"不在其位，不谋其政"①的政治道德人生修养。他的得意门生曾子据此进一步扩展为"君子思不出其位"②。对于统治阶级中的当权者如何推行政事，孔子也提出过自己的主张。《礼记·哀公问》中有一段记载，有助于我们理解孔子的政治思想。

> 孔子侍坐于哀公。哀公曰："敢问人道谁为大？"孔子愀然作色而对曰："君之及此言也，百姓之德也。固臣敢无辞而对？人道政为大。"公曰："敢问何谓为政？"孔子曰："政者正也。君为正，则百姓从政矣。君之所为，百姓之所从也；君所不为，百姓何从？……"

哀公提出"人道"（与"天道"相对），在当时可以说是石破天惊的一问。孔子对他的提问的称赞，说明"礼"与"人道"的关系至为密切，而尊重"人道"必须有政治上的实际措施，那首先是"君为正"，这在当时可以说是耐人寻味的一答。它无异于宣布对野蛮的最高奴隶主的无上权威必须有所限制，从而在理论上和实际上承认了王权下降的现实。由此可见，在一定范围内和一定程度上尊重人道与限制王权是孔子所主张的"礼"的内容的两个方面，但是它与"小人"无关。这里清楚地说明了在人类社会发展史上，奴隶制和封建制度都是以少数人的统治为基础的，当这种制度表现衰败或行将就木的时候，专制和剥削的残酷性总是表现得十分露骨，因此，想要推翻它，往往必须举起理性主义的旗帜，即便目的是为了维持它的继续存在而在某些带根本性的环节上作一些必要的改良，也不得不输进一些理性主义的血液。近代西方资产阶级启蒙主义者曾以理性为号召，古代东方奴隶主阶级中具有民主倾向的思想家也曾经呼唤过理性，其间存在着共通的事理。人们一经意识到了人自身的存在，一经意识到了那僵化了的、没有民主、没有人权、不尊重人性的专制制度的腐败，自由思想的产生就成为不可避免的了。没有自由思想，就没有伟大的西方的文艺复兴；没有自由思想，也就没有古代中国的百家争鸣，自然更不会有闪耀着丰富思想光辉的诸子学说。

---

① 《论语·八佾》。
② 《论语·宪问》。

新的礼制要在实际生活中得以推行，阻力是很大的。孔子认为要消除这种阻力必须辅以诗和乐的教育。关于这一点，他说得很明白："兴于诗，立于礼，成于乐"①。在孔子看来，造就一个有修养的完美的人，必须施行这样三个方面的教育，而其关键则为礼教。诗和乐既然列为人生的必修课程，它们的社会作用、政治目的也就被揭示出来了。但是礼教与诗教、乐教就其自身的特点来看又有什么不同呢？从这里，我们可以进一步探索孔子对于诗和乐的本质特征的认识。

孔子自己对于音乐具有深厚的兴趣，且有很好的素养。他会唱歌②，能弹琴、击磬；他的门弟子也是弦歌不绝。《论语·述而》记载孔子在齐听《韶》乐。因为《韶》乐的内容符合他的精神气质和政治思想的需要，而沉浸于其中，以致"三月不知肉味"。这不仅仅是他利用音乐怡情养性的表现，而且表明他十分重视艺术的社会作用。就是说内容健康的音乐，有益于改变社会风气，能够给人以美感享受。所谓"移风易俗，非乐莫善"③ 正是概括地说明了音乐教育的作用。

在中国古代文艺思想史上，孔子最早地认识到了艺术的这些重要特征，从而成了第一位特别重视艺术的思想家。

孔子重视音乐艺术，然而西周以来的音乐已经不能适应时代的需要而趋于崩坏。于是他亲自做了订正《雅》《颂》的工作。他曾经得意地回顾道："吾自卫反鲁，然后乐正，《雅》《颂》各得其所。"④ 孔子重视音乐的社会效果，然而在现实生活中偏偏出现了他斥之为靡曼淫秽的郑国乐曲。这种乐曲倘若任其漫延，势必不利于世道人心；于是他把选择什么样的音乐，摒弃什么样的乐曲，看作是治理国家的一件大事。《论语·卫灵公》记载道：

> 颜渊问为邦。子曰："行夏之时，乘殷之辂，服周之冕，乐则《韶》《舞（武）》。放郑声，远佞人。郑声淫，佞人殆。"

---

① 《论语·泰伯》。

② 《论语·述而》："子与人歌而善，必使反之，而后和之。"

③ 《孝经》。

④ 《论语·子罕》。

　　孔子把音乐与夏时、殷辂、周冕放在一起论述，反映了音乐在当时至少是上流社会的重要生活内容之一，因此把音乐当作一件国家大事抓。而把"郑声"与"佞人"并举，则进一步透视出这样的观点：不健康的音乐与品质不好的人，都能够对社会起到一种破坏作用。

　　诗在当时具有更大的普及性和实用性，因此孔子论诗更为详尽。

　　陈亢问于伯鱼曰："子亦有异闻乎？"对曰："未也。尝独立，鲤趋而过庭。曰'学诗乎？'对曰：'未也。''不学诗，无以言。'鲤退而学诗。他日，又独立，鲤趋而过庭。曰'学礼乎？'对曰：'未也。''不学礼，无以立。'鲤退而学礼。闻斯二者。"① 这是《论语》中记载的孔子教子的话。其中不仅反映了诗教与礼教的关系，而且指明学诗能够提高学习者的语言修养。这里虽然没有正面论述诗歌艺术的特征，但诗歌作为一种语言艺术，孔子是有所认识的。

　　　　子曰："小子何莫学夫《诗》？《诗》，可以兴，可以观，可以群，可以怨；迩之事父，远之事君；多识于鸟兽草木之名。"

　　孔子在这里提出的兴观群怨的原则，是他对于《诗》所做的极为光辉的理论概括，内容非常丰富。它初步地也是最早地接触到了诗歌艺术的感性特点（可以兴），提出了诗歌艺术的认识作用，教育作用（可以观、可以群）以及作者的倾向性问题。他从认识诗歌的艺术特征出发，不仅指明了诗歌按其本性可能具有的社会作用，并且规定了一首好诗所应该具有的效力。虽说孔子提出的这些见解，是在学《诗》的过程中领悟出来的，表面上的确是指诗而言，但是当作一种颇有见地的理论原则，对于其他的文艺样式不是同样地适用吗？而任何一种理论原则，被它说明的东西越多，其价值就越大。

　　在今天看来，所谓兴观群怨，实质上是指诗歌艺术中情与理的结合。诗必须具有真情实感，才能使人读来兴会淋漓，在潜移默化之中受到感染和教育，而真情实感又必须植根于现实生活之中。诗歌只有真实地反映现实社会的盛衰得失，才能使读者在感情上得到交流，从而才可望对读者发

_____

　　① 《论语·季氏》。

挥它的认识作用和教育作用，作者的倾向性正是从这种客观的因果关系中自然地流露出来的。孔子重视诗歌的认识作用，在他看来，人们的认识一致了，就可以互相协调彼此的关系，对政治上的缺欠提出自己的批评建议，以便使当权者了解这种缺欠而采取措施，加以改进。因此，学诗既可能通达人情，明了社会上种种"事父""事君"之理，又可以认识自然，"多识于鸟兽草木之名"。但是，所有这些都不能离开美感作用，美感教育作用也就是一种提高读者的思想认识和道德情操的作用，是一种独特的思想教育作用。诗歌以至一切文学艺术作品的各种社会职能只能通过美感作用来完成。孔子谈到诗教经常是首先强调"兴"，这表明他对于诗歌的美的文学特点已经具备了最初的认识。尽管孔子认为诗歌与政治关系密切，而且明确地说过："颂《诗》三百，授之以政，不达；使于西方，不能专对；虽多，亦奚以为？"① 但是他并没有简单地把诗歌当作政治教科书，单就这一点来说，他较之后世的门徒——迂腐的汉代经生，实在显得高明很多。

从孔子的诗教中，我们可以看出，他重理但并不毁情，只是认为情必须以理性为归趋，以使受教育者通情达理，而理的标准在于合乎"礼"，以"礼"修身、齐家、治国、平天下。很显然，这是把诗应用于智育、德育、美育等方面，使之合于道义的理性要求。

以礼治为中心，辅以诗和乐，不仅是孔子的美感教育方针，而且更主要的是他的政治策略。就是说，他力图避免从根本上触动现存制度，而通过意识形态的调整和改造以弥补政治制度上已经出现的严重缺陷，以缓和当时日益尖锐化的社会矛盾，维护当权者的继续统治。这一方面片面夸大社会意识形态的作用，决定了他到处碰壁的一生，另一方面又使得他能够在礼治与美感教育的关系中提出一些前所未有的思想。

（三）诗和乐的批评论

孔子的礼治思想要求人们在行动上对于既定的阶级关系不得有原则上的损害，这无疑是落后的。但是达到政治目的的手段却排除了先前的高压

---

① 《论语·子路》。

政策，而主张通过诗教、乐教来统一人们的思想，净化人们的感情，使人们心悦诚服地接受统治者的政策要求，应该承认这种方法在当时具有相对的进步性。肯定了这一点，我们就能正确地理解孔子的诗教和乐教，就能正确地估价孔子的诗和乐的批评论在美学上的意义及其所产生的积极影响。

孔子为了更好地发挥诗和乐的教育作用，他对于诗和乐作过全面深入的研究，并在研究的基础上提出了他对于诗的意义的重要论述。为了政治上也为了教育上的需要，他说："《诗》三百，一言以蔽之，曰：'思无邪'"①。这就揭示出了他所认定的《诗》三百的思想性及其对于人们可能产生的教育意义。在孔子看来，《诗》三百的思想性表现在对人对事有明确的是非褒贬的态度，而这种态度又依据于一定的政治、道德观念。因而读者学诗，既可以因其扬善而使善心在感奋中得到发扬，又可以因其刺恶而使恶念在感奋中得到消除。经过这样不断地切磋琢磨，读者的思想境界就会随着道德修养的日渐加深而得到逐渐升扬。一个思想境界很高的人，情性自然也会是端正无邪的。

> 子贡曰："贫而无谄，富而无骄，何如？"子曰："可也；未若贫而乐，富而好礼者。"
> 子贡曰："《诗》云：'如切如磋，如琢如磨'，其斯之谓与？"子曰："赐也，始可与言《诗》已矣，告诸往而知来者。"②

子贡和孔子所讨论的问题是说一个具体的人对于穷富两种不同的境遇应该具有什么样的修养？孔子认为子贡提出的贫穷而不巴结奉承，富有却不骄傲自大，一般地看，自然是一种好的作风，但是提高一步，应该由作风上升为好的思想修养，那就是贫穷却能乐道，富有却谦虚好礼。子贡听了老师的教导，立即悟出了《诗经》中"如切如磋，如琢如磨"的含义。诗句出于《诗经·卫风·淇奥》的第一节，内容是歌颂卫国统治阶级的上层人物（所谓"君子"），赞美他们具有文化素养和庄重威严、光明正

---

① 《论语·为政》。
② 《论语·学而》。

大的风度，这种修养和风度又正是通过努力进修而获得的。孔子对于子贡在研究事理时能够举一反三、触类旁通的表现十分欣赏，认为只有这样才能讨论《诗经》在思想上给予人们的启示。从这里，我们可以看出两点，一是孔子意识到了诗歌中的比喻性的形象具有很大的概括性，因而欣赏者应该根据诗歌本身的特点发挥自己的联想能力，以便在正当的推论中明白更多的事理，受到更多的教育。在中国古代文艺思想史上，这是我们迄今所能看到的最早的关于艺术欣赏的理论。二是孔子主张诗歌在思想情操方面对读者应该发挥它的启迪作用，从而提高读者的精神境界，培养优美的性情和端庄正大的作风。很明显，在孔子关于诗的批评论中，不仅体现着他的和平公正的社会理想，而且还寄托着他对温柔敦厚的美学理想的追求。因而在他的批评论中，美学批评与社会批评，正如他的社会理想与美学理想一样，是融合一体的，或者至少是一个东西的两面。

　　"思无邪"出于《诗·鲁颂·駉》。诗序说这首诗是歌颂僖公的躬牧于野，这显然是汉代儒生的附会之词。但是诗中所描绘的牧民因为自己拥有相当数量的良马而表现出志得意满、别无希冀的情态，却塑造出了一个自足自乐、安分守己的形象，并且透过这个形象反映出一种理想化的恬静的牧歌生活。孔子欣赏"思无邪"一语，借用它来评论所有诗篇，曲折地表明他肯定了这首诗在社会思想和美学思想方面的价值。在形式上，此诗共分四节，分别用"思无疆""思无期""思无斁""思无邪"四个回环递进的句式作为各节之间的内在层次。孔子为什么唯独选取"思无邪"作为《诗》三百的评语呢？刘宝楠的《论语正义》解释道："诗之为体，论功颂德，止僻防邪，大抵皆归于正，于此一句可以当之也。"这是比较符合于孔子对诗歌社会功能的看法的。诗歌是社会生活的反映，是诗人头脑的产物，它本有暴露和歌颂两方面的作用。但是片面地讲歌颂，或者片面地讲暴露，都是不正确的，只有当歌颂则歌颂、当暴露则暴露，才算有的放矢。歌颂和暴露都要符合一定的分寸。歌颂过分，容易变成阿谀；暴露不当，又会违背礼制原则。他认为正确的界限就是"思无邪"。当着诗歌的内容能够对读者产生"思无邪"的作用的时候，它就同时收到了"论功颂德，止僻防邪"的效果。因此，"思无邪"是孔子在衡量《诗》三百的社会价值时所规定的思想的、政治的标准。

　　孔子在对诗的评论中是怎样应用这个标准的呢？《论语·阳货》记

载道：

> 子谓伯鱼曰："女（汝）为《周南》、《召南》矣乎？人而不为
> 《周南》、《召南》，其犹正墙面而立也与？"

孔子强调学习和研究《周南》《召南》的重要性，认为学习和研究《周南》《召南》可以开阔人们的眼界，指导人们的行为。它们是怎样达到这种艺术效果的？记载简略、历史悠远，今人无从尽知其详。但是《周南》的第一首诗是《关雎》，孔子对之做过概括的评价，我们从中可以窥见孔子所以高度肯定《诗经》中"二南"的某些思想的、社会的缘由。

《论语·八佾》：子曰："《关雎》，乐而不淫，哀而不伤。"

用现代语言来表述就是："《关雎》这首诗快乐而不放荡，悲哀而不痛苦。"（据杨伯峻《论语译注》译文），孔子肯定《关雎》，正是由于它的思想内容符合一定的中正和平的理性要求。所谓"不淫""不伤"，就是指《关雎》的内容饱含着有益于社会的道德原则，体现了有益于社会的思想风范。概括地说，诗中的情感为一定的思想所指引、所制约。

孔子所依据的道德原则、思想风范，自然存在着历史的阶级的局限，这是必须注意的。但是道德原则、思想风范作为人类的精神文明来考察，它们在历史发展的过程中，既有被扬弃的方面，也有被保持的部分；既有应加否定的方面，也有应予肯定的部分，这也是必须注意的。那么，孔子对于《关雎》的评论有没有值得我们肯定的地方呢？这就必须结合《关雎》这首诗的实际内容来加以评判了。

《关雎》是一首男子倾慕女子的恋歌，也就是说，它是一首爱情诗。诗中的"窈窕淑女"是一个从外形到内心都很美好的姑娘。施山《姜露盦杂记》卷六称"窈窕淑女"句为"善于形容。盖'窈窕'虑其佻也，而以'淑'字镇之；'淑'字虑其腐也，而以'窈窕'扬之"。[①] 如果我们撇开诗人的修辞技巧而就诗中的美学思想进行思索，那么，外形美而不显得轻佻，内心美又不显得严峻，这正是诗人心目中的理想的女性美。一

---

① 钱锺书：《管锥篇》第一册，中华书局1979年版，第66页。

个青年女子具有这种理想的女性美，正是青年男子对之产生倾慕之情的合理根据，从而曲折地说明了诗中的男主人公在物色对象时所坚持的美学标准是全面的。一个青年男子遇上了符合自己美学要求的青年女子，并从而产生爱悦之情是正常的；由爱悦而思念，因思念而心神不安，也很符合青年人的心理；加上夜长人远，因"求之不得"而有"辗转反侧"之忧，也是可以理解的。但是感情上的折磨，并没有使青年男子产生不理智的行动，情绪也没有由此陷入消极。相反在极度苦恼中，他仍然怀有积极的愿望："窈窕淑女，琴瑟友之"；"窈窕淑女，钟鼓乐之"。爱情是人类生活的重要内容之一，通过爱情关系的处理，能够反映一个人的精神境界、道德风范和人生态度。诗中的青年男子在爱情问题的对待上，做到了既不矫情，也不悖理，因而保全了一种健全的人格。诗人肯定了他的人格，肯定了他对待爱情的理性主义态度，同时也就肯定了"君子"和"淑女"是理想的配偶。从这里，我们看到了那一时期在男女恋爱婚姻问题上美学理想与社会理想的一致。青年男子在物色对象时必须坚持健全的美学标准，如果感情与理智在爱情关系上发生矛盾，必须使感情服从于理智。只有用理性主义态度来对待爱情和婚姻，才能使青年男女结成理想的配偶关系；也只有理想的配偶，才能形成美满而幸福的家庭；由这样的家庭组成的社会才有利于自身秩序的稳定。

作为《周南》之首的《关雎》，研究者多半认为它产生于西周的初年。那正是大乱之后人心思治的年代，社会的发展也确实需要一个和平安定的环境。《关雎》一诗赞美理性主义的爱情关系，正是那一时期的民情世态在文学艺术中的真实反映。孔子生活在大乱方兴的春秋战国之交，有感于当时男女关系的缺乏理性，他曾经叹曰："吾未见好德如好色者也。"[1] 可见他一再肯定《关雎》，并非不病而呻吟、无的放矢。孔子的学说，在总的方面诚然趋向于保守，但是我们却不可因此忽视他在局部性的问题上所发表的某些可取的思想。他对于《关雎》的评论较之他的后世门徒简直不可同日而语！

应该说明的是，在《诗三百》产生和编订的时代及其以后的一段时期内，诗和乐是结合在一起的。所以孔子论诗，同时也是论乐。沈括

---

[1] 《论语·子罕》。

《梦溪笔谈》卷三说："《周南》《召南》，乐名也。……有乐有舞焉，学者之事。……所谓为《周南》《召南》者，不独诵其诗而已。"刘台拱《论语骈技》也有这样的看法："诗有《关雎》，乐亦有《关雎》，此章据乐言之。"那么，作为音乐理论来看，"乐而不淫，哀而不伤"的具体内容究竟是什么？这就必须把它放在孔子的整个思想体系中，放在儒家传统的音乐理论中才能得到清晰的理解。"乐"和"哀"是人的情感表现；音乐中的"乐"和"哀"是指音乐作品中所洋溢着的具体动情力。传统的儒家音乐理论认为：音乐反映社会生活的特点在于它能够充分地反映人们由客观现实所激发出来的主观精神世界，能够直接诉诸人的情感领域。这种情感与情欲有联系，但又不是情欲；它是在理性浸润下并为理性陶养而成的文明状态下的情感；其特点是对理性的笃信和自觉。真诚而绝无作伪之嫌。所以《乐记·乐象篇》说："情深而文明，气盛而神化，和顺积中而莫华发外；唯乐不可以为伪。"至于音乐与人类社会的关系，《乐记·乐化篇》写道："夫乐者乐也，人情之所不能免也。乐必发于声音，形于动静，人之道也。声音动静，性术之变尽于此矣。故人不耐无乐。"《乐记》产生于孔子之后，其内容当是儒家音乐理论一代一代的积累和总结；沿波讨源，我们从其成熟形态可以推知它在萌芽时期所产生的某些重要理论片段的内容。

《论语·泰伯》："子曰：'师挚之始'，《关雎》之乱，洋洋乎盈耳哉！""乱"是"合乐"，有如今天的合唱。当合奏的时候，乐工们奏起《关雎》的乐章，孔子听来感到满耳朵都是动听的音乐，从而陶醉在悦耳的美感享受之中。孔子曾经说过有益的快乐有三种（"益者三乐"）：以得到礼乐的调节为快乐，以宣扬别人的好处为快乐，以交了不少有益的朋友为快乐。[①] 当作音乐的《关雎》，孔子十分赞赏，理由正在于"乐而不淫，哀而不伤"的情调能够怡养人的身心，中和人的情性；这就是"乐节礼乐"，音乐歌颂了主人公"君子"的美好德行，这就是"乐道人之善"；而"君子"和"淑女"的关系，可以在更广阔的范围内领会为"乐多贤友"。孔子承认娱乐是人的精神需要，但是反对放纵，主张满足需要不可

---

①　参见《论语·季氏》"孔子曰：'益者三乐，乐节礼乐，乐道人之善，乐多贤友，……'"此据杨伯峻《论语译注》中译文。

违背一定的原则。娱乐违背了原则会走向反面："说（悦）之不以道，不说（悦）也。"① 在具体的音乐欣赏中，所谓"道"就是"礼"，就是"非礼勿听"。② 而"礼"的基本精神就是遇事做得恰当、有分寸，恰当、有分寸，正是形成美的重要条件。对此，孔子的得意门生有子说道："礼之用，和为贵。先王之道斯为美，小大由之。有所不行，知和而和，不以礼节之，亦不可行也。"③ 有子所说的"和"，就是调和使之合乎一定的分寸。"乐而不淫，哀而不伤"，是经过了以礼调节而产生的恰到好处的情感表现。《礼记·中庸》："喜怒哀乐之未发谓之中，发而皆中节谓之和。"孔子所以屡称《关雎》音乐表现上的原因，看来正在于它的因和致美。

（四）文质关系论

重视人，重视现实的人，其源甚早，光照千古。是孔子学术思想的重要内容，也是最主要的精华部分。它是春秋战国之交思想逐步解放的过程中日益发扬光大，终于铸成系统化的思想果实。《论语·乡党》："厩焚。子退朝，曰：伤人乎？不问马。"《孝经》："子曰：天地之性，人为贵。"这些材料，证明着孔子把人看作社会的，乃至宇宙的主体，从而动摇了天命鬼神的权威，使得他们从现实的存在变成了非现实的存在，从存在的幻想变成了观念中的模糊的影子。重视人，重视现实的人，是孔子文艺思想或美学思想的出发点。他以人学的眼光论文，使得人学与文学或文艺在基本原理上沟通起来，从而形成了自己的文艺思想特点。随着影响的深入，它在中国古代文艺思想史上构成了一个优良的传统。

能思想，会语言，是人区别于动物的基本属性。但是赤裸裸的思想是没有的，思想必须借助于语言才能表现为现实。关于语言和思想的关系，孔子说道："志为言"④，"不言，谁知其志！"⑤ 这就指明，语言的社会功用一在于表现人自身，二在于交流思想。认识到了语言对于人的存在和人

---

① 《论语·子路》。

② 《论语·颜渊》。

③ 《论语·学而》。

④ 《大戴礼记》卷九。

⑤ 《左传·哀公二十五年》。

的社会活动的重要，所以孔子把语言学习作为人生的必修课程。如果我们把"兴于诗、立于礼、成于乐"①，看作孔子论说人生接受文明教育的三阶段，那么在"兴于诗"的第一阶段，就包括语言的学习，即所谓"不学《诗》，无以言"②。学《诗》能言，不仅仅是指个人的思想能够得到自我抒发，而且也是为了在外交场合能够运用语言应对酬酢（所谓"对"）。既然语言是人们表达思想、进行社会交际的工具，那就不能不注意语言的纯洁性，不能不要求语言应当接受当时礼仪制度的约束，所以孔子教导他的子弟们说："非礼勿听，非礼勿言。"③ 言而合于"礼"，就是"法语之言"（严肃而合乎原则的话）；"法语之言"，有利于接受者端正自己的思想作风④。

"非礼勿言"，只是一种外部规定，假若没有很好的内在修养，仍然难以做到。"人而不仁，如礼何？"⑤ 人若是缺乏仁爱之心，那还谈得上遵守什么礼仪制度！对于人来说，语言同思想存在着和谐的一面，在一般情况下，能够通过他的语言了解他的思想，而善于分析别人的语言，也就能够识别其人的是非善恶。所以孔子说："不知礼，无以立也；不知言，无以知人也。"⑥ 但是语言作为思想的形式，有其相对独立性，语言同思想的表现不一定总是和谐的。道德品质高尚的人，一定会发出高尚语言；然而高尚的语言也可能是道德品质卑下者的漂亮话。于是孔子说道："有德者必有言，有言者不必有德。"⑦ 针对后一种情况，孔子深恶痛绝地批判了"巧言"和"利口"，认为"巧言乱德"⑧，"利口之覆邦家"⑨。为了防止人们忽视道德品行的修养，孔子提出了"刚、毅、木、讷，近仁"⑩

---

① 《论语·泰伯》。

② 《论语》"季氏篇"及"阳货篇"。

③ 《论语·颜渊》。

④ 《论语·子罕》："法语之言，能无从乎？改之为贵。"

⑤ 《论语·八佾》。

⑥ 《论语·尧曰》。

⑦ 《论语·宪问》。

⑧ 《论语·卫灵公》。

⑨ 《论语·阳货》。

⑩ 《论语·子路》。

的断语。为了防止人们专在语言方面弄巧，孔子又提出了"辞达而已矣"①。这也就是说，评判一个人的价值，首先应该着眼于他的品格，对于他的语言不必过分苛求，只要能正确地表达自己的思想就可以了。由此可见，单就语言来说，孔子更重视内容而不同意形式上的过于浮华；换句话说，在语言的文质轻重关系上，他是更重视质的，因为语言的社会作用主要决定于它的内容。《论语·卫灵公》：

> 子张问行。子曰："言忠信，行笃敬，虽蛮貊之邦，行矣。言不忠信，行不笃敬，虽州里，行乎哉"……"

这里的"言忠信"与"巧言""利口"相对，是强调语言表达思想的真实可靠性。能够做到这一点，语言就能发挥广泛的社会作用，否则将会到处受阻、碰壁。正是因为这样，所以孔子十分重视运用语言艺术的内在修养。他说道："君子于其言，无所苟而已矣。"② 对于语言的运用，抱着一丝不苟的态度，不单是要求语言真实地表达思想，而且还包括要求语言应有一定的文采。因为真实而又有文采的语言，其功用将更为深远。《左传·哀公二十五年》：

> 子曰："志有之：'言以足志，文以足言'。不言，谁知其志！言之无文，行而不远。"

这是孔子关于语言的内容和形式及其关系的简括而又全面的论述。从中我们可以看出，他首先重视语言表达思想的功能，强调语言要能充分地表达思想，空洞无物的语言，他是不以为然的；同时充分表达了思想的语言应有足够的文采，没有文采的语言他也是不取的。语言既要有思想，又要有文采；既要有内容的美，又要有形式的美，这是孔子对语言艺术的理想要求。但是内容和形式在具体事象的表现中，通常是既统一又矛盾的。如何使之解决矛盾达到统一呢？在语言方面孔子只是对两个易于矛盾的侧

---

① 《论语·卫灵公》。
② 《论语·子路》。

面分别提出了原则性的要求，而对如何统一这个问题，并未展开论述。好在事理是相通的，孔子在人的风格论上，对文和质，即形式和内容的关系的理解，为我们提供了一个对后世影响很深的原则。《论语·雍也》：

　　　　子曰："质胜文则野，文胜质则史。文质彬彬，然后君子。"

　　所谓"文胜质"就是文采多于朴实；所谓"质胜文"，就是朴实多于文采。两者都是指形式和内容在具体事象的具体表现上，通常易于引起的矛盾；矛盾的结果，不是失之于"野"（粗野），就是失之于"史"（虚浮）。朴实是好的，但朴实过分而无文采，那就成了自然状态的东西，自然状态的东西难免流于粗野；文采是好的，但文采过分就会处处显得人工雕琢，华而不实。在文和质矛盾关系的处理上，孔子主张两者配合适当，做到"文质彬彬"，才称得上一个有道德、有教养的君子风度。但是"文质彬彬"仅仅是一个原则，要实行它，还必须有一条具体的途径。这条具体途径，在孔子教育方法上体现为由博返约。《论语·子罕》记载了颜渊叙说孔子教育学生的特点是："夫子循循然善诱人，博我以文，约我以礼，欲罢不能。"这里的"文"虽则是各种文献，但是人在风格上所表现的文采主要是内在的学识教养在举止言谈方面的外在显现，因而孔子关于"文"这一概念的内容，对人来说，有时用以肯定文化修养，有时用以肯定文雅的风度或风格："博我以文"的"文"就包含着知识教养和文雅风度两方面的内容。但是，在孔子看来，任何人的教养和风度或风格必须符合于他所处的客观的社会地位，超越了他的名分就会走向自己的反面，因而真正的教养和风度（或风格），必须时时处处置于"礼"的约束之下。"文质彬彬"的君子风度（或风格），正是接受文教与礼教的结果。孔子主张"博"，然而他更强调"约"；由博返约的人格修炼过程，在经验与理论上都与艺事相通。艺术修养上的博采众长、转益多师，最后能自成一体，形成一家的风格；艺术表现上的由简到繁，再由繁到简，一擒一纵，能放能收，以及风格本身由绚烂发展为平淡等等，也都可以被看成是由博返约。

　　单就风格本身来说，"文质彬彬"在艺术表现上乃是一种用雅俗互救的方法以解决雅俗矛盾使之归于统一的理想的风格境界。雅和俗（即

"史"和"野")是艺术表现的结果。这种结果是由于艺术表现过程中刻意雕琢和一任自然所造成的，它和艺术家的思想修养和美学趣味有着密切的联系。南宋戴复古《论诗十绝》："雕镂太过伤于巧，朴拙唯宜怕近村。"论者仍然是提醒诗人在艺术创作中要时刻注意艺术表现的分寸感："雕镂"而不伤于弄巧，"朴拙"而不近乎村俗；雅俗配合得宜，就可达到"文质彬彬"的境界。王国维标举"古雅"，同样是将孔子"文质彬彬"的遗训改造为一个精炼的美学范畴，实质上仍然是主张通过雅俗互救以便创造出一种理想的风格。

孔子重视文采，主张对自然形态的东西要进行加工提炼，不主张单纯地模拟自然，艺术家在艺术创作过程中要发挥自己的主观作用。正是在这种理性主义的美学思想的指引下，使得他最早地提出了关于创作过程的论说。《论语·宪问》：

> 子曰："为命，裨谌草创之，世叔讨论之，行人子羽修饰之，东里之产润色之。"

"为命"，指制外交辞令，"草创""讨论""修饰""润色"，表现了完整的外交辞令的创制过程。外交辞令不同于一般的政令和日常言谈，它必须把正式外交场合中所要叙述的事件和所要阐明的思想进行细心的斟酌和巧妙的表述，因而它的创制过程与文艺的创作过程在原则上是相通的。"草创"和"讨论"，是初步确定作品的内容和安排作品的结构，而"修饰"和"润色"则是艺术上的进一步加工，以便使作品的形式和内容尽可能地取得和谐一致。刘宝楠《论语正义》："修饰者，朱子《集注》云：谓增损之。盖以增训饰，以损训修也。润色者，《广雅·释诂》：润，饰也，为增美其辞，使有文采可观也。"

在孔子的学说中，文和质是一对含义宽广的范畴，它包括上面所说的风格论和创作过程中形式和内容的关系的处理。如果仅仅把它当作形式和内容这一对范畴来考察，那么，孔子的文质论具体地包含着一些什么样的见解呢？

孔子重视文采，也就是重视内容的表现形式。他从生活经验中认识到了一定的内容要求与之相应的形式；形式如果同内容不相适应，它就会损害内容，损害事物的质的规定性。他在谈论关于工艺美术中服装色彩的问题时，发表过如下意见：

> 子曰："君子不以绀緅饰，红紫不以为亵服。"①
> 子曰："恶紫之夺朱也，恶郑声之乱雅乐也。"②

古代的黑色为正式礼服的颜色，绀和緅这两种颜色都近于黑色，所以不能再来镶边，为其他颜色的衣服作装饰。红紫两色是官服之色，不能用来作为亵服（家居衣服）的颜色；而且朱（大红色）为正色，紫虽然近于朱，却不可以紫乱朱，它们应有严格的区分。在当时，不同的服装配以不同的色彩是区别社会人群等级名分的外在形式。礼仪制度就是隐藏在这种形式之中的内容。孔子认为，如果破坏了这种形式也就同时破坏了内容，就像郑声破坏了雅乐一样，是不能容忍的；所以有道德、有教养的人必须在衣饰方面维护礼仪形式的规定。这就在形式和内容的关系方面给了人们这样一种启示：形式并不是消极的、被动的，它对内容能够起重大的反作用。孔子不仅仅重视文采，比较起来，他更加重视事物的质的方面，也就是更加重视事物的内容。

他在谈论绘画时，发表过这样的意见：

> 子夏问曰："'巧笑倩兮，美目盼兮，素以为绚兮。'何谓也？"
> 子曰："绘事后素"，曰："礼后乎？"子曰："起予者商也！始可与言
> 《诗》已矣。"③

"巧笑倩兮，美目盼兮"是说庄姜笑容很美，眼神顾盼生姿。诗句出于《诗经·卫风·硕人》："素以为绚。"可能是佚句，意为白色的底子上呈现出绚丽的文采。三句相连，是说庄姜的外表和内心都很美。子夏问诗。孔子答以"绘事后素"，即先有白色底子，然后才有图画。子夏从中

---

① 《论语·乡党》。
② 《论语·阳货》。
③ 《论语·八佾》。

悟出了礼乐产生在仁义之后的道理。也就是说，礼乐是仁义的形式，仁义是礼乐的内容；礼后于仁义，含有内容决定形式的意思，正像绘画一样，"素"是质，"绘"是文；"素"先于"绘"，质先于文。孔子称赞子夏，正是因为子夏领悟到了老师的质先文后的思想。

孔子重视文采，同时强调质先文后，最终达到了"文质彬彬"的结论，这种认识在当时远远高居于一般学者之上。文和质作为一对哲学的或美学的范畴，是孔子的首创；《论语》中记载着孔子及其门生多次阐述和讨论文质问题，足见这个问题在当时的思想界已经引起了普遍的注意，然而人们对它的认识比起孔子及孔门弟子来还是十分模糊的。可能由于对孔子的"文质彬彬，然后君子"的结论，人们怀有不同的意见，因而引起了卫国大夫棘子成与孔门贤人子贡的一场辩论。《论语·颜渊》：

> 棘子成曰："君子质而已矣，何以文为？"子贡曰："惜乎，夫子之说君子也！驷不及舌。文犹质也，质犹文也。虎豹之鞟犹犬羊之鞟。"

棘子成认为君子只要有好的本质（内容）便够了，不必追求那些文采（形式）。这说明他对事物的存在缺乏完整的认识，错误地以为事物的内容可以脱离它的表现形式而单独地存在。提出这种看法，隐含着礼教方面的复杂原因，但是在认识论上既然存在着根本的错误，因而它对哲学和文艺的发展是十分不利的。子贡对它的驳斥，说明孔门弟子已经认识到了本质和文采，内容和形式是事物存在的两个不可分割的方面，它们之间的关系是互相依存，又互相作用。直观的例子是：假若把虎豹和犬羊两类兽皮拔出有文采的毛，那这两类皮革就很少区别了。在这场辩论中，子贡的见解暗暗地但又是有力地维护了孔子的"文质彬彬"的理论。

孔子对于自己的理论是贯彻到底的，把"文质彬彬"应用到音乐评论中，就表现为"尽善尽美"论。《论语·八佾》：

> 子谓《韶》，"尽美矣，又尽善也"。谓《武》，"尽美矣，未尽善也。"

《韶》和《武》都属于"六乐"之列。"六乐"是周代礼乐制度的重要组成部分。从美和善相对区别看来，引文中的"美"可能指声音形式上的和谐动听，而"善"可能是指乐曲的思想内容合乎儒家以德服人的政治主张。《韶》相传为舜时代的乐曲，而舜取天下，出于禅让，所以孔子赞赏它既在形式上"尽美"，又在内容上"尽善"。《武》的内容歌颂了周武王"武功"，这在思想上同儒家不以力服人的政治主张相左，所以孔子对它的评价有所保留，指出它尽管在形式上"尽美"，在内容上却未能"尽善"。由此可见，孔子已经认识到了一首具体的乐曲，在思想内容和艺术形式之间，可能是统一的（尽善尽美），也可能是不太协调的（尽美而未尽善），于是从形式和内容的统一上提出了"尽善尽美"的艺术要求。这个主张在具体的艺术实践中达到完全的实现是困难的，但它终究是一个应该争取实现的艺术理想。美和善不是抽象的，也不是凝固的，它们随着时代、社会的变化而不断地变化和丰富着自己的内容，然而作为一种艺术理想，"尽善尽美"论一直是作家、艺术家们在自己的艺术实践中努力探求的目标，其生命力历两千多年而不衰。这正是谈艺进而论道的结果。

1983 年 4 月北京
本文为首发

编者按：本文系作者 20 世纪 80 年代初期的一篇重头文章。不知为什么当时未能发表，却又已不在自己手中，时间竟达 16 年之久；也不知什么机缘，16 年后重又"失而复得"，这时正是 1999 年。复得之后，他"不胜欣幸"，企盼能"发表出来"，并在文稿后写下"作者附记"："本文写作于十六年前。十六年后失而复得，不胜欣幸！重读之余，尚不觉其过于孤陋，发表出来，敬希读者赐正。"然而仍未如愿。

三

论孟子的文艺思想

　　孟子（公元前372—前289年）生活在社会极度动乱的战国中期。他与庄子同时，对于现实同样深恶痛绝，但不像庄子那样消极绝望。他雄辩而又异常自负，面对乱世，发出过"平治天下""舍我其谁"① 的壮语。稍后他与墨子对人民的苦难怀有同样深沉热烈的同情，但是态度却不像墨子那样偏狭激烈。他重视一般民众的物质利益，同时更重视他们的精神教养②，而且注意到了两者之间的密切联系。尽管由于历史的、阶级的局限，他的总的社会设计具有浓重的空想性，然而从中国古代思想史的发展来看，他可以算得上重视物质文明和精神文明最早的人之一。

　　从"春秋"以来，奴隶主贵族日趋腐朽，战争不断，草菅人命；天下纷纷，莫衷一是。人民厌弃动乱，要求安定；反对分裂，渴望统一。"天下恶乎定？"③ 这是当时的政治家和思想家们共同关心并且努力进行探索的一个总的历史课题。对此，孟子的回答是"定于一"。④ "定于一"，在政治上就是结束诸侯割据，建立大一统的中央政权；在经济上就是实行他所设计的井田制；在思想上就是坚信他所发明的人性本善的学说，并且通过有效的教育，来保持人的善性，从而建立稳定的等级制的社会秩序。"性善论"，是孟子哲学思想的核心，由此引出了他的民本主义，引出了实行"仁政"、反对"嗜杀"的主张，引出了"百姓亲睦"的伦理观。

---

① 《孟子·公孙丑下》。
② 《孟子·梁惠王上》："若民，则无恒产，因无恒心。苟无恒心，放僻邪侈，无不为己；及陷于罪，然后从而刑之，是罔民也。……"
③ 《孟子·梁惠王上》。
④ 同上。

他的文艺思想或美学思想也是从他的性善论派生出来的。性善论的对象是人，是对人的本性的揭示。揭示人的本性，意在肯定人的价值，维护人的尊严，启发人的积极向上的热情，以求达到齐家、治国、平天下的目的。肯定现实中人的价值，肯定历史上的伟大人物但不加以神化，这是春秋战国时代儒学派研究和认识事物的理性主义态度，而以孔子、孟子和荀子为代表。对于人和人性的研究，孔子提出了一些基本原则，孟子则在方法论上作了重要的补充和发展。由于孟子强调人所固有的善性的保持，所以侧重自我内心修养，而不拘泥于前人的旧说①；坚持原则，同时又主张灵活应用（所谓"权"）②；研究事物注意全面考察，反对"举一而废百"（所谓"执一"）③，主张顺其自然之理，而反对穿凿附会（所谓"凿"）。④ 这些具有方法论意义的可贵思想，是孟子在广泛的实际思想斗争中总结出来的，并非专为文学创作和文学批评而设。但是世间万物的运动规律很多都是相通的，普遍的事理当然也会通过特殊的文理得到具体的表现。其中某些法则，应用到文艺批评和创作方面来，可以看作颇为精致凝练的法则。提出这些法则，在当时是破天荒的创造，对后世影响也很深远。

（一）关于艺术家的修养

孟子对于自己曾经有过一番刻苦的磨炼，待他自认为学养有素、总结学习经验的时候，说道："君子深造之以道，欲其自得之也。自得之，则居之安；居之安，则资之深；资之深，则取之左右逢其原。故君子欲自得之也。"⑤ 这里所阐明的学习经验是强调依循正确的方法对知识求取独立自觉的心得；有了自觉的心得才能牢固地掌握知识，才能更深地蓄积知

---

① 《孟子·尽心上》："孟子曰：'尽信《书》，则不如无《书》。吾于《武成》，取二三策而已矣。'"

② 《孟子·尽心上》："（孟子曰）'执中无权，犹执一也。所恶执一者，为其贼道也，举一而废百也。'"

③ 同上。

④ 《孟子·离娄下》："孟子曰：'天下之言性也，则故而已矣。故者以利（顺）为本，所恶于智者，为其凿也。如智者若禹之行水也，则无恶于智矣。……'"

⑤ 《孟子·离娄下》。

识，应用起来才能取之不尽、左右逢源。

怎样才算是求取"自得"的正确方法呢？孟子说道："学问之道无他，求其放心而已矣。"① 所谓"放心"，就是丧失了本有的善良之心；"求放心"，就是收回丧失的善良之心，把它集中在学问的追求上。孟子认为人要成就某种事业，不能依靠天资的聪明，最重要的一点是每临一事必须"专心致志"，"不专心致志，则不得也"②。

从"欲自得"到"求放心"，再到"专心致志"，这构成了孟子对于学习过程的心理要求；而为了完成人格修养③，则必须进一步学会"养心"。"养心"的方法是"寡欲"。能够做到"寡欲"，就能够保持人的内心所具有的共同的"理"和"义"。保持了这种"理"和"义"，也就同时能够在心理上产生一种自得自乐之感。这种自得自乐之道，孟子认为同一般的美感一样，也是一种美感。

　　……故凡同类者，举相似也，何独至于人而疑之？圣人与我同类者。至于味，天下期于易牙，是天下之口相似也。唯耳亦然。至于声，天下期于师旷，是天下之耳相似也。唯目亦然。至于子都，天下莫不知其姣也。不知子都之姣者，无目者也。故曰，口之于味也，有同耆焉；耳之于声也，有同听焉；目之于色也，有同美焉。至于心，独无所同然乎？心之所同然者何也？谓理也，义也。圣人先得我心之所同然耳。故理义之悦我心，犹刍豢之悦我口④。

在这一段著名言论中，孟子着重论证了凡属人类本无差异的命题。做出这种论证，是为了代表新兴的自由民向着腐朽的奴隶主贵族要求古代的形式民主；为了消除战乱，谋求统一，而从人性内部寻找理论根据。这在理论上是不科学的，但由此所做的理性探索却不无价值。他论证的具体内容是人类具有共同的美感。只是这种美感有"大体""小体"之分，通过

---

① 《孟子·告子上》。
② 同上。
③ 《孟子·尽心下》。
④ 《孟子·告子上》。

思维器官（心之官）获得美感，叫"从其大体"；通过感觉器官（耳目之官）获得美感，叫"从其小体"。只求感官需要的满足，是"小人"；而追求心性需要的满足，则为"大人"。孟子认为要使自己成为一个有道德教养的人，就要侧重思维器官的运用，这样才能避免用感性代替理性[①]，而理性是人的天性，是人区别于禽兽的本质特点，"大人"与"小人"的区别就在于是否保持了这种天性[②]；而保持了人的天性，也就保持了一颗纯真的"赤子之心"[③]，保持了人的本性的真（诚），也就同时具备了善和美的完满的品格。谁要是做到了这一点，谁就获得了最大的满足[④]。孟子所构造的这一套"存心""养性"之道，侧重在对人的理想的共性的培养，本意在平治天下，并非着眼于文艺。但是文艺家也是人，文艺的社会作用也是通过自己的特点曲折地最后汇合到平治天下这个总的历史要求中去的，因此孟子关于人格修养的理论不能不对文艺和文艺家产生这样那样的影响。比如"欲自得""求放心""专心致志"，强调理性和"赤子之心"，显然都对艺术家的主观修养以及创作时的精神活动有着不可否认的启迪性，事实上我们从后世文艺家们的理论著作中随处可以看到这些思想的具体应用和进一步发挥。

孟子论说事理，常常由近而远、由特殊而一般、由具体而抽象。他曾经说过，"言近而指远者，善言也"；"君子之言也，不下带而道存焉"。这是说语言表达的内容应该很丰富，而内容丰富的语言，价值在于它通过常见的事情传达普遍的规律性的思想，如下面一段话它从上下级关系、朋友关系、亲子关系等政治、道德关系的处理中，引出"明善"而"诚身"的一般原则，这些原则直接地启迪着艺术家在创作中应该用什么样的态度对待他所属意的复杂现象：

---

① 《孟子·告子上》："公都子问曰：'钧（均）是人也，或为大人，或为小人，何也？'孟子曰：'从其大体为大人，从其小体为小人。'曰'钧（均）是人也，或从其大体，或从其小体，何也？'曰：'耳目之官不思，而蔽于物。物交物，则引之而已矣。心之官则思，思则得之，不思则不得也。此天之所与我者。先立乎其大者，则其小者不能夺也。此为大人而已矣。'"

② 《孟子·离娄下》："孟子曰：'人之所以异于禽兽者几希，庶民去之，君子存之。'"

③ 《孟子·离娄下》："大人者，不失其赤子之心者也。"

④ 《孟子·离娄下》："万物皆备于我矣，反身而诚，乐莫大焉。"

　　孟子曰："居下位而不获于上，民不可得而治也。获于上有道，不信于友，弗获于上矣。信于友有道，事亲弗悦，弗信于友矣。悦亲有道，反身不诚，不悦于亲矣。诚身有道，不明乎善，不诚其身矣。是故诚者，天之道也；思诚者，人之道也。至诚而不动者，未之有也；不诚，未有能动者也。"①

　　孟子所说的"诚"，可以视作美学上的"真"。在他看来，"真"是人性内部实际存在着的规律，而认识和把握这些规律则是人的本质特点。但是，在社会领域里，人假如不能明确什么是社会美（善），他的本质也就无法充分体现，人只有自觉地认识和把握了社会美，才能使本性的"真"在身体、行为的各方面得到充分的显现。

　　君子所性，仁义礼智根于心，其生色也睟然，见于面，盎（显现）于背，施于四体，四体不言而喻。②

　　仁义礼智，就是"善"的具体内容；"诚其身"就是仁义礼智之根植于心中，而发出来的神色纯和温润，它表现了颜面，反映于肩背以至于手足四肢，在手足四肢的动作上，不必言语，别人一目了然。——这在主观修养上就是所谓"至诚"的境界，就是彻里彻外的诚心。孟子认为"至诚"而不能使别人感动，是天下不会有的事；不诚心则没有能感动别人的。这同《庄子·渔父》中所谓"不精不诚，不能动人"的思想，在普遍性形式上完全一致，不同的是庄子的"精诚"基乎唯意志的本能直觉，而孟子的"至诚"基于自省式的理性修养。如果用这种修养来要求艺术家，那就分明类似于我们今天所说的艺术家的良心。因而孟子关于"明善""诚身"的思想，在今天仍然有它难以磨灭的借鉴意义。

---

① 《孟子·离娄上》。
② 《孟子·尽心上》。疏解部分根据《孟子译注》中杨伯峻先生译文。

（二）关于批评家的修养

正是因为在艺术创作中艺术家的修养有其不可忽视的重要性，由此也就产生了批评家在批评活动中如何看待艺术家的问题。于是孟子创造性地提出了"知人论世"的观点：

> 孟子谓万章曰："一乡之善士斯友一乡之善士，一国之善士斯友一国之善士，天下之善士斯友天下之善士。以友天下之善士为未足，又尚（上）论古之人。颂（诵）其诗，读其书，不知其人，可乎？是以论其世也。是尚（上）友也。"①

这里有两点值得我们注意：一是孟子认为批评家和艺术家都应该是他自己时代的优秀人物；二是批评家和艺术家之间的关系是朋友关系。不言而喻，批评家应该尊重艺术家，了解艺术家。尊重艺术家是指批评家应该尊重艺术家的创作追求和艺术个性，同时也应该虚心向艺术家学点什么；而了解艺术家则是为了更准确地领会和批评他的作品。但是艺术家作为社会的人，绝不是孤立自在的，他同样处在复杂的社会关系中，他的言行以至整个为人不能不受到自己的时代环境的制约。因此了解艺术家，必先了解艺术家所处的特定的时代环境。"论世""知人"两者相辅相成，才能通过"颂"（诵）、"读"去了解古人所做的"诗"和"书"。这无疑是比较客观的批评方法，它对于后世的文艺批评产生了长久的、良好的作用。

在具体的文艺批评中，孟子是怎样运用"知人论世"这一方法的呢？《孟子·万章上》记述：

> 万章问曰："《诗》云，'娶妻如之何？必告父母'。信斯言也，宜莫如舜。舜之不告而娶，何也？"
> 孟子曰："告则不得娶。男女居室，人之大伦也。如告，则废人之大伦，对怼父母，是以不告也。"

———————————

① 《孟子·万章下》。

万章曰："舜之不告而娶，则吾既得闻命矣；帝（尧）之妻舜而不告，可也？"

曰："帝（尧）亦知告焉则不得妻也。"

万章所引的诗句，见于《诗·齐风·南山》。关于这首诗的本事，《诗序》说："《南山》，刺襄公也。鸟兽之行，淫乎其妹。大夫遇是恶，作诗而去之。"万章剥离了这首诗的本事，抽出诗中娶妻必告父母两句作为普遍原则来批评舜的"不告而娶"，同时指责尧的"妻舜而不告"。孟子的解答是"告则不得娶"。而男女结婚是天经地义的事，如果舜事先报告了父母，那么，他自己便会废弃"人之大伦"，由此还会引起对父母的怨恨，所以他就不报告了。至于尧，他也知道，假如事先一加说明，便会嫁娶不成。于是舜的"不告而娶"、尧的"妻舜而不告"，当然都是有理由的，都是无可非议的。孟子做出这一番解答，根据是未加说明的潜在条件：作者写作《南山》，意在讽刺齐襄公、鲁桓公，与尧、舜本来无涉——他们各自的为人品质不同，处境也不一样，所以不能抓住某些现象不加分析地生拉硬扯。在批评方法上，这显然是"知人论世"说的灵活运用。

"知人论世"的目的是为了更好地理解作品，因为作品一经产生，就成了不以艺术家的主观意志为转移的客观存在。所以艺术批评的直接依据还是作品本身的客观内容。在这方面，孟子的"知言养气"说，可以看作对批评家的进一步要求，尽管它的原意只是阐明孟子个人修养上的突出长处，并非直接针对文学艺术。

（公孙丑问曰）"敢问夫子恶乎长？"

曰："我知言，我善养吾浩然之气。"

"敢问何谓浩然之气？"

曰："难言也。其为气也，至大至刚，以直养而无害，则塞于天地之间。其为气也，配义与道；无是，馁也。是集义所生者，非义袭而取之也。行有不慊于心，则馁矣。……"

"何谓知言？"

曰："诐辞知其所蔽，淫辞知其所陷，邪辞知其所离，遁辞知其所穷。——生于其心，害于其政；发于其政，害于其事。圣人复起，必从吾言矣。"①

"知言"的目的原也是为了"知人"。孔子就曾说过："不知言，无以知人也。"② 所谓"知言"，就是能够正确地感知不同的语言形式所表达出来的不同的思想内容，而"养气"，则是指将外在的思想道德原则经过持久不懈的修养功夫融化为内在的血肉。孟子虽未明说"养气"与"知言"之间的关系，但同时提出二者，并且不无自豪地把他们认作自己的长处，又确乎意味着他以自己的经验来要求批评家必须具有较深的思想道德修养，必须具有一种对语言艺术的敏锐的判断力。在孟子看来，"诐""淫""邪""遁"是人对语言病症的直接感受，"蔽""陷""离""穷"则是人对这种语言病源的理性察知，而"所蔽""所陷""所离""所穷"则是最后诊断出病源的确实所在。感受、察知和确诊，说明孟子所主张的批评家的批评，不仅仅是一般的感性欣赏，而必须是一种积极的理性活动。也只有这样，他的批评方能有补于社会风化，有补于艺术家的创作，才能推动社会和艺术的健康发展。语言是表达思想的，它的病症、病源之所在，与语言的技巧固然不无关系，但是最根本的原因还是在于它的思想性，在于语言运用者的各方面的修养。由此可见，"知言"不仅仅是社会批评家在社会活动达到"知人"的一种途径，它在特殊的文学批评活动中更是批评家洞察作品、了解作家的一种必备能力。由此又可见，"知言"同"知人论世"原是密不可分的。

然而，无论是社会批评家，还是文学批评家，要在具体的批评活动中对语言做到"四知"，实在谈何容易！它要求批评家必须具有关于语言艺术、思想情操、社会经验等多方面的素养。孟子深明此理，所以主张批评家要广博地学习，详细地解说，并且要在融会贯通以后，回到言简意赅的地步③。他又认为批评家必须具有广泛的阅历，这样才能使自己识见高

① 《孟子·公孙丑上》。
② 《论语·尧曰》。
③ 《孟子·离娄下》："孟子曰：'博学而评说之，将以反说约之。'"

远，即所谓"观于海者难为水，游于圣人之门者难为言"。① 他还认为这些修养又不能停止在单纯的理性认识上，必须进一步把它们化作美好的情操，化作具体的气质和可以感知的风格。于是他在提出"知言"的同时提出了"养气"。

"气"，作为一种精神现象，其含义约略相当于我们今天所说的心胸气质，或个性。它受理性制约（夫志，气之帅也），同时又是理性的护卫（气，体之充也），理性通过它诱发出行为。因此，"气"是思想与行为、认识和实践的中间环节。孟子认为要使人的行为合乎理性要求，必须"持其志，无暴其气"②。也就是说，思想要坚定，心胸、气质或个性只能护卫思想，而不可同思想乖离（"乱"）。由于人的行为直接与心胸、气质或个性相关，为了保证行为不致于乖离思想，因此必须"养气"。

那么，孟子主张"养"什么样的"气"呢？从提出"养气"之说的上下文来看，"养气"显然是从"养勇"延伸和扩展而来。"养勇"是为了在任何得意或失意的情况下，都能够做到镇定自若，心志绝不动摇。"养气"与"养勇"的目的相同，都是为了"不动心"；不过"养气"的内容较之"养勇"更为宽泛，它贯穿在一切情感活动中，并流露在一切行为表现上。分析言之，就是心胸、气质或个性诸方面的修养；综合言之，就是一种气概。我们可以把"浩然之气"分析理解为博大的胸襟、耿介的气质或刚强的个性，也可以综合理解为合乎儒家社会政治道德要求的一种"大丈夫"气概，一种神圣不可侵犯的凛然正气。而坚持真理和正义的勇气，无疑地成为这种凛然正气的核心。一个人要获得这种"浩然之气"，在内容上必须与"义"和"道"配合，道义是"浩然之气"的内在力量；在方法上必须通过正义的经常积累。它不是一时的正义行为所能取得的，还必须时刻避免不义行为的干扰和破坏。也就是说，它产生于时时处处的道义修养之中。《孟子·滕文公下》有一段话可以帮助我们更为具体地理解"养气"说。

景春曰："公孙衍、张仪岂不诚大丈哉？一怒而诸侯惧，安居而

① 《孟子·尽心上》。
② 《孟子·公孙丑上》。

天下熄。"

　　孟子曰："是焉得为大丈夫乎？子未学礼乎？丈夫之冠也，父命之；女子之嫁也，母命之，往送之门，戒之曰：'往之女（汝）家，必敬必戒，无违夫子！'以顺为正者，妾妇之道也。居天下之广居，立天下之正位，行天下之大道；得志，与民由之；不得志，独行其道。富贵不能淫，贫贱不能移，威武不能屈，此之谓大丈夫。"

　　值得注意的是，孟子将大丈夫气概与"妾妇之道"作了对比性的论述，从而突出了大丈夫气概就是对人对事所表现出来的坚强的原则性，一种秉性方正、独立不迁的性格。与大丈夫气概相对立的是所谓"小丈夫"气度。

　　……子岂若是小丈夫然哉？谏于其君而不受，则怒，悻悻然见于其面，去则穷日之力而后宿哉？①

　　"小丈夫"的主要特点是意志软弱，经不起挫折；胸襟狭小，意气浅露，缺乏深沉的理性涵养。孟子作为一个社会批评家，在胸襟、气质方面所要求于自己的就是他所称道的"大丈夫"气概，而蔑弃"小丈夫"式的小家格局。

　　在孟子看来，"养气"是原因，"知言"是结果，它们之间的关系极为密切。只有"养气"，才能"知言"，才能识别种种错误言论，才能有力地对之加以驳斥，才能有效地说服别人。孟子认为语言是表达思想的，而"气"又是思想的护卫和随从，因而语言同"气"也是关系密切的。后人于此受到启发，从"气"与人的精神状态的关系中，从"气"与人的语言表达方式的关系中，抽绎出"文"与"气"的关系问题，因而在后世的文艺理论中，"文气"成了一个重要的文艺学的或美学的范畴，影响颇为深远。

────────────

① 《孟子·滕文公下》。

（三）关于创作与批评

倘若我们按照"知人论世"的原则来评论孟子，那么应该说，孟子首先是一个思想家和政治家，然后才是一个文艺批评家。他的文艺批评是从他的社会政治道德批评中产生的，并且服从于他的社会政治道德批评。在他看来，文艺创作总是避免不了要反映特定国家的政治和德教，文艺也正是通过这种反映去发挥它的美感教育作用的。"见其礼而知其政，闻其乐而知其德"①，这里同时也是认定音乐总是要反映特定国家的德教的。孟子认为治理国家、要使国家变得强大起来，免受邻国的侵侮，应该做到不失时宜地经之营之，未雨绸缪。为证明这个思想，他引用《诗·豳风·鸱鸮》中第二节诗："迨天之未阴雨，彻彼桑土，绸缪牖户。今此下民或敢侮予？"又引证孔子对这首诗的评论："为此诗者，其知道乎！能治其国，谁能侮之？"②为证明"人性皆善"的理论，他又引用《诗·大雅·烝民》第一节中诗句："天生烝民，有物有则。民之秉彝，好是懿德。"接着又一次引证了孔子对这首诗的评论："为此诗者，其知道乎！故有物必有则；民之秉彝，好是懿德。"③孔子和孟子一致肯定这首诗，就因为它反映了周王朝的德教，并且因此一致赞扬作者懂得德教之道。"为此诗者，其知道乎！"这样的赞语重复出现，看来不是一个偶然现象。作诗"知道"，分明暗示着诗以明道的主张，它可能是后来宋儒提出"文以载道"说的最早滥觞。

"道"，在孟子的言论中，内容比较广泛，但核心不外仁、义二端。孟子不仅暗示"诗以明道"，并且明确主张音乐的内容就是以得道为快乐；而音乐的感奋力量也正是从以道为乐中产生的，他认为：

> 仁之实，事亲是也；义之实，从兄是也；智之实，知斯二者弗去是也；礼之实，节文斯二者是也；乐之实，乐斯二者，乐则生矣；生

---

① 《孟子·公孙丑上》。
② 同上。
③ 《孟子·告子上》。

则恶可已也，恶可已，则不知足之蹈之手之舞之。①

孟子作为一个政治家和思想家，当他考虑艺术职能的时候，其着眼点不能不集中在艺术应当如何促进人的意识的发展和社会制度的改善上，也就是说，在政治家、思想家的孟子的观念中，艺术作品的价值归根结底取决于它的正确的思想内容的比重。音乐之所以引起欣赏者的快乐，就因为它以仁义为思想内容而作用于欣赏者的理性能力。他没有提及音乐给予人们的形象感受，以及伴随这种感受所产生的情绪反应。因此，他所说的音乐给予人们的快乐并不就是审美快感，而是审美快感的代用品。在这里，他的观点与墨子颇为接近，但是当他作为一个文艺批评家和教育家来审视音乐教育作用的时候，却十分重视音乐的审美快感，于是在观点表现上又与墨子颇为不同，他指出：

> 仁言不如仁声之入人深也，善政不善教之得民也。善政，民畏之；善教，民爱之。善政得民财，善教得民心。②

孟子特意指出仁德的言语赶不上仁德的音乐入人心之深，实际上已经意识到了一般的言语宣传偏于抽象的思想教育，其作用也就势必偏于理性的训导；而音乐的宣传尽管也有它的思想性，可是由于音乐宣传并非直接披露赤裸裸的思想，它是以充满感情的形象诉之于人的感官，打动人的情感，所以能使人们在心旷神怡的美感享受中激起对某种思想的热爱和追求。

儒家重视诗教、乐教，所以孟子对诗和乐的本质发表过许多颇有价值的见解，诗以明道、乐入人心就是其中最重要的观点。这些观点，同他的"知人论世""知言养气"的批评原则相结合，构成了他的批评实践的理论依据。《孟子·告子下》记载道：

---

① 《孟子·离娄上》。

② 《孟子·尽心上》。在《孟子》书中"声"有二义，一为名誉，一指音乐。这里的"声"，从赵岐和杨伯峻先生的注释。

公孙丑问曰："高子曰：'《小弁》，小人之诗也。'"

孟子曰："何以言之?"

曰："怨。"

曰："固哉，高叟之为诗也！有人于此，越人关弓而射之，则己谈笑而道之；无他，疏之也。其兄关弓而射之，则己垂涕泣而道之；无他，戚之也。《小弁》之怨，亲亲也。亲亲，仁也。固矣夫，高叟之为诗也！"

曰："《凯风》何以不怨?"

曰："《凯风》，亲之过小者也；《小弁》，亲之过大者也。亲之过大而不怨，是愈疏也；亲之过小而怨，是不可矶也。愈疏，不孝也；不可矶，亦不孝也。"

孔子曰："舜其至孝矣，五十而慕。"

关于《诗·小雅·小弁》一诗的本事，古人传说不一，但相同的一点是认为诗中的怨恨之情出于后母谗于父，儿子为父所逐实属无辜。《诗序》把它列为"刺"诗。按照孔子提出的诗"可以怨"的原则，即使在古代，《小弁》的思想倾向也是无可争议的。但是论诗全然无视诗"可以怨"的职能，对诗的内容又不作具体分析，死板地仅仅根据礼的训条轻率地判定《小弁》是"小人之诗"。孟子批评高子的"固"，一是因为高子固执于一隅，生搬抽象的训条，死套具体的诗歌；二是因为高子仅抓住诗中的表面现象而不顾其根本的思想性质。孟子认为即使按照礼的要求，也得不出高子那样的结论。因为对于"怨"，不能一概而言，在特定的情况下，怨与不怨显示着人与人之间关系的亲疏；见人有过，采取轻松不怨的态度，那是关系疏远的缘故；反之，则是热爱亲人的表现。而热爱亲人，是合乎"仁"的。《小弁》的"怨"既然合乎仁，那就应当加以肯定。公孙丑当即提出"《凯风》何以不怨"的问题，企图为高子的偏见辩护。《诗·邶风·凯风》的本事，按传说是写一个妇人，生有七子，仍想改嫁；她的儿子们唱出这首歌，用以自责。《诗序》把它列为"美"诗。一为"刺"诗，一为"美"诗，两者的主旨本自不同，公孙丑的失误是未作区分，妄加类比。对此，孟子解释说：《凯风》中，母亲的过错小；《小弁》中，父亲的过错大。父母的过错大，却不怨恨，是更疏远父母的表现；父母的过错小，却去怨恨，是反而激怒自己，把父母更疏远是不孝，反而使自己激怒也是不孝。经过这样的解释，结论不言自明：《小弁》的"怨"，是正确的；《凯风》的"不怨"，也是正确的。由此可见，孟子实际上是主张确定一首诗的思想，应该分析诗中具体的人和事，然后才能得出正确结论。这种强调对不同情况进行具体分析的方法，包含着一种朴素的实事求是的精神。

孟子在批评实践中，不断地丰富着自己的批评理论。《孟子·万章上》有孟子与咸丘蒙论诗的记载：

> 咸丘蒙曰："舜之不臣尧，则吾既得闻命矣。《诗》云，'溥天之下，莫非王土；率土之滨，莫非王臣'。而舜既为天子矣，敢问瞽瞍之非臣，如何？"
> 曰："是诗也，非是之谓也；劳于王事而不得养父母也。曰，'此莫非王事，我独贤劳也。'故说诗者，不以文害辞，不以辞害志。以意逆志，是为得之，如以辞而已矣，《云汉》之诗曰，'周余黎民，靡有孑遗。'信斯言也，是周无遗民也。"

咸丘蒙所引用的诗句见于《诗·小雅·北山》第二章。这一章的全文是："溥天之下，莫非王土；率土之滨，莫非王臣。大夫不均，我从事独贤。"咸丘蒙既割裂全诗，又割裂全章，完全脱离了诗章的主旨和诗章中具体的人与事，仅仅根据几句诗的表面意义来比附他所不了解的历史人物，从而把艺术的诗歌当成了伦理的教条。孟子首先指出咸丘蒙对于《北山》诗的曲解，并且把诗中的一、二两章联系起来进行考察，指出诗章的主旨是作者本人勤劳王事以致不能够奉养父母。又进一步指出：解说诗歌的人，不能抓住个别字眼割裂全句的意义，也不能根据词句的表面意义歪曲其内在的思想；并且引证《诗·大雅·云汉》中的两句诗，说明诗歌在修辞上有夸张的特点，不能把夸张的语言认作绝对的真实，否则就会造成咸丘蒙那样的错误。他的正面主张是：应该从完整的诗章出发，用自己的切身体会，去推测作者原来的创作意图，去分析作品的实际内容，这就是"以意逆志"。

"以意逆志"的批评方法，实质上是一种鉴赏的批评。它倾向于发挥批评家本人的能动性，在推测作家创作意图、理解作品思想意义的过程中，对批评家自己的生活经验、思想修养、美学趣味、时代风习起着极大的作用。这种方法具有很强的主观性，如果它同前面提到的"知人论事"的比较客观的方法结合起来运用，并且把整个批评建立在"知人论世"的基础上，那就会增强它的科学性，可以使批评切中肯綮；倘若一味"以意逆志"，那就会使批评远离作品的客观实际，流于纯主观的臆测，违反科学而又强作解人。

"以意逆志"方法的提出，与春秋战国时期普遍存在着"赋诗言志""以志用诗"的社会风气有关，也同孟子本人的主观好辩、强词夺理的气质与作风有着内在的联系。它的缺陷在孟子的批评实践中时有表现。我们可以说，他提出了一整套批评方法，在当时难能可贵；然而他自己并没有完整地系统地将这套方法运用于批评实践，因而造成了一些牵强附会的批评。《孟子·尽心上》：

> 公孙丑曰："《诗》曰'不素餐兮'。君子之不耕而食，何也？"
> 孟子曰："君子居是国也，其君用之，则安富尊荣；其子弟从之，则孝悌忠信。'不素餐兮'，孰大于是？"

《伐檀》一诗集中讽刺剥削者不劳而获，但公孙丑又一次割裂完整的诗章，而仅仅摘取"不素餐兮"一句，作为自己提出君子为何不耕而食这一问题的根据。诗中讽刺不劳而获与公孙丑所提出的问题，并不是一回事；前者是反映阶级利益的对立，后者则借用诗句，暗寓重农学派的观点。孟子这一回丢弃了他的"知人论世"的原则，全然采用"以意逆志"的方法，离开诗歌的具体内容，侈谈自己的社会等级观点。类似的讨论，在《孟子》其他文章里也时有所见。从中我们不仅看到了"以意逆志"的方法本身带有极大的随意性，看到了孟子好辩的气质和强词夺理的作风，而且也看到了他的历史的、阶级的局限性。

原载《喀什师院学报》1986 年第 1 期

四

论墨子的文艺思想

墨子是战国初年的思想家和社会活动家。他和孔子都生于鲁国，只是生活和活动的时间，孔子在前，墨子在后，相距不远，大致衔接。孔子创立了儒学，墨子创立了墨学，儒学、墨学都是战国时期的所谓"显学"（著名的学说、学派）。墨子对儒学所持的批判态度是严峻的，但并不是简单地否定：在大胆地扬弃中仍有审慎的吸收。不过，在学术思想史上，儒、墨两家确实是壁垒森严的。其矛盾的基本内容可以概括为利益观的对立；而表现形式就是著名的"义利之辩"。这不能不波及他们的文艺思想。文艺是反映社会生活的，同时又影响着社会生活的变化和发展。社会生活的内容尽管极为广阔，然而在阶级社会中，对谁有利的问题始终是文艺创作和文艺批评的前提；有什么样的利益观就有什么样的文艺观。儒墨两家文艺观的对立是从他们不同的利益观中派生出来的。

（一）墨子的利益观和他的文艺思想

思想本身没有自己的历史，儒墨两个学派的矛盾最初产生于孔子和墨子所依托的社会关系和阶级关系之中。孔子的得意门生曾参曾经把当时社会关系的总特点概括为两句话："上失其道，民散久矣。"（《论语·子张》）这是说，掌握统治权力的旧的奴隶主贵族已经成了腐朽堕落的一群，失道者寡助，广大的人民群众早就同它离心离德了。孔子门下的另一位贤人宰我也曾满怀忧虑地说过："君子三年不为礼，礼必坏；三年不为乐，乐必崩。"（《论语·阳货》）诗、书、礼、乐，原是旧的奴隶主贵族用以造就人才的"四术"①，而礼坏乐崩的现状进一步表明旧的意识形态在尖锐的阶级对立面前已经日趋崩坏、失去自己的作用了。存在的现实变成不合理的存在。怎么办呢？孔子的办法是一方面说服当权者"正身"（端正自己）："苟正其身矣，于从政乎何有？不能正其身，如正人何？"（《论语·颜渊》）；另一方面是"复礼""正乐"，使人们的行为合乎一定的道德规范，使人们的情志得到合乎规范的调节；目的是通过改良达到"天下有道""庶人不议"（《论语·季氏》）。但是社会冲突已经非常尖锐，改良的办法是行不通的，所以在他周游列国的时候，人们就讥诮他是一个"知其不可以而为之"的人（《论语·宪问》）。

墨子同孔子在学术思想方面的矛盾，就集中在对当时社会现实的认识和态度上。孔子是站在新兴奴隶主的立场反对守旧的奴隶主贵族，要求开明政治，否定野蛮专制，对现实采取有礼、有节的批判态度。而诗、书、礼、乐是他的行道工具，这就决定了他的利益观是重视思想情操而轻视物质福利，用他自己的话来说，就是"君子喻于义，小人喻于利"（《论语·里仁》）。在他的利益观中，义和利是对立的，"君子"和"小人"的区别就在于看他是重义还是重利。而义的阶级性，我们可以从他与子路的一段谈话中看出来。

子路曰："君子尚勇乎？"子曰："君子义以为上（同尚）君子有勇而无义为乱，小人有勇而无义为盗。"②

这就清楚地说明了孔子的"义"是防"乱"、防"盗"的，而"乱"和"盗"正是当时奴隶主统治阶级和奴隶及农、工、商等被统治阶级之间矛盾的尖锐表现。在阶级社会中，凡事有利于被统治阶级，必然不利于统治阶级，这是一条社会常理。当着统治阶级的力量方兴未艾的时候，它就把自己打扮成各阶级的当然代表，从不拒绝言利；等到阶级对立日益显露，被统治阶级的利益要求危害到统治阶级安全的时候，"利"就成了统

---

① 《礼纪·王制》："乐正崇四术，立四教，顺先王诗、书、礼、乐以造士，春秋造以礼乐，冬夏教以诗书。"
② 《论语·阳货》。

治阶级及其思想家们讳莫如深的东西，这是一条重要的社会经验。可见一切社会关系和阶级关系的冲突及其在意识形态上的反映，归根结底是利益关系的变化。尽管那个时候的思想家们还不可能从本质上来认识社会矛盾，但是利益和道德之间的相互作用的问题已经从现实中明白地提出来了。因而代表不同利益的思想家之间，不得不围绕这一问题展开持续不断的论战，以致形成了春秋、战国时期利益观上的百家争鸣，"义利之辩"也就成了儒、墨之争的一个带根本性的内容。

墨子出身寒庶，尝自称贱人。当时公室、私门盛行养士，士成为浮沉于统治者与被统治者之间的一个阶层，成了一种下可糊口，上可进身的职业，于是读书做士也就成了一部分人孜孜以求的目标。墨子大概就是在这样的社会风气中由"贱人"上升为士的。他自己曾说："翟，上无君上之事，下无耕农之难。"（《墨子·贵义》）这很符合士的社会特点，而墨子正是一个大力提倡"蓄士"的人。他的出身和经历决定了他的社会政治思想和文艺思想。

墨子社会政治思想的总原则是"求兴天下之利，除天下之害"（《墨子·非乐上》等篇）。"除害"，集中在清除国家机器的积弊；"兴利"则集中在维护人民（主要是农、工、士等自由民）的利益。通过这一兴一除，企求实现他的"官无常贵，民无终贱"（《墨子·尚贤》）的政治主张。墨子和孔子都渴望贤人政治，但墨子打破了孔子所坚持的"君子"和"小人"的界限。墨子和孔子都把"义"作为贤能人物意志行为的一个道德标准，但墨子的"义"，不以主观的心理为根据，而是以客观的天下之大利为前提。在他看来，"义"就是使社会各阶层各执其业、各尽其责。

> 治徒娱、县子硕问于子墨子曰："为义孰为大务？"子墨子曰："譬若筑墙然，能筑者筑，能实壤者实壤，能欣（掀）者欣（掀），然后墙成也。为义犹是也。能谈辩者谈辩，能说书者说书，能从事者从事，然后义事成也。"①

———————————

① 《墨子·耕柱》。

值得注意的是，墨子行"义"主要在于约束统治者。在当时，明确社会分工，以便各执各业，对人民来说，乃是一种求之不得的事；而破坏社会分工，阻碍生产力的发展，责任全在于奴隶主贵族的专制和豪奢。由此看来，墨子的"义"包含有道德和政治两方面的内容：作为道德范畴，义是衡量人的意志行为的善恶标准，即所谓"义者政（正）也"（《墨子·天志上》）；作为政治概念，义又是判断政治善恶的原则，即所谓"义者善政也"，"天下有义则治，无义则乱"（《墨子·天志中》）。从理论意义来说是这样，从实践意义上来看，墨子把"义"的社会作用归结为"利民""利人"（《墨子·耕柱》），统而言之，就是"义者利也"（《墨子·经说下》）。可见以义成利是墨子利益观的中心内容，也是衡量一切社会事物的标准。他的文艺思想正是从他的利益观中生发出来的。因此，把握他的利益观是正确理解他的文艺思想的关键。

《墨子·鲁问》有一段关于墨子评论工艺的记载，其中透露了墨子的文艺思想：

> 公输子削竹示以为暮鹊（鹊），成而飞之。三日不下。公输子自以为至巧。子墨子谓公输子曰："子之为鹊也，不如匠之为车辖，须臾刘（斫）三寸之木，而任五十石之重。故所为功，利于人谓之巧，不利于人谓之拙。"

所谓"巧"和"拙"是指作者的主观技艺在作品中的客观表现，它们是我国古代用以品评人物、衡量文章的一对范畴。《老子》第四十五章论人有"大巧若拙"之谈，南宋戴复古论诗有巧拙之辩①。墨子在这里所表述的艺术见解是：艺术作品的艺术性取决于它的效果对人是否有利，这是十足的功利主义的艺术观。这种艺术观好不好呢？也就是说是否有利于艺术的发展呢？像对待一切社会生活和社会思想一样，不能抽象地加以评判，最重要的根据应是当时的历史条件。普列汉诺夫曾经说过："从历史上说，以有意识的实用观点来看待事物，往往先于以审美的观点来看待事

---

① 戴复古《论诗十绝》中有这样的诗句："雕镂太过伤于巧，朴拙惟宜怕近村。"

物的。"① 对于这段话，我们可以分作两个层次加以理解：从艺术的产生
方面看，人在最初是以实用观点看待事物的，后来才对它们有了审美的要
求；从艺术的发展方面看，当着人们反对一种社会制度，积极地追求另一
种社会理想的时候，常常把艺术的功利性放在第一位，甚至用功利的要求
代替审美的要求，因为旧的审美趣味已经过时，而新的审美趣味在现实的
生产活动和广泛的社会实践中尚未明确地建立起来，而从归根结底的意义
上说来，社会的生产力和生产关系决定着艺术的产生和发展。士农工商是
战国时期新的生产力的代表，《管子·小匡篇》称之为"国之石民"②。
他们对生活的第一位的要求是安居乐业、发展生产，反对奴隶主贵族横加
于他们的压迫和剥削，要求权力和财产的重新分配，对于古代的形式上的
民主政体有着热烈的憧憬。墨子作为他们在思想界的代言人，其功利主义
的文艺思想正是从维护他们的实际利益出发，把批判的锋芒投向了西周以
来的传统文化。这在当时，确是难能可贵的。

（二）墨子为什么"非乐"？

墨子批判西周以来的传统文化，集中而又突出的表现是主张"非
乐"。关于他的"非乐"，历史上有很多传说。《淮南子·说山训》："墨
子非乐，不入朝歌之邑。"《史记·鲁仲连邹阳列传》："邑号朝歌而墨子
回车。"如此看来，墨子对于音乐确实是深恶痛绝的了。诚然，墨子发表
过不少"非乐"的言论，并且专门著述了《非乐》一文。能不能由此得
出结论，说他是否定音乐的？或者进而说他是否定文艺的呢？"要进行讨
论，就要明确地阐明各个概念。"③ 也就是说，必须弄清楚墨子为什么非
乐？被他所"非"的音乐到底是一种什么样的音乐？

关于"非乐"的原因，墨子有一段很清楚的论述：

---

① ［俄］普列汉诺夫：《论艺术——没有地址的信》，生活·读书·新知三联书店 1973 年
版，第 125 页。

② 石，坚固如石的意思。

③ 《列宁全集》第 23 卷，人民出版社 1990 年版，第 344 页。

子墨子言曰："仁之事者，必务求兴天下之利，除天下之害。将以为法乎天下，利人乎即为，不利人乎即止。且夫仁者之为天下度也，非为其目之所美，耳之所乐，口之所甘，身体之所安；以此亏夺民食之财，仁者弗为也。是故子墨子之所以非乐者，非以大钟鸣鼓琴瑟竽笙之声，以为不乐也；非以刻镂华文章之色，以为不美也；非以犓豢煎炙之味，以为不甘也；非以高台厚榭邃野之居，以为不安也。虽身知其安也，口知其甘也，目知其美也，耳知其乐也，然上考之，不中圣王之事；下度之，不中万民之利，是故子墨子曰：为乐非也。"①

对于我们全面地理解墨子的音乐思想说来，这段论述，无疑是十分重要的。墨子在这里郑重说明的是：他并不一般地否定音乐的美学价值，他所反对的只是那种"不中圣王之事""不中万民之利"的音乐。所谓"非"，就是经过他的"上考""下度"，从而讥刺、呵责当时所流行的音乐的缺陷②。比如墨子非乐，不入朝歌，并不是地名"朝歌"之中有一个"歌"字，就引起了他的厌恶，而是因为："昔者殷纣使乐师作朝歌北鄙靡靡之乐，以为淫乱。武王伐纣，乐师抱其乐器，自投濮水之中。"③ 在先秦，对于殷纣无道失国的教训几乎是有书必录的，所谓"殷鉴不远"，就包括纣王嬉戏荒淫的教训，而"靡靡之乐"正如"酒池肉林"一样，都是荒淫腐朽的生活内容。武王伐纣，乐师因而投水，一方面表明武王对于"靡靡之乐"的憎恶，另一方面又恰巧说明了"靡靡之乐""不中圣王之事"。这才是墨子不入朝歌的真正原因。否则，怎样解释下面的传说呢？

《吕氏春秋·贵因》："墨子见荆王，衣锦吹笙，因也。"〈高注〉："墨子好俭非乐，锦与笙非其所服也，而为之，因荆王之所

① 《墨子·非乐上》。
② 《吕氏春秋·当务》："备说非六王五霸。"〈高注〉"非者，讥呵其缺也。"
③ 《吕氏春秋·本生》，许腴维遹注文。

欲也。"

"因",根据、依照的意思。墨子的"非乐"不是无条件的，根据不同的条件，他既可以"非乐"，也可以"吹笙"。很难设想，墨子吹笙，而且是在一个严肃的场合吹笙，竟然会在理论上一般地否定音乐！我们从上面所援引的那些历史材料的矛盾中，似乎得出这样的结论较为合理：在墨子看来，音乐具有不可否认的美学价值，但是只有当它有益于社会的时候，这种价值才能得到积极的显现；如果音乐对社会不利，那么排斥它就是理所当然的。做出这样的结论，有没有直接的证据呢？有的。证据就在《墨子》一书中。

《墨子·三辩》中记载了墨子的"圣王不为乐"的主张。这个主张是我们理解他的"非乐"思想的关键。它的目的在于指出当世的君主沉湎于音乐，乃是一种"不中圣王之事"的行为，因为君主所要管理的事务是多方面的，而沉湎于音乐必然荒废政事，荒废政事必然"不中万民之利"。从政治上来看，这在当时是有批判现实的意义的。在中国的远古时代，音乐从劳动中产生，并且是为劳动服务的。《淮南子·道应训》上记载的所谓"举重劝力之歌"，就是很好的例证。随着社会划分为阶级，音乐逐步成了统治者的专有品，也就是《荀子》"礼论""乐论"篇中所说的王者治定功成的盛德之事。而且"乐"和"礼"结合在一起，乐成了礼的附庸，礼愈周，乐也就愈繁，它的不可避免的命运是日益趋于形式化。孔子提倡音乐的教育作用，提出"克己复礼"，正是以温和的态度批判西周以来的形式主义文化传统，并企图以新的礼、乐来改良东周的社会。但是改良的目的没有达到，反而经过他的后世徒（儒者）的一再提倡，使得音乐愈来愈烦琐，以致成了少数统治者享受的工具。教育作用消失了，娱声性成了音乐的唯一职能："乐者乐也"，就是孔子以后的儒家们一致的观点。理论上的"乐者乐也"，本意在于说明音乐的本质是乐其所该乐，但在事实上，上流社会总是把声色犬马视作同一类型的东西，它们的存在都是为了满足统治者的某种情欲。而情欲泛滥，必然导致生活的腐朽堕落。于是为了抵制情欲，一些忠臣志士瞩目于反对声色犬马，并且以此作为向国君晋谏的内容，而为人称道的明君也常以声色自戒。《吕氏春秋·顺民篇》有这样的

记载:

> 越王苦会稽之耻,欲深得民心,以致必死于吴,身不安枕席,口不甘厚味,目不视靡曼,耳不听钟鼓。三年苦身劳力,焦唇干肺,内视群臣,下养百姓,以来其心……

《吕氏春秋·侈乐篇》又有这样的论说:

> 世之人主,多以珠玉之剑为宝,愈多而民愈怨,国人愈危,身愈危累,则失宝之情矣。乱世之乐与此同:为木革之声则若霆,为丝竹歌舞之声则若噪,以此骇心气、动耳目,摇荡生(性)则可矣,以此为乐则不乐。故乐愈侈,而民愈郁、国愈乱、主愈卑,则亦失乐之情矣。凡古圣王之贵为乐者,为其乐也。

《吕氏春秋》是反对墨家非乐的[①]。但在反对"侈乐"时,与墨子所持的理由并无二致。《墨子·三辩》中,记载了墨子与程繁关于"非乐"问题的一场辩论:

> 子墨子曰:"昔者尧舜有茅茨者,且以为礼,且以为乐。汤放桀于大水,环天下自立以为王。事成功立,无大后患,因先王之乐,又自作乐,命曰护,又修九招。武王胜殷杀纣,环天下自立以为王。事成功定,无大后患,因先王之乐,又自作乐,命曰象。周成王因先王之乐,又自作者,命曰驺虞。周成王之治天下也,不若武王;武王之治之天下也,不若成汤;成汤之治天下也,不若尧舜。故其乐逾繁者,其治逾寡。自此观之,乐非所以治天下也。"程繁曰:"子曰:'圣王无乐';此亦乐矣,若之何其谓'圣王无乐'也?"子墨子曰:"圣王之命也,多(者)寡之。食之利也,以知饥而食之者,智也,因(固)为无智矣;今圣(王)有乐而少,此亦无也。"

---

① 参看《吕氏春秋·大乐篇》。

从这场辩论中，我们可以看出，墨子的"非乐"是针对当时的少数统治者的。他认为天下无事，国君俭朴，不妨"且以为礼，且以为乐"；其次是"事成功定，无大后患"，国君作乐，也属无可厚非；不存在上述条件而强自作乐，就应该对之加以讥呵。值得注意的是：他把断限划在周武王之后，从成王开始。这就暗示着他的批判的锋芒是指向西周以来的形式主义文化传统，而以烦琐的礼乐作为直接的攻击目标。所谓"乐非所以治天下也"，是指斥国君不当依靠音乐治理天下。所谓"圣王无乐"，并不是说圣王不要音乐，只是说圣王不要那种烦琐形式化的音乐。然而全称判断指向特称内容，逻辑上确实是不严密的，于是程繁抓住这个矛盾加以诘难。可是从他的辩白中，我们越加明确地觉察到他所指斥的正是《吕氏春秋》所说的"侈乐"。

先秦诸子的言论多半具有两个特点：一是阐述自己的治国安民的方略，二是针对性很强。我们理解他们的文艺思想，切不可孤立地就文艺论文艺，也不可以将他们针对某个具体问题所发表的见解误会成全面的观点。《墨子·鲁问》有这样的记载：

> 子墨子游，魏越曰："既得见四方之君，子则将先语？"子墨子曰："凡入国，必择务而从事焉：国家昏乱，则语之尚贤、尚同；国家贫，则语之节用节葬；国家熹音沉湎，则语之非乐、非命；国家淫僻无礼，则语之尊天事鬼；国家务夺侵凌，则语之兼爱、非攻。故曰：择务而从焉。"

这里有两点值得注意：第一，是说他的治国安民的方略是"择务而从事"，也就是先从当前最紧迫的事情做起，面向实际，不尚空谈。由于当时奴隶主贵族的普遍堕落，不同的诸侯国，或者表现为政治上的昏乱，经济上的贫困；或者表现为文化思想上的腐败，外交上的骄横逞霸。墨子根据不同的情况，提出了不同的治理方略，这比起在他之前的孔子，偏于从主观设想方面来解决纷乱复杂的社会问题，在实践上的确显得切实很多，高明很多。所以清人汪中称赞他"救世多术"[①]。从这里，我们更清

① 《述学·墨子序》。

楚地看到墨子的"非乐"，并不是泛泛地谈论音乐，而是借此揭露和批判当时沉湎于音乐的奴隶主贵族那种百无聊赖的生活作风，讥呵和反对把音乐当作少数人纯粹的官能享受的工具。这比起在他之后的孟子反对国君"独乐"，提出"与民同乐"① 的主张，在政治上显得激切得多，理论上也更具体切实。

第二，一种态度往往与另一种态度密切联系着。墨子痛斥统治者的荒淫，根源于关心人民的疾苦。《墨子·非乐上》：

> 民有三患：饥者不得食，寒者不得衣，劳者不得息。三者，民之患也。然即（则）当为之撞巨钟、击鸣鼓、弹琴瑟、吹竽笙而扬干戚，民衣食之财，将安可得（而具）乎？即我以为未必然也。

在墨子看来，为民除"三患"，就是当时的当务之急，而音乐承受不了这样的历史重荷。这就接触到了一个简单而又极其深刻的事实："人们首先必须吃喝穿住，然后才能从事政治、科学、艺术、宗教等等"②。纵观《非乐上》全文，主要内容是在指斥当时的王公大人为制造乐器"必厚敛乎万民"，而奏乐又须使用男女劳力，欣赏音乐势必影响"君子"和"贱人"首先应做的分内之事，结果"亏夺民之衣食之财，以拊乐如此多也"。可见"非乐"的目的在于保护民力、物力，抨击"王公大人"的"拊乐"之"多"。

墨子的音乐理论在政治上的积极意义是揭露和批判了"王公大人"奢侈糜烂的生活。在评价事物方面，他把有意识的实用观点放在第一位，而把审美要求放在第二位。这是与当时的生产力水平相适应的农民与手工业者的艺术观。这种艺术观认为美就是实用，美感就是由于实用所引起的理智的满足。作为科学的美学思想，它是有缺陷的，但它反映了当时的体力劳动者忙于解决吃喝穿住的问题，根本无暇欣赏音乐这类艺术的实在社会状况。作为一种理论，在当时的历史阶段上，它所维护的是下层劳动者

---

① 《孟子·梁惠王下》。
② 恩格斯：《在马克思墓前的讲话》，《马克思恩格斯选集》第 3 卷，人民出版社 1972 年版，第 574 页。

的利益，它所破坏的是上流社会的特权。荀子批评他"上（尚）功用、大俭节而谩差等，曾不足以容辨异、县（悬）君臣。"① 正好从一个侧面证明了墨子音乐理论的历史意义。倒是庄子的评论较为公允：一方面指出墨子的理论（包括音乐理论）能够教育后世，不许奢华，无视传统的典章制度。敢于提出自己的理论，以备救世之急，"真天下之好也"。另一方面又指出它的缺陷在于"为之太过，已之大循"，就是说，用以律己是好，拿来教人实行，又未免过分，所以他的结论是："墨翟、禽滑釐之意则是，其行则非也。"② 为什么其意则是，其行则非呢？庄子认为它有裨于世道，却违反了人情。这才真正说到了墨子思想（包括文艺思想）的要害处。我们知道，孔子的"仁"，只是强调克制自己，并不主张禁欲，所以儒学绝不导致宗教；墨子提倡"仁义"为思想、行动的准绳，为了实行仁义，主张无条件的自我牺牲，所谓"摩顶放踵利天下，为之"。③这在道德上是崇高的。但是道德作为一种意识形态，它要受到上层建筑内部各种因素的制约，归根结底，它还要受制于生产力发展的水平。道德只是在承认人的正当情欲的前提下约束无益于社会公共利益的情欲，而不是简单地、一般地否定情欲。墨子却把道德当作人们精神内部的拒绝一切感情的力量，从而最终地走向了绝对的理性主义，走向了苦行的宗教信仰。这是墨学可以盛行一时，却不能使人奉行不衰的原因。《墨子·贵义》：

> 子墨子曰："必去六僻（僻）：嘿（默）则思，言则诲，动则事，使三者代御（用），必为圣人。必去喜、去怒、去乐、去悲（去恶），而用仁义，手足口鼻耳（目），从事于义，必为圣人。"

墨子理想中的圣人是一个排除了六情的人，是一个纯粹的凭理性思考、凭理性说话，又是按照理性原则行动的人。这样的人就是人中之圣哲，理想的国君。在先秦，乐主情是理论的一般，所谓"乐和同"，就是

---

① 《荀子·非十二子》。
② 《庄子·天下》。
③ 《孟子·尽心上》。

主张乐的作用在于调和人的情性。墨子主张去六情，也就从根本上取消了音乐作为调和情性的作用，从而无意间否定了主情的音乐本身。"乐者乐也"，这个古老的定义是极为深刻的。音乐给人快乐，是说它作为艺术品首先对我们的感性能力发生作用，而不是首先对我们的理性能力发生作用。因此，我们欣赏音乐就会产生一种悦耳赏心的审美快感。但是音乐是社会的意识，是客观的社会生活在作家头脑中反映的产物。音乐家反映什么，是有自己的社会倾向的。音乐中的感情，就是音乐家对于某种现实的热烈的肯定或者痛切的否定。肯定和否定都要有意无意地依据某种政治的、道德的、美学的原则，可见它的根源是在于音乐家理性能力的作用，而不是在于他的感性能力的作用。我们欣赏音乐，音乐形象激起我们某种感情倾向，在我们身上产生某种审美快感（比如喜、怒、哀、乐），其中都潜藏着对谁有利的考虑。不管是主张功利主义的作品或者标榜为艺术而艺术的作品，情况都是一样。"乐者乐也"的另一层意思，是乐其所当乐，就是指音乐中的感情受一定的理性约束。墨子在事实上并不绝对否定音乐，但他的着眼点偏重力矫时弊，于是矫枉过正，在理论上产生了失误。这表现为：（1）轻视音乐的娱乐性，过分强调它的理性教育作用。这从当时来看，有它产生和存在的理由，但从长远来看，同只重视娱乐性一样，都是片面的。（2）强调音乐要对"万民有利"的观点，在当时是进步的。但是他的利益观是"圣人不爱己""刍豢不加甘，大钟不加乐"（《荀子·正名》）。因而他的音乐思想所显示的美学见解，实质上还可以表述成这样：美就是符合社会利益，美的东西就是不顾个人利益而喜爱的东西。这就在理论上产生了明显的漏洞，违反了欣赏过程中固有的认识秩序。人们欣赏音乐，首先获得的是审美快感，在这时，实用的目的、功利的意识是极其微弱的；伴随着审美快感，再想一想，才能得出审美判断，只有在这时才能产生清晰的功利的意识。如果要求越过或舍弃审美快感阶段，直接诉诸理智，只注意是否有用，是否有益于社会的考虑，那么"在这种场合下，只有着审美快感的代用品，即这些考虑所带来的快乐"①。墨子只希望音乐能给我们是否"中于万民之利"的考虑带来合乎仁义的快感，这种音乐只能是与生产劳动结合在一起并直接为生产劳动服

① ［俄］普列汉诺夫：《论艺术——没有地址的信》，第125页。

务的原始的音乐，因为这种音乐的特点，确实是功利的观点先于审美的观点。然而随着社会的物质文明和精神文明的发展，音乐发展成为一个独立的精神生产的部门，成为在整个上层建筑领域中对于经济基础来说更高地飘浮在空中的意识形态，它与经济基础的联系就不像原始艺术那样明显了。从功利观点方面看，人是高级的社会动物，具有多方面复杂的属性，劳动、需要、情欲、实践、理性等等，都是人所独有的特征，因此功利也是多样的。就需要而言，人既有物质的需要（这是基本的），也有精神的需要；单就精神需要而言，既有理性的需要，也有感情的需要。仅仅强调物质而忽视精神，只承认理性而排斥感情，愿望再好，实际上都是行不通的。在今天，我们一方面要指出墨子在音乐理论上的失误，另一方面更须揭示造成这些失误的原因。正如清人张惠言所说："非命、非乐、节葬，激而不得不然者也。"①

（三）墨子的文质观

孔子和墨子都是理想主义者，但在认识论方面，孔子获取真理的途径是反思重于实践，而墨子则重视从实践中获得真知，把直接知识放在间接知识之上。同样是批判西周以来的形式主义文化，孔子采取审慎的有保留的态度，而墨子则倾向于大胆地扬弃。因而在文艺思想方面，孔子要求"尽尊尽美"，而墨子则以求真为首要的目的。这就决定了孔墨两家在文质观方面存在着很大的区别。《墨子·贵义》：

> 子墨子南游使卫，关中载书甚多。弦唐子见而怪之，曰："吾子教公尚过曰：'揣曲直而已。'今夫子载书甚多，何有也?"子墨子曰："昔者周公旦，朝读书百篇，夕见漆（七）十士。故周公旦佐相天子、其修至于今。翟，上无君上之事，下无耕农之难，吾安敢废此? 翟闻之，同归之物，信有误者，然而民听不钧（均），是以书多也。今若过之心者数逆于精微，同归之物，既已知其要矣，是以不教以书也，而子何怪焉?"

① 《书墨子经说解后》。

　　墨子平日教育学生要从日常生活中，从实践中探求真理（揣曲直），不太重视书本教育（不教以书）。在他看来，读书的目的是明理，但前人的著作，先圣先贤的遗教，未必都具有真理性的内容，而人们对于事物的看法又不可能全然一致，留下的文物典章也就显得杂多而不统一。所以，他认为要读书，但不可尽信书。倘若能够根据自己的经验，直接认取真知，那就不必以书为教了。主张从直接经验中吸取真知，作为认识论，它具有鲜明的唯物主义性质。墨子并不绝对否认书本，但是反对一味迷信书本。在这一方面是因为古老的真理已经不能适应时代的需要，已经无力解释由于时代发展不断出现的新的社会问题，另一方面也是为了反对那些只在先王的文物典章中讨生活的教条主义十足的儒者。其实质是要求思想解放。所谓"不教以书"，一方面是针对儒者的教条主义表现出对于古老的文物典章的蔑弃态度，另一方面也是出于强调重视农民和手工业者的实践经验，并维护从他们的实践经验中所产生的合理的利益观。在社会政治思想上，墨子认为凡是有利于维护和发展民力民生的思想和行为，就是正确的和合乎正义的；反之，就应该加以批判。在文艺思想上，他主张把思想性和艺术性合而为一，统一在客观的社会效果中。《墨子·鲁问》：

　　　　公输子削竹示以为鹊，成而飞之。三日不下。公输子自以为至巧。子墨子对公输子曰："子之为鹊也，不如匠之为车辖，须臾刘（斫）三十之木，而任五十石之重。故所为功，利于人谓之巧，不利于人谓之拙。"

　　公输子削竹木为鹊的故事，反映了当时手工业技艺的发展水平，达到了非常高超的程度，同时也就在思想上产生了如何正确应用这些技艺的问题。墨子对于这件事的批评，意在坚持技艺方面的实用第一的原则，反对把令人赞叹的技艺用之于无益于民力民生的游戏。他认为一切技艺都必须见之于事功，而巧拙的区分应以是否有益于人为标准，首先不应到主观中去寻找，标准应该是客观的；而客观存在的一切又不尽是合理的，合理的东西就是"中于万民之利"的东西。墨子的"三表法"，就是在这样的思想基础和逻辑基础上产生的。《墨子·非命上》：

> 子墨子曰："言必立仪。言而毋仪，譬犹运钧之上而立朝夕者
> 也，是非利害之辩，不可得而明知也；故言必有三表。何谓三表？子
> 墨子言曰：有本之者，有原之者，有用之者。于何本之？上本之于古
> 者圣王之事。于何原之？下原察百姓耳目之实。于何用之？发以为刑
> 政，观其国家人民百姓之利，此所谓言有三表也。"

"立仪"，就是为判断人们言论、行为所确立的客观标准。而"三表
法"则是应用这个标准所应遵循的具体途径。三表中"有原之者"，这是
他判断一切事物的出发点。"有本之者"不过是为了现实而参证历史上成
功的经验；"有用之者"，就是察看在社会实践中是否对国家人民有利。
"三表法"在知识论上是存在局限性的，主要的一点，就是它缺乏历史
的、发展的、变化的观点，但在方法论上敢于从历史实际、社会现实以及
人民利益来判断事物的价值，却是前无古人的创见。如果把它应用到文学
艺术批评方面来，那就明显地不同于孔子偏于主观的"思无邪"，并且成
了当时与儒者对于诗、书、礼、乐的主观主义知识论的反对物。如果作为
一种创作原则，强调"原察百姓耳目之实"，就是主张写真实。墨子认为
真实世界就是可感觉的世界，这是与求助于"内有"的儒者根本不同的。
《墨子·明鬼下》：

> 天下所以察知有与无之道者，必以众无耳目之实知者与亡（无）
> 为仪者也。请（诚）或闻之见之，则必以为有，莫闻莫见，则必以
> 为无。

墨子在认识上突出感觉的可靠性，意味着对于超感觉世界的怀疑乃至
否定，目的并不是为了导致非理性，而是为了代表一个新兴的阶级对奴隶
主贵族文化进行无所顾忌的清算，以便从感觉世界中得出新的理性认识。
新的理性认识，既是反对"别而不兼"的现实，同时又包含着一定的理
想：现实的方面是代表着对抗奴隶贵族的农工商的利益和意志；理想方面

是对于"兼以易别"的合理社会的追求①。总括起来，就是"兼相爱，交相利"的思想。孔子主张爱人，墨子也主张爱人，他们之间的根本区别是：前者主张爱有差等，爱不言利；后者则主张爱无差等，爱必言利。无利之爱，在墨子看来只能是徒托空言。所以墨子说："言足以复行者常（尚）之，不足举行者勿常。不足以举行而常之，是荡口也。"② 孔子主张言不可无文，墨子反对荡口，从这里产生了孔子和墨子文艺思想的分野：一重德操和动机，一重绝对的理性和志功。孔墨两家文质观的不同，根源正在这里。清人孙星衍《墨子注后序》说道："孔子曰：吾说夏礼，杞不足征；吾学周礼，今用之，吾从周。又曰：周监于二代，郁郁乎文哉！吾从周。周之礼尚文，又贵贱有法，其事具周官、仪礼、春秋传，则与墨书节用、兼爱、节葬之旨甚异。"

在历史上常有这样的情况，当着新兴的阶级或阶层，要求自己的文学艺术在整个文化领域中占有一席地位的时候，他们总是强调文艺要面对现实，反对无功利观点，主张文以致用。他们需要动员一切力量，为自己的生存和发展开辟道路。在文艺方面，他们宁可提倡反映自己的利益和愿望的"下里巴人"，不惜反对统治阶级点缀升平的"阳春白雪"。突出真实性和功利性，也就成了新兴阶级或阶层文艺思想的一大特色。在先秦，墨家倡之于前，法家继之于后，他们对于乱世，都强调道德解决政治、经济问题，在思想战线上，则致力于批判旧的意识形态，旧的文学艺术自然也在被批判之列。当着一个阶级或阶层在政治上趋于没落的时候，在文学艺术方面也就失去了原有的创造能力，精致的形式与陈旧的内容成了保守的文学艺术内部通常的矛盾。在一个时代的方生方死之间，进步的思想家们为了力矫时弊，不得不以坚决的态度否定它的内容，于是那精致的形式由于情绪的愤激也一起遭到否定。对于内容，古人既不会正确区分其精华和糟粕；对于形式，也常常把它同形式主义混淆在一起，误认为形式主义是由形式本身造成的。他们不懂得进步的内容，如果同比较完美的形式结合起来，将会产生更好的社会效果。墨子十分重视言论、文章的功利性，但他认为功利性只存在于内容方面，而形式好像同功利无关。因此，在美学

---

① 参见《墨子·兼爱上》，《墨子·兼爱中》。

② 《墨子·耕柱》。

思想上表现出了严重的重质轻文的倾向，并且认为这种倾向是人在立言方面应有的修养。《墨子·修身》说得很明白："慧者心辩而不繁说。……言无务为多而务为智，无务为文而务为察。"辩，就是辩丽；繁就是烦琐。立论在于达意，意足则止，不应烦琐，这是正确的，但是因为反对烦琐而拒绝辩丽，却又是错误的。同样，多与智巧、文采与深察之间本来并不存在必然的矛盾，墨子却把它们视为对立物，在情绪上出于对当世儒者作风的深恶痛绝是可以理解的，然而可以理解的情绪毕竟代替不了科学的立论。在具体言论、文章中，文和质本来是结合在一起的，并不存在无质之文与无文之质。当然，墨子的重质轻文并不是一个孤立的现象。在春秋战国之交，礼仪形式繁多，本质修养不足；加以天下纷纷，鱼龙混杂，巧言令色之徒颇为得势，正人君子反而常常不能见容于世。一些人有感于这种不正常的社会风气，在人格论上提出了只要本质、不要文采的见解，于是引起了重质非文与文质并重的争论。《论语·颜渊》：

> 棘子成曰："君子质而已矣，何以文为？"子贡曰："惜乎，夫子之说君子也？驷不及舌，文犹质也，质犹文也。虎豹之鞟犹犬羊之鞟。"

子贡的见解，单就文质关系而言虽然比棘子成高明，他认为文和质既不能混同，也不可分离。一定的本质必须借助于一定的现象才能具体地显现出来，一定的形式可以帮助内容确定自己的规定性。文和质是互相独立又互相依存地存在于一个统一体中。但是争论并没有就此结束，因为引起争论的客观的社会原因仍然存在着。墨子的文质观与棘子成有相应之处，但不像棘子成那样绝对。他重质轻文，正如他的非乐一样，又是为了救当世之急，并不否定美。为了克服游漫在上流社会的"喜奢而亡俭"的风气，他提出了"先质而后文"的主张："长无用，好末淫，非圣人之所急也。故食必常饱，然后求美；衣必常暖，然后求丽；君必常安，然后求乐。为可长，行可久，先质而后文，此圣人之务。"① 如果说，孔子所坚持的是"精神万能"论，那么，墨子所重视的却是"物质第一"论。他

---

① 参见刘向《说苑·反质》记载。

们都没有能够正确地认识与解决物质与精神的关系问题。墨子在认识上的缺陷是忽视了精神的能动作用，但他强调物质是精神的保证，在当时确实是有利于下层劳动人民的见解。在认识上坚持物质先于精神，无疑是正确的；然而在社会运动方面，先搞物质建设，后搞精神文明，却是欠妥的。因为社会的主体是人，而人的需要是多方面的。物质需要固然是基本的，但满足物质需要的同时满足精神的需要十分重要。对于社会的具体的个人，要求他生活俭朴是正确的，然而对于社会的群体的人，物质水平与精神水平逐步提高，不仅是正当的要求，而且是推进社会文明的标志。由于墨子强调绝对的理性，不加分析地否定人的整个感情，从而缩小了人的精神活动范围，削减了人的多方面的需要，于是人格论上提出了"先质而后文"的片面的主张，把人的精神文明降低为对于物质的消极的、被动的享受。把"先质而后文"的主张应用到文艺批评上来，就是只求朴拙而轻视文雅，只注视内容而轻视形式。理论上的片面性产生于对事物缺乏全面的研究，正如在哲学方面，当唯物主义者忙于确立物质第一性与精神第二性的命题时，精神现象的研究反而被唯心主义捷足先登一样，在文艺方面，当进步的文艺批评家在忙于批判某种形式主义、论证内容决定形式的时候，也常常有意无意地忽视了对于形式本身的具体的历史的研究，从而造成对于形式的作用缺乏应有的估量，并有可能进一步导致粗暴的否定。

恩格斯在论费尔巴哈时，曾经指出过旧的唯物主义在历史观方面的局限：本质上是实用主义的，"它按照行动的动机来判断一切"。[①] 墨子的文艺思想是从他的历史观中派生出来的，并且以他的道德观为中介而联系于他的历史观。由于墨子排斥人的感情，因而墨子所提出的道德命题显得贫瘠而空泛，对己以绝对的自我节制，对人以爱（所谓舍自济物），这就是墨子道德观的基本准则。从这个准则出发，他否定个人的享受，于是在文艺上推论出"非乐"见解，宣扬重质轻文的主张。他的历史观本质上是实用主义的，对于文艺自然也取实用的态度。表面上他的确主张以效果来判断一切，但他所希求的效果是以"舍己济物"的道德准则为前提，因而归根结底仍然是"按照行动的动机来判断一切"。墨子文艺思想的进步

---

① 　参见《马克思恩格斯选集》第 4 卷，人民出版社 1965 年版，第 244 页。

性和它存在的局限，同整个历史的发展有关，也同他所代表的社会力量的进步性和不成熟性存在着内在的联系。我们应该充分肯定它的进步性，然而又不得不指出它所固有的不足的方面。

1983 年 2 月 19 日

原载《美学评林》1983 年第 5 辑

五

论老子的美学思想

十年前阅读老子的著作，十年后方才写出如此浅陋的一篇文字。其中有生活的困顿和科学研究的艰辛，同时还有才力不足的苦恼……

本文在《论老子的美学思想》这个总的题目下面，将分五个小题进行论述，重点是谈老子的美论及其价值，作者在论述过程中有时要做一些纵横比较，目的不是为了拔高古人，而是为了更清楚地透视出它的历史价值。

（一）"有名"之"美"与"可道"之"道"

我们打开《老子》一书的第二章，立即就会看到老子关于美丑善恶的一段妙语。这是研究老子美学思想的美学家们一致注目的地方，不妨抄录如次：

> 天下皆知美知为美，斯恶已；皆知善之为善，斯不善已。故有无相生，难易相成，长短相形，高下相倾，音声相和，前后相随。

对于这一段妙语，有的哲学家认为它表述了老子的相对论；有的美学家则认为表现了老子哲学思想中的朴素辩证法因素。对于这一分歧，我们只有根据老子整个美学思想与哲学思想的实际，进行全面的、细致的探索，才可能从中引出固有的结论来。

老子是从哲学角度来抒发他的美学见解的，我们自然不能离开他的哲学思想来理解他的美学观点。老子认为一切人为的物事都是"有无相生"

"高下相倾"的。谓予不信，有言为证：

> 三十辐共一毂，当其无有，车之用；埏埴以为器，当其无有，器
> 之用；凿户牖以为室，当其无有，室之用。故有之以为利，无之以为
> 用。（《老子》第十一章，以下引自此书的只注明章数）

这里所说的"车""器""室"等等，都不是自然本有之物，而是人
们根据自己的需要制作出来的，制作它们是为了利用它们。它们的产生是
符合"有无相生"的规律的，但是依照这个规律所产生的东西，老子承
认它们可以为人们利用，却没有说它们美。这就暗示出老子不以实用为美
的观点。也就是说，老子是反对功利的。实用的东西，不就是美的东西，
实用不等于美！这个论点，我们记得在柏拉图的美学著作里也曾经见到
过[1]。更值得我们深思的是：紧接着这一章，老子又说了一段向来为美学
家们极为重视的话：

> 五色令人目盲，五音令人耳聋，五味令人口爽，驰骋畋猎令人心
> 发狂，难得之货令人行妨。（第十二章）

这段话词锋犀利，态度严峻。有的美学家认为它反映了老子的虚无主
义观点，并进而得出了老子反对"一切审美活动"的结论[2]。此种评述是
否允当，本文以后还要谈到，这里姑置不论。我们需要考察的是：上章谈
了实用不等于美，此章则进一步发挥这个观点，认为实用的东西，的确可
以使得感官和心理得到某种满足，但这种满足充其量不过是一种快感，而
快感也不等于美！特别是对于圣人（侯王）来说，快感过分就会走向美
的反面，"是以圣人去甚、去奢、去泰"（第二十九章），"甚""奢"
"泰"都是因过度而失去节制的意思。

老子反对声色犬马之乐、聚敛奇货之行，在广泛的意义上不是与孔子
的"不淫""不伤"之说以及孟子的"去利取义"的主张颇为相近吗？

---

① 参见朱光潜译《柏拉图文艺对话集》，第 183 页。
② 施东昌：《先秦诸子美学思想述评》，中华书局 1979 年版，第 56、57 页。

我们记得，不以快感为美的观点在柏拉图的美学著作里也曾经见到过①。那么，老子的这些美学思想都是正确的吗？不能一概而论。把美和实用区分开来是正确的，但说美和实用全无联系，却是错误的；美和快感的确不是一回事，但说快感和美毫不相关，又未免言之过激。但是仅仅作这样的评论是肤浅的，如果我们从历史发展的眼光来看，应该说，对美作如此细致的考察，在当时，老子堪称独步！

老子反对以实用为美、反对以快感为美的目的，是为了否定人所共知的那种美。那种美正是以是否实用、能否产生快感为特征的。老子认为"天下皆知美之为美"的美，只是代表了具体的人情世相。而具体的人情世相之美是相比较而存在的，无丑即无美、无美亦无丑，而美与丑同时共存，就失去了自己的本质（"精"），不成其为美了，实际上只剩下了丑（"恶"）。"斯恶已"，就是说的这种美丑不相容的结果。因此，人所共知的相对的美无疑是一种假象，它是不稳定的，应该予以否定。

人所共知的那种美，不仅自身具有相对性，人们对于它的认识也是相对的：在一时一地认为它美，在另一时另一地又认为它不美；在一个阶段认为它美，在另一个阶段又认为它不美。这种情况，在老子是难以理解的：美应该是独立不迁的，怎么能随着人的认识而发生变异呢？我们理解那段妙语，切不可忘记"天下皆知"四字，其中尤以"知"字最为吃紧。老子认为美是存在的，但是"天下皆知"的那种美，绝不是真正的美。"知"，是指人们的审美意识。人的审美意识常和意志、欲望关联，有了审美意识就会追求美感享受，有了追求必有争竞。有了争竞，对于个人会由此失去素朴的心性（"散朴"）；对于人群则会导致关系复杂化，造成真风告退、大伪斯兴的局面。"大伪"兴起之日，正是天下大乱之时。而乱既是美丑颠倒、善恶混淆的结果，反过来就变成它的原因。我们知道，老子是主张"无欲""不争"的，然而也不能由此得出结论，说老子一般地否定人的情感。他只是企图培养起人们的"无欲""不争"的统一的政治道德感，用以代替那万有万殊的审美感知以及由审美感知激起的个人对美感享受的追求，他以为这样做，就可以求得天下的"安平太"② 了。

---

①　参见朱光潜译《柏拉图文艺对话集》，人民文学出版社 1963 年版，第 193 页。

②　《老子》第三十五章："执大象，天下往，往而不害，安平太。"

上述老子的美学思想，说明了什么呢？首先，说明了他的美学思想密切地联系于他的社会政治道德思想。这种思想根源于他那个时代的现实：乱极思治、分久思合，乃是人的社会政治道德感发展的常理。其次，在美学领域内，老子已经意识到了美和美感的区别，否定以美感为美的实质就是否定主观自生的美。这里显示了他的美学思想的唯物主义的一面。再次，在哲学思想上，老子已经看到并且承认具体事物存在着矛盾运动的现象，即所谓"高下相倾，长短相形"云云。但是他并不认为这就是事物本质的最重要方面的体现，反而认为这仅仅是与事物本质无关的一种现象。面对现实，他曾经忧愤地说道：

> 天之道，其犹张弓与！高者抑之，下者举之；有余者损之，不足者补之。天之道损有余而补不足，人之道则不然，损不足以奉有余。孰能有余以奉天下？唯有道者。（第七十七章）

这里的"天之道"就是"常道"。"常道"的特点是高下相平。与"天之道"对立的"人之道"就是"可道"之"道"。"可道"之"道"的特点却是高下相倾。它不表现事物的本质，只是一种不正常的、不稳定的暂时现象，正确的认识必须对之加以排斥。与"可道"之"道"逻辑的比类而生的美，就是"天下皆知美之为美"的那种美。根据《老子》第一章常名无名的原则，魏源把它概括为"有名之美"①。老子否定"有名之美"，同样是因为它无关乎事物的本质。由此我们不难看出：他在认识论的方法上挨近了朴素辩证法的门墙，却又畏惧地折了回来，折进了形而上学的迷宫！对此，我们能够说些什么呢？我们一方面赞叹他的天才，另一方面却又不能不怜惜他的懦弱。他的懦弱，与其说是他的罪过，不如说是时代和阶级的局限给他造成的不幸！

（二）"常道"与"大"

老子承认"可道"之"道"与"可名"之"美"的确存在着，但又

---

① 参见魏源撰《老子本义》第二章释文。

否定了它们存在的合理性。那么，老子果真是一个彻底的虚无主义者吗？答曰：不然！关于这一点，刘勰早就指出："老子疾伪，故称'美言不信'；而五千精妙，则非弃美矣。"① 因为"疾伪"而否定"可名"之美，确是老子的思想，即以一定的政治道德感为依据对美所做的否定判断。但这只是问题的消极的一面，其积极的一面是什么？刘勰从"信言不美，美言不信"（第八十一章）一段话中体会出老子的本意是"文质附乎性情"②，即人的本质决定着文章的风格。

这里已经从一个侧面接触到了老子美论的真谛所在。只是他所触及的这个侧面，并非老子美学思想的独特之处，因为"疾伪"是当时有良知的思想家们一致的美感态度。孔子不是骂过吗："巧言令色，鲜矣仁！"然而他又提倡过："情欲信、辞欲巧！"这种情况有力地说明：排斥一种美，并不意味着排斥一切美；相反的一面倒常常是为了发扬某种美，不得不把话说得绝对一些。因此，我们不能抓住老子的某些表面言辞而判定他是一个虚无主义者。清人魏源认为老子的本意是主张"至美无美"③，如果这里所说的"无美"并非虚无之美，而是指自美却不自恃其美，那是合乎老子的本义的。但是"至美无美"，语近玄谈，终究不能揭示出老子真正的本意。

要深入地探索这些问题，必须对老子的哲学思想进行一番清理。

老子哲学思想的支柱是他的"道"。因此，《老子》一书的第一章第一个字就是"道"。许多学者都把第一章、第二章视作《老子》全书的引言，是老子全部思想的主旨所在。魏源的《老子本义》说道："《老子》，救世之书也，故首二章统言宗旨。"倘若我们承认此言不谬，那就应该重视它的行文次第和结构安排。第一章论"道"之体、"道"之用以及体用关系，第二章就出现了我们在上文简略地评述过的那段妙语。"道"和"美"的形式上的联系在这里是显而易见的，至于内容上的联系如何，必须引录原文，评说方有依据：

---

① 《文心雕龙·情采》。
② 《文心雕龙·情采》："研味李（孝）老，则知文质附乎性情。"
③ 《老子本义》第二章。

道可道，非常道；名可名，非常名。无，名天地之始；有，名万物之初。常无，欲以观其妙；常有，欲以观其徼。此两者同出而异名，同谓之玄。玄之又玄，众妙之门。

第一句便提出了"可道"、"道"与"常道"的区别，但是三者的区别究何所指呢？这就必须考察此言的针对性。

"道"在当时的哲学中，作为一个概念，也就是方向、变化的总名。典型的定义是《易·系辞》的"一阴一阳之谓道"。它所依据的经验是自然现象的变异和社会现实的动荡。身处这种变异和动荡中的哲学家们对之敏感非常，不得不对之寻求哲学的解释，以便指导人们的行动。儒家认为事物的变异和动荡，是由事物内部阴阳两个对立面相互"交感"而产生的，概括起来就是"道"。"道"有如河中之水"变动不拘，周流六虚"（《周易·系辞下》）。这就在认识论上肯定了事物矛盾的必然性和斗争的合理性，从而也就肯定了它是事物的普遍规律。掌握了这个规律，人们的行动就有了自觉性，就可以少犯错误或不犯大错误了。所以孔子叹曰："加我数年，五十以学《易》，可以无大过矣。"[1] 老子也承认这确是一种"道"，只是认为这是一种显露着的"可名"的雄性（阳刚）的"道"[2]：唯其显露，固然易于认知；唯其运动，却又难于把握。老子是主张人们"守道"的，但是难于把握，怎能守得住呢？所以他要另辟蹊径，寻求一种与雄性（阳刚）之道相反的雌性（阴柔）的道。雄性的道体现着事物的特殊规律，易于消失，人们只消认识它即可，却无须去遵守它；雌性的道体现着事物的普遍规律，非常稳定，人们既须认知它，又须遵守它，这就是"知其雄，守其雌"（第二十八章）。雌性的"道"在表现上的特点是"重"，是"静"；雄性的"道"在表现上的特点是"轻"，是"躁"。它们之间的关系是根和叶、君和臣的关系："重为轻根，静为躁君。"正因为这样，"是以圣人终日行不离辎重"。假如情况反过来将会产生什么

---

① 《论语·述而》。

② 在先秦时期的儒家著作中，阴阳、刚柔是用来揭示事物内部矛盾运动的成对的概念。老子反对矛盾、对立，主张平和、自守，因而总是强调单一的概念，排斥与之对立的概念。这正是他形而上学方法的必然表现。

结果呢？结果是："轻则失本，躁则失君。"（以上均见第二十六章）我们知道，运动性是事物的本质和生命；在运动中通过对立面的斗争达到新的统一，是事物发展变化的普遍规律。可是老子是否定事物的发展变化的，自然也就把普遍规律下降为特殊规律了。但是正是由于特殊规律的存在，使事物的发展显示出阶段性来，可是老子既然否定事物的发展，也就必然不承认有所谓阶段性。说到最后，老子实质上并不承认雄性的"道"代表事物的本质，也不具有规律性，只不过是一种现象而已。他所要寻求的是事物在无限时空中绝对不变的规律，其性质是"独立不改，周行不殆"（第二十五章）。"独立不改"是说它的守恒性，"周行不殆"是说它的普遍性。这个规律，老子把它称之为"常道"，特点就是"和"或"同"。"常道"区别于"可道"之"道"，"和"区别于"争"。好像有意要与《易·系辞》的定义唱反调似的，老子明确地说过："万物负阴而抱阳，冲气以为和"（第四十二章）"和"，不是指通过两个对立面的斗争达到统一，而是指通过和平手段取消差别达到和解。于此可见，老子孜孜以求的"常道"，就是事物的统一性，就是没有对立斗争、只有和平统一的统一性。他把这种统一性，片面地、错误地当成了事物的最高本质和普遍规律。这里我们不妨剖析一下老子描述道体的一段话：

> 道之为物，唯恍唯惚，惚兮恍兮其中有象，恍兮惚兮其中有物。窈兮冥兮其中有精。其精甚真，其中有信。自今及古，其名不去，以阅众甫。吾何以知众甫之然哉？以此。（第二十一章）

这段话极为朦胧，但对于我们研究老子的哲学思想和美学思想至关重要。它恍惚地但又是绝妙地说明了以下三个问题。第一，道不是人的主观意识的产物，而是客观事物的本质（规律）在人的意识中的反映。所谓"唯恍唯惚"是就其一般性而言，道是事物本质的概括，具有不可捉摸的抽象性；所谓"惚兮恍兮其中有象，恍兮惚兮其中有物"，是就其所包含的内容而言，道又是具体的。从这里我们可以看到老子认识论的某些方面的唯物主义性质。第二，所谓"精"就是抽象的结果，所谓"真"就是事物的本质，所谓"信"就是确实无妄。归纳起来无非是说"道"是在人的思维过程中经过抽象而得以反映的事物的本质属性，具有真理性内容，人们可以对之确信不疑。特别引人注意的地方在于老子创造性地提出了“真”这一概念，并且将它引进了哲学领域和美学系统。第三，从美学方面来看，尤其有趣的是老子从事物的本质论中引出了他所希冀的美，并且确认美是从道派生出来的，与道取同一的性质，都是事物本质的反映。人们也许怀疑，作这样的理解，又有什么根据呢？根据不是很明显吗，“自古及今，其名不去，以阅众甫。”训诂学家们一致训“阅”为“出”，这里无须赘述。至于“甫”，今人朱谦之注曰：“甫，大也。此谓大（甫），即二十五章之‘四大’云云。”窃以为朱说有据而甚精。按《尔雅·释诂》训甫为大，《说文》则训为“男子美称”。“男子美称”，与美的关系已极分明，而王念孙的《广雅疏证》更有斩钉截铁的论断：“美从大，与大同意。”[①]《老子》书中不是明白地谈论过“美”吗？那又为什么不去沿用现成的概念，偏偏要去搜奇猎怪，代之以“甫”和“大”呢？这可以从主观客观两方面加以说明。客观方面的原因是：作为美学概念，古代的“美”“甫”“大”同属美的范畴，如从美学角度加以运用，词义并无迥别；但从美的范畴内部层次进行辨析，在先秦典籍中，它们又确有微殊。具体说来，“甫”“大”比“美”更高级。孔子主张法先王，所以他的得意门生有子说：“先王之道，斯为美。”[②] 在这里，美是对于先王德政的泛义的赞誉。然而在先王之中，政治成就最高者无疑是尧，因此孔子对于尧的政治成就作了一番热情洋溢的歌颂：“大哉尧之为君也！巍巍乎！唯天为大，唯尧则之。荡荡乎，民无能名焉。巍巍乎其有成功也，焕乎其有文章！”[③] 在这里，“大”联系着“巍巍”而且“焕乎其有文章”，显然是说“大”就是美中之崇高。可见老子以“甫”“大”为“美”，在当时并非纯属主观臆造，虽然主观方面的原因也许更为重要。老子排斥“可道”之“道”，相应地势必否定“有名”之“美”。老子肯定“常道”，那就必然会相应地采用在习惯上与美同义，在名目上却又不

① “古音甫、夫两字均属鱼部，声读相同。《诗·甫田》笺：‘甫之言丈夫’。《说文》：‘夫，丈夫也’。音义既皆相合，甫人就是夫人。……（王献唐：《黄县㠱器》，第128页）甫、夫同音同义，则甫训为“男子美称”，不仅说明了甫和美在词义上的联系，而且反映了进入父系社会以后，大男子主义的社会思想在美学观点上的表现。”

② 《论语·学而》。

③ 《论语·泰伯》。

同的"甫"或"大",以便同"有名"之"美"划清界限。当然,我们
应该注意到:在美学领域内正如在哲学领域内一样,老子所提出的问题和
对这些问题所做的探索是极为深刻的,可是由于当时自然科学、社会科学
以及思维能力的限制,产生了老子书中概念的不纯净和表述上的朦胧性。
作为一份宝贵的思想资料,如果我们筛去其概念中的杂质,揭去其朦胧的
面纱,便可看出它的真实面貌,便可救出它的合理的内容。关于"甫"
或"大",情况就是这样的。在老子的心目中,"甫"或"大"就是美,
只是它的内容高于"有名"之"美",它们是同类概念,却不是同等概
念。在这一点上,老子与孟子关于"美"和"大"的界说,存在着一致
的地方,孟子曾经说过,"充实之谓美,充实而有荣辉之谓大。"① 不过孟
子仍然以"美"为美,老子却以"大"为美而已。

"大"既然出生于"道",当然在性质上与"道"同一,即两者都是
事物本质属性的反映。但是"大"或"甫"与"道"毕竟是两个不同种
类的概念,其间必有相异之点。这就需要比较"道"和"大"得以区分
的一个关键之点,尤其重要的是必须全面考察"大"的具体特点究竟都
是些什么。

(三)"大"的具体特征

老子曾经说过,"道之出口,淡乎其无味,视之不足见,听之不足
闻,用之不足既。"(第三十五章)这分明是在告诉人们:道是抽象的,
人的感觉器官不能直接感知它的存在,只能从理智上加以领会。老子又曾
说过,"吾不知其名,字之曰道。强为之容曰大,大曰逝,逝曰远,远曰
反。"② 这又是告诉人们:"大"和"道"关系至切,但区别亦显著:
"道"是"大"的母体,是"大"的本质;"大"从"道"所出,是
"道"的形容。它是具体的,人的感官可以直接感知它的存在。说到这
里,老子的美论已经呼之欲出,但其面目仍然显得云山雾罩,扑朔迷离。

---

① 《孟子·尽心下》。
② 《老子》第二十五章。通行本"容"作"名",不可解;高亨《老子正诂》将"名"考
订为"容",甚确。

真是"千呼万唤始出来，犹抱琵琶半遮面"。但是它的"光而不耀"的本质却又不能不使我们感到十分诧异：老子关于美的思想恰似一颗颗散落而又尘封的明珠，人们只消把它们捡起来加以拂拭和串联，那就会制成一条价值连城的中国古代美神的项链。在美论方面，我们如果按照老子提供的思想资料，逻辑地加以清理，便不难做出下面的概括："大"源出于"道"又是"道"的形容，因而"大"就是"道"的感性显现。于此我们联想到黑格尔给美所下的那个著名的定义："美是理念的感性显现。"①黑格尔的理念是本质和普遍，老子的"道"也是本质和普遍。可见老子的"大"和黑格尔的"美"是一个同等的概念。其不同之处在于：老子只是提供了定义的资料，黑格尔却有一个明确的定义，这是比黑格尔早生两千多年的老子不及他的后生的地方。但就认识论的性质来看，黑格尔的理念并非出自事物本身，而老子的"道"却是从事物的固有属性中抽象出来的。这又是前贤较之后生更为可取的所在。由此可见，无论在中国古代美学史上，或在世界古代美学史上，老子在美论方面的贡献都应该引起我们足够的重视。

就"大"的客观性而言，它是静止的、稳定的，可是一当它踏进人的主观领域，它就由静止而运动。所谓"逝""远""反"就是对这种运动状态的描述。运动中的"大"是飘忽不定的。在老子看来，"大"是人所向往的，却又不能刻意追求或自恃其大。求之，恃之，"大"就会高翔远引离我而"逝"，因为"罪莫大于多欲""咎莫大于欲得"（第四十六章）。由于"多欲"的愿望会破坏内心的宁静，"欲得"的行为势必造成人我之不同，它们都与"常道"的本性相悖。只有立足于"常道"，和光而同尘，看似与"大"保持了一定的距离，然而正因为无意追求，"大"反而由远而就我，这就是所谓"反"（返）。"不召自来"（第七十三章），乃天道所使然。写到这里，我们不禁把笔沉思：这些迷离恍惚、貌似诡辩的奇谈，其实质到底是什么？我以为广义地看，是谈一种处世哲学；狭义地看，是谈一种美感经验；综合言之，就是所谓"距离说"。我们知道，《老子》一书，主张清虚自守，卑弱自持，"此君子人南面之术也"②。

---

①　[德] 黑格尔：《美学》第 1 卷，朱光潜译，商务印书馆 1979 年版，第 142 页。
②　班固：《汉书·文艺志·诸子路》。

"南面之术"的处世要点是："后其身而身先，外其身而身存。以其无私，故能成其私。"（第七章）这就是说，侯王处世取超脱态度，和万物杂处却又保持一定的距离。貌似无欲，结果反能成其大欲；貌似无私，结果反能成其大私。老子认为"道"之所以为"大"，正在乎"万物归焉而不为主"，"是以圣人终不为大，故能成其大"（第三十四章）。把"南面之术"应用到审美经验中来，就产生了"逝""远""反"。三者之中"远"为关键。"远"并非形容词，而是使动词，就是孟子所谓"君子远庖厨也"的"远"，就是使之成一距离。我们在上文曾经说过，在美学方面，老子是反对以实用为美的，因此在美感经验中为了使审美知觉不带任何实用目的，就必须在心理上与对象保持一定的距离。老子又是反对以快感为美的，而"远"正是为了区别"大"和一般的快适。老子的上述思想，不就是对我国现代美学影响甚大的布洛赫的"距离说"吗？那么，"距离"说是否正确呢？对此，本文无暇深究，不过我们可以反问一句，"君子南面之术"完全正确吗？

虽然，老子的上述思想作为艺术家在创作过程中对主客观关系的处理，于后世影响颇大。艺术家在创作过程中如果按照"距离说"的原则与对象保持一定的距离，那又怎能清晰地感知和摄取对象的美呢？《庄子·天地》曾经引用过一段相传是老子的话："通于一而万事毕，无心得而鬼神服。"这就是说，人对万事万物不能求其尽通，只要"通于一（道）"，则万事万物自然皆通；而且不借诸人力，于无意间得之，更为可靠。这里表露了老子的无为而无不为的思想。若是我们把艺术创造看作是一种对美的追求，那么这种思想倒是同中国古代所谓"天授"一派的创作原理相通的。且看《庄子·田子方》里的一则关于绘画的寓言故事：

> 宋元君将画图，众使皆至，受揖而立，舐笔和墨，在外者半。有一使后至者，儃儃然不趋，受揖不立，因之舍。公使人视之，则解衣般礴臝。君曰："可矣，是真画者也。"

中国古代的思想家们，非常注重内养功夫，老子注重养道，孟子注重养气。因为内养充足，临事则神闲意定。艺术家也应该具有这种内养功夫。只有这样，才能在平时对自己所要再现的对象做到凝神观照、熟烂于心；而在创作过程中，也就能够思如泉涌，一挥而就。由于胸有成竹，在态度上自然不会显得矜持拘谨，如临大敌了。反之，硬做文章，即使费尽心神也是成效不大的。因此，刘勰说："秉心养术，无务苦虑，含章司契，不必劳情也。"① 庄子和刘勰的这些文艺思想是很有代表性的，其理论基础不能说与老子的美学思想无关。

以上我们考察了老子的"大"在美感经验中所表现出来的特征。那么就"大"本身来考察，又有什么特点呢？茫茫宇宙间有没有某种物事能够体现"大"的特点呢？回答是有的。老子所谓"四大"之说，就是具体例证。

> 故道大，天大，地大，王亦大。域中有四大，而王居其一焉。王法地地，法天天，法道道，法自然。②

这显然是说，道、天、地、王四者具体地代表了"大"的客观存在。至于"大"的特点，老子曾以"王大"为例作过绝妙的说明。其辞曰：

> 天下皆谓我道大，似不肖。夫唯大，故似不肖；若肖，久矣，其细也夫！（第六十七章）

引文中的"我"，并非平民的自称，乃是侯王的自称。对此，今人高亨的考证，言之凿凿③。那么，所谓"我道大"亦即王道之大。而王道之大的特点就是"似不肖"，"似"是指侯王包罗甚广，从而成为被包罗者的代表；"不肖"，指侯王为了尊重被包罗者的自我性，并不强制被包罗者酷肖自己，唯其如此，侯王也就在统一体中保全了自我——仍是"这一个"侯王。可是侯王之所以为大，就因为他具体地实现了"似"与"不肖"两个方面的统一，但其统一的途径不是斗争，而是和解。好像为

---

① 《文心雕龙·神思》。

② 《老子》第二十五章。高亨《老子正诂》第二十五章考订此文原文疑作"王法地，法天，法道，法自然"。本文取义从高说。

③ 参见高亨《老子正诂》第二十五章注文。

老子这段话作注释似的,《庄子·天地》给"大"下过这样的定义,"不同同之之谓大。"所谓"不同同之",就是同中有异、异中有同的另一种说法,它与"似不肖"的含义几乎完全一致。至于"同""异"两个方面何以能够共处于一个统一体中,郭象对此文所做的解释,意义非常明确:"万物万形,各止其分,不引彼以同我,乃成大耳。"换句话说,"大"就是共性与个性的和平统一。"和平统一"在理论上是不太科学的,但不能完全否定它在实践上的意义。我们知道,所谓"我"乃是老子理想中的侯王,因此,把他当作老子在有意无意中所创造的美神,想来不算牵强!尽管"王大"的本义是指侯王的人格崇高,并非现代意义上的艺术形象的美,但是侯王较之平民、美神较之众生,其特点既然是"似不肖",那么"王大"岂不就是王中之典型吗?尽管"王大"一说在社会学方面具有浓厚的空想性,但是由此提供的"似不肖"原则在美学方面却具有不可忽视的理论价值,因为其中含有萌芽性的典型论意义。我们重视它,并不意味着它相同于我们的典型论,更不是说它已经达到了一般的典型论高度,而是因为它在中国古代美学史上,乃至世界美学史上最早地透露了典型论的消息,肯定这一点,目的是为了尊重美学科学的历史的辩证的发展过程。

十分有趣的是当代艺术巨匠、已故齐白石老人也曾把自己所创造的艺术形象的特点归结为"似与不似之间",并且申述这样做的理由在于"太似为媚俗,不似为欺世"①。"欺世"就是"伪","媚俗"就是"阿"。老子不是"疾伪"吗?不是反对"阿"吗?不是认为"大"的特点就是"似不肖"吗?古代的哲人、当代的画师通过不同的途径,从不同的方面在原则上竟然达到了如此相似的结论,想来必有至理存在于其间!

但是"相似"绝非"相同"。白石老人所谓"不似则欺世",是从维护艺术的尊严方面说的。老子所谓"若肖,久矣,其细也夫",则更清楚地揭示了"似不肖"原则的理论深度。真的,倘使艺术形象完全妙肖自然,即使其内容包孕甚广,也不能算作典型,最多也只是一个类型而已。艺术形象只是再现某种类型,抛弃突出的个性,那就从一个方面减弱了它

---

① 齐白石《枇杷》一画的题字:"作画妙在似与不似之间,太似为媚俗,不似为欺世。"《齐白石研究》,见上海人民出版社1959年版。

的生命力。也许它在一定时期内能够帮助人们认识某种事物的某些本质方面，但是随着时间的流逝，其美感力量必将越来越弱，因为它是一种不健全的艺术个体。成功的艺术形象，总是将明确的共性与突出的个性有机地结合在一起的。这就是美学科学中典型与类型的区别。关于典型原则的基本内容，在今天已经成了人们的常识，老子的典型论也许只具有历史的意义吧。细心的读者不难看出，老子的典型论是老子的美论进一步展开的结果，典型是美的表现形式，是美的具体特征，它同美紧紧地结合在一起！因此，他的美论在今天的美学研究中仍然具有不可忽视的现实意义。

（四）"大"和"道"的根源

下述一点很值得我们去探索：对于艺术家来说，典型创造的根源来自何方：是纯属艺术家主观意识的产物呢，还是艺术家的主观与客观世界的统一呢，或者另有源头？这就进入到关于美的根源的讨论了。老子说过，他所创造的人间侯王这样的美神，并非出自他的主观臆造，而是"法地、法天、法道、法自然"的结果。在中国古代美学思想中，"法自然"可以从客观方面去理解，也可以从人的主观方面去理解，但是在这里前人李约解释道："王者，法地法天法道之自然妙理而理天下也。故曰：'王（原作人，今改）法地地，法天天，法道道，法自然。'言法上三大之自然妙理也。"[①] 李氏把"道"和"天""地"都看成是不依赖于人的主观意识而客观地存在着的实在，把"自然"视作三个实在的统括之词，这在认识论的本质论范围内是符合老子的原意的。因为谁都承认"天""地"是自然的实体，而"道"在认识论方面，乃是客观事物的本质或普遍规律，它又是涵盖万有的，因而说它是广义的自然也未尝不可。尽管老子的"自然"常和"人为"相对，但是在这里作为"地""天""道"三者的统括，其义则近于我们今天所说的相对于主观的那个自然或自然规律。就是说天地按照自然的规律在运行，动植物按照自然的规律在生长。因此，"法自然"也就是取法自然或者"模仿自然"的意思。但是"模仿自

---

① 转引自高亨《老子正诂》第二十五章。

然", 既可以是机械地照搬, 也可以是能动地再现, 前者导致自然主义, 后者产生现实主义。那么, 老子所倡导的 "法自然" 的创作原则, 究竟是自然主义的, 还是现实主义的? 这是不难分辨的。老子 "法自然" 的结果是创造典型, 而自然主义是排斥典型创造的。关键的一点是看它重形式还是重内容, 重现象还是重本质。对此, 李约的解说甚为精到: "其义云 '法地地', 如地之无私载。'法天天', 如天之无私覆。'法道道', 如道之无私生而已矣。" 地无私载、天无私覆、道无私生, 都是指其内容而非论其形式, 都是指其本质而非论其现象。这样看来, 老子对于侯王这个艺术美神的创造, 根源并非来自作者的主观意识, 而是来自客观的自然。"法自然" 的原则是现实主义的创作论, 绝不是自然主义的模仿论。由此, 我们又不难得出这样的结论: 老子既然认为美是事物本质属性的感性显现, 又认为从美的根源来自客观存在着的自然界, 那么, 他的美论的唯物主义性质不是显而易见的吗!

但是长期以来学术界又为什么存在着关于老子思想的唯物主义与唯心主义之争呢? 这个争论, 在推动老子思想研究的深入展开上, 其积极作用应该给予充分的肯定; 但争论双方的意见长期难于一致, 又确乎存在着一些值得思考的原因。窃以为老子的思想是一个体系, 但又是一个极不严密的体系; 它是可贵的, 但又存在着古代美学草创时期很难避免的缺陷。因此, 我们的研究应该防止简单化的倾向, 必须坚持实事求是的原则。由于它是一个体系, 我们只能将个别命题放在整个体系中加以考察, 不能有意无意地加以肢解。由于它是一个极不严密的体系, 我们又必须注意其理论上的矛盾, 以便尽可能地将它揭示出来。

那么, 老子思想体系的内在矛盾到底表现在哪里呢?

我们曾经说过, 老子的 "道" 不是主观意识的产物, 而是从客观存在着的具体事物中抽象出来的普遍性形式 (规律), 就这一点来说, 它具有唯物主义性质。也就是说, 他的认识论中的本质论这一个方面是唯物的。但是在方法上, 他的思维并没有遵守从事物的个别性提高到特殊性, 然后再从特殊性提高到普遍性这个正确的秩序, 而是舍弃了必要的中间环节, 从直觉开始, 越过了个别性和特殊性, 一下子跳到了普遍性, 面对这个普遍性, 他再想一想, 不禁感到迷惘: 获得了从事物本身抽象出来的 "道", 怎么竟不能认识自己做出的这个抽象? 它诚然是可以意识到的事物，却又不是可以感觉到的事物！他不理解这正是概念的特性，从而遇到了黑格尔所说的困难："我们当然能吃樱桃和李子，但是不能吃水果，因为还没有人吃过抽象的水果。"① 老子解决这个困难的办法，不是把"水果"还原为"樱桃和李子"，而是把"水果"当作一个脱离了"樱桃和李子"的独立实体津津有味地加以咀嚼。于是在他的眼前便出现了这样的奇观："水果"同"樱桃和李子"一样，都是可以吃的！只是"樱桃和李子"是可以感觉到的事物，比较实在，不妨称之为"有"；"水果"可以意会却不可以感知，比较"玄"，不妨称之为"无"。在经验中，"樱桃和李子"可以充当母体，繁衍出无数的子孙，却不能穷尽"水果"；在玄想中，"水果"既可以包括"樱桃和李子"，还可以包括它们以外的无数可以感知的"柑橘和杏子"，它不就是母亲的母亲吗！

　　恩格斯说过，"根据一个老早就为大家所熟知的辩证法规律，错误的思维一旦贯彻到底，就必然要走到和它的出发点相反的地方去。"② 老子吃下了唯物主义者不能吃的"水果"，通过思辨的途径，从具有唯物主义性质的本质论跳到了唯心主义的生成论："无，名天地之始；有，名万物之母。""无""玄之又玄"太抽象了，人们无法感知它的存在，因此老子给"无"披上了一件可以用经验感知的外衣："谷神不死，是谓玄牝。玄牝之门，是谓天地根。"（第六章）这里的"谷神""玄牝"同"无"一样，哲学史家们一致视为"道"的别名。"道"在生成论中就是"无"，但又不是绝对的空虚，它好似"玄牝"，一个无限深广的空洞。在事实上人们虽然对它无法感知，在玄想中却依稀直觉到它的存在。它摆脱了时间和空间这种物质的运动形式，独立于天地之上，但又是天地得以形成的始因。它是不死的、永恒的！作为生成论中的"道"，有点像康德的"自在之物"，但又不尽相同。在康德看来，"自在之物"就是绝对不能认识之物。而在老子看来，"道"终于从意识中解脱出来了，虽然它"玄之又玄"地独立于世界之上，但是人们可以感知它的一切，"常无，欲以观其妙；常有，欲以观其徼"。这就是说，立足于"无"，为的是看到无限（妙）；立足于"有"，为的是看到有限（徼）。而人倘若既能认识无限又

---

① 《马克思恩格斯选集》第 3 卷，第 556 页。
② 同上书，第 482 页。

能认识有限，他就同时认识了一切，此所谓"玄之又玄，众妙之门"。但是"有"和"无"的关系是怎样的呢？倘若它们是一对相克相生的概念，那就显示了我国古代哲学生成论中的朴素辩证法。可是老子是要取消矛盾的，他不承认"关系，而是承续相克"，只取"相生"。所以"有无相生"在实践上是幻想，在理论上是形而上学，哪里有什么朴素辩证法，在老子哲学的生成论中，"有"和"无"不是对偶关系，"天下万物生于有，有生于无"（第四十章），这是毫无经验基础的思辨！列宁说过："在自然界和生活中，是有着'发展到无'的运动。不过'从无开始'的运动，倒是没有的。运动总得是从什么东西开始的。"① 由于老子的生成论是脱离经验的思辨，由于这种思辨的直线性和片面性，使得他离开了唯物主义，同时也拒绝了辩证法。因此，他不可能从有限中找无限，从暂时中求永久。他的无限是虚幻的无限，他的永久是想象的永久！

我们也曾经说过：老子在美论和美的根源论方面取得了很高的成就。原因正是在于当他谈论美的根源的时候，始终依据事物本身的性质；当他探索美的本质的时候，始终没有脱离事物的关系，在这两方面很少出现虚无缥缈的玄想。要说精华，精华正在这里。

（五）"德"与"善"及真善美的关系

"道"是老子哲学的最高概念，也是天下万物的生成之母，"道生一，一生二，二生三，三生万物。"（第四十二章）从这个生成论里我们可以得出两点认识：第一，单线相传，排除了事物的相互作用，完全是个心造的模式。事实上，"相互作用是事物的真正的终极原因"②。第二，在生成论中，"道"和"德"并不是一对范畴，而是阶梯性的概念。"道"统括着自然、社会和人的思维这三个方面的本质，而"德"只限于人类，专指人类对于"道"的先天获得性。《老子》第五十二章说道："道生之，德畜之，物形之，势成之。是以万物莫不尊道而贵德。"王弼注曰："道者物之所由也，德者物之所得也。""德"既然是人类对于"道"的先天

---

① 列宁：《哲学笔记》，人民出版社 1974 年版，第 138 页。
② 《马克思恩格斯选集》第 4 卷，第 552 页。

获得性，那就同时产生了后天复失的可能。从这里，老子把"德"分成了"上德"和"下德"两类："上德不德，是以有德；下德不失德，是以无德。"（第三十八章）换句话说，就是上德之人，只求保持本性，不假外求，结果成全了本性，因而"有德"；下德之人，不求保持本性，一味外求，结果失去了本性，因而"无德"。老子认为产生"有德"与"无德"的原因在于人的行为。

"上德无为而无不为，下德为之而有以（不）为。"（第三十八章）

从行为，老子又暗暗地引出了他的善恶观："为之而有以（不）为"的前提。正是人的心中早就存在着"善"与"不善"（恶）的观念，而"可名"的"善"与"不善"，都是相对的、易逝的。"正复为奇，善复为妖。"（第五十八章）乃是现实生活中常见的现象，只有遵道而行，别无依傍，才能做到"无为而无不为"，从而也才能获得纯净的"善"。

那么，"善"与道、德的关系是怎样的呢？对此，老子曾经作过这样的说明："孔德之容，惟道是从。"（第二十一章）"孔德"就是"上德"，"道"就是"常道"，然而"孔德之容"指的是什么？我们依据《老子》一书中概念的对应规律，不难做出这样的判断：美和善、道和德是互相关联的，正如"常道"之容是"大"一样，"孔德之容"无疑就是"善"。只是"常道"是宇宙万物的本质，"上德"则专指人的本性，它们之间尽管存在着量的差别，却无本质的不同。"德"和"德之容"归根结底仍须服从总的"常道"，所以说"惟道是从"。于是我们又不难得出这样的结论："大"是事物本质的感性显现，"善"是人的本性在行为上的表露，"大"和"善"的关系相当于"常道"与"上德"的关系。用今天的眼光看来，"大"是自然美、社会美与艺术美的统括，"善"则专指人的品格的美，亦即社会美。

我们曾经揭示过，老子给"大"的特点作过明确的规定。那么，"善"的特点又是什么？老子对它也曾有过相应的规定吗？回答是肯定的。老子的学说所以能够构成一个体系，不仅在于他的思想是一个独立的系统，还在于它的概念之间的层次非常清晰，不管概念如何推移，它们之间存在着某些对应关系。与"大"的"似不肖"特点相应，老子把"善"的特点具体规定为"知不知"："知不知，上。不知知，病。夫唯病病，是以不病。圣人不病，以其病病，是以不病。"（第七十一章）我们知道，老子是主张"无为"的，所以在知和行的关系问题上提出了"不行而知"（第四十七章）的见解。这样，作为社会行为的道德标准，善与不善就缩小为对"知"的态度的正确与否。所谓"知不知"就是在内心虽有明确认识，但外在表现应该依然显得糊里糊涂。这就是老子所设想的"圣人"的风格。关于这种风格，他概括地称之为"恬淡"，所谓"恬淡为上，胜而不美"（第三十一章），而在不同的地方又有过多种具体的叙述，且引几例如下：

> 故善人者不善人之师，不善人者善人之资。不贵其师，不爱其资，虽智大迷，是谓要妙。（第二十七章）
>
> 大巧若拙，大辩若讷。躁胜寒，静胜热，清静为天下正。（第四十五章）
>
> 是以圣人方而不割，廉而不刿，直而不肆，光而不耀。（第四十五章）

上述引文中的"要妙"，就是善的极境，就是"至善"，它区别于"可名"之"善"。"清静"则是善的典型，"光而不耀"云云，就是对这种典型的具体描绘。由此看来，"知不知"能够成其善（上），正如同"不自为大，故能成其大"一样，都是对人对己的一种具体原则，一种具体的美丑善恶标准。

·但是，为什么"知不知"就构成善呢？原因是倘若知而自以为知，那正是"有为"的"前识"。老子认为"前识者道之华，而愚之始"，易顺鼎训为"邪伪之始"①，"邪伪"就是不善，就是恶，其反面非善而何？

必须指出的是《老子》一书原为侯王而作，所谓"知不知"，只能看作是侯王应该具备的修养。这种修养在内心为"善"，而表现出来就是"术"。侯王对自己能行此"术"就能获得善："善者吾善之，不善者吾亦

---

① 参见高亨《老子正诂》第三十八章注中引文。

善之，德（得）。"（第四十九章）这不就是和光同尘处世哲学的具体化吗？这不就是"不同同之"的美学观点在人事关系上的具体表现吗？从这里我们看到了老子学说中哲学、伦理学、美学三方面基本原则的一贯性，看到了他的美学思想中真善美的统一。

问题的另一面是平民之善不同于侯王之善，他们另有标准。这个标准是从保证侯王统治的稳固这个前提中引申出来的，"圣人在天下，歙歙为天下浑其心。百姓皆注其耳目，圣人皆孩（阂）之"。（第四十九章）这分明是说，侯王对平民能行此"术"，也能使平民获得善：闭目塞听、心地浑浑噩噩、无知无识。可见平民之善在于"知不知"中只取其半，去其"知"，取其"不知"。因为"（天下）皆知善之为善，斯不善已"。所以"不知"，就是平民的"善"。因为平民的恶来源于"争"。"不知"则"无欲"，"无欲"则"不争"，"不争"则有利于万物。"利万物而不争"就是"上善"①。从老子的善恶观，我们看到了他的学说的阶级性质。他的愚民政策就是以这种善恶观为依据制定出来的：

> 古之善为道者，非以明民，将以愚之。民之难治，以其智多，故以智治国国之贼，不以智治国国之福。此两者亦稽（楷）式。（第六十五章）

但是，"愚民"是"不以智治国"的政策所产生的结果，这只是"为道"的一个方面，"为道"的另一个方面是"化民"，"化民"是教育在思想上产生的结果。平民的思想开通了，就是获得了"知"。有"知"则有"欲"，有"欲"则必"争"，争则动，动则恶，那又怎么办呢？办法是再用"无为"之道以镇其私欲，使之复归于静。这样，天下就自然太平了。关于这一方面，《老子》第三十七章有明确的论说：

> 通常无为而无不为。侯王若能守之，万物将自化。化而欲作，吾将镇之以无名之朴，（镇之以）无名之朴夫亦将无欲。无欲以静，天下将自定。

---

① 参见《老子》第八章《老子》第三章："常使民无知、无欲、无为，则无不治。"

以上是侯王从政策和教育两方面导民向善的实际措施。可是对平民来说，政策约束和思想教育未必能使自己永远向善，这就产生了自我修养的必要："修之于身，其德乃真。"（第五十四章）通过修身就能保持本性的率真，率真就是"常德不离，复归于婴儿"（第二十八章），婴儿无知，只有本能。由于无知，所以对外物无妨，自然也不为外物所害，由于只有本能，他的一切行为毫无社会性的私欲参与其间："精之至也。"（第五十五章）老子认为谁的人性修养得像婴儿的本性那样率真，他就是一个至善、至美的人了。从这里，我们又一次看到了老子学说中哲学、伦理学、美学三方面基本原则的一贯性，看到了他的美学思想中真善美的统一。而这，正是我国古代美学的一个宝贵传统。

1981 年 4 月 12 日初稿，4 月 18 日二稿

原载《文学评论丛刊·古典文学专号》1982 年第 16 辑

六

庄子美学思想简论

庄子批判百家，唯独推崇老子，汉朝人将他们合为道家一派，所以千百年来老庄并提。他们在学术渊源方面确有师承关系，但是在人生观和美学思想方面并不是完全一致的。老子厌弃当时的现实，同时幻想一个美好的、无差别的社会环境的出现。我们可以指责他的幻想，却又不得不承认他对于人生抱有热烈的、执着的情怀。庄子生活在更为动乱的社会环境之中，目睹是非无主、善恶无报、荣辱寿夭难以把定的现实，他在情感上苦闷到了极点，愤怒到了极点，而在理智上思索当时的"百家众技"，尽管"皆有所长，时有所用"，然而都是"不该不遍，一曲之士"①。于是他把老子关于美恶相对的观点发展成为相对主义，把老子的"道"推衍成为绝对的虚无，并且进一步把老子的绝对理性主义通过直觉这个环节转化成为非理性主义，从而跌进了悲观主义的泥潭，成了现实的隐遁者。他的美学思想，可以说是在他的悲观主义泥潭中生长起来的一朵病态的花——它本身是美丽的，然而果实却在芳甜中含有毒素。

（一）追求非理性的"真"

庄子认为世间万物都怀有偏见，自以为是而以人为非，这样彼此是非相待而立，本无共同的标准，自然生生不已、无穷无尽、不可究诘②。人

---

① 《庄子·天下》。

② 《庄子·齐物论》："物无非彼，物无非是。自彼则不见，自知则知之。故曰：彼出于是，是亦因彼，彼是方生之说也。"

世间的是非、生死既然都是相对的，因而作为自然之一体的人，根本无法从变化不定的相对是非中认知绝对真理，假若勉强凭借知性去辨别是非，那就把本来不存在的东西当作存在的东西去追求。任何高明的人也不能从中得到积极的成果。至于一般人去做这样的蠢事，只能是越做越糊涂①。为了把人从求知的迷途中解救出来，庄子主张通过"绝圣弃知"，达到"天下大治"②。在他看来，"天下每每大乱，罪在于好知"③，所以知识就是罪恶④。"天下之善人少，而不善人多。则圣人之利天下也少，而害天下也多"⑤，所以"掊击圣人，纵舍盗贼"，天下就可以达到大治⑥。这样，他就从上到下否定了知识，否定了具有知识的人，于是人就返回到了人兽无别的境界：人们在困睡中安闲舒缓，在觉醒时欢娱自得；忘记了是非、物我的界限，说他是牛、是马都无不可。唯其如此，他们"其知情信，其德甚真"⑦，这种人就是他所歌颂的"畸人"。他认为"畸人者，畸于人而侔于天"⑧。畸人侔天，就是精神世界与现实世界通过直觉而达到同一，就是主观与客观统一说的形象化的表述。

庄子所说的"畸人"，是指在思想行为各方面不同流俗、不问不知、不求仁义、不分善恶、保持了自己的自然本性的人。他按照自己的本性自由自在地遨游于天地万物之间，不屈己、不干人，顺应身外一切事物的自然本性，使一切事物的自然本性同自己一样得到了保持，因而他在人格上达到了与天同一、契合自然的境界。可见"畸人"正是庄子理想中的真而不伪、善而不伐、美而不骄的人，也就是真善美统一的人。

那么，怎样才能造就"畸人"呢？《庄子·人间世》有一段假设孔子教育颜回的话，可以用来作为这个问题的回答：

---

① 《庄子·齐物论》："是以无有为有，无有为有，虽有神禹且不能知，吾独且奈何哉？"

② 《庄子·在宥》。

③ 《庄子·胠箧》。

④ 《庄子·德充符》："知为孽。"

⑤ 《庄子·胠箧》。

⑥ 《庄子·胠箧》："掊击圣人，纵舍盗贼，而天下始治矣。"

⑦ 《庄子·应帝王》。

⑧ 《庄子·大宗师》。

　　回曰："敢问心斋？"

　　仲尼曰："若一志：无听之以耳，而听之以心；无听之以心，而听之以气。耳止于听①，心止于符。气也者虚而待物者也；唯道集虚，虚者心斋也。"

　　这里的"若一志"，同《知北游》中的"一汝度"意义相近，"志"和"度"都是指一种自由自在的意志。"若一志"，就是让颜回专一意志，用专一的意志去排除感觉经验（"无听之以耳"）和理性思维（"无听之以心"），因为运用感觉经验与理性思维的目的都在于主动地认识世界，而通过这样的途径不可能获得真知（道），真知只能靠专一的意志排除思虑的过程中自然获得。清代著名的唯物主义者王夫之非常中肯地批评了这种荒诞的认识论，说"庄子以意志测物，而不穷物理"②。那么，意志的动力是什么呢？庄子认为是"气"。"气"又是什么呢？他说："气者，生之所聚也。"——"气"，就是人的原始生命力，它在主客观关系上表现为本能的直觉。

　　如果我们把"一志""听之以气"和"畸人侔天"联系起来考察，庄子在认识论方面所发表的见解，可以归纳如下：人们凭借正常的感官无法感知正常的感性经验；人们应用概念进行逻辑思维也无法获得关于世界的理性认识。认识世界的唯一途径是依靠一个确定不移的意志，排除感官和心性的作用，保证人性中没有任何知识积淀的本能，凭借原始生命力纯然被动（"不得已"）地去感应迎面扑来的天地万物的形式和内容。这样的认识是反常的，可以称之为"畸人"的认识，但它以人的天性去直接拍合天的本性，不师成心，无为自得。庄子认为这比起常人的认识最为真实可信，理由是："为人使，易以伪；为天使，难以伪。"③ 对此，先秦的唯物主义者荀子批评他"蔽于天而不知人"④。

　　在我们看来，庄子通过玩弄赤裸裸的相对主义，否定概念，甚至否定

----

① 《庄子》原文为"听止于耳"，今据刘文典《庄子补正》引俞樾改正。
② 王夫之：《思问录外篇》。
③ 《庄子·人间世》。
④ 《荀子·解蔽》。

人的一切理性认识：为了把握他所谓的真知，认为只有借助于意志，排除人的社会意识，让下意识的心理本能冲动自由自在地感应天地万物的自发规律。很明显，庄子在认识论方面所鼓吹的乃是一种典型的非理性主义的神秘直觉说。尽管直觉可以"虚而待物"，但客观的物是被庄子否定了的，他只肯定过"其知情信，其德甚真"，可见这个"物"就是主观自得的真情。于是逻辑的结论必然是直觉就是表现情感。庄子构造这种主观唯心主义的哲学，是由于他感到现实有如漫漫长夜，必须否定它，却又感到自身的无力；想去冲破传统的理论，却又害怕社会实践；为了生存，只能无可奈何地向内心逃亡，以便在精神宁静这种诱人的景象中愚弄自己，过着想象中的逍遥自在的生活。所以，他在人生观上所表现的特点不能不是悲观失望、逃避现实、苟且偷安。我们揭示出了庄子的认识论和人生观的特点，就能够比较方便地从他的一堆"谬悠之说，荒唐之言"① 中，寻绎出他的美学思想来。

庄子所说的"畸人"，实际上是他理想中的真正的人，按照道家"正言若反"的原则，我们可以把"畸人"同他常说的天人、神人、至人、圣人、真人视为同类。《庄子·天下》有这样一段分出而合训的说明：

> 不离于宗，谓之天人。不离于精，谓之神人。不离于真，谓之至人。以天为宗，以德为本，以道为门，兆千变化，谓之圣人。

按照成玄英的解释，可以用现代汉语把这段话表述成这样：保持本性的人，就是天然的人；保持纯粹不杂的人，就是神妙的人；不假于外，保持内质真诚的人，就是一个完满的人；而以自然为基准，以上德为根本，以玄道为户，根据情况随物变化的人，就是圣人。郭象说，这里的四种人名称不同，实质都是一样的。我们细细揣摩文意，其中的"宗""精""真"，的确是从不同的角度指向一个核心内容，那就是人的自然本性。庄子反对"去性而从心"②，认为只有人的本性才是真的，其他都虚妄而不可信；认为保持了自然本性的真，同时也就获得了美和善，因为只有

---

① 《庄子·天下》。
② 《庄子·缮性》。

"真"，才能避免社会功利的恶念和丑行。这样的人，就是庄子一再称道的"真人"。"真人"的特点是与天混一①，不知是非、善恶，不计利害得失，逍遥自在，任何外物都不能伤害他②，因此，他的"真"具体地显现为人间的崇高和宇宙的永在③。先秦诸子的美学思想几乎无一不是从人格美谈起，庄子也不例外。但是庄子的所谓"真人"，并不是一个现实的人，他只存在于庄子的心中，他是一个地道的心造的幻影。庄子美学思想的唯心主义性质正是从他的关于人格美的论说中暴露出来的。

求"真"，是庄子美学思想的核心，美和善是"真"的派生物。那么，除了庄子心中的"真人"而外，世界上存在不存在客观的美呢？庄子的回答是这样：世界上的万事万物本无美恶可言，只是由于存在着人情向背，因此为其所好者就是美，为其所恶者就是丑。然而事物的性情不同，爱好也不一样，同一对象，随着观赏者不同，既可以被认为是美的，也可以被认为是丑的，忽美忽丑，美丑实在难辨。面对这样的难题，他断言道："通天下一气耳。"④ 这里的"气"，就是上文说到的"听之以气"的"气"，也就是基于人的自然本性的直觉。直觉最公，不带任何私念，所以美产生于人的主观直觉之中。

《庄子·田子方》有一段老子为孔子说教的寓言，老子说他自己能够游心于事物的始初，而每到此时总是"心困焉而不能知，口辟焉而不能言"，只是直觉到天地间存在着阴阳晦冥、日月盈仄、变化不已的景象。这些景象反复往来、无端无绪，谁也无法知道它的终极，而妙悟玄理的"至人"可以逍遥于其间，因而获得了异乎世俗之美的"至美"。这"至美"并非客观的实在，而是从体悟大道者的无知无为的精神境界中自然而然产生的。庄子借老子的口描述过这种精神境界的特点：一是"行小变而不失其大常"，也就是随变任化，上下浮沉，但始终保持着"我"的自然本性的纯洁性。二是"喜怒哀乐不入于胸次"，也就是感情得到了净

---

① 《庄子·大宗师》："天与人不相胜也。"

② 参看《庄子·大宗师》中关于"真人"的有关议论。

③ 《庄子·大宗师》："古之真人，其状义（峨）而不朋（崩）。"俞樾：其状峨而不崩者，言其状高大而不崩坏也。

④ 《庄子·知北游》："故万物一也。是其所美者为神奇，其所恶者为臭腐；臭腐复化为神奇，神奇复化为臭腐。故曰：通天下一气耳。"

化，身心两忘，万境皆空，只剩下"我"的自由自在的本能直觉。所谓"贵在于我"，正是说明"至美"就是主观本能的自足自乐。《庄子》书中多次说明过这种主观的精神境界与美的关系。《知北游》中被衣答复啮缺问道时，把这种精神境界形象地描绘为"瞳焉如新生之犊"；《刻意》中所谓"无从不忘，无不有也，澹然无极，而众美从之"。

庄子把他的美学思想应用到艺术创作上，产生了宋元君论画的那一段妙论：

> 宋元君将画图。众史皆至，受揖而立；舐笔和墨，在外者半。有一史后至者，儃儃然不趋，受揖不立，因之舍。公使人视之，则解衣般礴，臝。君曰："可矣，是真画者也。"①

这个故事与晋朝郗鉴择婿颇为相似，精神都在崇尚自然。后至的画师所以得到宋元君称赞，就在于同先到的画师们所表现的那种不自然的竞争功能的行为比较起来，放诞不羁的神采正显示了他的无知无为、虚而待物的精神。唯有这种纯真的精神才能产生出纯真的艺术；同样，唯有具备这种精神的画师才称得上真正的画师。我们要深入地理解中国画论史上的这一段妙论，可以把它同《大宗师》中女偊向南伯子葵传道时的精神修炼过程对照起来考察：

> ……吾犹守告之，参日而后能外天下。已外天下矣，吾又守之，七日而后能外物。已外物矣，吾又守之，九日而后能外生。已外生矣，而后能朝彻，朝彻而后能见独。

这样的精神修炼，就是为了使心灵极度虚空静寂，把眼前、心中的万事万物全部排遣出去，以至于随体离形、坐忘我丧，心灵因而豁然开朗，无滞无碍，如朝阳起初，照彻群生。玄妙深微的道体只有在这时才会毫无遮挡地呈现在心灵的观照之前。他把人自身当作一个"侔于天"的小宇宙，这个小宇宙包含着身外的大宇宙，所以人的宇宙观就是自我反省。身

---

① 《庄子·田子方》。

外的大宇宙存在着唯一可靠的自发规律，这个自发规律与人的本能一致，因而小宇宙的本能就是大宇宙的规律。作为一个主观唯心主义者，他排斥对客观事物的悉心研究，而全力转向于内心世界的探索，艺术本是客观现实的主观映象，艺术家在反映现实、创造作品的过程中，主观精神有着很强的能动作用。庄子抓住了这一点，但无视精神的物质根源，片面夸大人的精神力量，所以他的美学思想在根本上是唯心主义的。但在精神现象的研究方面，在个别环节上，却又存在着许多有价值的见解，这些见解表现在他的创作论中。

（二）求真与创作

庄子的求真，在哲学上表现为排除理性，一任意志的直觉，推进一步就会发展成为野蛮的专断；在社会学上鄙弃现实，主张无为，推进一步就会发展成为悲观厌世者；在美学上以理性为伪，以直觉为真，认客观的现实生活为丑恶，取宁静的内心世界为美善，推进一步就会发展成为脱离现实的唯美主义者。所以这些，都必须引起我们高度的警惕。但是他在精神现象的研究方面所取得的成就远远超过了同时代的诸子，他自己在文学创作方面所达到的水平也高居于诸子之上。这又使他的艺术创作论具有很高的价值，值得我们不能不细心地加以研究。

庄子的创作论，同他的整个美学思想一样，也是以求真为核心。"真"，在庄子的创作论中并不是指对现实生活的真实反映，因为他对现实是否定的。"真"，是基于人的自然本性的直觉，具体地反映就是藏于人的自然本性、未经现实浸染过的情感。关于"真"，在《庄子·渔父》中有一段精彩的论述：

> 孔子愀然曰："请问何谓真？"客曰："真者，精诚之至也。不精不诚，不能动人。故强哭者虽悲不哀，强怒者虽严不威，强亲者虽笑不和，真悲无声而哀，真怒未发而威，真亲未笑而和。真在内者神动于外，是所以贵真也。其用于人理也，事亲则慈孝，事君则忠贞，饮酒则欢乐，处丧则悲哀。忠贞以功为主，饮酒以乐为主，处丧以哀为主，事亲以适为主，功成之美，无一其迹矣。事亲以适，不论所在

矣；饮酒以乐，不选其具矣；处丧以哀，无问其礼矣。礼者，世俗之
所为也；真者，所以受于天也，自然不易也。故圣人法天贵真，禄禄
而受变于俗，故不足。惜哉，子之早湛于人伪而晚大道也。"

　　这里的"真"，所谓"受于天""自然不易"，在哲学上所坚持的仍
然是唯意志的本能直觉说。但是当他不是一味沉溺于内心的玄想，而是面
向沉重的现实世界的时候，他就由情感的愤怒转为理性的批判。他的批判
的锋芒指向现实生活中的"八疵""四患"①，痛斥社会伦理领域中的种
种虚伪狡诈、贪谗乖戾的世态人情，要求人们养成精诚不欺的品质，确乎
突破了他的非理性主义的说教，对世道人心显然有着积极的教育意义。他
对"真"的现实性的解释是理性化的，因而提出了"不精不诚、不能动
人"的杰出命题。这个命题用在艺术创作上，不仅有助于培养艺术家的
艺术良心，而且在关于艺术本质的探索方面给后人提供了有益的启示。
　　在艺术家的内心修养方面强调真、精、诚，就是要求艺术家敢于面对
险恶的现实，保持自己真而不伪的情怀、精而不杂的思想信念②、诚实而
不矫饰的态度和作风。艺术家倘能具备这样的品格，单是作为一个社会的
人来说，那肯定是光彩照人的；而对艺术家的品格提出如此严格的要求，
正是为了期待他创造出真实动人的作品，因为作品中的内容是经过作家的
思想情感熔铸过了的东西。作家的思想情感与作品中思想情感的形象化体
现，在正常情况下总是一致的，也就是庄子所说的"真在内者，神动于
外，是所以贵真也"。艺术家对现实生活倘使缺乏真诚的情感态度，而又
勉强投入创作，那结果必然是"虽悲不哀，虽严不威，虽笑不和"；倘使
艺术家对现实生活怀有深沉的真情实感，那么他的作品可以做到绝无叫嚣
怒张之嫌，却能收到"无声而哀，未发而威，未笑而和"的效果。这种
艺术效果，在美学原理上就是庄子所说的"功成之美，无一其迹"。美学
上的功成无迹，就是艺术家的一切主观意念，不靠直白，而是依赖于形象
的自然体现。

---

　　① 《庄子·渔父》中所批判的"八疵"是：偬、佞、谄、谀、谗、贼、慝、险；"四患"
是叨、贪、很、矜。
　　② 《庄子·人间世》："夫道不欲杂，杂则多，多则扰，扰则忧，忧则不救。"

从这里，我们可以看到司空图、严羽、王士禛等人美学理论的历史渊源。

庄子指出了圣人和愚人的区别，认为"圣人法天贵真，不拘于俗。愚者反此，不能法天而恤于人；不知贵真，禄禄而受变于俗"。区别出圣人和愚人的目的，在于唤起人们冲破世俗成规的束缚，反对屈服于污浊的虚伪的现实，一任心灵的自由快适。用在艺术创作上，显然是在主张心灵在自由自在条件下的创新（"独见"），显然是在提倡一种清新自然的风格（"真"）。那么，怎样才能创新呢？庄子多次论述过人的主观与客观的关系好比镜（或鉴）与物的关系。也就是说，心灵在感受直觉时所显示的作用就如同镜子照物。但是同是镜子，在反照外物的过程中却可以有两种情况：一在于全然被动地接受（"其静若镜"）①，于映象上所得的结果是自然的本相（真）；一在于直觉富有创造性，心灵在形成直觉时所显示的作用就好比"炉锤"，完全处于主动锻铸的地位（"其动若水"）②，于映象上所取得的结果是酷肖的自然（真）。对于这两种情况，庄子更重视前者，并且从理论和实践两方面都做过明确的论述。

关于第一种情况，《庄子·应帝王》中有一段著名的议论："至人之用心若镜，不将不迎，应而不藏，故能胜物而不伤。"所谓"用心若镜"，有主观和客观两方面的含义。在主观方面，是内心虚凝，不存照物之念，正因为这样，反而动不失真，无幽不烛；物来则应，应以直觉，因此所应之物尽在镜中，而无劳心苦形之累，心灵始终保持它的旺盛的应物的潜能。这一番修炼，就是人性上的"雕琢复朴"——回复到了原始的天性。由于主观方面的"来即应，去即止"，也就同时做到了客观上的任物自然——保持了外物的自然本性；反之就会失其真。"浑沌"，身无七窍，视听食息与人迥异，但他是人，且有美好的人性和人情。但当"倏"与"忽"想改变他的天性，代他穿凿七窍的时候，"一日凿一窍，七日而浑沌死"。如果把"倏"与"忽"当作艺术家，因为他们不顺自然，尽管费心费力地刻意雕琢对象，结果反而使对象失去了自然的生命。与此相反的

① 《庄子·天下》。
② 同上。

情况是"梓庆削木为鐻"① 的故事：

> 梓庆削木为鐻，鐻成，见者惊犹鬼神。鲁侯见而问焉，曰："子
> 何术以为焉？"对曰："臣工人，何术之有？虽然，有一焉：臣将为
> 鐻，未尝敢以耗气也，必齐（斋）以静心。齐（斋）三日，而不敢
> 怀庆赏爵禄；齐（斋）五日，不敢怀非誉巧拙；齐（斋）七日，辄
> 然忘吾有四肢形体也。当是时也，无公朝，其巧专而外骨消。然后入
> 山林，观天性，形躯至矣，然后成，见鐻然后加手焉，不然则已。则
> 以天合天、器之所以疑神者其（由）是与！"

当作艺术创作论来看，这个故事说明了三点：一是在创作之前的精神
准备，要排除杂念，消除外事的干扰，以求达到专精内巧；二是选取最精
妙的素材进行合目的创作；三是创作过程中依照"以天合天"的原则，
做到虽加人工却不露斧凿痕迹，因而作品显得自然本色。

关于第二种情况，《庄子·大宗师》中也有一段著名的论说："夫无
庄之失其美，据梁之失其力，黄帝之亡（忘）其知，皆在炉捶之间耳。"
郭象注："言天下之物未必皆自成也，自然之理亦有须冶锻而为器者耳。"
所谓"炉捶之间"，也有主观和客观两方面的意义。在主观方面，内心本
无虚凝恬淡的修养，常以世俗之情伤残自己的本性，但仍可以通过"闻
道"加以修炼，使本性复归。无庄是古代的美人，"闻道"之前，肆意装
饰，因求美而反失其真；而真是美的核心，失去了真，也就同时失去了
美。据梁是古代的力士，"闻道"之前，强梁放恣因逞力反失其真；而力
是真的表现，失去了真，也就同时失去了力。黄帝原有圣明之知（智），
"闻道"之前，任知求治，因任知反失其真，知离开了真不成其为知，因
而失去了真，也就同时失去了知。那么，上述三人"闻道"而加以修炼
以后的情况如何呢？情况是：无庄自忘其美而成就了真美，据梁自忘其力
而成就了真力，黄帝自忘其知而成就了真知。这就是说，经过心灵的炉熔
锤炼，理性得到了升华，在更高的层次上变成了直觉，对于艺术家来说，
就是在提高自己的艺术修养的过程中，把明确的美学观念转化成为敏锐的

---

① 《庄子·达生》。

美学感觉。但是只有这种敏锐的美学感觉还不一定能够创造出真正的艺术品；要创造出艺术品，还必须有技巧的发明以及使用技巧时的心神不二。《庄子·达生》中佝偻承蜩的故事很有思考的价值：

> 仲尼适楚，出于林中，见佝偻者承蜩，犹掇之也。仲尼曰："子巧乎？有道邪？"曰："我有道也，五六月累丸二而不坠，则失者锱铢。累三而不坠，则失者十一。累五而不坠，犹掇之也。吾处身也，若厥株拘；吾执臂也。若槁木之枝，虽天地之大，万物之多，而唯蜩翼之知。吾不反不侧，不以万物易蜩之翼，何为而不得？"孔子顾弟子曰："用志不分，乃凝于神，其佝偻丈人之谓乎！"

佝偻承蜩的过程与艺术家的创作过程，在原理上是相通的。创作需要技巧，技巧来自于刻苦的训练。承蜩者的累丸有如书法家、画家与作家的练笔，都是为了掌握娴熟的技巧。有了很高的技巧，再加上创作过程中的意志专一，精力集中，结果就有可能创造出理想的作品来。

从以上的两点看来，"直觉说"是庄子的艺术创作论的理论基础。当他抽象地宣扬他的"直觉说"的时候，完全排斥理性的作用；但是当他具体地解释艺术创作过程中的精神现象的时候，又不得不羞羞答答地乞灵于理性。如果我们审慎地批判他的错误体系，在某些环节上仍然可以肯定其合理性的内容。

1982 年 6 月

原载《美学评林》1982 年第 2 辑

七

论韩非的文艺思想

韩非是战国时期思想家中的一位后起之秀。历史唤醒了他，他有一定的历史感，却没有形成科学的历史观，由此造成了他的悲剧性的命运。他的思想具有适应当时社会发展需要的一面，显得激切有力，然而他的个人生命的光华却是暗淡的、短逝的。他的思想推动了一个时代，这个时代取得了空前的成就，虽然光焰万丈，却又迅速消逝在无垠的历史长空。

韩非个人的命运是悲剧性的，他所成就的时代也是悲剧性的。寻找这种悲剧性的全部因果联系，应作全面深入的历史考察，但是从他的文艺思想中，从他的文艺思想与社会政治思想的关系中，我们也可以透视出一星半点的征象。

（一）　韩非的社会论和他的文化思想

韩非生活的时代正处于历史的转折点上。西周以来，尊王宗周的局面已经日薄西山，旧的奴隶主贵族由于自身的极度腐败已经气息奄奄，再也无法维持原有的统治了。而从自由民的庞杂社会群中生长起来的新兴奴隶主阶层，从自身利益出发，以血气方刚的姿态在经济、社会、政治以及意识形态各方面向旧的奴隶主贵族阶层提出了强有力的挑战。这种形势的出现，经过了长期的孕育，在孕育过程中积累了正反两方面的历史经验。这些经验成了韩非的思想财富，并且终于使他成为自己时代的宠儿！

儒家主张礼制和德治，其中含有改良的渴望，实质上是谋求实现改良条件下的旧秩序；他们也在批判传统文化，但批判的目的是为了补偏救弊，为了调和无法调和的矛盾；他们在促进人类的精神文明、反对暴虐政治方面，曾经起过不小的作用，但是他们过分强调精神力量，相对地轻视社会物质利益；他们一味地鼓吹"善"，不理解以致否定"恶"也是历史发展的杠杆。向前看，他们心情惶惑；向后看，他们怀着深深的眷恋之情。于是面对动乱的现实，他们在政治上主张"以德不以力"，在文化上呼吁人们遵守《诗》《书》《礼》《乐》的成训。这种片面的、保守的倾向，随着历史的发展愈来愈为明显，思想界的斗争因而更趋剧烈。赵武灵王曾经进行过一次小小的变革，反对者振振有词地指责道："中国者，……圣贤之所教也，仁义之所施也，诗、书、礼、乐之所用也……"① 这里很清楚地说明战国中期以后，传统的儒家思想已经失去了进步的光泽，成了反对历史变革的阻力。他们用以反对历史变革的思想和手段是，以古代的贤圣为招牌，以仁义为纲领，以《诗》《书》为复古旗帜，以《礼》《乐》为调和矛盾的工具，结果则是："儒者一师而俗异，中国同理而教离。"②

到了战国后期，旧的奴隶主贵族与新兴奴隶主之间的矛盾已经无法调和，两种社会力量决战的时刻终于到来。韩非清醒地意识到了他所处时代的总危机，并且用历史进化的观点发表了他对于时代特点的看法："上古竞于道德，中世逐于智谋，当今争于气力。"③ 这里所说的"道德""智谋"云云，在政治上是指西周奴隶主贵族统治较为稳固，以及春秋时期周室衰微、诸侯各自阴谋图霸的局面；而在文化思想方面，则是指西周诗、书、礼、乐的繁盛，春秋时期诗、书失传，礼坏乐崩的状况。这种历史演变的根本原因是在于生产力的发展以及随之而来的自由民的兴起。而所谓"争于气力"，则毫不含糊地揭示出从自由民中崛起的新兴的奴隶主阶层对于旧的经济结构和政治制度所进行的批判、改革以及文化思想方面的清算。这是一场严酷的斗争，在斗争中，吴起、商鞅作为政治家在政治和经济的改革上取得了成效，积累了正面的经验，然而为此付出了生命。他们是法家的前驱人物。韩非继承了他们的思想成果，吸取了他们的实践经验，并且对于法家的命运有着清醒的认识。因此，他企图避开变法的政

① 《史记·赵世家》。
② 同上。
③ 《韩非子·五蠹》。

治家的不幸，决意做一个变法的思想家，就是说不作"能法之士"，甘当
"智术之士"。他在《孤愤》篇中说道："智术之士，必远而明察；不明
察，不能烛私。能法之士，必强毅而劲直；不劲直，不能矫奸。"作为一
个"智术之士"，他的"远见而明察"的特点表现在：政治上反对礼制，
反对礼制所维护的"别"和"私"；主张法治，建立法治的"齐"和
"公"，认为这是"利民萌（氓）便众庶之道"①，宣布为了贯彻这样的政
治主张，对于个人的"患祸""死亡"无所畏惧，俨然以全体自由民代表
的气势向着旧的奴隶主贵族进行庄严的抗争，以便把新兴奴隶主的政治保
持在历史英雄主义的高度上！在经济上，继承商鞅"为田开阡陌封疆而
赋税平，集小都乡邑聚为县（废公族组织）"②的政策，重农抑商，奖励
耕战，谋求富国强兵，从而进一步实现并吞天下的雄图。政治、经济上的
改革是符合历史发展要求的，但遇到的阻力非常之大，其中主要是奴隶主
贵族掌握着政治、经济权力，也包括文化思想方面的统治。因此，韩非作
为法家思想的集大成者，更高地举起了反对复古主义的旗帜，严厉谴责
"毋变古，毋易常"③乃是一种对于治理国家的道理全然无知者的谰言；
认为"圣人不期修（循）古，不法常可"，"世异则事异""事异则备
变"④，从而得出了历史进化的理论。他的"三世"之说就是以此为根据，
而大力批判"德教""仁政"，批判"愚诬之学、杂反之行"⑤，一方面是
为了清算历史的过去，同时也是为了扫除现实的障碍：

> 且夫世人之所谓贤者，贞信之行也；所谓智者，微妙之言也。微
> 妙之言，上智之所难知也。今为众人法，而以上智之所难知，则民无
> 从识之矣。故糟糠不饱者，不务粱肉；短（裋）褐不完者，不待文
> 绣。夫治世之事，急者不得，则缓者非所务也。今所治之政，民间之
> 事夫妇之所明知者不用，而慕上智之论，则其于治反矣。微妙之言，
> 非民务也。若夫贤贞信之行也，必将贵不欺之士。贵不欺之士者，亦

---

① 《韩非子·问田》。
② 《史记·商君列传》。
③ 《韩非子·南面》。
④ 《韩非子·五蠹》。
⑤ 《韩非子·显学》。

无不（可）欺之术也①。

文中所批判的"贤"，就是恪遵上古遗教的道德之士所具有的品德，而"智"就是坚持中世风习、长于谈说的辩智之士所具有的才能。这些品德和才能，在韩非看来已经不合时宜，依靠这些品德和才能不足以治理目前的乱世。而在事实上具有这些品德和才能的"贤者""智者"，或则徒恃清高，做不出对社会有利的事来；或则竟于空谈而不切实用。韩非轻蔑地把他们唤作"文学之士"。他认为当时谁想收拾乱世、并吞天下，只有走富国强兵、统一思想的道路，但是有志于变革的国君们却对此缺乏明确的认识，他们为时风所囿，好虚名而不务实际，不知道在历史转折时期应该把国策放在什么样的基点上，不知道充分利用政权的力量保证变革的顺利进行，不知道新的变革需要新的思想武器。于是韩非提出了"富国以农，距敌以卒"的主张，用以实现由贫到富、由弱到强的转变，而基本的国策应该是"耕战"，认为这是政治上的当务之急。至于文化建设，韩非认为那是可有可无的，在人才的使用上也不必过于看重个人的品德，只要明君用人有"术"，就不怕坏人弄鬼。韩非的这一套治国方案，其积极作用表现在政治上，是能够集中力量迅速夺取政权，从而增强国力、统一天下；在文化思想上，是能够廓清游辞浮说，排除文化中陈腐而不合时宜的东西。他着眼于现实，坚持唯物主义的认识论，指出"先物行""先理动"的"前识"② 是虚妄的，批判儒、墨、纵横及诡辩学派的谬误，提出了以实践效果的验证来确定知识真伪③的光辉思想。所有这些都是为了思想的统一，在一个时期内也确实取得了他企图取得的效果。但是在历史上，法家的名声又为什么不那么好听呢？此中原因很复杂，我们可以简而言之的是：理论上有失误，方法上过多地强调"术"的使用。在政治理论方面，韩非把阶级社会中的"法"加以绝对的客观化，使"法"和道德处于绝对对立的地位，把"仁政""德治"无条件地加以全盘否定。这在当时虽然有利于反对旧的奴隶主贵族的统治，结果却也有利于造成一种

① 《韩非子·南面》。
② 《韩非子·解老》。
③ 参见《韩非子·显学》"澹台子羽，君子之容也"等节。

"刻暴少恩"的专制主义。在文化思想方面，韩非有全盘否定遗产的倾向，为了统一思想而停息辩说（否定知识）、拒绝贤士（排斥知识分子），连"不治而议论"的相对民主的因素也遭到了褫夺。精神生产与物质生产的分离曾经是人类历史上的一大进步，但韩非否定这种进步，并且认为精神生产与物质生产是对立的，只强调眼前的物质利益，极其轻视长远的科学文化的建设。他把学术与政治完全混为一谈，并且提倡用强制手段解决学术思想方面的问题①。这些思想和主张为后来秦始皇的"坑儒"作了理论上的准备。

韩非对于商鞅的"燔《诗》、《书》而明法令"②的做法非常推崇，进而提出他自己设想的文化教育思想：废除文化，用官吏管理愚民③。由于蔑弃理性，敌视文明，结果只能是制造官吏和君主的层层独断，制造残暴的君主专制主义。他认定国君"抱法处势则治，背法去势则乱"④。发展下去，无疑地会导向君主权力意志论。这些思想主张又为后来秦始皇的"焚书"做了理论上的准备。

秦始皇的取天下与治天下，均以法家理论为其指导思想，得来真是势如破竹，失去又恰似烟灭灰飞。他的"焚书坑儒"只不过是他的整体政治观在文化政策上的具体表现。韩非是新兴奴隶主阶层在思想界的代表，而新兴奴隶主以庞杂的社会群——自由民作为自己的母体，它是靠吮吸小生产者的乳汁长大的，因而不能不在它的血液中奔涌着小生产者的特性：既具有高度正视现实的长处，又具有自私、狭隘和缺乏长远历史眼光的弱点。这种特性在韩非的文化思想中有着明显的表现，而在文艺思想中，表现则尤为具体。

（二） 韩非的政治思想与功利主义文艺观

如上所论，韩非的社会理想是谋求建立法教、吏治、兵勇三位一体的

---

① 参见《韩非子·八说》。

② 《韩非子·和氏》。

③ 参见《韩非子·五蠹》。

④ 《韩非子·难势》。

政治制度。从中可以看出他的政治思想是突出专政，而丝毫不容古代民主的存在。建立这种政治制度的途径，韩非认为是"争于气力"，"气力"的根源又只存在于兵农，所谓"耕战"政策即由此产生。"耕战"政策对于"富国强兵"，曾经起过积极作用，但是作为一项总体政策，它存在着毋庸讳言的片面性，最明显的消极作用表现为厌弃文化，漠视知识和排斥当时的知识分子。这也就是商鞅所说的"上尊农战之士，而下辩说技艺之民，而贱游学之人也，故民壹务"①。

韩非继承商鞅的思想，在《五蠹》篇中径直把儒家所提倡的文学列为"五蠹"之一。这从批判日益形式化的诗、书、礼、乐来说，有其不可否定的进步性；但是他把国家混乱的主要原因归结为"儒以文乱法，侠以武犯禁"，又显然是唯心主义的历史观。因为儒文、侠武与乱法、犯禁并无必然联系，儒、侠本身也并不是一个独立的阶级。把社会动乱的原因归之于儒、侠，用意是为了钳制人们的言行，以便建立绝对专制的政权。因此，他坚决反对仁义之说，摒弃文学之士，"故行仁义者非所誉，誉之则害功；工文字者非所用，用之则害法"。韩非主张"法治"，反对儒家的"德治"，从而把法律和道德对立起来，无视上层建筑中诸因素之间的相互制约和相辅相成的作用。把庞大的上层建筑如此加以简单化，表面上是为了突出政治的功用，实际上是削弱了政治，使政治流于僵硬和粗暴。这是绝对专制的政权所以不能维持很久的一个重要原因。所谓"文学"，在当时乃是一个广义的概念，其义相当于我们今天所说的文化知识，当然其中包括着文学艺术；"工文学者"，相当于我们今天所说的文化人，其中包括着当时的文学艺术家。韩非考虑一切社会问题都从狭隘的功利主义出发，在他看来，只有利于"法治"的东西才是合理的存在，否则便要加以取缔，理由是"不相容之事，不两立也"②。

简单粗暴的思想，必然产生简单粗暴的做法。这在文学艺术上具体表现为以下三个方面：

（1）从短视的功利主义到实用主义

功利的要求，本是文艺的重要特点之一。但是在社会发展的长河中，

① 《商君书·壹言》。
② 《韩非子·五蠹》。

功利的性质，只有放在具体的历史环境里，放在具体的阶级关系上，才能得到正确的说明。韩非代表新兴的奴隶主，为了打倒旧奴隶主贵族的腐朽统治，为了夺取天下，以结束纷纷攘攘的乱世，从而把功利的要求提到特别突出的地位是可以理解的。他认为当时最迫切的政治需要不是文学艺术，而是富国强兵。《五蠹》篇说：

> 故糟糠不饱者，不务梁肉；短褐不完者，不待文绣。
> 夫治世之事，急者不得，则缓者非所务也。

这可以看作是韩非的政治策略的指导思想。以此来制定一种短期的政策，它有利于发展物质生产，有利于调动作为主要生产者的农民和农奴的积极性，因而有利于蓄积物质财富，增强民力，增强国家的军事力量，甚至可以收到"振长策以驱宇内"的功效。倘若以此来制定总体的、长期的策略，一味无视于应有的精神生产，那将会造成极大的历史错误。韩非正是从这里成就了他的不可抹杀的功绩，同时也铸成了千秋难赦的罪过。从第一位和第二位之分来说，文化和文艺建设诚然并非"急者"而是"缓者"。但是韩非的所谓"急者"和"缓者"的区分并非立足于此，而是"缓者非所务"，也就是说"缓者"应该取消。可见他把社会的需要仅仅看作是物质生产，把人的需要看作是单纯的物质满足，而把文化和文艺建设置于无足轻重的地位。在物质生产与精神生产中，只强调物质生产而排斥精神生产；在体力劳动与脑力劳动中，只承认体力劳动而否定脑力劳动，并且由此企图取消社会生产方面作为历史进步标志的分工，韩非倒退的、短视的功利主义主张正是从这里产生的。他在《八说》篇直言不讳地说道：

> 博学辩智者如孔、墨，孔、墨不耕耨，则国何得焉？修孝寡欲如曾、史，曾、史不战攻，则国何利焉？匹夫有私便，人主有公利：不作而养足，不仕而名显，此私便也，息文学而明法度，塞私便而一功劳此，公利也。

韩非将人的社会活动分为"公利"和"私便"两途。所谓"公利"，就是有利于"法治"的"耕耨"和"战攻";所谓"私便",就是"耕耨"和"战攻"以外的一切活动,特别应加以排斥的是精神生产,因为它满足人的社会性所必需的文化道德修养,而这恰恰于"法治"不利。"息文学而明法度",已经透露出韩非的文学必须绝对服从政治的主张,而由此扩展开去,就产生了人们的一切言行都必须服从于法令的理论。这显然是一种反理性的政治主张。《问辩》篇说道:

> 明主之国,令者,言最贵者也;法者,事最适者也。言无二贵,法不两适,故言行而不轨于法令者必禁。若其无法令而可以接诈应变生利揣事者,上必采其言而贵其实,言当则有大利,不当则有重罪,是以愚者畏罪而不敢言,智者无以讼,此所以无辩之故也。乱世则不然,主有令而民以文学非之,官府有法而民以私行矫之,人主顾渐(消亡)其法令,而尊学者以智行,此世之所以多文学也。夫言行者,以功用为之的彀(标准)者也。夫砥砺杀矢而妄也发,其端未尝不中秋毫也,然而不可谓善射者,无常仪的(目标)也。
>
> 设五寸之的,引十步之远,非羿、逢蒙不能必中者,有常(仪的)也。故有常则羿、逢蒙以五寸为巧,无常则以妄发之中秋毫为拙。今听言观行,不以功用为之的彀,言虽至察,行虽至坚,则妄发之说也。是以乱世之言也,以难知为察,以博文为辩;其观行也,以离群为贤,以犯上为抗。人主者说辩察之言,尊贤抗之行,故夫作法术之人,立取舍之行,别辞争之论,而其为之正。是以儒服带剑者众。而耕战之士寡;坚白、无厚之词章,而宪令之法息。故曰:上不明,则辩生焉。

韩非认为人的一切言行都应以"功用"作为衡量是非的标准,文学艺术自然不在话下。而"功用"的内容,就是服从于作为国君一人意志体现的"法令":凡是适合于、有利于法令的言行,就奖以"大利";凡是不合于法令的言行,就课以"重罪"。于是短视的功利主义就发展成了无真理可言的实用主义。而繁苛的"法令"一经成为束缚人们精神和肉体的绳索,自然也就窒息了人们的创造性,斩杀了社会向前发展的生机。结果,"法令"就走向了自己的反面。秦国能够东出崤函,并吞六国,席卷天下，韩非的策略思想起了极大的作用；秦国短祚，"秦世不文"①，韩非的策略思想上的错误，特别是实行拒绝理性的实用主义，又是不可忽视的内在原因。

（2）从短视的功利主义到厌弃音乐

韩非提出的功利主义的标准，如此短视，又如此狭隘，而用以对待文艺，既不可能把文艺引向正确的方向，其极致只能是厌弃文艺。这在《外储说左上》中有露骨的表现：

> 宋王与齐仇也，筑武宫，讴癸倡，行者止观，筑者不倦。王闻，召而赐之，对曰："臣师射稽之讴又贤于癸。"王召射稽使之讴，行者不止，筑者知倦。王曰："行者不止，筑者知倦，其讴不胜（如）癸美，何也？"对曰："王试度其功。"癸四板，射稽八板；擿其坚，癸五寸，射稽二寸。

古代筑宫墙，用劳动歌谣来助兴，是因为动听的歌唱能够愉悦劳动者的身心，从而有助于提高其劳动的积极性；是因为声乐的鲜明节奏，能够调节劳动者的动作，从而有助于减轻劳动者的疲劳，目的是从积极性和耐久性两方面取得加强劳动的效果。在哲学上，这正是精神因素可以转化为物质力量的好例。音乐在劳动中所起的精神鼓动作用是通过悦耳赏心的美感作用来实现的，而美感的根源正在于客观地存在着的音乐美。韩非在故事中所叙述的情节简直不可理解，事实上可以说是子虚乌有。韩非杜撰这个故事，旨在说明真正的美的音乐并不产生美感的作用，如果产生美感作用，那就反会降低它的社会效果。显然，在这种奇谈怪论的背后，藏着否定音乐的用心。更值得注意的是，他所认定的社会效果，排除了人的精神享受的一面，而指为单纯物质化的事功。因此，他把物质化的功利性规定为美的唯一绝对标准，并且给人暗示出美就是实用。从这里，我们可以看出：韩非从否定人的精神作用陷入了哲学上的机械唯物论；从漠视美感走向否定美的质的规定性；从狭隘的功利主义沦为道地的实用主义；最后，从强调一切服从于统治者的需要而把劳动者视为纯粹的劳动工具。

---

① 刘勰：《文心雕龙·诠赋》。

　　韩非用那个充满冷嘲意味的故事，实质上否定了音乐在劳动者中的存在价值。那么，音乐在上流社会能够存在吗？为了回答这个问题，他又编造了一个危言耸听的神话，以便从根本上灭绝音乐。他在《十过》篇中说道：

　　　　平公提觞而为师旷寿，反坐而问曰："音莫悲于清徵乎？"师旷曰："不如清角。"平公曰："清角可得而闻乎？"师旷曰："不可。昔者，黄帝合鬼神于泰山之上，驾象车而六蛟龙，毕方并鎋（辖），蚩尤居前，风伯进扫，雨师洒道，虎狼在前，鬼神在后，腾蛇伏地，凤皇覆上，大合鬼神，作为清角。今主（吾）君德薄，不足听之，听之将恐有败。"平公曰："寡人老矣，所好者音也，愿遂听之。"师旷不得已而鼓之。一奏之，有玄云从西北方起；再奏之，大风起，大雨随之，裂帷幕，破俎豆，隳廊瓦，坐者散走，平公恐惧，伏于廊室之间。晋国大旱，赤地三年。平公之身遂癃病（不治之症）。故曰：不务听治，而好五音不已，则穷身之事也。

　　师旷所奏的清角之音，当然不是折杨皇荂，而是专供国君欣赏的高级乐曲。韩非历来崇秦抑晋，他借晋平公因好五音而穷身的故事，来讽谏国君不应沉湎于音乐，以防荒废政事，用心可谓良苦。但是把音乐描绘得那样神奇恐怖，居然能够招来天昏地暗，风雨大作，又转而造成"晋国大旱，赤地三年"。这种夸而近诬之词，无非是企图证明：音乐对于人类有害无益，一个国君如果"不务听治，而好五音不已"，就会弄得国家贫困，自己遭殃。过分夸大音乐的作用，正如无理否定音乐的作用一样，都是一种取消主义态度，对于音乐的存在和发展都是极为不利的。

　　（3）从实用主义到否定科学、艺术

　　从单纯的实用主义观点来看，只有从事"耕耨"的农民和能够"战攻"的兵勇，才是富国强兵所必需的，因此物质生产方面的分工愈简单愈好。从短视的功利主义观点看来，只有实行严厉的"法教"，才是安定社会秩序所必要的，因此社会上层建筑的内部成分愈简约愈好，除了直接行使国家统治职能的法令以外，其余的一切，或者加以限制，或者加以禁止。于是作为社会意识形态的科学、艺术，因为眼前不切实用而遭到粗暴的否定。在《外储说左上》中，对于当时科学艺术的发明创造，韩非曾用一种轻蔑的态度发表过反对意见。

　　客有为周君画荚者，三年而成。君观之，与髹荚者同状，周君大怒。画荚者曰："筑十版之墙，凿八尺之牖，而以日始出时加之其上而观。"周君为之，望见其状，尽成龙蛇禽兽车马，万物之状备具，周君大悦。此荚之功，非不微难也，然其用与素髹荚同。

　　据今人考证①，所谓"画荚"，就是今天幻灯片之底片，因古代无玻璃，所以取用荚的薄膜精心制画而成。它在一定的设备条件下，通过日光的照射，居然在画面上显现出"龙蛇车马，万物之状备具"。可见画艺的精妙，光学原理运用的高超，在当时无论就物质文明还是精神文明来说，毫无疑问，都可以称得上是一种杰出的贡献。可是韩非却以实用主义观点，轻浮地指责它费功而不切实用，宣布它毫无存在价值。这种独断主义的判断毫无疑问地是由偏见和无知所造成，当然也就距离真理更加遥远。

　　从韩非对于音乐、科学和艺术乃至整个文化所发表的见解看来，其文艺或文化思想是极为贫乏的；用这种贫乏的思想作为制定一个国家的文艺或文化政策的理论基础，结果一定是很糟糕的。而且这种糟糕的结果至少需要几十年时间才能清晰地显示在历史的荧屏上。

（三）韩非的文质论

　　在文艺与社会的关系上，韩非厌弃文艺，其思想基础是实用主义；在先秦诸子普遍注意的文质关系上，韩非重质轻文，他的看法十分片面，原因是坚持形而上学方法。

　　韩非主张富国强兵，认为文艺不能为社会直接提供物质性利益，因而厌弃文艺。同样，韩非反对"礼制"主张"法治"，认为礼是人的内在真情实性的外部装点，犹如文章是实际内容的雕饰一样：有则为奢，无则为俭；俭比奢好，宁无勿有。在他看来，具有美好性情的人是不需要外在装

---

　　①　梁启雄《韩子浅解》、陈奇猷《韩非子集释》文下考释甚详。

点的，具有美好质地的事物也无须文章的雕饰；而需要装点和雕饰的人和事物，那一定是出于本性不美和质地衰微的缘故。由此推衍开去，就是愈丑的才需要装点，愈美的愈不需要雕饰。《解老》篇中有这样一段议论：

> 礼为情貌者也，文为质饰者也。夫君子取情而去貌，好质而恶饰。夫恃貌而论情者，其情恶也；须饰而论质者，其质衰也。何以论之？和氏之璧，不饰以五彩，隋侯之珠，不饰以银黄；其质至美，物不足以饰之。夫物之待饰而后行者，其质不美也。是以父子之间，其礼朴而不明。故曰："礼薄也。"凡物不并盛，阴阳是也；理相夺予，威德是也；实厚者貌薄，父子之理是也。由是观之，礼繁者，实心衰也。

韩非有见于儒家的礼治主义不能从根本上解决日益深重的社会危机，于是起而对之加以批判，企图在批判中确立法治主义。从这里，我们看到了儒法两派思想的尖锐对立。这种对立，标志着自由民改良主义幻想的破灭和新兴奴隶主贵族要求彻底变革思想的勃兴。应当肯定，在政治上法家思想较之儒家思想更能适应历史发展的需要，因而也较为进步。我们必须指出的是：从科学性方面看，在礼与情、文与质的关系认识上，以孔子为代表的儒家表现得比较全面，而以韩非为代表的法家，其偏狭和片面性于此明显地暴露出来。首先，在礼与情的关系上，孔子一直反对形式化，所谓"玉帛云乎哉"，所谓"礼后乎"，正是说明：礼并非单指隆盛的形式；一个具体的人，只有在内心得到很好的修养以后，才能在行为方面正确地对待礼，才能更好地接受礼的规范。孔子并不绝对否定"法"，只是强调"礼"是规范人的行为和调节人与人之间关系的重要手段之一；从侧重教育出发，礼的作用较法优胜。韩非由批判形式化的礼，进而不加分析地把礼与情无条件地对立起来，由法判定礼绝对无益于人情，并且绝对否定礼对法的补充作用。这样的"法治"，作为一剂猛药，可以用来扶倾拯乱于一时，但是猛而无宽，到头来将产生更大的动乱。其次，在文与质的关系上，孔子重文尚质，主张以"文质彬彬"为美的理想境界；对于文与质、形式与内容这一对范畴，他认为既不可偏废，也不可独胜，应该相辅相成。韩非却把文与质、形式和内容放在绝对对立的位置上，认为它们有如阴阳两极，阴盛则阳衰，阴衰则阳盛，势不可共存；又如夺予二理，既夺无予，既予无夺，情不能两立。这种看法，分明既不符合事实，也是违反科学的。因为凡是具体存在的事物，都是文和质、形式和内容统一在一起的：没有无质之文，也没有无文之质；没有无内容的形式，也没有无形式的内容。它们之间的关系是对立统一的关系。在确定的关系上，事物的形式是相对稳定的因素，而事物的内容则是最活跃、不断变化的因素。随着事物的发展，两者经常处于既相适应又不相适应的矛盾运动中。仅仅看到互相适应的一面，则易趋保守；而无条件地强调不相适应的一面，就会形成冒进。在人性论问题上，孟轲注重保持，所以提出人性皆善的命题；荀卿强调否定，因而得出人性皆恶的论断。他们各执一端，结论自然针锋相对。韩非出于荀卿门下，学来老师的方法，进而扩展到观察和认识事物的一切方面。在文质关系上，他从反对形式主义这个正确的前提出发，由于对辩证法的无知，以致错误地认为一切旧质向新质的转化过程中只有否定而无保持，由反对形式主义发展而为主张抛弃一切形式。在他的心目中，事物的美质无须形式而赤裸裸地存在着，只有衰败之质才需要形式加以伪装。也就是说，只有"不美"的内容才需要形式，"至美"的内容任何形式都不能与之相适应。单就形式而论，他又不懂得内在形式与外在形式的区别，于是在论证自己的论点时，有意无意地将内在形式与外在形式混为一谈，并且通过否定外在形式而否定内在形式。这样，他就得出了谁想追求"至美"，谁就应当抛弃一切形式的谬论。这就是韩非在政治哲学和艺术哲学上所坚持的一条只看到对立而不承认统一的形而上学的思想路线。这和老子只主张统一而不承认对立的哲学思想和美学思想恰好构成了两个极端；而凡属两端都有相通的可能，其桥梁就是形而上学的方法论。但是我们切不可因为韩非写作《解老》和《喻老》而误会他完全信奉老子的哲学，他只是取其所需，更多的是利用老子宣扬自己的思想。老子提出"大音希声，大象无形"，并非拒绝形式，只是为了突出内容的决定作用以及在此基础上的内容和形式的统一，只是为了强调他所憧憬的曲折虚涵的大全之美（即寓杂多于统一的美）。韩非只强调事物的对立性，认为矛盾的双方只有相互对立的一面而无互相依存的一面，它们根本不可能共处于一个统一体中。据此，在艺术哲学上他只承认内容美而竭力排除形式美的作用。论说近乎诡辩，学风则趋于独断。

韩非在《外储说左上》中，更为具体地申述过他的重质轻文的理由：

> 楚王谓田鸠曰："墨子者显学也，其身体则可，其言多不辩，何也？"曰："昔秦伯嫁女于晋公子，令晋为饰装，从衣文縢（妾）七十人，至晋，晋人受其妾而贱公女。此可谓善嫁妾而未可谓善嫁女也。楚人有卖其珠于郑者，为木兰之柜，熏以桂椒，缀以珠玉，饰以玫瑰，辑以翡翠，郑人买其椟而还其珠。此可谓善卖椟矣，未可谓善鬻珠也。今世之谈也，皆道辩说文辞之言，人主览其文而忘有用。墨子说，传先王之道，论圣人之言以宣告人；若辩其辞，则恐人怀其文而忘其直，以文害用也。"

楚王和田鸠所讨论的，实质就是形式和内容的关系问题；田鸠为墨子的"言多不辩"作辩护时所持的观点，实质也就是韩非的观点。《秦伯嫁女》和《买椟还珠》两则故事，用意是为了说明表面华丽的文采只会产生淹没内容的后果，从而批评"皆道辩说文辞之言"的谈士往往"以文害用"。从针对当时实际存在着的弊端来说，他的批判不为无因，但是在理论的思考和表述上，他却深深地陷入了错误。他的文章从反面做起，正面的意思却是：人们的言论是为了说明某种道理，只要能说明某种道理，那就不必注重文采；倘若注重了文采，读者反会为文采所吸引，而忘记了其中正确的内容。由此可见，韩非看到了形式的作用，可是却认为那是外加的东西，全然与内容无关，于是得出了"以文害用""怀文忘直"的结论。"怀文忘直"是从言论和文辞的效果立论，企图进一步论证他的文与质、形式与内容绝对对立的观点。韩非性格躁进，惯用攻其一点不及其余的方法，常常使得自己的论证在逻辑上显得很不周延。

《秦伯嫁女》与《买椟还珠》的故事，如果仅仅用来比喻"游词足以埋理，绮文足以夺义"[1] 是正确的，但不能夸大其词，借属于形式上的"游词""绮文"的"可无"，而确认一切形式的不"可有"。事物是复杂的，"晋人爱其妾而贱公女"，多半不是由于晋人的无识，就是由于"公女"的确美不如縢（妾），并非单纯地出于妾之"衣文"。同理，"郑人

---

① 钱锺书：《管锥篇》第一册，中华书局 1979 年版，第 12 页。

买其椟而还其珠",也并非单纯地出于珠之美饰,更大的可能是由于郑人的目不识珠。韩非过分强调形式与内容的矛盾性,几乎全然不顾内容与形式的统一性;只看到外在形式美的消极作用,看不到这种作用是由于它脱离内容造成的。他不知道形式有外在形式与内在形式的区别,以致从着眼于批判消极的外在形式走向否定一切外在形式以及内在形式的存在价值,这是一。

韩非有时也承认形式的作用,但是他只承认质朴的形式,而坚决反对华丽的形式,认为质朴是"大道",华丽是"邪道"①。本来墨子的"言多不辩",只能用以说明墨子的艺术趣味,在形式方面表现为偏重质朴之美;但是韩非却以此证明华丽的形式不是一种美的形式。对于形式,他只强调一种美而否定另一种美,除了说明不了解形式和形式美的多样性而外,还可以说明即使他在承认形式的作用时,观点也是极为片面的,这是二。

强调内容的重要性,强调内容决定形式,谁也不能否认它的正确性;但是如果由此多走一步,无视形式对于内容的反作用,否定内容对于形式同样具有依存性,那就会造成理论上的严重谬误,这是三。

明人杨南金有一段警人的妙语:"犹女子,在德不在色,为嬷母言可也;若夫庄姜,则柔荑凝脂,螓首蛾眉,固其自有也,奚必乱发坏形而始为贞专哉?"② 韩非子的本意是要批判当时的形式主义文化,但是由于他所使用的批判的武器是实用主义观点和形而上学方法,也就免不了要从一个极端走向另一个极端,使得他在反对一种错误倾向的时候,同时在制造着另一种错误倾向。在中国古代文艺思想史上,韩非在文质关系方面所发表的见解,可以看作北宋时期道学家"作文害道"说的滥觞。韩非的重质轻文是同他的重道轻文的观点密切地联系在一起的。他认为"道"是一切事物的本质,世间万事万物因得"道"而成其为美;美本身并不具备独立的品质,所以他说:"圣人得之以成文章"③。

韩非和道学家的错误的共同性表现为看不到或者无视于文艺本身的特

---

① 参见《韩非子·解老》。
② 明嘉靖刻本《升庵长短句序》。
③ 《韩非子·解老》。

点。文学艺术之所以不同于哲学、政治经济学等科学，正在于它离不开美，离不开美的认识和美的表现；文艺的社会作用正是通过美感作用来实现的。所谓美感作用，就是使人在赏心、悦目、怡神中感应真和善的力量，从而通过潜移默化领受真善美的熏陶。真、善、美虽然是些十分相近的品质，但真和善只有在加上"一些难得而出色的情状"时，才能"显得美"①。所谓"难得而出色的情状"，显然包括美的形式在内，不然感性的愉悦又从何而起呢？因此，美感教育作用的总特点从来就是"寓教于乐"。人和社会的需要是多方面的，物质需要是基本的，精神需要也是不可缺少。就精神需要来说，也是多方面的，既需要理智的灌输和思考，也需要感情的陶冶和娱乐。在一定的条件下，精神可以变为物质，感情可以上升为理智。文艺史上曾经出现过文艺起源于游戏的说法，那是片面地夸大了"乐"的作用，因而是错误的；但不能由此将文艺本应具有的娱乐性，本应具有的游戏性，也一概加以否定。《外储说左上》中，韩非曾就此叙说过墨子削木鸢而高飞的故事。

> 墨子为木鸢，三年而成，蜚（飞）一日而败。弟子曰："先生之巧，至能使木鸢飞。"墨子曰："不如为车辕者巧也，用咫尺之木，不费一朝之事，而引三十石之任，致远力多，久于岁数。今我为鸢，三年而成，蜚一日而败。"

削木鸢至能使之高飞，这在古代实在是工艺方面的一大发明。它既是物质文明的创造，又是精神文明的体现；它能够唤起人们的新奇感，激起人们对于自身创造能力的赞赏，同时也就必然具有很强的娱乐作用。只是由于它一时缺乏实用性，韩非就据此认定娱乐性的东西不管如何巧妙，总归不及实用的东西更有价值。这里同时表现了他的偏见和无知，而偏见和无知，距离真理都十分遥远。宋代道学家曾经说过："《书》曰：'玩物丧志'，为文亦玩物也。"② 一个说为文有损于情志，一个说制作工艺品有害于实用；生不同时，居然异曲同工！

---

① ［法］狄德罗：《诗的艺术》。
② 《二程遗书》卷十八。

余论

先秦的法家和宋代的道学家尽管在排斥文艺方面存在一致性，但是两者的哲学基础却大相径庭。道学家的目光专注于人们的精神世界，把精神凌驾于物质之上，认为精神决定着物质。他们为社会开出的药方是劝导人们修养心性，而排斥文艺，正是出于唯恐文艺扰乱心性的缘故。但是任何一种理论思想既不能代替文艺的创造，也不能强行消灭文艺，而只能通过文艺自身的特性影响其存在和发展。道学家企图排斥文艺只是嚷嚷而已，他们所能起的作用是以自己的思想影响文艺的发展面貌。宋诗的议论化和重神似、轻形似的倾向都或多或少地同这种影响有关。法家的眼睛则始终凝视着外部的物质世界，片面地把物质置于精神之上，片面认为物质决定着精神，强调以具体的事功为衡量事物价值的标准。法家利用国家政权的力量，的确限制了文艺的发展，但杂赋仍在曲折地生长着，绘画则由现实世界转移到了幻想世界。对此，韩非在绘画方面为后人留下了一段著名的话语：

> 客有为齐王画者，齐王问曰："画孰最难者?"曰："犬马最难。孰最易者?"曰："鬼魅最易。"夫犬马，人所知也，旦暮罄（见）于前，不可类之，故难。鬼魅，无形者，不罄（见）于前，故易之也。[①]

这段话的本意显然是广义的疾伪求真，并非狭义的画论。倘若把它当作纯粹的谈艺，那么他所追求的"真"同我们今天常说的现实主义的真实，看来并不是一回事。他轻视画鬼魅，旨在反对虚无缥缈的幻想；他认为犬马难画，理由是画犬马不可能绝对地达到形似[②]。可见，他心目中的

---

① 《韩非子·外储说左上》。

② 参看梁启雄《韩非浅解》下册第278页。根据上下文及行文语气对于"不可类之"的解释。

"真"就是自然形态的模拟，作者的能动性在这里是无所作为的。如果按照他的要求去做，多半会走向自然主义的创作道路。文艺创作上的自然主义方法与哲学上的机械唯物论原是密切相关的，但是又不可误认为韩非是在提倡一种绘画主张而反对另一种绘画主张。他强调绝对的形似，实在是为了刁难画家。因为即使达到了他的要求，他仍然会用别的理由加以指斥的。《喻老》篇里有一则关于象牙雕刻的故事：宋国有一个雕塑家用三年时间雕刻成功一片象牙树叶，把它混杂在楮叶之中，能够令人辨别不出真假。形似到如此惊人的程度，按照他的要求，该是一件成功的作品了。可是他批评这种牙雕艺术因逞人为的智巧而违反了自然规律，他主张人类应当依靠万物的自然而然，不可自作自为。于此又可见韩非论画本不在提倡某种绘画艺术，而是为了否定任何一种绘画艺术。因为任何一种绘画艺术，都是徒费精力丝毫无补于实用。我们应该注意的是，那一节话语作为一段独立的画论，无意间却也道出了部分艺术真理，在我国造型艺术发展的初期，在重视形似方面对后世产生过相当的影响。

　　人类社会的发展是承续性的，每一代人的进步或者是沿着前人成功的道路继续前进，或者是避开前人失误的地方另辟蹊径。前者叫作继往，后者称为开来，而能够同时做到继往开来的，历史上并不多见。韩非活动在两个时代之交，他有条件吸收前人的智慧和扬弃前人的谬误，这是他的思想能够风行一个时代的历史条件。他总结了儒家重精神轻物质和重教育轻刑罚的失败的教训，转而重物质轻精神和重刑罚轻教育，于是收拾了一个乱世又酿成了另一个乱世；这是由于小生产者的狭隘和新兴奴隶阶层的残酷性所造成的。

　　历史地看，研究韩非的文艺思想最有价值的一点是他的政治思想和文艺思想的关系，从中我们可以看出一些带有规律性的现象。

　　任何时代的文艺思想总是同它的政治思想存在着密切的联系；同样，任何一个思想家的文艺思想也总是同他的社会政治思想紧紧地结合在一起。社会政治思想同文艺思想虽然共处于统一的意识形态之中，并且反映和服务于同一个经济基础；但是在上层建筑领域内，由于对经济基础远近关系的不同，它们所处的层次也不一样。这就决定了它们之间的关系是一种制约和被制约的关系。至于制约的程度，则随着社会发展的情势，特别是生产力和生产关系的状况如何，呈现出相对紧张和相对松弛，呈现出矛盾和协调的局面。一般地说，在历史的转折关头，在生产力和生产关系的矛盾比较尖锐的年代，社会政治思想以及这种思想在实际政策上的推行，对文艺的制约就表现为不同程度的紧张，因为历史要求集中一切力量首先解决社会经济和社会政治问题。而当社会处于相对的和平发展时期，在生产关系和生产力比较能够互相适应的年代，社会政治思想以及这种思想在实际政策上的推行，对文艺的制约就表现为不同程度的松弛，因为经济的发展和政局的稳定给人们展示出希望，并且有能力逐步满足社会的多种需要。思想家和政治家所做的事情仅仅是把这种紧张和松弛推进到或者维持在何种程度上，以及如何客观地而不是主观武断地依据历史条件的变化作出由松弛到紧张或由紧张到松弛的转变，以便及时妥善地解决矛盾使之趋于协调，而不是夸大矛盾，似乎文艺与政治不存在协调的可能。这样才能有利于政治的安定和文艺自身的发展，他们个人的功过得失正是从这里才能得到公正的权衡。

韩非的失误在于：总结儒家失败的经验时矫枉过正，吸取墨家的功利思想时走向极端，又过分强调君权而采用道家的愚民主张，从而形成了他的绝对专制主义的政治思想和粗暴地排斥一切文艺的文艺思想。从一段时间看，他是有功的；从长远历史看，又确乎咎莫能辞！

1984 年 1 月

原载《美学论丛》1986 年第 8 期

八

魏晋时期文学思想的发展

魏晋时期的历史，是一段前进的历史，是一段前进中充满曲折和磨难的历史。经济和政治的变化十分激烈，文化的发展也达到了相当辉煌的程度，只是不断动荡的局势，又使人对于现实人生免不了忧患重重。

魏蜀吴三国鼎立的局面是在汉末农民战争和地方豪强兼并的烽火中形成的。曹魏虽然雄踞北方，占有了大半个中国，经济、政治、文化都有迅速的恢复和出色的发展，但是外部的战争和内部的摩擦，始终未能止息。司马氏结束了三国分裂，建立了统一的晋朝，曾经出现过小康的“太康之治”，然而为时短暂，紧接着就发生了外戚争权、诸王混战和“五胡乱华”。东晋偏安江左，统治者多半苟且偷安，在内部分裂和民众起义的反抗声中，无可奈何地归于崩溃。这就是魏晋时期简略的历史面影。从这个面影上，我们不难看出：统一的民族国家在阶级斗争和民族矛盾的狂风巨浪中时分时合，生活在当时的人们不得不在天灾人祸的茫茫苦海里颠沛流离。在残酷变幻的现实面前，原先占统治地位的儒家思想，表现着阵阵痉挛；而皓首穷经的儒生，此时犹如失时的郎中，对社会的剧烈创痛简直是一筹莫展。现实经历着武器的批判，同时需要批判的武器。于是蠕动在社会上层的精神生产者拿起了本土的道家学说以此为标榜，掺和着舶来的佛教经义与挣扎着的儒家思想，构成了一种新的意识形态——魏晋玄学，用以探索宇宙间事物所以存在的因果，企图揭示其发生发展的规律。玄学在理论上的意义，并不表现它正确地说明了什么，而是表现它具有对事理的探求精神，愤世嫉俗的情绪，以及对同一命题展开自由辩论的风气。这对打破汉儒死守章句的陈规陋习，开阔人们的眼界，提高析理的能力，深化对事物的认识，都曾经起过某些有益的作用。玄学里的才性论，有所谓离、合、同、异之辨，生命论有所谓"寄生""摄生"之说，其中显然关涉着人性差异的探讨和生命价值的估量。这对于当时的社会思想和社会风气有着广泛的影响，而对于文学的联系尤为紧密，因而推动了魏晋时期文学创作和文学思想的发展。

在中国古代文学思想发展史中，向来存在两个传统：一个是先秦及两汉时期特别是汉代，在儒家思想影响下所形成的重视教化、强调克制的理性主义传统；另一个就是魏晋时期，在玄学思想的指导下所形成的蔑视教化、强调放任的感伤主义倾向。理性主义的实质是强调一致，主张文学关心现实，重视文学的外部影响；感伤主义的实质是强调差别，主张文学表现人的情感和个性，重视文学的内部联系。前者的目的在于维持既定的秩序，后者的目的则在于追求理想的境界。本文所要讨论的就是这后一倾向在形成过程中互相关联的各方面的几种表现。

（一）"言志"与"缘情"：突出"缘情"

一个时期的文学思想，总是首先表现在作家的创作实践中。如果代表性的作家在其作品里常常抒写同样的主题，吟唱类似的曲调，那些主题和曲调也就标志着当时普遍存在的创作风气。这种风气正是某种文学思想的最有力的表现。

魏晋时期主要的文学体裁是诗和赋。阅读魏晋时期的诗赋，我们时时会感受到其中弥漫着苦恼的意识、彷徨的情绪。人们并不理解历史每前进一步需要付出什么样的代价，只是痛切地感受到好像自己无端地在为历史受过。因此苦恼和彷徨凝成了一种普遍的沉郁悲凉的社会心理。这种心理同本能的求生存、求发展的欲望结合在一起，随着苍茫大地的沉浮，在人们的心灵深处，理性的山峦被笼罩在浓重的情感的云雾里。曹操是一位具有雄才大略的政治家，在政治上他是清醒的理性主义者，但是在其所创作的文学作品中却充满了强烈的内心情感的呼啸："对酒当歌，人生几何？譬如朝露，去日苦多。"在壮烈的戎马生活中，他对于人生的感觉，对于现实的内心体验，竟是如此的凄凉，如此的低回婉转！他的忧虑几乎是无法排遣的。一首《短歌行》写出了他的伤乱、怀人、感时、求贤的思想，但是这些思想都深深地隐藏在"慨当以慷，忧思难忘"的情感的反复咏叹之中。正是从这种忧时伤世情感的反复咏叹中，我们感受到了诗人内心的颤栗和它所反映的历史的阵痛。钟嵘说："曹公（操）古直，多悲凉之气。"① "悲凉"，是指曹操诗歌情感的色调，而"气"，正是从特定情感中所焕发出来的诗人的精神状态。诗歌的感人力量正是从这里喷射出来的。

钟嵘在《诗品总论》里竭力推荐"陈思（曹植）为建安之杰，陆机为太康之英"。从他们两人作品的数量和质量及其在当时的影响来说，这种赞许并不是评论家廉价的馈赠。他们确实是魏晋时期的代表作家。细心的读者不难看出，曹植和陆机作品的共同基调正好言"慷慨"。

曹植的诗作充满了慷慨的字句："弦急悲歌发，聆我慷慨言"（《杂诗》之六），"慷慨对嘉宾，凄怆内伤悲"（《情诗》），"怀此王佐才，慷慨独不群"（《薤露行》）。这些屡见"慷慨"的诗句，表现出建安以来痛苦的客观现实培植起来的沉郁悲凉而又激昂不平的情感。这种情感在当时是普遍的，它有时表现理想的憧憬，有时表现人生的凄苦，有时表现怀才不遇的苦闷和生活寂寞的哀愁。是的，诗歌离不开情感，这在曹植完全是自觉的，在他看来，没有激情简直不能进行创作。因此，在《赠徐幹》一诗中，他说出了自己的诗歌主张，"慷慨有悲心，兴文自成篇。"

陆机的诗作，同样充满了"慷慨"的字句："慷慨唯平生，俯仰独悲伤"（《门有车马客行》），"长吟泰山侧，慷慨激楚声"（《泰山吟》），"慷慨遗安豫，永叹废寝食"（《赴洛二首》其二）。这些屡见"慷慨"的字句，既是西晋太康以后文人心理的反映，同时也显示了建安以来的文学传统，表现了同样的沉郁悲凉而又激昂不平的情感，并且透视出了前后一致的美学趣味。诚如刘勰的论建安诗文所称："良由世积乱离，风惟衰俗怨，并志深而笔长，故梗概而多气也。"② 陆机在《梁甫吟》里也曾经表明过自己的诗歌主张："慷慨临川响，非此孰为兴？"他也认为创作诗歌离不开情感。

孙绰是东晋初期的一时文宗。他的诗文为玄风所染，常以平淡之词写

---

① 《诗品》卷中。
② 《文心雕龙·时序篇》。

精微之理。因此钟嵘批评他的诗作"皆平典似道德论"①。但就孙绰的现存作品看来，并不完全是像钟嵘所批评的那样。孙绰确有几首说理的诗，可是他的两首《情人碧玉歌》却是情致清新的。更为值得注意的是他与曹植、陆机在诗歌的主张上也毫无二致。在《赠温峤一首》中，他写道："辞以运情，情诣名遗，忘其言传，鉴诸旨归。"这分明是说诗歌的语言不过是"运情"的工具，作者的思想也不应该赤裸裸地表现出来，它应该含蕴在情感的波浪之中。这个思想在《聘士徐君墓颂》②里说得更为明确："夫讽谣生于情托，雅颂兴乎所钦。"

魏晋时期最好的赋多是所谓抒情小赋。它也同诗歌一样，侧重情感的抒发。这一点与汉代大赋是迥然不同的。它革除了汉赋那种铺排物事、堆砌典故的作风，而以篇幅较小、以情带物、借物抒情为其特点。王粲的《登楼赋》、曹植的《洛神赋》、向秀的《思旧赋》、张华的《鹪鹩赋》都可以称为那一时期的优秀之作。赋，为什么到魏晋忽而作风大变呢？对此，陶渊明在《感士不遇赋》的序中似乎说明了其中的缘由：

> 自真风告退，大伪斯兴。闾阎懈廉退之节，市朝驱易进之心。怀正志道之士，或潜玉于当年；结已清操之人，或没世以徒勤。故夷、皓有安归之叹，三闾发已矣之哀。……此古人所以染翰慷慨、屡伸而不能已者也。夫导达意气，其唯文乎？抚卷踌躇，遂感而赋之。③

这里总结了赋也同诗一样好言"慷慨"的现实的、历史的根源，同时说明了作赋也是为了宣泄情感。正是由于在大量具体作品中，体现了持续的文学思想化，陆机才有可能在《文赋》中提出"诗缘情而绮靡，赋体物而浏亮"的著名论断。对于这个论断，有几点应该特别提出来加以说明。第一，所谓"体物"和"缘情"并不是截然分开的两回事，措辞交错，在更大的程度上乃是由于骈文对仗的要求。在魏晋文人的眼光中，"缘情"自不待言，"体物"也是为了宣泄自己的情感，因此诗人必须首

---

① 《诗品·总论》。
② 《全晋文》卷61。
③ 《全晋文》卷110。

先对物有所感而后才可望通过语言去"体物",所以陆机在《思归赋》中写道:"照缘情以自诱,忧触物而生端。"在《叹逝赋》中又有这样的咏叹句:"乐哀心其如忘,哀缘情而来宅。"在赋中,"缘情""感物""体物"是这样的同气相求;而从当时大量的诗歌中,我们更加随时可以见到作者说明自己的情感表现是通过"感物"而来的。陆机的《燕歌行》就有"忧来感物涕不晞"的诗句。潘岳在《悼亡诗》(其三)中清楚地说明了"物"与"情"的联系,"照怀感物来,泣涕应情陨"。对此,戴逵的《释疑论》① 进一步从理论上作了阐述:"夫人生而静,天之性也;感物而动,性之欲也。"这里的"欲"字与"情"同义。所以郗超《奉法要》② 说:"六情一名六衰,亦曰六欲。"戴逵的理论正好可以用来说明作家的创作冲动来源于心灵因感官受外物刺激而生起的情感。所以朱熹的《诗集传序》在回答"诗何谓而作"的问题时,逐句抄录了戴逵的这段话。

第二,陆机提出"缘情",在中国古代文学思想发展史上有什么意义呢?我们知道,诗赋的最早源头是《诗经》和《楚辞》。《诗经》中的《国风》,《楚辞》中的《离骚》和《九歌》等多半是抒情之作。尽管创作实际是这样,可是批评家的理论却另有偏重。以孔子为代表的儒家并不绝对否定人的情感,孔子自己的情感就是非常丰富的,"风乎舞雩""逝者如斯"都是他的感时叹逝的言行。由于他们特别重视诗歌的思想性及其教化作用,所以特别强调其表达思想的一面。突出诗歌的思想性及其教化作用,是一种理性主义的文学批评论。这种批评论反对在作品中过分宣泄自己的主观情感。孔子主张"思无邪",孟子提出"以意逆志"③,荀子也认为"诗言是其志也"④,实际上都是坚持《尚书·尧典》中所谓"诗言志"的原则。这个原则经过汉代传诗经生的一再鼓吹,在理论上形成了一个"言志"的传统。在这个传统理论里,"志"和"情"并非全无联系,但它的侧重面确乎在于思想。扬雄指出了"诗人之赋"与"辞

---

① 《全晋文》卷137。
② 《全晋文》卷110。
③ 《孟子·万章篇》。
④ 《荀子·儒效篇》。

人之赋"的区别，并且赞成前者、反对后者，认为"诗人之赋丽以则，辞人之赋丽以淫"①。所谓"则"，就是儒家的思想原则，而"淫"，主要是指情感的放纵。

但是"言志"的传统到了魏晋一变而为"缘情"。其原因盖由于当时人对于文学创作过程中的感兴特点有了明确的认识。这在陆机的《文赋》中有一段精彩的叙述：

> 若夫应感之会，通塞之纪，来不可遏，去不可止。藏若影灭，行犹响起。方天机之骏利，夫何纷而不理。思风发于胸臆，言泉流于唇齿。纷葳蕤以馺遝，唯毫素之所拟。文徽徽以溢目，音泠泠而盈耳。及其六情底滞，志往神留，兀若枯木，豁若涸流，览营魂以探赜，顿精爽而自求。理翳翳而愈伏，思轧轧其若抽。是故竭或情而多悔，或率意而寡尤。……

这里谈到了作家创作过程中的两种心理状态：一是作家对其所要表现的对象有了透彻的了解，并且产生了非把它表现出来不可的热情，这就是"天机骏利"的时刻。倘若抓住时机进入创作，则一定思路畅通，笔下也必然显得痛快淋漓。反之，则一定"六情底滞"，心神恍惚，笔重如山，无从下手。这两种情况的发生都有情感上的原因。这样，也就自然地从创作过程中找到了"缘情说"的心理根据。

第三，"缘情"和"感物"，并非魏晋时期文学家们的新创，而是先秦两汉音乐理论的移植。《礼记·乐记》在揭示音乐的本质时写道："乐者，音之所由生也，其本在人心之感于物也。"又说："情动于中，故形于声，声成文，谓之音。"这里是说音乐产生在人心与外物的交感之中，而情感是它的表现内容。但是这种情感的表现并非毫无选择，也不能不加节制，它必须服从礼教的大防，这样才能达到中和情性的目的。孔子所以要"放郑声，远佞人"，就因为"郑声淫，佞人殆"。② 魏晋时期讲究"缘情"与"感物"，只取它的创作原理，只取它侧重表现内心情感的一

---

① 《法言·吾子篇》。
② 《论语·卫灵公》。

面，进而主张一任情感的放任不羁，以此来冲决。

礼教对于人性的束缚，求得对现实的暂时的解脱。从政治上说，这在当时应该认为是进步的。在文学思想发展方面的意义，在于它和"言志"相对，造成"缘情"的传统。这个新传统，在当时不仅仅表现在以诗赋为主体的文学创作中，在艺术领域里也有着广泛的反映。卫铄（茂猗）论书法的《笔阵图》里说过："近代以来，殊不师古，而缘情弃道。"①主张"缘情"，在理论上的价值是标志着文学的觉醒。在具体的文学作品中，思想和情感总是互相映带、密不可分的。但是文学的特点恰恰在于情感是它的突出的、不可缺少的内容。科学家在探求真理的过程中，可以表现得热情洋溢，在发现了某种事物的规律时，也可以表现得兴会标举，但他的思维的特点及对思维的表述，主要偏于冷静的思考，抽象的概括。文学家的才能却首先表现为情感的丰富和敏锐，其作品效果也首先表现为动情力的强弱。情感表现在作品的语言形象中，形成语言形象的一切元素都带着作家的激动、惊异或者欣喜和沮丧的情感烙印。读者阅读文学作品必须首先受其感染，然后才能激起探求其中所包孕着的思想的渴望。情感是通向思想和艺术的桥梁。缺乏情感的作品，谈不上思想性和艺术性，因而也不能成其为真正的文学作品。清人王夫之说："人情之游也无涯，各以其情遇，斯乃贵于诗。"② 表现力和感染力的统一，是文学创作的内部规律。这个规律，构成了文学的艺术性所必须具备的一个条件。因此，从文学的艺术特征着眼，首先应当强调的是情感及其表达。别林斯基在谈到文学作品中情感与思想的关系时说：

> 在真正诗的作品里，思想不是以教条方式表现出来的抽象概念，而是构成充溢在作品里面的作品灵魂，像光充溢在水晶体里一般。诗的作品里的思想——这是作品的热情。热情是什么？——就是对某种思想的热情的体会和迷恋。③

---

① 《全晋文》卷 144。按：王羲之的《书论》（《全晋文》卷 26）中亦有同样的话。

② 《诗绎》，见《船山遗书》。

③ ［苏］别列金娜选辑：《别林斯基论文学》，梁真译，新文艺出版社 1958 年版。第 51 页。

魏晋时期文学的自觉，并不是一个偶然现象。文学以人为中心，它的觉醒同人的自我意识的加强息息相通。只有当社会的人不仅意识到了自己的存在，而且在行动上努力追求自己人格独立的时候，文学的自觉才有可能产生。

（二）共性与个性：突出个性

在唯物史观产生以前，人们常用人性来解释社会矛盾的产生和发展。人性论并非在任何历史条件下都该加以否定。在中国古代曾经有过两次人性论大发扬的时期，结果都在不同程度上推动了社会的进步，都给后人留下了宝贵的思想资料。在春秋战国时期的一次人性问题的讨论，暗示着人发现了自身的普遍性，从而企图摆脱依附天命鬼神的奴隶地位；而魏晋时期的人性觉醒，则进一步找到了人的直观的表现，在人的身上认识了个性的自己，从而使腐朽的礼教统治受到了一次很大的冲击。这两次讨论都给古代文学思想的发展带来了很大的收益。

春秋战国时期，天下纷纷，历史要求统一，于是人们从人的精神内部找到了它的支撑点，就是人性的发现和发扬。这在中国古代社会思想发展史上是一次震撼人心的进步。尽管在回答什么是人性的问题上，人们的思想还是唯心的；在人性的道德显现究竟是善还是恶的问题上，也未能取得一致性的意见；但它终于取得了一项积极的成果：一致认为需要发扬共同的人性的道德规范，即孔子所提倡的"仁"，孟子所提倡的"义"。"仁义"，是那一时期发扬共同人性的标准，它服务于礼教制度。到了汉代，随着专制制度的强化，礼教变得烦琐不堪，董仲舒进一步提出了性三统。这就使人和人性的发展被死死地束缚在一个狭窄的框子里了。儒家创立的诗教，所谓温柔敦厚之说，也是为了培养这种统一的人性。《礼记·经解篇》云："孔子曰'入其国，其教可知也。其为人也温柔敦厚，诗教也。……诗之失愚。其为人也温柔敦厚而不愚，则深于诗者也'。"正义曰："《经解》一篇，总是孔子之言，记者录之以为经解者。……温柔敦厚诗教也者，温谓颜色温润，柔谓性情和柔，诗依违讽谏，不指切事情，故云温柔敦厚是诗教也。……诗之失愚者，诗主敦厚，若不节制，则失在愚。"

这里特别值得我们注意的是诗教的目的在于培养人们具有温润的颜色、柔和的性情，却又不能失去节制，否则就会变得愚拙而迂腐。它的实质就是培养人们具有孔子所设想的中庸之道。人倘若具有了中庸的品行，就成了"君子"，就是具备了共同的人性美；倘若具备这种人性美的人能够遍于国中，那就是诗教的极大成就了。

上面所说的人性的理论、诗歌的理论、教育的理论，构成了那一历史时期的占统治地位的思想，也就是维护专制制度的意识形态。它的作用在于控制人的个性的发展，借此维持专制制度的稳固；走向极端，就造成了扼制人才的产生，并从而导致了专制本身的朽坏。郎吉纳斯在《论崇高》一文中引了一位哲学家的话。那位哲学家说："专制政治，无论怎样崇高，无论怎样正派，可以确定为灵魂的笼子，公众的监牢。"① 我国东汉末年的政治所以每况愈下，以致腐朽而不能自拔，上层建筑方面的原因就在于礼教制度成了"灵魂的笼子，公众的监牢"，因此发生下列状况是毫不奇怪的：激起了公众的仇恨和愤怒，造成了天下大乱，造成了屠杀、饥荒和疾疫三大灾害的横行，造成了民不聊生、哀鸿遍野的社会局面，自然也就同时必不可免地造成了自己的灭亡。痛苦的现实促进了当时的有识之士从各个方面来谋求现实的变革。而在意识形态领域中首先兴起了名理学，其中包括着人才学的研究，锋芒直接针对着汉代的名教之治。名理学的最大成就在于重视事物的特殊规律，揭示了事物的个性的存在，并且鼓励人的个性的自然发展。

在东汉的思想界被名教之治、图谶之学闹得乌烟瘴气的时候，唯物主义思想家王充就在他的《论衡·自纪篇》里写道："失貌以强类者失形，调辞以务似者失情，百夫之子不同父母，殊类而生，不必相似，各以所禀，自为佳好。"反对"失貌强类"，就是强调事物的特殊性；而指出"殊类而生，不必相似"，意在肯定人的个性是一种谁也否定不了的实际存在；呼吁"各以所禀，自为佳好"，也就是提倡允许人的个性得到自然发展。发表这种思想，对当时黑暗的现实以及混浊的思想界，简直是振聋发聩的一声惊雷，而其闪光照亮了魏晋时期的思想发展。继王充之后，曹丕进一步深化了个性的研究。他注意到了事物的联系和区

① 伍蠡甫主编：《西方文论选》上卷，上海译文出版社 1964 年版，第 130 页。

别，特别重视它的特殊点，注意它和其他运动形式的质的差异，因而比较能够把握事物的特殊本质。他就在这种认识论的基础上开辟了中国古代文学批评史上的文体论和作家论的先河。他把汉代统称为文章的奏议、书论、铭诔、诗赋分成不同的四科，并且指出了各自的特点，即在《典论·论文》中提出的"奏议宜雅，书论宜理，铭诔尚实，诗赋欲丽"。这"雅""理""实""丽"分别代表着四科不同的特性，揭示出了诗赋的特性，就使得文学如同论说文字，对应用文字做出本质的区分，从而在文化领域中取得了独立的地位。其根据就是他的"夫文本同而末异"的思想。"本"就是作为一种文化形态，四科都有表达思想感情的功能，彼此存在共同性；"末"就是它们所以能够独立存在，正因为各自具有自身的性质特点。诗赋（文学）的特性就是具有美丽的文采，从而使人读来产生美的享受。曹丕对于个性或特性的重视，直接针对着汉代经生偏重文章共性的儒学教条，同时也针对着东汉以来只强调人的共性的名教之治。它在政治思想和文学思想的发展史上都具有巨大的意义。

　　文学作为一种意识形态，是作家头脑的产物，它不可避免地要受到作家个性的影响。曹丕清楚地认识到了两者之间的内在联系，因而对作家的个性也作了一番富有成就的研究。《典论·论文》中有一段精彩的言论：

> 文以气为主，气之清浊有体，不可力强而致。譬诸音乐，曲度虽均，节奏同检，至于引气不齐，巧拙有素，虽在父兄，不能以移子弟。

　　"清浊有体"，说明"气"有一定的类型；"虽在父兄，不能以移子弟"，则是指出了"气"在不同的个人身上表现得千差万别，以至于父子兄弟都不会完全一样。这就生动地指明了作家个性的存在。他在《典论·论文》中称述"徐幹时有齐气""孔融体气高妙"，在《与吴质书》里又盛称"公幹有逸气"，都异常准确地道出了他们的个性，并对他们各具个性这一点，做了热情的肯定。由此可见，在共性与个性两者之间，曹丕是尤其突出个性一方面的。正因为这样，所以他对建安七子的评论，能够做到取长补短，令人心服。曹丕的重视个性绝不限于上述二端，几乎扩展到了一切客观事物。他在《车渠椀赋》① 中写道："唯二仪之普育，何万物之殊形！"有一首《连珠》② 体诗也表述了同样的思想："盖闻四节异气以成岁，君子殊道以成名。故微子奔走而显，比干剖心而荣。"由此我们可以看出他的哲学思想的实质是强调差异和区别。

曹丕之后，在文学思想上很有建树的陆机，同样重视对于个性的研究，而且更为细致。曹丕的《典论·论文》将文体分为四科，陆机的《文赋》进而分为十类："诗缘情而绮靡。赋体物而浏亮。碑披文以相质。诔缠绵而悲怆。铭情约而温润。箴顿挫而清壮。颂优游以彬蔚。论精微而朗畅。奏平彻以闲雅。说炜晔而谲诳。"这里我们看到陆机开始把诗赋放在首位，而且指明了它们之间的个性差异。他在这方面最精彩的言论是《文赋》中这样一段话：

> 体有万殊，物无一量。纷纭挥霍，形难为状。辞逞才以效伎，意司契而为匠，在有无而僶俛，当浅深而不让。虽离方而遁圆，期穷形而尽相。故夫夸目者尚奢，惬心者贵当，言穷者无隘，论达者唯旷。

这就在指出不同的文体具有不同的个性的同时，进一步把表现对象（物）的个性、表现作家的个性，以及作为创作成果的作品中形象的个性，联系起来做了卓有成效的考察。在中国古代文学思想史上，陆机继曹丕之后直接而又比较明确地揭示了文学的本质特征。他认为文学作品所要表现的客观事物各具有自己的个性，处在时空中的事物及其相互关系的变化又极为复杂而迅速，作家必须在事物显示其个性最明确的时刻，敏捷地加以捕捉，而后运其全部匠心和全部才能，通过语言铸成作品的形象。这形象既然脱胎于客观事物，它就必须与原型的特点取得神形毕肖的一致，其关键在于形象本身一定要具有鲜明的个性。陆机似乎认识到了这一点，所以他紧接着论起作家的个性来，上面引文中所说的"夸目""惬心""言穷""论达"云云，都是指作家的个性；而"尚奢""贵当""无隘""唯旷"等等，则是指作家的个性在作品形象中的显现。

---

① 《全三国文》卷 4。
② 《全三国文》卷 7。

魏晋时人对于将人生伦理化的礼教之治，怀着深恶痛绝的情绪，认为那是害人性的桎梏。文人们吸收了庄子的逍遥和佛家的解脱，用以反对董仲舒以来的天人感应的学说，破坏其善恶报应的带有宗教意味的天道观念，所以他们特别重视个性的研究。郭象在注《庄子·齐物论》时写道："造物者无主，而物各自造；物各自造，而无所待焉。"这既从认识上推翻了人受制于外物的思想，同时又提出了人应该一空依傍、独往独来的个性主义主张。阮籍在《达庄论》中解释庄子的"逍遥"，就是顺情适性，认为万物都有个性，人生的乐趣就在于个性得到自由自在的满足。向秀和郭象也持同样的观点："夫大小虽殊，而放于自得之场，则物任其性，事任其能，各当其分，逍遥一也，岂能胜负于其间哉？"① 这就是说，只要保全人的个性，则世间上下尊卑、贫富贵贱的界限都是毫无意义的。这种突出人性、突出人的个性的思想，正如强调人的情感一样，在当时造成了一种普遍的社会心理。于是诗人们在诗歌中唱道："惠连非吾屈，首阳非吾仁。相与观所尚，逍遥撰良辰。"（左思：《招隐》其二）"啸傲遗世罗，纵情在独往。明道虽若昧，其中有妙象。"（郭璞：《游仙诗》其三）"死去何所贵，称心固为好"，"不觉知有我，安知物为贵"。（陶渊明：《饮酒二十首》第十一页、第十四页）"纵情独往""称心为好"，有我而后知物都是开张个性的要求。诗人不仅在诗中高唱自己的个性，即使是写景、写人都注意到了个性的刻画。"明月照高楼，流光正徘徊"（曹植：《七哀》），这是咏月的佳句，但是作者不写月儿的清辉、妩媚的共性，而是写它的流光徘徊的特点，这个特点正是被一定的主客观情境所规定的个性。左思的《娇女诗》，不仅写出了两个女孩习字、梳妆、歌舞、嬉戏时的种种神态，而且活灵活现地写出了她们天真烂漫、无所顾忌的个性。

在中国传统的诗论中，向以情景交融为诗歌的胜境，但是并非任何情景都能交融，也不是凡情景交融都能构成美，只有带着个性的情景交融才能构成诗的美。情和景的共性比较易于感知，而其个性却十分难以捕捉，因为个性不像共性那样稳定，它常常随着环境的变化而变化。共性是有限的，而个性却无穷，因为"世间无一物相肖"②。正是由于这个特点，所

---

① 《庄子·逍遥游》注。

② 张载：《张子正蒙·太和篇》。

以文学创作的题材是极为丰富的，它永远不会枯竭，真正的文学形象永远不会雷同。魏晋时期的文学家们在共性与个性关系方面突出个性的主张，实际上是一种与后世典型化的要求有关的。

（三）"雕绘"与"自然"：突出"自然"

对于人来说，情感和个性具有极强的主观性，突出"缘情"和突出"个性"，都是为了尽量摆脱人为的束缚。而要使内部精神与外部表现取得一致，必然会在行为、作风方面反对做作、要求率真。魏晋时人把率真称为"自然"，它的对面就是虚伪和矫饰。杜恕在《体论》中，把"自然"当作处理君臣关系的准则，而在《笃论》①里认为"真实"与"虚伪"有时表面相似，但结果决然相反："日给之花与柰相似也，票结实而日给零落；虚伪之态与真实相似也，虚伪败而真实诚。"孙楚批评庄周妻死不哭"殆矫其情，遂失自然"②。嵇康在提倡做人要"越名任心"反对"匿非藏情"的同时，大力批判"矜忤之容""矫饰之言"，因为这些都是"以要俗誉"，结果势必"成其私之体，而丧其自然之质"。他要求人们"言无苟讳，行无苟隐"，不顾现成的真理和道德，按照人的本性去行动（"动以自然"），这样就能达到"绝美"的境界③。他不是否定真和善，而是认为符合人的个性的东西就是至真至善，也就是他所说的"绝美"。《傅子补遗下》④记载着郭嘉论说曹操较之袁绍有十胜，第一胜是"道胜"："绍繁礼多仪，公体任自然，此道胜一也。"从郭嘉的观点看，提倡"自然"的积极方面在于反对名教。斐希声的《侍中嵇侯［绍］碑》⑤直接论到了自然与名教的对立，"夫君亲之重，非名教之谓也，爱敬出于自然，而忠孝之道毕矣。朴散真离，背生殉利，礼法之兴，于斯为薄。"从张华的《鹪鹩赋》我们看到了提倡自然的消极一面在于保身全

---

① 均见《全三国文》卷42。
② 《庄周赞》，《全晋文》卷60。
③ 《释私论》，《全三国文》卷50。
④ 《全晋文》卷50。
⑤ 《全晋文》卷33。

性："不怀宝以贾祸，不饰表以招累，……任自然以为资，无诱慕于世伪。"① 从上述两方面，我们可以看出提倡自然的现实根源在于反对名教之治的弊害及社会人性的虚伪狡诈。嵇含在《吊庄周图文》② 中说："人伪俗季，真风既散，野无讼屈之声，朝有争宠之叹，上下相陵，长幼失贯；于是借玄虚以助溺，引道德以自奖，户咏恬旷之辞，家画老庄之象。"可见崇尚自然乃是当时普遍的社会风气。

正如突出情感和突出个性的普遍社会心理，必然会影响文学思想和文学创作一样，突出自然的普遍社会风气也必然会反映到文学思想和文学创作中来，其表现就是崇尚自然，鄙薄雕绘的新的美学趣味的形成。而提到这一点，人们首先会想到鲍照对于谢灵运和颜延之两种诗风的著名评论。《南史》卷三十四："延之尝问鲍照己与（谢）灵运优劣，照曰：'谢五言如初发芙蓉，自然可爱，君诗若铺锦列绣，亦雕绘满眼。'"

钟嵘《诗品》卷中记载了汤惠休对颜、谢亦有类似的评论："汤惠休曰：'谢诗如芙蓉出水，颜如错采镂金。'颜终身病之。"

鲍明远与汤惠休对颜、谢诗风的评论是否完全正确，可以暂且不管，引起我们注意的是他们的观点如此一致，并且使得颇负盛名的颜延之居然产生"终身病之"的情绪反应，至少证明了南朝刘宋时期的美学趣味确实是重"自然"轻"雕绘"的。然而它并不是开来，而是继往，在文学艺术领域里，早在西晋初年就已经存在了，一则见于恒的《四体书势》③ 论书法之妙：

> 远而望之，若翔风厉水，清波漪涟；近而察之，有若自然。信黄唐之遗迹，为六艺之范先。

又一则见于潘尼的《玳瑁椀赋》④ 论玳瑁的美的特色：

---

① 《全晋文》卷 58。
② 《全晋文》卷 65。
③ 《全晋文》卷 30。
④ 《全晋文》卷 94。

文不烦于错缕，采不假乎藻绩，岂翡翠之足俪，胡犀象之能逮！

再一则见于谢道韫的《登山》一诗赞叹泰山的自然美：

非工复非匠，云构发自然。

从这些材料中，我们不难判断：崇尚自然、鄙薄雕绘（或错缕）的美学趣味早在东西两晋时期就已经稳固地形成了。它在文学上的表现最明显的是陆机和陆云的思想分歧及创作风格的不一致。陆机的诗要"绮靡"、赋要"浏亮"，以及"会意尚巧，遣言贵妍"的主张，显然是在提倡一种华丽朗畅的诗赋风格。追求这种风格，在实际创作中必然是刻意经营、苦心雕镂而自然之趣不足。钟嵘认为陆机的诗，长处在于"求高自赡，举体华美"，这是说他喜作雕绘、工于俳偶，同时又指出它"有伤直致之奇"。他的《文赋》可以说是最早的骈文，特点恰恰是"铺锦列绣，亦雕绘满眼"。所以陆云在《与兄平原书》①里说："《文赋》甚有辞，绮语颇多。文适多体，便欲不清，不审兄呼尔不？"这分明是对陆机进委婉曲折的批评。陆云的美学趣味曾有一个转弯过程，由"先辞后情"转到了雅好"清省"："往日论文，先辞而后情，今意视文，乃好清省，欲无以尚；意之至此，乃出自然。"所谓"清省"，就是文章省净，在风格上显得不事雕绘，自然可爱。这个主张，在他的诗作中是得到了贯彻的。所以王船山认为其《答平原兄》一诗"首尾无端，合成一片"，意即毫无雕饰之嫌。又称其："沉响细韵、密思曲致，较平原为益秀矣。谢客渊源，全在小陆一瓣香，似未向平原倾倒也。"② 这显然是从前后师承关系指明了谢诗的"自然可爱"，实即从陆云而来。

前人对二陆美学趣味和创作风格的不同，多着眼于才性的区分，我们自不能言其完全不对，但根本的问题仍应归于二人世界观的不一致。史称陆机"服膺儒术，非礼勿视"，又"好游权门""以进趋获讥"③。因此，

① 《全晋文》卷102。
② 《船山古诗评选》，陆云《答平原兄》诗下评语。
③ 《晋书·陆机传》。

尽管他有时也发出一些全身远祸的感叹，但重振家声的思想，始终主宰着他对于功名利禄的追求；在文学上提倡"绮靡"、重视雕绘，也正是儒家"郁郁乎文"传统的继承。陆云"通好庄聘""委之冲漠"①，其兄虽已显仕，自己却甘于"婆娑衡门"②的生活。在文学上提倡"清省"、重视"自然"，也是一件合乎逻辑的事。

我们从陆氏兄弟美学趣味的分歧中，不仅可以见出魏晋之际文学思想的演变，而且还可以说明汉魏以来文学思想同社会思想至此取得了协调一致的发展。汉世崇儒，好大喜功，自武帝开始，一切以儒术为指归，文、道于是合而为一。统治者要求文学以文采装点盛世，在创作上必然走向"雕绘满眼"。当代文学赋为大宗，司马相如名高一世，他的文学思想当然是有代表性的。《西京杂记》有这样的记载：

> 司马相如为《子虚》、《上林》赋，意思萧散，不复与外事相关，控引天地，错综古今，忽然如睡，焕然如兴，几百日而后成。其友人盛览，字长通，牂柯名士，尝问以作赋。相如曰："合綦组以成文，列锦绣而为质，一经一纬、一宫一商，此赋之迹也。赋家之心，苞括宇宙、总览人物，斯乃得之于内，不可得而传。"

所谓"包括宇宙、总览人物"的"赋家之心"，所谓"一经一纬、一宫一商"的为赋之"迹"，正好从创作思想和创作实践两方面概括了他自己的美学趣味，并且无意中预言了汉赋铺张扬厉、错彩镂金的发展方向。汉赋的作者多半是帝王之家的侍从，他们的作品所反映的内容当然不外乎统治者穷奢极侈的生活。"千金难买相如赋"，然而相如赋的内容恰恰是当权者豪华生活淋漓尽致的写照。汉武帝读了他的赋不禁心旷神怡，飘飘然有凌云之气，说明统治者爱好和提倡什么样的美学趣味。文学是生活的反映，反过来又影响生活。美学趣味总是同生活趣味息息相通的。《傅子·校工篇》写道："尝见汉末一笔之枏，雕以黄金，饰以和璧，缀以随珠，发民翠羽。此笔非文犀之桢，必象齿之管，丰狐之柱，秋兔之翰。用

---

① 陆云：《失题》。
② 郑丰：《答陆士龙四首·鸳鸯》诗序。

之者必被锦绣之衣，践雕玉之履。由此推之，其极靡不至矣。"傅玄认为东汉灵帝之所以失去民心，正由于他"用有尽之力，逞无穷之欲"。真的，历史是无情的，随着汉代统治者的腐朽，为之服务的汉赋也就日趋衰落了。

　　但是规模浩大的农民战争摧毁了汉家王朝的宝座，却没有摧毁得了汉代几百年间形成的美学趣味。曹操父子从战乱中破坏了汉代的名教之治，开辟了一个新的时代，可是"魏之三祖（曹操、曹丕、曹睿），更尚文词"，"竟聘文华，遂成风俗"①。雕绘满眼的美学趣味却依旧被保持了下来。曹丕的"诗赋欲丽"的主张，一方面唤起了文学的自觉，一方面也是汉代为文主丽传统的继承。他在《善哉行》一诗中呼唤："感心动耳，绮丽难忘。"刘桢在《公燕诗》里也同他的副君唱着同样的调子："投翰长太息，绮丽不可忘。"汉魏时人如此重视"绮丽"，到了两晋，人们却把"口不言绮语"当作为人的"十善"之一。他们一反汉魏的传统，认为"绮语"就是"文饰巧言，华而不实"②。

　　需要说明的是：两晋时期"清省"与"绮靡"、"雕绘"与"自然"之间虽然出现了分歧，为什么又照样能够长期共存，一方并没有吃掉另一方呢？原因是：（一）"绮靡"和"雕绘"不能不加分析地加以否定。它们既可以上升为壮丽，也可以下降为侈靡。魏晋时人鄙视"雕绘"，正是针对汉赋的侈靡之风。因为一落侈靡，便很少真实。（二）"绮靡"和"雕绘"是在长期艺术实践中形成并巩固起来的美的形态，一般地说，它们都能以自己的特点引起人们的美感享受，所以刘勰说陆机的文章"腴辞勿剪，颇累文骨，亦各有美，风格存焉"③。那么，为什么又说在"雕绘"与"自然"之间突出"自然"是文学思想的发展呢？因为文学固然免不了雕绘，但雕绘过分，反而会给艺术带来损害。所以突出自然、鄙视雕绘乃是为了防止像汉赋那种形式主义的再产生，这是一。"自然"与"雕绘"尽管在一般的形态上都是美，却有高低、雅俗之分。"自然"的美乃是"雕绘"的美进一步提高的结果，即所谓"绚烂之极归于平淡"

---

　　①　《隋书·李谔传》。

　　②　郗超：《奉法要》，《全晋文》卷110。按：这里的"绮语"为秽亵之意。但"文饰巧言，华而不实"云云，在诗赋中也可看作"绮丽"的向下发展，故二者有相通之处。

　　③　《文心雕龙·议对篇》。

是也,这是二。两种美的争妍斗艳,丰富了人们对美的形态的认识,并在实际的文学创作中促成了风格的多样化,如陆机的缠绵铺丽、陆云的省净清新、左太冲的豪放、陶渊明的淡远。这些多姿多彩的诗歌风格,不仅影响了南朝,而且源远流长地哺育了唐代诗人。这是三。

简短的结语

魏晋时期文学思想的发展,肯定不限于上面所说的三个方面。我之所以对这三方面特别感兴趣并提出来加以讨论,乃是因为从史的发展来看,那确实是当时出现的新课题,而从理论方面考察,则意义尤为明显。

在整个意识形态领域中,文学较之于哲学、道德、法律等等,本性更为活跃,内容更为丰富。它的触须可以伸展到客观世界的每一个角落,并从中吸取自己所需要的养料;它反映的是具体的生活,而生活现象是无穷无尽的。因而其内容的丰富性为其他意识形态所无法比拟。在创作过程中作家的内心对生活的体验始终离不开情感的冲动,而情感在意识中较之意志、思想等是主观性最强的部分。它可以驾驭想象在无限的时间和空间中任意遨游。这一点同样造成了文学的丰富性为其他意识形态所无法比拟。黑格尔在《逻辑学》里说过:"最丰富的是最具体的和最主观的。"对此,列宁在《黑格尔〈逻辑学〉一书摘要》中做了这样的旁批:"注意这点:最具体的和最主观的是最丰富的。"[1] 从语气看来,列宁同黑格尔的看法原则上是一致的。而文学恰恰具有具体地、能动地反映生活的特点,因而列宁的论断自然可以当作我的上述论点的理论根据。不仅如此,我们从恩格斯称赞巴尔扎克及其创作的一段话中同样可以受到很大的启示。恩格斯说,"他在《人间喜剧》里给我们提供了一部法国'社会'特别是巴黎'上流社会'的卓越的现实主义历史。"又说:"我从这里,甚至在经济细节方面(如革命以后动产和不动产的重新分配)所学到的东西,也要比从当时所有职业的历史学家、经济学家和统计学家那里学到的全部东西还

---

① 列宁:《哲学笔记》,第 250 页。

要多。"① 按照文学的本性，应该达到这样的结果，可是作家倘若对现实生活缺乏强烈的爱憎，那么客观地存在着的生活现象很难引起他从艺术上加以再现的渴望，即使勉强进入创作过程，没有情感的推动，想象力也会变得枯萎不振。而在这种状态下写成的作品，也一定会使人读来感到内容贫乏、枯燥无味，从而也就丧失了文学所必须具有的感染力。

在文学里，情感不仅表现在创作过程中和一般的创作成果上，而且也是形象本身的一个必要的组成部分。因为文学形象不是单纯的客观事物的摹写，它的美和丑都包含有作家的主观倾向，其中情感的倾向最为明显。

文学形象的深度在于它的典型性的有无或强弱，而典型的生命首先在于它有没有具备鲜明的社会意义的个性。列宁说：

> 一般只能在个别中存在，只能通过个别而存在。任何个别（不论怎样）都是一般。任何一般都是个别的（一部分，或一方面，或本质）。任何一般只能是大致地包括一切个别事物。任何个别都不能完全地包括在一般之中，如此等等。②

这就说明：（一）只有通过个性，共性才能得到具体的显示；（二）个性较之共性，内容更为丰富。因此，恩格斯在谈到文学上典型形象的创造时说道："每个人都是典型，但同时又是一定的单个人，正如老黑格尔所说的，是一个'这个，而且应当是如此。'"③ 这里所强调的一点就是形象应具有突出的个性。

真正的文学作品都具有动人心弦的力量，而这正是渊源于真挚的情感和明确的个性在形象中的突现。强调情感和个性虽然不能断定它就是典型理论，但和典型理论相通却是可以肯定的。情感和个性是形象之树上的红花绿叶，它们扶持着形象并使之显得生机勃发、摇曳多姿。缺乏情感和没有个性的形象一定是苍白的、贫血的；它永远达不到典型的高度，自然也就谈不上会有什么美学价值。

---

① 《致玛·哈克奈斯》，《马克思恩格斯选集》第 4 卷，第 463 页。

② 列宁：《哲学笔记》，第 409 页。

③ 《致敏·考茨基》，《马克思恩格斯选集》第 4 卷，第 453 页。

作家的创作个性表现为风格。它是作家在艺术上成熟的标志，是文学作品生动性的表现。风格的多样化，又是一个时代文学繁荣的最有力的验证。魏晋时人对风格的自觉要求，有力地推动了那一时代文学的发展。在风格上突出"自然"的主张，不仅说明了他们美学趣味的提高，其中还包括对文学真实性的要求。那时，广义的"自然"是指事物本有的性质，只有揭示这种本有的性质，才算合乎自然。在这一点上，自然和真实几乎是同义语：人一加外饰就不自然了，因为掩盖了他的本性；文章一加雕绘同样不自然了，因为模糊了它所反映的事物的内在性质。所以突出"自然"，一方面是为了在风格上做到朴实无华，另一方面也意味着要求在作品中真实地表现当时的现实生活。普列汉诺夫认为这正是文学艺术的规律性的内容。他说："真实性和自然性构成真正艺术创作的必要条件。诗人应当按照生活本来的面目描绘生活，不要渲染它，也不要歪曲它。"①

人们常说，优秀的文学作品都具有很强的艺术魅力，然而文学作品的艺术魅力又从何而来呢？我觉得，真实的情感、真实的个性、真实的生活反映和自然而不做作的风格，是产生艺术魅力的最重要的条件。但是任何合理的东西都有一定的界限。当我们指出这些的时候，不应该产生这样的后果：为了突出情感而忽视思想性，为了突出个性而忽视共性，为了追求真实的生活现象而忽视现实本质的挖掘，为了培养自然的风格而走向平淡无奇。真正的艺术魅力，正是在这些对立因素的辩证关系中产生的。

1980 年 1 月 13 日夜 12 时写毕

原载《美学论丛》1981 年第 3 期

---

① 中国社会科学院外国文学研究所资料丛刊编辑委员会编：《外国理论家、作家论形象思维》，中国社会科学出版社 1972 年版，第 126 页。

九

曹丕曹植文学思想异同论

　　一个时代的文学繁荣，总是表现为创作成果和理论建设互相联系的两个方面。这两个方面，对于它的前代是一种丰富和发展，而对于它的后代则起着开拓和推动的作用。如果这个论断基本正确，那么，我们可以认为：在中国文学发展史上，建安时代无疑是一个文学繁荣的时代。

　　繁荣的建安文学，上承诗、骚反映现实的优良传统，又吸收了两汉辞赋重视文采的经验，为中国古代文学发展的长河，开辟了一脉新的源流。"水杯珠而川媚"①，所谓"建安风骨"，就是这一脉源流中一颗发光的明珠。由此往后的时代，倘若文学脱离现实走上邪路的时候，"建安风骨"就成了人们力矫时弊、唤起革新的一面旗帜。从借鉴意义说来，直至今天，研究建安时期的文学，仍然可以令人从中获得许多亲切的教益。

　　那么，为后世景仰的一代诗风是怎样形成的呢？经济发展的要求当然是决定的因素，但是在阶级社会中，经济只能通过政治，通过时代的思潮才能作用于文学。反过来说，文学只有适应时代思潮，只有通过政治，才能作用于经济。因此，时代思潮、统治者的政策和策略，直接制约着文学发展的方向。健康的时代思潮、正确的政策和策略，是一切文明时代文学发展的直接推动力。其中的关键是领袖人物的意志和群众利益的一致，作家、评论家的思想和群众愿望的一致。

　　建安时代的代表人物是曹氏父子。曹操雄才大略、适时制变，纵横乱世三十年，不但结束了军阀混战、天下纷扰的局面，统一了北中国，恢复了生产，而且从政治上开拓了一个思想比较活跃的时代，卓有成效地促进

---

　　① 陆机：《文赋》。

了生产力的发展和文化的繁荣。

建安时代思想比较活跃的局面的形成，在客观上是由于规模浩大的汉末农民战争和因此而引起的统治阶级内部急剧的分化。天下分崩离析，只有打破陈规、改革制度，才能使社会恢复正常秩序。鲁迅认为曹操统治的特色是"尚刑名"和"尚通脱"①。他的"尚刑名"，就是实行严厉而合时的法制，以创造一个安定的社会局面；而"尚通脱"则是在维护社会安定的前提下，能够容纳异端和不拘小节，扫除人们因循守旧、迂腐固执的积习，鼓励人们大胆地探索。正因为这样，所以作家的创作成果比较丰富，在理论方面也提出了许多前人未曾提出的新的命题。在中国古代文学思想史上影响深远的"建安风骨"，就形成于这种广阔的社会背景。

曹操在建安八年到二十二年的15年中接连发布了四道求才令，对于延揽人才具有极大的号召力。但是人才荟萃以后，怎样调节各方面的关系，怎样正确地发挥他们的作用，就成了亟待解决的问题。他在《度关山》一诗中提出了"兼爱尚同，疏者为戚"的主张，但这只是诗的理想，还不是全面的、切实可行的政策措施，而且戎马倥偬，历史并没有给曹操提供完成更大的理论建树的条件，他的政治思想和社会理想，要由他的继承者在解决不断涌现出来的新课题的过程中给以完善化和理论化。曹丕实践了曹操的主张，积累了一套用人经验，并且把这种经验与历史上的教训糅合在一起，写成了富有训诫性和政策性的理论著作，这就是《典论》。《典论》中的《论文》既表达了他的文学思想，同时也体现了他的新王朝的文化政策。

明人张溥说："丕好贤知文，十倍于操。"② 说曹丕"好贤知文"，是颇具眼力的，因为它确切地指出了曹丕在文学理论上的杰出贡献，也确切地概括了《论文》的精神。但说"十倍于操"，却又未免言之过分。其实，要在"知文"方面进行比较，研究曹丕与曹植文学思想的异同，似乎更有意义。曹植极富诗才，政治上不安于自己的侯王地位，并不甘心于做一个文人，因而他的诗作慷慨任气，颇多牢骚不平之语。从常理推测，

---

① 《魏晋风度及文章与药及酒之关系》，《鲁迅全集》第3卷，人民文学出版社，第379页。
② 《汉魏六朝百三家集题辞》，《孔少府集》题辞。

他的文学思想与曹丕不应有什么分歧，可是由于政治上的原因，他的意见有时偏偏与曹丕相左。曹丕在后期，思想上虽偏于儒家，开放的劲头有所收缩。但总的说来，他身居高位，能够注意全局，所以态度比较冷静，意见也比较客观；曹植偏于一隅，所以主观性强，言多过激。这样，曹丕可以说是一个有独特成就的政治家兼批评家，而曹植虽然是"才高八斗"的大诗人，在政治上却是个失败者，在理论成就上也远逊于曹丕。我们探讨曹丕与曹植文学思想的异同，着眼点不在于两者优劣的比较，而是把它们放在一定的历史范围内，通过比较性的研究，探明那一时代的文学思想发展到了什么程度，揭示出当权者的理论和政策对于文学的发展起着怎样的作用。

（一）　时代思潮与《典论》的性质

曹丕在《典论·自叙》里说："初平（汉献帝年号）之初，董卓杀主鸩后，荡覆王室。是时，四海既困中平（汉灵帝年号）之政，兼恶卓之凶逆，家家思乱，人人自危。"很明显，他没有必要纯客观地记录东汉末年的社会政治状况，而是努力地探索人心普遍浮动的政治原因。这种探索，不仅反映了要结束那个苦难时代的社会愿望，而且也成了他自己日后政治实践的思想根源。其实，统治者的内部争夺，从来就是阶级社会中司空见惯的事，公众未必对此怀有多大的兴趣。但是一当这种争夺蔓延到广阔的社会上来，就会酿成祸乱，而祸乱向来是公众的活的教科书。它一方面给人们造成无穷无尽的灾难，一方面又会告诉公众灾难所以形成的原因，并常常能起到动员人们起来革命或对社会制度进行改革的作用。的确，在统治者的日子已经混不下去，而人民也已经无法生活的时候，就临到新旧时代更替的时候了。东汉末年，桓、灵之世的社会政治状况就是如此。那时的文人在党锢之祸中本已备受摧残，加以董卓之乱，他们的命运更为栖栖惶惶。幸而活下来的人，有的因为对现实愤懑不平而佯狂傲物，以致不免杀身殒命，有的因为政治上的失望而退隐山林，苟全性命，坐以待变；更多的人则于颠沛流离之际小心翼翼地寻找可靠的政治依托。所谓"良禽择木而栖，贤臣择主而事"，成了他们心中时时盘算的问题。当时在政治舞台上奔走进趋的人很多，称王称霸的亦复不少，然而有的昙花一现，有的在巨大的风浪中翻转几下迅速地沉没了。时代的浪潮淘汰了许多政治庸人，也淘汰了许多大奸巨猾，最后留下了曹操、刘备和孙权三家。应该说，他们都是具有远见卓识、雄视一代的大政治家，因而才能造成魏蜀吴三足鼎立的局面。但是他们在事业上的成就却不是均等的，无论在政治、经济、军事、文化哪一方面，曹操都居上游；尤其是文化建设，西蜀和东吴都不能望其项背。事实证明，只有曹魏一方才拥有统一天下的充分条件和资本。曹操不仅"挟天子以令诸侯"，利用人们的正统观念，借汉献帝的招牌，扩大了自己的号召力，但招牌的力量是有限的，更为重要的是他能在错综复杂的形势下，清醒地采用足以消弭乱源的进步的政治理论以及实行稳定有力的政策和策略。东汉政权愈到后期愈腐败。当时在政治制度方面有两大问题需要解决：一是怎样才能使建立起来的新的国家机器，有效地防范被压迫阶级的反抗；二是怎样才能在统治阶级内部使权益分配得当，从而避免当权者的腐朽和内讧。于是在政治思想方面，由于汉末的尚清议、重名教已经成为政治党争之源，作为反对倾向，就产生了名理之学。名教的核心是儒家的伦理观点，它渗透到政治制度、人才配合以及礼乐教化等方面，其中最为现实的问题就是人才选拔制度。名教以名取人，一个人要想入仕，必先博取声名，而声名的取得，关键又在于使自己的行为合乎孝悌等道德规范，并且要得到乡间清议的承认和推荐。这样就产生了两种后果：第一，埋没人才。例如黄允虽有"绝人之才"，却因操行不佳以致终身废弃①。第二，弄虚作假。有些人为了博取声名，不惜巧为装潢，以便欺骗视听，从而闹出许多笑话；有些人则乘机结党标榜，借以扩充私人势力。这两种后果均不利于统治阶级的统治。埋没人才，必然造成官不称职，从而减弱了统治机器的效能；弄虚作假，又必然败坏社会风气，给当权者增加异己力量。因而尚名背实与循名责实的矛盾就产生了。它在理论上、政策上的表现就是名教与名理的斗争。

首先发难的是曹操。他在建安八年的求才令中，提出"才"先于"行"的主张，并在实践中推倒了传统的选举制度。建安十五年又下求才令，进一步提出了"明扬仄陋，唯才是举"的口号。建安十九年的求才

---

① 见《后汉书》卷68，《郭太传》。

令，则阐明了实行上述主张的目的在于使"士无遗滞，官无废业"。① 曹操以统治集团领袖的身份，大张旗鼓地宣传并实行他发明的新的选举政策，是为了笼络人心、抑制豪强、收拾乱世，以巩固他控制的新的地主政权，重建统一的帝国。这在当时无疑是进步的，它给寻找入仕之途的士人打开了眼界，并为有志于建功立业而又怀才不遇的人们展示了希望。他们拥护曹操的新政策，并积极地为这种新政策构造理论，这就是与名教对立的名理学的兴起。名理学的核心内容就是在施政、用人方面，针对名教尚名重德的流弊，主张尚实重才，要求名实相符，知人善任。傅嘏、王粲、徐幹和刘劭等人都对名理学进行过探讨。上呼下应，很快形成了一种新的时代思潮。在这种进步的政策和进步的理论的感召下，天下人才云集邺下，加强了曹魏集团的实力。名理学在政治实践中显示着巨大的作用，曹操在政治上的成就直接得力于此。所以刘勰说："魏之初霸，术兼名法"②，而曹操就是三国时期名理学派最早的实践家。

曹丕登上帝位的时候，名理学风行一时，思想界从汉儒的桎梏下刚刚获得解放，呈现着新鲜活泼的气象。曹丕"少诵诗论，及长而备历五经四部史汉诸子百家之言，靡不毕览"③，有着深厚的文化素养；而且"生于中平之季，长于戎马之间"，对于汉末政治的腐败认识较深，对于同时代诗人文士们颠沛流离的遭际和渴慕功名的心理也有着痛切的体会。在即位之前，曹丕曾以"副君之重"居于邺下文人集团的中心，请主持文坛，左右舆论；执政七年，更以成熟的政治家的姿态，从事各种国务活动。特殊的地位促使他积极地研究先秦以来的各种思想遗产，出入儒、道、名、法各家，"妙思六经，逍遥百氏"④，结合时代思潮和政治现实，逐步形成着自己独特的哲学观点和思想风貌。他从政治需要出发，并不放弃儒家学说，相反，还把它作为一面号召天下的旗帜。在这面旗帜下，他不但运用儒家之道为自己的新王朝点染王道、正统的光泽；而且博采各家之长，为我所用，讲求政治活动的实效，尤其倚重于来源名法二家的名理之学。在

① 见《三国志·魏志》卷1，《武帝纪》注引《魏书》。
② 《文心雕龙·论说》。
③ 曹丕：《典论·自叙》。
④ 曹丕：《与朝歌令吴质书》。

学风上，曹丕承袭曹操的通脱精神，一反汉儒的神秘主义和经院哲学，勇敢地提出新问题，解决新问题，著书立说，蔚然成家。

曹丕在理论方面的杰出著作是政论集《典论》，它大约作于建安时期，那正是曹丕英姿焕发的青年时代。《隋书·经籍三》载："《典论》五卷，魏文帝撰"，后来大部散佚。清人严可均搜检群书，辑有十余篇，均见《全三国文》。这是三国时期可宝贵的政治学、文艺学遗产。

其中篇名阙如的一段议论，值得注意：

> 桓、灵之际，阉寺专命于上，布衣横议于下。干禄者，殚贷以奉贵；要名者，倾身以事势。位成于私门，名定乎横巷。由是户异议、人殊论，论无常检，事无定价，长爱恶，兴朋党。

针对汉末"名教之治"的流弊，准确地揭示了朝政腐败的原因，着重指出"论无常检，事无定价"的危害，只有力更旧制，循名责实，统一议论，才是补救之途。这些认识和主张都以理论的形式体现在《典论》一书中。根据对《典论》仅存的十余篇内容的初步分析，它们大致可分为三类：

《论太宗》《论孝武》《论周成汉昭》等篇系评论前朝政事、人物的史论。《论太宗》一文，论述了理想的圣哲之君所应具有的品格，并且通过汉文帝与贾谊在才器上的对比，从实质上阐明了体用本末的关系。《论周成汉昭》一文批驳了"高成而下昭"的观点，认为汉昭帝无所依傍，全凭天纵，所以比周成王显得高贵。这就从事实上开始了魏晋时代"自然"与"名教"的辩论。

《奸谗》《内诫》《酒诲》《论郤俭等事》诸文，系评论当代政治人事的时论。《奸谗》一文，通过何进、袁绍、刘表等权臣霸主的覆灭过程，说明"佞邪秽政，爱恶败俗"的道理，要求"有国者""宜慎"。《酒诲》一文，论述孝灵之末，酒过败德，"朝政堕废"的事实。《论郤俭等事》则是揭露郤俭、甘始、左慈等左道惑民的骗术，而"古今愚谬"的趋之若鹜，则在于他们的逐声败实。这些时论从不同侧面为曹魏执政者提供鉴戒，是有一定的现实意义的。

《论文》是我国文学思想史上第一篇有创见的系统的批评文章。它总结了建安七子创作上的得失，在辨明物性、人性的基础上首倡文气论，并解释了文学批评和文学政策上的许多重要问题。应当特别指出的是，《论文》批判的锋芒指向"文人相轻"和"向声背实"的两大错误倾向。前者产生于长期存在的朋党倾轧，后者来源于横行国内的"名教"之弊，都是东汉末年黑暗政治的畸形产物。政治上的暗流，使文坛一片混浊，严重束缚着文学家的思想，障碍着文学的发展。所以必须反对错误倾向，廓清思想，尊重作家的创作个性，奉行通达宽泛的批评标准，提高文学和文学家的地位，强调实事求是的批评作风。只有这样，文学才能发挥"经国之大业，不朽之盛事"的作用。

上述三类文章所涉及的问题，都直接间接地关系着魏晋时期名理学所讨论的主要内容。由此看来，《典论》是在新的时代思潮中产生的，它的性质当属名理学一类。由于它出现在刘劭《人物志》之先，所以又可以说它是那一时期最早的名理学著作之一。它的出现，在政治上标志着由东汉的重名教向魏初尚形名的转变；在学术思想上则说明着由务华弃实向综核名实的发展。两者都是进步的表现。

关于名理学的作用，鲁胜在《墨辨序》里说："名者，所以别同异，明是非，道义之门，政化之准绳也。"① 因此我们有理由认为《典论》是曹魏立国的政治理论，它在为君之体、用人之道方面，具有法典的权威性。已故汤用彤先生说："魏初，一方承东都之习尚，而好正名分，评人物。一方因魏帝之好法术，注重典制，精刑律。盖均以综核名实为归。"② 曹丕因为"注重典制"，而将自己的著作题为《典论》，用心在于把它作为曹魏一代制定国策所必须遵循的经典。明帝（曹叡）太和二年（公元328年），曾下《刊典论诏》，说："先帝昔著《典论》，不朽之格言。"其刊石于庙门之外及太学，与《石经》并立，永示来世。这就进一步证明它确是曹魏经典的治国理论。《论文》是《典论》中的一篇，明确《典论》的性质及其与时代思潮的关系，有助于我们更好地理解和评价曹丕的文学思想。

---

① 《晋书》卷94，《隐逸·鲁胜传》。
② 汤用彤：《魏晋玄学论稿》，第15页。

（二）文学的作用与作家的地位

在中国古代文学发展史上，作家地位的升沉与人们对文学作用的估计密切地联系着，而两者又常常决定于社会的治乱状况以及统治者所采取的政策。春秋战国时期天下大乱，积极干世的儒家把诗与礼、乐联系在一起，诗歌成了人们接受思想教育、认识社会、美化辞令和增加自然知识的必读教科书。《毛诗序》甚至认为"正得失，动天地，感鬼神，莫近于诗"。正是因为文学作品具有如此巨大的社会作用，所以屈原身为政治家而创作楚辞，荀卿以学宗巨儒而首作赋篇。他们借助于辞赋抒情言志，并不因为制作辞赋使自己的声誉稍有减损。但是，那时七雄并峙，各诸侯国的文学发展并不平衡，原因在于各国统治者采取着不同的政策。关于这一点，刘勰说得很清楚：

> 方是时也，韩魏力政，燕赵任权；五蠹六虱，严于秦令。唯齐楚两国，颇有文学：齐开庄衢之第，楚广兰台之宫。孟轲宾馆，荀卿宰邑；故稷下扇其清风，兰陵郁其茂俗。邹子以谈天飞誉，驺奭以雕龙驰响；屈平联藻于日月，宋玉交彩于风云。①。

到了汉代，经过文景时代的休养生息，社会秩序比较安定，经济、文化都有很大的恢复和发展。从武帝开始，统治者开始沉醉于安富尊荣，于是"罢黜百家，独尊儒术"，造成了思想贫乏；同时把文学当成了声色犬马之乐，片面提倡歌功颂德，文学的职能趋于狭窄，形成了庙堂文学，导致了形式主义的发展。传统诗教所主张的美刺作用遭到了破坏；作家也随之失去了独立的社会地位，有的成为食客，有的沦为侍从，而一作弄臣，则情同倡优。因此，他们的作品，"刺"的作用极为微弱，对"美"的作用的片面强调使得文学成了少数统治者的娱乐工具。所以刘勰说："炎汉虽盛，而辞人夸毗（阿谀），诗刺道丧，故兴义销亡。"② 这就破坏了

---

① 《文心雕龙·时序》。
② 《文心雕龙·比兴》。

"寓教于乐"的优良传统。

那时有些作家和思想家愤慨于这种不正的文风，在对文学作用和作家地位的看法上走入另一极端。先是扬雄"悔其少作"①，把创作辞赋视为"童子雕虫篆刻"。②后来的蔡邕、杨赐态度更为激烈。蔡邕把鸿都门下能为文赋的诸生訾为俳优，认为"书画辞赋，才之小者，匡国理政未有其能"。③杨赐更进一步把文士看成驩兜和共工④。他们一致贬斥文学应有的社会作用和作家的应有地位。这又从另一方面破坏了"寓教于乐"的优良传统。

历史提供了上述两个方面的教训，同时也提出了总结反面教训、恢复优良传统的需要。这个任务就落到了政治家兼文学家曹丕的肩上。

曹丕在《论文》里，破天荒地提出了"文章乃经国之大业，不朽之盛事"的主张。从文章的广义方面（包括理论）看来，曹丕提出这样的主张，是因为在大动乱的时代，东汉的老教条已经不能维系人心了，需要构造新的理论，以帮助他建立新的统治。因此，文章的作用直接关系到他的"经国之大业"。从文章的狭义方面（指文学）看来，他把文学的功利性强调到了极点。这在理论上是继承和发扬了《毛诗序》所谓"用之乡人""用之邦国"的重视教化的传统。但是，任何传统只有同现实的需要联系起来，才能得到人们的重视。根据历史经验，在大动乱的时代，统治者需要动员一切力量来帮助自己建立新的统治，或者政局纷乱，必须整顿和稳定一定的社会秩序的时候，文学的作用往往被提到异常的高度。曹丕提出这样的主张，正因为他看到了文学具有别的意识形态所不能代替的功能。他十分需要利用文学的功能来为他整饬人心，来为他所要建立的新政权服务。他的这种理论在当时是行之有效的，因而成了曹魏一代的文化法典。史载"齐王即位，……曹爽秉政，多违法度，璩为诗以讽焉"。⑤所谓"多违法度"在文化方面的表现，就是应璩《百一诗》中所讽刺的"文章不经国，筐箧无尺书"。曹丕的理论不仅纠正了汉代两种不正确的

① 杨德祖：《答临淄侯笺》。
② 扬雄：《法言·吾子篇》。
③ 《后汉书·蔡邕传》。
④ 参看《后汉书·杨赐传》。
⑤ 《三国志》卷21，《魏志·王粲传》裴注引《文章叙录》。

思想作风，并且从积极方面指出了个人著述同整个国家的联系。它的具体内容可以作这样的理解：文章不是个人琐屑的思想感情的表现，必须有益于经国济世；文章的形式多样，经国济世的作用也并非一端；任何一个作家的作品如能从某个侧面起到这样的作用，那么，他的事业就是不朽的。尽管所"经"之"国"是曹丕的理想之国，尽管曹丕在主观上不可避免地有着笼络人心的企图，但在当时，这种主张是积极的、进步的。因为它既是对知识分子的要求，也是对他们的鼓励；由于要求也是从鼓励的角度提出的，因而人们的感受偏于接受鼓励。这对于当时饱经忧患、悒郁彷徨的知识分子来说，所产生的号召力是可以想象的。因为它把文人的事业和地位提高到了前所未有的高度，从而大胆地突破了所谓"立德、立功、立言"①的旧传统，而且推倒了汉末向声背实的选举用人政策。这种主张，一方面是曹丕所具有的政治家远见的表现；另一方面也是历史必然性的要求。东汉末年，由于政治腐败引起社会长期动乱，生灵涂炭，城郭丘墟。曹氏父子在用武功平定北方之后，必须继之以文治，以求社会的休养生息，同时逐步推动各项事业的发展，才能在一片废墟上建立自己的新王朝。曹丕对这些有着清醒的认识。他对汉文帝极为景仰，是因为：（一）汉文帝刘恒在吕后乱政之后，对一时的异己力量并没有采取大肆挞伐的政策，从而缓和了矛盾，取得了社会的安定，这正是曹丕所要效法的；（二）"使曩时累息之民，得阔步高谈，无危惧之心。"②也就是有意放宽对臣民思想上的束缚，从而赢得了人心，实际上，这也是曹丕自己所想做的事。曹丕的政治措施就是围绕着上述两点展开的。

曹氏父子要稳固和强化自己的统治，必须尽可能地把"文人"团结在自己的周围，并且依靠正确的政策来发挥他们的作用。那时幸存的知识分子为数已经不多，而且多半是"绕树三匝，无枝可依"的惊弓之鸟。他们普遍具有惶惑危惧的心理，对于荣辱寿夭的感觉异常敏锐。这就需要当权者给他们造成一种确实的安全感，进而鼓励他们勇敢地贡献自己的长处。文人一向以立功扬名为人生目的，东汉末年尤为突出。但是他们常常

---

① 《左传·襄公二十四年》。

② 曹丕：《太宗论》，见《魏志·文帝纪》注引《魏书》，已辑入《全上古三代秦汉三国六朝文》一书。

受传统观念的支配，自觉或不自觉地在自己能力范围以外追求不切实际的
虚名。这又需要有作为的政治家给他们指明出路。针对以上种种情况，曹
丕在《论文》里用规劝的语气写道："年岁有时而尽，荣乐止乎其身，二
者必至之常期，未若文章之无穷。"这就进一步向他们说明文章的作用不
仅仅在于"经国"，即治理封建制国家，而且同时也能导致个人的"不
朽"。这两者是统一的：个人的"不朽"应有益于封建国家的治理。这显
然是曹丕提出的一种处理个人和封建国家之间关系的原则。从作家的创作
动机与作品的客观效果之间的关系方面说来，文章必须具有"经国"的
作用，才能取得"无穷"的生命力，作家也才能借以获得"不朽"的美
名。而从文章的思想标准看来，我们不妨认为"经国"是曹丕用以衡文
的思想标准。这个标准是宽泛的。它既能鼓励文人发愤为文，又不至于过
多地束缚他们的手脚。因此，人们的思想也就比较大胆，创作也就比较活
跃了。因为禁忌愈多，人们便愈左顾右盼，无所适从，其结果必然是精神
贫乏、思想僵化与文化萧条。"天下多忌讳而民弥贫"①，这是为历史经验
所反复证明了的古今不易之理。在思想领域内，曹丕采取宽容的政策，目
的是缓和内部和外部的各种矛盾，以稳固自己的统治，但是它在一定程度
上也的确促进了文学的发展。在我国文学史上，每一个发展的时代都是由
于各种社会原因使得禁忌较少而思想较为解放的时代。这样的时代，人们
有着多方面的自觉，而在精神生产领域中又有着较多的相对的自由从事艺
术活动，所以主观和客观的条件都促成着文学的发展。

　　鲁迅先生曾经说过："曹丕的一个时代可说是'文学的自觉时
代'。"② 这个论断具有异常深刻的历史感和异常敏锐的艺术感。法国史学
家兼批评家丹纳认为："认识了艺术的本质，就能了解艺术的重要。"③ 人
们对艺术本质的认识不是与艺术的诞生一起获得的。以我国而论，直至两
汉时期，文学才逐渐与其他文体区别开来，它的特有功能和本质也才逐渐
为人们所认识。即使如此，文学（如诗赋）、应用性文字（如奏议、铭
诔）和学术性文字（如书论），在曹丕笔下仍然被"文"这一概念所统摄

---

① 《老子》，第57章。
② 《魏晋风度及文章与药及酒之关系》，《鲁迅全集》第3卷，第379页。
③ ［法］丹纳：《艺术哲学》，傅雷译。

（"文章"即"文"），表现着理论在其初创阶段中的不完备状态。但是"夫文，本同而末异，奏议宜雅，书论宜理，铭诔尚实，诗赋欲丽"。①曹丕终究从"雅""理""实""丽"等不同风格特色中，看出了文体的某些区别，并对这些文体给予了比较科学的分类，即"奏议""书论""铭诔""诗赋"四科。这也说明他已经承认了文体对风格特色有着一定的制约性。曹丕还认为文体及风格特色的区别，标志着"文"的外部形态的不同，即所谓"末异"；而"奏议""书论""铭诔""诗赋"四科，即同属于"文"的范畴，所以在内在本质上也必然存在着某种共同点，即所谓"本同"。我们觉得这种共同点就在于它们的功能都是交流思想、表情达意。曹丕虽然用"文"这一概念统摄四科，但实际上已经通过对"末异"的强调，把"诗赋"与"奏议"等三科严格区分开来。换句话说，就是给予了文学以独立的地位，结束了文学作为儒学经典的附庸的时代。这在中国文学批评史上是最早对文学特质的认识。在这种认识的基础上，曹丕了解文学的重要性，并给予了它应有的估价，对作家也给予了前所未有的尊重和崇高的社会地位。这说明曹丕的时代，的确是"文学的自觉时代"。

在历史上，政治家曹丕被人訾为好行诈术，究竟怎样好行诈术，却又语焉不详。其实曹丕自称"托士人之末列"②，把自己看作作家中的一员，对作家推心置腹、平等相待。他的文学批评力免主观片面，决不求全责备，而是披文见质、循名责实，从作品实际出发，内容形式兼顾，同时又能注意到作家们为人行文时的气度、风格。他了解作家的长处和短处，对其长处给予肯定，对其短处加以恰如其分的批评。因而在使用上就能使"偏材"各得其所，避免了"一材处权，而众材失任"。这些表现正是三国时期名理学家所称道的"至德"③。他在《典论》中主张用"友道"来处理君臣关系。所谓"友道"，就是"同忧乐、共富贵"，通过"君臣交"以达到"邦国治"。他认为"交乃人伦之本务，王道之大义，非特士

---

① 曹丕：《典论·论文》。

② 《答司马懿等再陈符命令》。

③ 参见刘劭《人物志》中的《流业篇》及《材能篇》。

友之志也"。① 把"友道"输送进君臣关系中去，无疑是对旧有的严厉的纲常礼教的一种冲淡。唯其如此，所以他在和作家的关系方面形成了这样的状况：对于作家，他既是太子、君主，又是知交、文友；作家对于他，虽为文人侍从，却又并非供其调笑的弄臣。正是在建安时代，文人作家才开始取得了应有的社会尊重。曹丕以"副君之重"，平日游处能够与作家"行则连舆，止则接席"，已属难得，而在某些作家死后，又能够以殷殷怀念之情为其搜集遗文、编完文集，更为罕见②。这不仅表现了他对于作家、作品的尊重和爱护，而且在中国学术史上使他成了集文的始创者。曹丕的比较宽容的政策和批评家的豁达作风，在当时是收到了显著效果的。他保护了作家们的创作积极性，给他们提供了发挥个人才能的天地，有利于作家个人风格和文学流派的形成，从而使我国文学坚实地走上了自觉发展的时代。所以钟嵘曾经满怀热情地说：

> 降及建安，曹公父子，笃好斯文；平原兄弟、郁为文栋；刘桢、王粲，为其羽翼。次有攀龙托凤，自致于属车者，盖将百计。彬彬之盛，大备于时矣。③

在论及文章的作用与作家的地位这一问题时，曹植所持见解与曹丕截然相反。他在《与杨德祖书》中，贬斥"辞赋小道"，认为文学创作既不能"揄扬大义"，又不足以"彰示来世"，从文学的性质上抹杀了它的社会作用，与曹丕所论文学创作是"经国之大业，不朽之盛事"的论点鲜明对峙。但是，作为"建安之杰"的大诗人曹植并非扬弃文学创作，他"少小好为文章"④，"下笔琳琅"，创作了大量优秀作品，被刘勰评为四言、五言体诗"兼善"⑤，成为邺下诗人的真正领袖。他更无比珍爱自己的作品，曾经把早年的诗稿托付给杨修，企望能够流布天下。在谈论建安诗人的文学成就时，尽管一一给以高度评价，但还是把"飞轩绝迹，一

---

① 《全三国文》卷8。
② 参见曹丕《与吴质书》。
③ 《诗品·总论》。
④ 曹植：《与杨德祖书》。
⑤ 《文心雕龙·明诗》。

举千里"的桂冠留给自己，自认独步当代，是相当自负的。曹植之所以轻率地否定文学的作用，也恰恰是由于他已不再需要通过文学创作来为自己开辟道路了。

曹植在《又求自试表》中说："夫爵禄者，非虚张者也。有功德然后应之当矣。无功而爵厚，无德而禄重，或人以为荣，而壮夫以为耻。故太上在德，其次在功。盖功德者，所以垂名也。名者不灭，士之所利。"在其内心深处一直以政治家自诩，虽在政治上处于逆境，屡遭蹭蹬，但仍执着地把"戮力上国，流惠下民，建永世之业，流金石之功"作为自己的人生理想，也就理所当然地不再以"翰墨为勋绩，辞赋为君子"，而在立德、立功、立言的摆法上，把前两者突出地摆在首位，把文章之道与经国之道对立起来。他有很高的文学才能，本可以用文章建"经国之大业"，但他的内心总觉得光靠文章不足以维持和发展自己的现实地位，因而出语不免愤激，立论也就难免流于片面。所以杨修曾对此给以委婉的批评，认为事业、文章不足以"相妨害"①。这种持平之论，在文坛上有力地维护了曹丕的文学理论。尽管如此，曹植在曹丕的高压下，却也清醒地认识到自己的政治理想是不可能实现，若为"异姓"，或可"不后于朝士"②，而他的独特的悲剧性却恰恰在于他系曹丕之弟，王位之争，势同水火，"立德、立功"绝对无望。所以他说："若吾志未果，吾道不行，则将采庶官之实录，辨时俗之得失，定仁义之衷，成一家之言。"③ 在这里，他宣称即使在政治失败之后，也要退而求其次，把学术活动置于文学创作之上，希望通过对当时朝政得失的总结，把个人的政治理想传诸后人，以政治家的形象出现在历史上，而不把希望寄托在纯文学中，他是不甘寂寞的。但是，历史却固执地把他的名字记载在大文学家的行列中，这在文学史上也并非罕见的现象。

（三）作家与批评家的关系

从文学发展史来看，文学批评的出现要略迟于文学创作，它要等待创

---

① 杨德祖：《答临淄侯笺》。

② 曹植：《求存问亲戚疏》。

③ 曹植：《与杨德祖书》。

作为其提供足够的感性材料，而当文学创作有着多方面的发展，进入自觉的时代之后，文学批评才日趋丰富和严密，呈现出自觉化的色彩，逐步形成为一门艺术科学，文学批评家也才得以步入文坛。另一方面，作为艺术科学的文学批评，从来都会为其所支持的某种文学创作的兴起和发展扫清道路，自觉的文学批评会引导自觉的文学走向更为成熟和繁荣的阶段。我国的文学批评开始于先秦两汉时期，多以片断的形式散见于一些哲学、史学、政治学等学术性著作中，专门以文学为研究对象的文论并不多。当时的文学批评围绕着文学的美刺、风教及对《诗经》《楚辞》的诠释和评价等问题展开过议论，虽然不乏有价值的见解，但是这些仅只涉及文学与政治的议论，所探索的毕竟还只属于文学的外部规律，对文学的本质及其艺术特征的认识还很不够，理论上过于粗略，有着明显的草创特色。汉末建安时期，由于各种复杂原因，文学有相当发展。冲破宫廷文学的樊篱，在乐府民歌基础上形成的文人五言诗开拓着文学的新局面，诗歌由言志走向抒情，文学的内部规律日益显露，因此，存在着从理论上加以说明的可能，并且也产生了要求文学批评发挥推动作用的客观需要。于是，随着文学的自觉化，自觉的文学批评也就应运而生。我国文学批评自觉化的标志之一就是建安时期曹丕《典论·论文》的出现。

曹丕的文学批评从研究批评家的作用及其与作家的关系入手，并不是偶然的。东汉末年由于政治腐败，"文人相轻"的现象极为严重。而异军突起的建安七子虽然都各以独特的创作成就擅名于当代诗国，但是他们却能意外地彼此"相服""齐足并驰"，在"建安风骨"的同一倾向下形成着自己的诗派。曹丕认真总结了七子文学活动的特点，指出他们能以"审己度人"的态度处理彼此关系、品评各自作品、取长补短共同促进。正是由于坚持"审己度人"的批评准则，七子才能在一片"文人相轻"的混浊空气中，独立不羁，不为习俗所浸染，而通过文学道路成就着他们的"千载之功"。这也正是曹丕所倡导的健康风气。

曹丕认为"文人相轻"根源于人们认识上的自以为是，即"善于自见"。可是，全能的作家并不存在，大多都是"偏至之材"，所以必然要"各以所长，相轻所短"，也就是说这种人既无知人之智，又缺乏自知之明，加以政争频仍、人情险恶，于是难免胸襟狭窄、意气用事。他认为这样的作家是不能兼作批评家的。曹丕运用这种循名责实的名理学原则来考察批评家与作家的关系，目的仍然是为其政治理想服务。当然，曹丕对于"文人相轻"的社会根源以及何以能成为一种消极的历史传统，还是缺乏认识的。从中国当时的社会情况来看，"文人相轻"的思想和作风，是在长期的小农经济的基础上产生的。那种互相封闭、自给自足的自然经济反映在思想和作风上必然是志趣偏狭、见识短浅，易于猜忌而又不能容人。从历史渊源来看，"文人相轻"的倾向，早在先秦时期伴随着辉煌的"百家争鸣"就曾作为一种消极因素而初露端倪，秦汉之后，统一国家的建立，要求政治思想的举国一致。汉武帝更是"罢黜百家"，禁绝一切学术上的自由争鸣，进一步把由来已久的门户之见和偏狭之风推向极端。汉代形同水火的今古文之争就是这种极端化的表现。同时，失去了争鸣自由的文人们，如果不能逃避社会，就只能在固定的当权者的羽翼之下存身。既然不能为思想而生活，就只能为生活而思想。在这批文人中，争名邀宠之风便合乎逻辑地滋生起来。他们对上唯唯诺诺，对下盛气凌人，对地位相当的人则是猜忌和排斥。很明显，"文人相轻"是封建专制主义的必然产物。

　　作为封建统治集团的成员，曹丕当然不可能从制度本身去认识这种"文人相轻"现象。但是，他力图改变文坛风气，针对"文人相轻"的流弊，力倡"审己度人"以调整文人关系，并且把它列为批评家所最应具备的修养之一，给以充分肯定。实际上，他认为只有坚持"审己度人"才能正确地评价文学作品，才能成为一个批评家。否则，只能导致批评的混乱，助长"文人相轻"的泛滥。可见，"审己度人"的文学批评准则，不但有利于文学批评的健康发展，更有利于文学创作的繁荣。

　　曹丕的"审己度人"，对批评家提出了多方面的要求。首先，在认识上，若欲明于知人，必先明于知己，因为"知之始己，自知而后知人也"。① 所以，批评家要克服偏见，推己及人，以平等的态度对待作家。但是，也不能像刘劭所批评的那种"偏材之人，推情各从其心"②，用主观想象代替复杂的客观事物。其次，在作风上，批评家要设身处地为作家着想，体会其创作甘苦，尊重其创作个性，不能以一己之好恶擅定作品是

---

① 《鬼谷子·反应篇》。
② 《人物志·体别篇》。

非。再次，在道德上，"审己度人"在某种意义上就是孔子"己欲立而立人，己欲达而达人"① 和"己所不欲，勿施于人"② 等观点的移植。批评家在行为上要与人为善，不能强加于人，不能粗暴武断。

从以上分析看来，曹丕"审己度人"的文学批评主张，既体现着儒家伦理学说中的"恕道"，又贯穿着魏晋名理学派的新观点。这种主张有利于调整和改善作家、批评家们的内部关系，为作家、批评家的正常文学活动创造了良好的气氛；同时，坚持名实之辩，尊重作品实际，反对主观随意性的批评，有助于避免不顾作品实际、违反艺术规律的攻讦和诬陷。这种主张符合曹丕所奉行的"术兼名法""综核名实"的政治思想，是理性化的现实主义批评论。这种文学主张实际上成了曹丕比较通脱和宽泛的文学政策的理论基础。实践证明，这种政策直接促进了建安时期文学的发展。所以，曹丕"审己度人"的文学主张，在中国文学批评史上应当占有重要地位。

曹植在文学批评领域，也是值得注目的大家。他的《与杨德祖书》与曹丕的《典论·论文》同为建安时期重要的文学批评专论，即所谓"魏典陈书"。虽然曹植在理论上的成就不及曹丕，并多偏颇之处，但是他对我国文学批评的自觉化及一代诗风的开拓，都有着不容忽视的影响。

曹植在邺下文人集团的活动中，始终在艺术上居于中心地位，所谓"邺中诸子，陈王最高"③ 已为定论。曹植的优秀作品，"骨气奇高，词采华茂，情兼雅怨，体被文质"④。强烈地震撼着建安诗坛，不但在五言体诗的定型及发展上有着突出贡献，而且直接影响到建安时期慷慨、华丽的诗歌风格的形成。邺中诸子围绕着他组成灿烂的星座，在我国中古时期文学史上放射着瑰丽的光彩。

思想家曹丕在《典论·论文》中，对孔融、陈琳、王粲、徐幹、阮瑀、应场、刘桢等人的评价侧重于他们"审己度人"的文德和"不可力强而致"的文风，在理论上做出了深刻的说明；而诗人曹植在《与杨德

① 《论语·雍也》。
② 《论语·颜渊》。
③ 皎然：《诗式》。
④ 钟嵘：《诗品》卷上。

祖书》中对王粲、陈琳、徐幹、刘桢、应玚、杨修等人的评价则着眼于他们"独步""鹰扬"的文名和超群绝伦的文才，所谓"人人自谓握灵蛇之珠，家家自谓抱荆山之玉"，就绝妙地勾勒出建安诸子处乱世不甘无所作为的抱负和倜傥非常的诗人气质。虽然，曹植对诸子的具体分析偏于感性、语或空泛，而且间有求全之毁，但是对于在当代文坛上树立他们的声望，确定他们的地位所给予的鼓吹之力并不亚于曹丕。曹植赞扬王粲"文若春华，思如泉涌"①，推许徐幹"慷慨有悲心，兴文自成篇"②，都是很为中肯的评论。他不但艺术涵养深厚，艺术眼光敏锐，而且衡文不避政争，论人不忌穷通，不惮给曹操所不欣赏的杨修以"高视上京（东京洛阳）"的美誉，这可以与曹丕对东汉旧臣、曹魏政敌孔融所持的通达态度相媲美。不因人废文，显示了批评家少有的胆识。

曹植在《与杨德祖书》中说"人各有好尚"。文章的风格或风韵也是其个性的一种现实存在，因为文章是人的一种行为的结果。王充说："实诚在胸臆，文墨著竹帛，外内表里，自相副称。意奋而笔纵，故文而见实露也。"③ 刘勰说："夫情动而言形，理发而文见，盖沿隐以至显，因内而符外者也。"④ 都是这个意思。曹丕对诗赋、章表、书记等文章都侧重从风格方面加以评论。说明风格并不为文学所专有，各种体裁的文学著述都可以有自己的风格。但是，体裁的性质对于风格具有一定的制约性，所以不同的体裁有不同的风格要求。

曹丕还强调作家的个性差异，因而不同作家的作品风格也是千差万别的。那么，他在主观上爱好和提倡什么样的风格呢？从"清浊有体"与"巧拙有素"的文意关系看来，作为风格之"气"的清浊，包含着妍媸美丑的区分。更从他提出的"和而不壮"与"壮而不密"的评语看来，对于文章的风格，他提倡的是刚健壮大。而"诗赋欲丽"，则是对文学作品提倡华丽的风格要求。由此可见，在风格方面，曹丕着意推崇的乃是华丽与壮大。这是曹丕在经历了时代的大灾难、大忧患以后，决心变革现实的

---

① 《王仲宣诔》。

② 《赠徐幹》。

③ 《论衡·超奇篇》。

④ 《文心雕龙·体性》。

抱负在文学思想上的反映。古往今来，凡是渴望变革现实的进步的或革命的思想家，都希望同时代作家的作品具有与此类似的风格。狄德罗渴望现实的变革，所以他大声疾呼："诗需要一些壮大的、野蛮的、粗犷的气魄。"① 恩格斯渴望全世界无产者联合起来推翻腐朽的资本主义制度，所以热切地希望革命作家在作品中塑造叱咤风云的人物②。曹丕曾经用这样的诗句表述过自己的政治抱负："丧乱悠悠过纪，白骨纵横万里，哀哀下民靡恃，吾将佐时整理。"③ 由于他面对伤心惨目的现实，立下"佐时整理"的宏愿，因而对经国的文章发出了"文以气为主"的呼吁。

呼吁"文以气为主"，意味着曹丕号召作家敢于直面催人泪下的现实，把郁积胸中的一股悲怆不平之气，一种"壮心不已"的情怀，通过文章尽情地抒发出来，以便振起人心，帮助他"佐时整理"，从而结束那个悲哀、乱离的世道。这样，华丽、壮大的诗风就具备着一种亲切的现实感，焕发着特定的时代里的慷慨悲凉的气韵。他以太子、帝王之尊提倡这些，对当时作家们的创作实践产生了普遍的影响，以至于形成了建安时代居于主导地位的华丽、壮大、慷慨的文章风格。后人所称道的"建安风骨"就是这么产生的。刘桢的五言诗中的佳作，体现了曹丕的文学主张，所以曹丕称之为"妙绝时人"，而原因在于"公干有逸气"。但他并不因为自己喜爱和提倡一种风格而否定或排斥其他风格的合理存在。《典论·论文》中评"徐幹时有齐气"一句之后，笔锋轻轻一转，说"然粲之匹也"，显然"齐气"乃是不足之词，但文义委婉，含蓄地表明了自己的褒贬态度，并未使人产生有意排斥的感觉。这就说明了在作家的个性与作品的风格问题上，政治家兼文学批评家的曹丕所持的态度是通脱的，这种通脱的态度十分有利于作家的创作，有利于文学的健康发展。

在作家的个性与作品的风格方面，曹植没有发表过系统的意见。但我们从一些片段材料中仍然可以看出：他和曹丕的主张在总的精神上完全合拍。对于人，他有这样的描写："挥袂则九野生风，慷慨则气成虹霓。"④

---

① ［法］狄德罗：《论戏剧艺术》。

② 参见恩格斯《诗歌和散文中的德国社会主义》，《马克思恩格斯全集》第 4 卷，第 223—224 页。

③ 《辞许芝等条上谶纬令》，《全三国文》卷 6。

④ 《七启》。

对于音乐，他曾做过这样的评语："慷慨有余音，要妙悲且清。"① 对于诗歌创作，他说得更明确："慷慨有悲心，兴文自成篇。"② 可见无论对于人还是对于作家的品性和创作，他都欣赏那种清刚、壮大和华丽的风格。他在《前录自序》中说："人之所好，而海畔有逐臭之夫；咸池、六茎（皆古乐名）之发，众人所共乐，而墨翟有非之之论；岂可同哉？"在审美活动中，人们的审美感具有相对性，并且与功利态度有着明显的联系。兰茝荪蕙、咸池六茎对于不同的审美主体来说，审美反映也是不同的。作为批评家的曹植，清醒地意识到了这点。他在《九愁赋》中又说："俗参差而不齐，岂毁誉之所同。竞昏瞀以营私，害予身之奉公。"政治处境、社会习俗的差别，影响着人们对客观事物的毁誉和好尚；反映到文学批评上，也不会有绝对的、抽象的批评标准。这些思想的形成，同当时的清谈之风存在着明显的联系；清淡是比较自由地表达自己对人对事的看法，而很少受一定陈规的束缚。曹植的"人各有好尚"的观点，一方面是坚持解放思想的表现，同时也是对汉儒思想羁系的冲击，从而为以"建安风骨"作标志的、反映现实生活的文学新潮流存在的合理性进行辩护。

曹植在《赏罚令》中论述臣品的不同时，说到有可以仁义化者，有可以恩惠驱者，有可以刑罚使者等各类。认为"人心不同，若其面焉"，而"知人则哲"。这显然是从名理学角度对"知人善任"这一命题的发挥，也是魏晋时期才性之辩的反映。曹植从人性的差异性出发，在肯定"人心不同""人各有好尚"的同时，进一步涉及审美趣味的丰富性和文学风格的多样性。他说："世之作者，或好烦文博采，深沉其旨者；或好离言辩白，分毫析厘者；所习不同，所务各异。"③ 作家习染不同，创作个性不同，在写作上的努力方向势必有所区别，作品的风格也就自然地呈现着多样的面貌。在这里，曹植强调了后天的习染，与曹丕在《典论·论文》中的文气论之把风格归结为先天的清浊确乎有所不同，其中含有一定的唯物论因素。

曹植在《与吴季重书》中说："夫文章之难，非独今也，古之君子，

---

① 《鞞舞歌·弃妇篇》。

② 《赠徐幹》

③ 见刘勰《文心雕龙·定势》所引，出处不明。

犹亦病诸。"《与杨德祖书》中的名言则是"世人之著述，不能无病"，与曹丕《典论·论文》所说："文非一体，鲜能备善"的意思相近。曹植在指出文学创作的艰巨性的同时，认为绝对尽善尽美的文学作品在事实上是并不存在的。即优秀之作也会有这样那样的缺点：因此作家必须谦虚，必须认真听取批评者的意见，在反复修改中完成自己的作品。他"好人讥弹其文，有不善者，应时改定"。讥弹文章虽为魏晋文人雅集时的一种习尚，但曹植能够乐此不疲，不仅在当时难能可贵，而且影响到南朝形成了一种互相批评的良好风气①。

综上所述，曹植在文学批评理论上所提出的"人各有好尚"，"所习不同，所务各异"，"世人之著述不能无病"等观点，关系到批评标准的相对性，作品风格的多样性和作家如何正确对待自己的作品等重要问题，切合实际，立论稳妥，有着不容低估的价值。但是，他的文学批评论又是个庞杂的集合体，在积极的贡献后面隐藏着消极的因素，对此也应加以分析和说明。

曹植给文学批评和批评家提出的条件是苛刻的。他要求文学批评应该做到"锺期不失听"。换句话说，文学批评必须符合作家与作品的实际。这当作一种愿望来说，是无可非议的，但作为一种严厉的批评原则，却又未免绝对化了，因而同他曾经慨叹过的文学作品"不能无病"的正确论断和"好人讥弹其文"的积极态度尖锐地对立起来。

曹植文学批评论本身所包含着的这种深刻的内在矛盾，说明他的理论具有深厚的主观主义倾向。与此同时，他要求批评家在文学创作上也应该具有高于作家的水平和才能，否则便没有资格从事文学批评，即所谓"盖有南威之容，乃可以论于淑媛；有龙渊之利，乃可以议于断割"。可是，这种完全与作家同一的批评家又在哪里呢？只能是作家自己。一方面，作家与批评家是分工不同的文学工作者，所谓"缀文者情动而辞发，观文者披文以入情"②，他们有着艺术家和理论家的区别，也就有着不同的专业要求，因此当然不能用相同的标准来衡量他们。另一方面，作家与批评家的矛盾是普遍存在的，即使他们具有同一政治倾向或审美理想，也

① 《颜氏家训·文章篇》："江南文制，欲人弹射；知有病累，随时改之。"
② 刘勰：《文心雕龙·知音》。

会存在着文学观点或审美趣味的差异，观察问题的角度、生活积累的深浅、知识水平的高低也不尽相同，不能设想他们对文学作品妍媸真伪的判断都会完全一致，所以"音实难知，知实难逢"①的情况是正常的，但这并不妨碍批评家通过有益的文学批评给作品以正确评价。因此，与作家完全没有差异的批评家客观上既不存在，同时也没有必然存在的理由。所以我们说曹植所追求的并不存在的批评家既然只能是作家自己，那么"文之佳恶，吾自得之"，作家自我也就自然成了作品的最后评判者，这就无异于把批评家赶出了文学舞台。"佳人慕高义，求贤良独难；众人徒嗷嗷，安知彼所欢。"②冷落、寂寞、无所皈依的感觉也就必然笼罩着诗人曹植。恩格斯曾经指出："任何一个人在文学上的价值都不是由他自己决定的，而只是同整体的比较当中决定的。"③曹植在我国诗史上的价值，当然也不是他自己决定的，相反，他强烈的主观主义批评论却导致了他理论上的"辩而无当"④。

取消了批评家，取消了文学批评，剩下的只有作家的自我主宰着一切，也就是个人的理想、意念和好恶主宰着一切。曹植的文学批评就是沿着这条轨迹移动着。对这种倾向，刘勰曾作过精辟的分析："及陈思论才，亦深排孔璋，敬礼请润色，叹以为美谈，季绪好诋诃，方之于田巴，意亦见矣。故魏文称文人相轻，非虚谈也。"并指出其症结在于"才实鸿懿，而崇己抑人"。⑤强烈的"崇己抑人"，就集中地表现为"文人相轻"的不良倾向，这也正是曹丕在理论上所全力反对的。

曹植"崇己抑人"的批评论，从文道对立出发，强调自我，推崇才能和情感，是理想化的浪漫主义批评论，曲折地反映着建安时代对于思想开放、艺术自由的热烈追求；与此相反，曹丕"审己度人"的批评论，则从文以致用出发，尊重客体，侧重对规律的探讨和说明，是理性化的现实主义批评论，具体地体现着同一时代有关思想标准、文艺政策的冷静思

---

① 刘勰：《文心雕龙·知音》。
② 曹植：《美女篇》。
③ 《评亚历山大·荣克的〈德国现代文学讲义〉》，《马克思恩格斯全集》第1卷，人民出版社1972年版，第523—524页。
④ 《文心雕龙·序志》。
⑤ 《文心雕龙·知音》。

考。他们两家的批评论都根植于建安时期特定的历史土壤，辉映着当代的时代精神。所以，任何文学理论的出现，虽属个人的精神活动，和个人思想特点有关，却也总是社会思潮的产儿。

从文学发展史上的具体情况看来，任何时代、任何阶级都有它一定的文学批评标准，因而不可能有绝对的文学创作自由；只是在思想开放的时代、政治稳定的国度，批评标准比较地不那么偏狭和僵硬，比较地符合于文学发展的规律，因而也就有利于作家以自己的才能为一定的社会力量服务了。如果作家能够通过自己的创作加入现实的生活运动，有成绩受到社会的称赞，也不会因为存在这样那样的不足，而轻易地被褫夺创作的权利，应该说这就是已经获得了相对的创作自由。正是因为这样，我们充分理解曹植的苦闷和追求，但也不能不充分肯定曹丕的理论和政策比较地切实可行、比较地通达而易于被作家们接受，因而也有利于调整作家、批评家的内部关系，有利于文学事业的发展。

（四）作家的个性与作品的风格

在文学批评的方法论方面，孟子的"知人论世"说，可以算是一大发明；而把作家的个性与作品的风格作统一的考察，则是曹丕的独创之见。在《论文》里，他提出了"文以气为主"的论点。以"气"为枢纽，这在中国文学思想史上，第一次真正从文学的内部规律方面揭示了作家与作品的关系。

曹丕的所谓"气"，包括作家的才性与作家应用语言形象表情达意的方式，以及由此可能引导读者获得的某种美感效果。他认为"七子"在掌握不同的文体方面，尽管不是"通才"，但却各有专长，都是那时著名的文人，因此就热情地肯定他们具有一定的才气。然而才气只是从事创作的一种可能性，要把可能性变成现实性，作家还必须具备一套驾驭语言的技巧，能够熟练地应用语言，也就能比较圆满地表达自己的思想感情。所谓"气韵""神韵"云云，也都是从语言形象中体现出来的。刘勰说过，"才之能通，必资晓术"①，语言技巧就是"术"的重要内容。作家的任

---

① 《文心雕龙·总术》。

何一种深刻的思想和任何一种美好的感情，都是通过语言形象打动读者并从而渗透到读者的心灵之中的。因此，抽象说来，"气"就是作品激发读者的思想感情上产生共鸣的内在力量。如果作家在长期的创作生活中，把这种特色别具一格地固定在自己的作品里，那么不同作家的作品就会流露出不同的"气"。曹丕评论刘桢的作品时说道："公干有逸气，但未遒耳。"① 那是指刘桢的作品在语言形象方面具有奔放、壮健的特色，但是字句锤炼不精，以致激动人心的力量依然有所不足。徐幹较之刘桢，语言形象另有特色，曹丕评之为"时有齐气"。而所谓"齐气"，乃是批评他的文章在语言的使用上显得拖沓而不够凝练。

倘若我们详细考察《论文》中各个相关的论点，就可以发现，"气"是其中的一个相当复杂的概念。对于作家，它有时指才气，有时又指气质；对于作品，它有时是单指语言特色，有时又泛指风格。我们认为最值得注意的应是作家的气质与作品的风格以及两者之间的联系。

先谈作为作家气质的"气"。

曹丕在《论文》中说，"气之清浊有体，不可力强而致"，又说"气""虽在父兄不能以移子弟"。显然这是指作家的气质而言。必须指出，他认为作家的气质是天生的，固定不变的，这说明他对"气"的来源的认识陷入了唯心论。但是问题的正面意义不在这里，而是在于他对"气"这一本质的说明达到了同时代人从未达到的高度。"气"既然可以归纳为清浊二体，那就表明它具有一定的类型性；尽管分散之"气"千差万别，集中起来无非是普遍的清浊二性。他又认为这种具有类型性的"气"，在人心中采取了个体性的形式，也就是说普遍性在个体里是特殊的，并且因为这种特殊化而规定了个体的特殊存在，以至于父子兄弟都各不相同。这就分明告诉我们："气"也关系着人的个性。

再说作为作品风格的"气"。

曹丕的所谓文中之"气"，沿袭了传统的哲学用语，把作家作品中的语言形象的特色以及意义更为广泛的风格囊括其中，创造了"气"这一文学批评的特殊概念。他是我国古代第一个以风格评论文学作品的批评家。所谓"应场和而不壮"，就是说应诗风格冲和而不壮健；"刘桢壮而

---

① 《与吴质书》。

不密"，则是说刘诗风格壮健而不绵密。而"孔璋章表殊健""元瑜书记
翩翩"，也都是从风格上肯定他们长于章表、书记的写作。曹丕的这一创
造，对后世影响很大。后世以风格论诗的传统就是从曹丕开始形成的。

那么，作家的气质与作品的风格之间有着怎样的联系呢？或者说，作
家的个性怎样表现为作品之风格的呢？曹丕在《典论·论文》里，虽然
没有用明确的语言阐述作家的个性与其作品风格之间的关系，但是他把两
者放在一起加以论述，其内部的逻辑联系是不言而喻的。作品是作家的精
神产品，作家的个性不可避免地会在其作品中得到反映[①]。人的个性是抽
象的，它只有通过具体行为从个体分离出来获得外在现实性的时候，才能
以清晰的面貌呈现在观察者面前。曹植《前录自序》集中地说明了他的
美学趣味："余少而好赋，其所尚也，雅好慷慨，所著繁多"。所谓"慷
慨"，就是一种愤世嫉俗的不平之气；如果用漂亮的语言形象把这种不平
之气表现出来，就形成了华丽、壮大的文章风格。对于这种风格，他是这
样描绘的："故君子之作也，俨乎若高山，勃乎若浮云。质素也如秋蓬；
摛藻也如春葩。泛乎洋洋，光乎皜皜，与雅颂争流可也。"这充分表现了
在格调、色彩和气势这些组成风格的重要因素方面，他与曹丕的见解是遥
相辉映的。至于为什么会形成这种状况，刘勰在《文心雕龙·时序》里
作过很好的说明："观其时文，雅好慷慨，良由世积乱离，风衰俗怨，并
志深而笔长，故梗概而多气也。"

我们研究曹丕与曹植文学思想的异同，主要在于指出他们相同的一
面，因为这一面体现着那个时代的主导精神、主要思潮与文学发展的总的
趋向，而掌握这些将有助于理解那个时代的文学创作。曹植在理论上的贡
献远不及曹丕；而曹丕的政治地位决定了他在阐述自己的文学思想的同时，
也是在阐明朝廷的文学政策，这对于后世具有更深的鉴戒意义，因而我们
不得不着重地说明曹丕文学思想的价值。曹丕与曹植都是建安时代很有成
就的大诗人，研究他们的文学思想，仅仅依据其论说文学而不深入挖掘其
文学创作，显然是不完全的。但是，文过冗长，向为读者所不取，欲加补
救，只能另撰专文。我们研究曹丕与曹植文学思想的异同，还因为历代的
研究家们对他们的成就的估计还存在某些不一致之处，早在齐梁时代的刘

---

　　① 　关于作家个性与作品风格的关系，有一致的，也有不一致的，这里就一般情况而言。

勰就已经在《文心雕龙》里揭示了这种情况，并提出了他的比较公允的看法。但刘勰之后，争论依然存在，足见在理论上仍有重新加以说明的必要。

《文心雕龙·才略》说："魏文之才，洋洋清绮，旧谈抑之，谓去植千里，然子建思捷而才俊，诗丽而表逸；子桓虑详而力缓，故不竞于先鸣。而乐府清越，典论辩要，迭用短长，亦无懵焉。但俗情抑扬，雷同一响，遂令文帝以位尊减才，思王以势窘益价，未为笃论也。"这段评论，从作家的才性出发，肯定曹植在诗歌创作的成就上优于曹丕，但同时也承认后者在理论著述上的长处。曹植诗风华丽，曹丕理论辩要，他们的确在诗歌艺术和文学理论方面达到了那一时代的最高水平；但并不是说曹植的文论一无可取，曹丕的诗作也果真"去植千里"。相反，曹植的批评实践和对某些艺术规律的探索，都是有价值的；而曹丕对七言诗的创立和文人诗的民歌化也是有贡献的。仅就文学理论而言，曹丕的文论即使间或流露出一些唯心论的色彩，在具体论述中也难免"密而不周"[①]；但是曹植文论"辩而无当"[②]的脱离实际，却使其理论的精密性远逊于曹丕。不过，曹植理想化的浪漫主义批评论和曹丕理性化的现实主义批评论，作为不同文学流派在文学理论上的反映，都有其存在价值和影响。我们讨论曹丕、曹植文学思想的异同，当然不会拘泥于"旧谈"，也不必淹没在曹丕、曹植孰优孰劣的长期争论中，而应审慎地分析他们各自的理论贡献和局限性及其对文学创作的影响。二曹所处的建安时期，被刘勰称为"崇文之盛世，招才之嘉会"[③]，正是政治较为清明，思想较为开放的时代，时代潮流把他们推到了大理论家和大诗人的位置上；他们在理论上和创作上的成就，反过来又丰富和推动了这个时代。这是个事实，因而也就是我们的结论。

1979 年 8 月 5 日初稿

8 月 27 日改毕

原载《美学论丛》1980 年第 2 期

---

① 《文心雕龙·序志》。

② 同上。

③ 《文心雕龙·才略》。

十

论"神思"

——从古典文论看形象思维问题

文学的基本特征同作家的思维特点密切地联系在一起。在中国文学思想史上，曾有许多文学批评家对此作过切实的探讨，他们的著作为我们研究文学的基本特征，研究作家的思维特点提供了珍贵的思想资料。其中，刘勰《文心雕龙》中的《神思》，堪称富有真知灼见的一篇。

关于"神思"，刘勰在文章的开头就下了一个比喻性的定义。按照那个定义，我们可以认为"神思"就是想象。但是细览全篇，却又不难看出，"神思"并不是一个单一的明确的概念，而是包含着对类似我们今天所说的灵感、想象和形象思维的一个混沌性的说法。因此我们的论述不得不把它分割开来逐项进行，而在论述中又不得不随时用我的看法逐个加以补充和发挥，以表达我们对形象思维的一些理解。

(一)"人之禀才，迟速异分"

在文学创作过程中，有的作家文思敏捷"当机立断"，有的作家文思缓慢"研虑方定"。刘勰认为这种现象同作家的才性有关。文思敏捷表现为"敏在虑前"，即作家所要再现的事物不期然而至，好像不假思索一样。与此相反的现象是"鉴在疑后"，也就是作家在情感迂回、思路盘旋之中，忽然疑团顿解，捕捉到了事物的底蕴。刘勰揭示了这些重要现象，可是一没有作科学的说明，二没有归纳为明确的概念，这是他在理论上的不足之处，然而他把这些现象纳入"神思"，视为作家在创作构思过程中出现的精神现象，这又是值得我们重视并应加以研究的地方。

在我看来，所谓"敏在虑前"和"鉴在疑后"，其实都是说的灵感。灵感这一重要的心理现象，古人体会到了它的存在，却又一时作不出科学的说明，于是把它同"神"联系了起来。又因为灵感同文思有关，所以刘勰把它纳入"神思"这一总的概念之中，把它当作"临篇缀虑"时的思维活动。这从我国文学思想史的发展看来，是有他的根据的。

在中国文学思想史上，"神"并不总是那么迷离恍惚，缥缈无踪。早在《周易》的"系辞"里，古人就对"神"作过这样的解释："神也者，妙万物而为言者也"。既然能用语言把万物的奥妙表达出来就是"神"，那么通过思维洞悉事物的幽微隐秘自然也可以称是"入神"了，因此，《周易》"系辞"中又有所谓"精义入神，以致用也"的说法。韩康伯对此注释道："精义，物理之微者也，神寂然不动，感而遂通。"这里分明指出了"神"就是人的认识能力，这种能力一与外物交感就从静止转为运动并酿成思维，在思维中通达于事物的本质从而形成人的认识，然后又用这种认识来指导自己的行动（"致用"）。刘勰主张"建言修辞"（写文章）必须"宗经"，所以在《宗经》篇里竭力推崇《周易》具有"入神致用""旨远辞文，言中事物"的特点，而这种特点正好是文学所需要的，因此他把"神"移植到文学理论中，以此来揭示作家创作构思中所出现的灵感。这是它的第一点贡献。第二点贡献是把灵感认作思维。第三点贡献，在于它同时指出了这种思维和平常的思维不同，即不是由一般所谓演绎或归纳的思维过程得来的。无论是"敏在虑前"抑或是"鉴在疑后"，都必须符合"神用象通"这个条件。这样，在文学创作过程中出现的灵感，就不仅是一种思维，而且是一种特殊的形象思维了。

在论定了灵感的性质以后，接着而来的问题是引起灵感的材料如何来到作家的头脑里。刘勰认为一是来源于作家的内省，一是来源于外在的机缘。

在灵感来源于内省方面，刘勰说得异常简括，只是提纲挈领式地拈出才性和学力两条，而且主张"无务苦虑""不必劳情"，亦即须待其自动到来，不可勉强力构。继刘勰以后，重视内省而又作了认真说明的是南宋的严羽。他在《沧浪诗话》中提出了"顿悟"和"渐悟"的概念。这"顿悟"和"渐悟"近似于刘勰所说的"敏在虑前"和"鉴在疑后"。它们都是灵感，但出现的方式不同。"顿悟"在两种情况下都可能产生：一种是既不苦虑，亦不劳情，委心乘运，于无意中获得了作者所要捕捉的对象，这就是陆放翁所谓"文章本天成，妙手偶得之"。另一种是苦思冥想，看似山穷水尽，几经中断又几经继续之后，对象便偶然从作者意料不到的地方飘忽而至。当然，我们不能否认以前的苦思冥想也有成效，但它的得来的线索却不十分清晰，这就是贾岛所谓"二句三年得，一吟双泪流"。古人把前者称为"天籁"，而将后者称为"人巧"①。"天籁"更多地凭借才气，"人巧"则主要依靠苦吟。与顿悟不同，渐悟主要靠孜孜不倦地学习前人的成功经验，等到知识积累到相当数量的时候，意识就豁然开朗，文笔则不绝如潮。这就是杜甫所说的"读书破万卷，下笔如有神"。此种情形，既非"天籁"，也非"人巧"，而是一味用心苦学。

必须指出，侧重从内省方面来说明灵感的来源，稍一不慎就有失足于唯心论的危险，因为它常常易于在不知不觉中割断了灵感同现实生活的联系。事实上所谓"天籁""人巧"云云都含有先验论的成分；用心苦学在文学的源与流的关系的认识上也是颠倒的。文学是社会生活在作家头脑中反映的产物，灵感只是反映中的一种特殊的思维方法。它作为一种精神现象乃是人脑的机能，离开生动丰富的社会生活，灵感是任什么也不能产生的。通过内省可以获得灵感，但那一定是在有了相当的生活经验的积累之后，它同任何形式的思维一样，只有在社会实践中才能产生。人们在社会实践中对事物形成知觉的表象，当知觉和表象有了一定的量的堆积的时候，在认识上就会产生一次飞跃，使感性认识上升到理性认识，而灵感就是出现在理性认识阶段上的特别集中又特别异样的一种思维活动。它的作用是极其迅速地排除感觉和表象中的一切杂质，使思维畅通无阻地把握住了事物的本质。

灵感在创作构思过程中的出现，不仅有助于作家理解和把握自己所属意的对象，而且对于作家把自然形态的东西转化为艺术形象，从而用富有表现力的语言，艺术地再现出来也大有帮助。当灵感到来时，作家平日所物色的对象纷至沓来、风起云涌地奔赴自己的笔下：万象纷披，可以任我选择，由隐而显，可以察其幽微。它在作家的精神状态方面则表现为惶惑

---

① 　袁枚：《随园诗话》卷4。

不安、冲动不已，激情有如暴风骤雨，精神特别专注，好像一下子由必然王国踏进了自由王国，在形象的世界里任意驱驰。正如杜甫所吟唱的"感激时将晚，苍茫兴有神"。由于"感激"而导致思绪苍茫中灵感的出现，诗人才能最迅速地并且在最大限度内调动和集中它的聪明才智，敏捷地理解和把握事物的本质，以致在用语言再现事物时就有可能妙语惊人、天工夺巧，笔下的形象自然也就栩栩如生、惟妙惟肖了。唐代的皎然曾揭示过这种现象。他说："有时意静神王（旺），佳句纵横，若不可遏，宛若神助。""神王"，就是灵感的沛然到来；"神助"，则是说因得灵感而妙笔生花，获得了意料不到的创作效果。

灵感除了得之于内省而外，刘勰认为在"即目"中、在"想象"里也可以产生。"登山则情满于山，观海则意溢于海"，就是对于"即目"中所产生的灵感状态的一种形象化的描述。好像是为刘勰的描述作注解一样，晚出的钟嵘在《诗品》中从作诗反对"用事"、提倡"直寻"的角度，举出"思君如流水""高台多悲风""清晨登陇首""明月照积雪"等著名诗篇中的"胜语"，说明从生动的直观引起灵感，然后产生清新自然的艺术形象，是吟咏情性（作诗）的正路。所谓"登山""观海"云云，无非是说目接于物是灵感产生的前提，灵感的终于产生，乃是依靠物我无间、心境契合，从而使我"情满""意溢"。情和意同属于人的心理现象，然而，情主要表现为人对客观事物的直接的心理反应，无论是爱是憎，它的状态都是冲动而又外泄的。意，与情毗连，但主要是人对客观事物的思维，无论是肯定是否定，它的状态都是比较冷静、清醒的。而灵感正是这"情"和"意"的矛盾的统一，统一在"我"对客观事物的期待的满足之中。"山"是客观的，"海"也是客观的，但是"登山""观海"都是由于"我"对山海有所期待，倘若山海果然引起"我"的"情满""意溢"，灵感便油然而生了。这样，山虽高达，可以玩若泥丸；海虽深邃，能够视如一滴。苏轼写庐山，做到了横看成岭，侧看成峰，结果才能认识庐山的真实面貌。曹操观沧海，不仅看到了"水何澹澹"与"洪波涌起"，还能感到"明月之行，若出其中；星汉灿烂，若出其里"，结果才能写出沧海包容的阔大与深沉。古人所说诗家对于事物要独具只眼，就是要求通过对事物的"横看"与"侧看"达到理解"其中"与"其里"。有了这一番功夫，然后才可望艺术地再现出来的事物较之自然形态的事物,其意义更为突出、集中,更具真实性,更动人,普遍意义也更大。

灵感在想象里也可以产生,然而想象的性质及其在文学创作构思过程中的地位和作用是怎样的呢?

(二)"文之思也,其神远矣"

"古人云:'形在江海之上,心存魏阙之下',神思之谓也。"这显然是把"神思"当作想象。然而这是个比喻,并不是经过严密分析而做出的科学定义。诚然,在刘勰的心目中想象是神思最重要的内容,但是比喻所揭示的只是想象的表现,却不是想象的内涵。这情形的产生可能有两个方面的原因,一是因为神思本非单一的概念,二是因为此前早已有人对想象作过说明。

在中国思想史上,第一个提出想象并对之作了本质的说明的是韩非。他在《解老篇》中说:"人希见生象也,而得死象之骨,案其图以想其生也,故人之所以意想者皆谓之象也。今道虽不可得闻见,圣人执其见功以处见其形,故曰:'见状之状,无物之象。'""道"是抽象的,人的感官不能直接感觉出它的存在,但是"道"如果体现为事功,则人们根据具体的事功就可以把它推论出来。在这里,感觉无济于事,必须应用思维("想"或"意想")。韩非把这种情形比之为图案想象。这该是我们今天所说的"想象"这一概念最早的来源。韩非把想象论定为思维是正确的,不足的是他把比喻所用的思维同被比喻所用的思维在方法上的差异混淆了起来。前者所用的思维是从具体到具体,亦即从可供直观的"死象之骨"及其图形,推测到有血有肉的生象,对于生象的本质并不明白道出,然而本质却因为生象而得以体现。后者所用的思维是从具体到抽象(从有象到无象),亦即从可以感觉得出的事功推论出抽象的"道"的存在。这"道"是具体事功的本质。"道"一经被认知,具体的事功就在思维行程中被扬弃了。就方法而言,我们应该把前者叫作形象思维,而把后者叫作抽象思维。韩非把这两种思维都看作"想象",这也是正确的,可是由于混淆了两种思维方法,因而科学的想象与文学的想象也就没有能够做出应有的区分。

　　想象不是感觉，它出现在思维过程中，因此想象就是思维。这一点，外国的一些著名哲学家也是这么认定的。比如斯宾诺莎就说过，"想象是一个观念"[①]。既是观念，则无疑也就是思维。只是斯宾诺莎同样没有把科学想象同艺术想象从方法上区分开来。比较明确做出区分的是高尔基。他在总结自己的文学创作经验时说，"想象在其本质上也是对于世界的思维，但它主要是用形象来思维，用'艺术的'思维"。[②] 做出这种区分的根据，不仅是高尔基个人的创作经验，从大量的生活现象和文学现象的比较研究中，我们可以概括出同样的结论。一个地理学家可能没有到过中国的燕山，但根据他的知识，可以想象燕山的冬天是很冷的，燕山位在北方，所以那里的冬天一定很冷。可是同样内容的想象，诗人李白却避开了冬天、北方、寒冷这些抽象的概念，而是采集并联缀燕山、雪花、席这些看来各不相关的具体物象，做出了"燕山雪花大如席"这样奇瑰的诗句，构成了一幅燕山雪景图。诗人没有明白做出燕山的冬天很冷这样的判断，然而这个判断却又荡漾在这幅图画的形象里。这两个内容一致、形式迥异的例子，说明：科学想象与文学想象形式不同，前者借助于概念，后者依靠着形象。科学想象与文学想象都可以证明某种事物，但是科学的逻辑证明与诗的形象的印证之间存在着一个区别，逻辑的证明是前提决定结论，诗的结论却深深地埋藏在具体的形象体系之中。

　　在中国古代文学史上，当作家们在作品中应用"想象"这一词汇时，其内容的思维方法也是形象思维。《楚辞·远游》的作者因为愤世疾邪，幻想着飘然远举，不复游于人世，但是一种爱国望治之情又使他眷恋旧国，不忍遽去。诗人不禁长歌当哭："思旧故以想象兮，长太息以掩泣。"被"思"的"旧故"当然是具体的祖国的山川草木与师友亲朋。诗人在思维中想象这些具体的人情物态，那么这种想象所使用的思维方法自然是形象思维了。曹子建在《洛神赋》中描绘了他所倾慕的一个"丽人"，但是相见时难，去又绝踪，这引起了作者神情惆怅、愁思绵绵，因此"足往神留，遗情想象"。"想象"什么呢？"冀灵体之复形"。那"灵体"的形态分明是指赋中以前所描绘的具体的容貌、服饰、举止、言谈，可见这

----

① 北京大学哲学系外国哲学史教研室编译：《十六—十八世纪西欧各国哲学》，第 340 页。
② ［苏］高尔基：《论文学》，第 160 页。

种想象所表现的思维方法也是形象思维。

我们的古人，早就觉得想象对于文学创作是至为重要的。鲁迅在《〈出关〉的"关"》一文中写道："记得有一部笔记，说施耐庵——我们也姑且认为真有这作者罢——请画家画了一百零八条梁山泊上的好汉，贴在墙上，揣摩着各人的神情，写成了《水浒》。"① "揣摩"就是推测，也就是想象。因此，高尔基说："艺术是靠想象而存在的。"② 这是因为如果艺术仅仅是生活的原封不动的摹写，它就失去了自己独立存在的价值。艺术源于生活，这是不错的，但是艺术中的美可以而且应该比普通的实际生活中的美具有更高的品级，它包含着作者的愿望和理想。要使这种主观的愿望和理想在具体形象中得到实现，全然不用想象是很难办到的。同时艺术需要创造典型，而创造典型的方法不外两种，"一是专用一个人"③ 作模特儿。而这一个人的言谈举止、生活脾性、思想作风在现实生活中可能有多方面的表现，作家对此绝不能兼收并蓄，而必须有所取舍。这取舍就是改造。在改造中就必然出现不同程度的虚构，而虚构是离不开想象的。"二是杂取种种人，合成一个"④。要把分散在种种人身上的特点融合在一个典型身上，势必需要集中。经过集中而创造出来的人物，既像种种人，又不像种种人，它是个全新的生命。这里同样必不可免地出现了虚构，因此也同样离不开想象。再从读者的心理方面说，"人们总想扩大自己的眼界，愿意看到尽可能多的空间，精神总是想逃避界限；日常生活中很难达到这个目的，只能借助于艺术的帮助"⑤。同任何艺术作品一样，文学要能满足人们这方面的要求，作家就必须让自己看到尽可能多的事物，而事实上一个人又不可能对世间万事万物都有直接经验，于是作家就必须使自己洞悉生活固有的规律，从而运用方向明确的想象。

刘勰研究了在他以前出现的大量的作家和作品，从而领悟到了想象在文学创作中有着极为重要的作用，因而在《神思》一文的开篇就揭示出了想象。他说："文之思也，其神远矣。故寂然凝虑，思接千载；悄焉动

---

① 《鲁迅全集》第 6 卷，第 422 页。

② 《文学论文选》，第 47 页。

③ 《〈出关〉的"关"》，《鲁迅全集》第 6 卷，第 422、423 页。

④ 同上。

⑤ ［法］孟德斯鸠：《论趣味》，见《罗马盛衰原因论》附录。

容，视通万里。"作家的文思的激起，情况本极复杂，这里所说，意在指明想象具有较大的自由，而这正是文学创作所必需的。文学要求通过个别反映一般，因此这个个别应该具有较为丰富的内容，这就在形式与内容之间产生了一定的矛盾，想象恰恰是克服这种矛盾的良方。它不仅可以调动已知的一切并在其中进行选择，还可以臆测未知的东西用以丰富已知。文学形象的典型化就是在这种特殊的想象中实现的。作家通过想象可以越过上下古今的界限，风驰电掣般地追踪着具象，把贮藏在记忆仓库里的一切事物和人物集中在自己的面前，以便根据生活本身的规律，结合自己的愿望，把它们提炼为新的形象。想象的过程就是丰富和深化作家对外界事物的认识过程。可见想象在文学创作构思过程中占有不可或缺的位置并贯穿其始终；它们是如影随行，如响斯应。因此，人们常常把想象力的强弱当作衡量作家才能大小的标志。刘勰所说的"吟咏之间吐纳珠玉之声，眉睫之间卷舒风云之色"，既是指想象中形象的大量涌现，也是指想象导致灵感的产生，诗人的聪明才智一起焕发出来，以致思如泉涌，出口成章，金声玉振，若有神助。

黑格尔对文学创作中的想象是极为重视的。他在《美学》一书中说："如果谈到本领，最杰出的艺术本领就是想象。"[1] 但他同时又指出必须注意的两点：一是不能把想象和纯然被动的幻想混为一事，"想象是创造的"；二是轻浮的想象无助于创作，想象和真实性必须达到有机的统一。刘勰对此也有考虑，认为在神思之先，作家应有一番切实的准备，即从所谓"积学以储宝，酌理以富才，研阅以穷照，驯致以驭辞"四个方面打好基础，然后才能在创作中使想象得心应手，落笔挥洒自如。如果知识不足，事理不明，对于事物浮光掠影，又不能熟练地驾驭语言，那么尽管想得天花乱坠，一经语言的落实，就会显得南辕北辙，结果自然是失败的。指出这一点极为重要，因为文学是文学家创造性的精神产品。当人们侧重讨论精神的创造性方面的时候，灵感、想象、才能就成了讨论的中心，稍有疏忽，就会走进先验的唯心论的陷阱；当人们侧重讨论劳动的技能依靠学习和训练的时候，关于灵感、才能、想象就很少提及，甚至成为一种忌讳，这又易于落入形而上学的圈套。只有把两个方面都纳入科学的轨道，

---

[1] ［法］里格尔：《美学》第 1 卷，第 348 页。

才能造成严密的科学理论。

（三）"思理为妙，神与物游"

萧子显在《南齐书·文学传论》中说，"属文之道，事出神思"。这个"神思"总括着不同于一般的文学创作的思维方法。刘勰所说的"神思"，同样也不是专指灵感和想象。他说："故思理为妙，神与物游"。"思理"就是思维，"妙"就是突出的长处。"神与物游"，不仅是说作家的思维活动不脱离具体的物象，而且是说作家对被思维的对象有着明确的感情态度，这才能在思维行程中保持清醒而又正确的理解力，以求准确地最终获得对形象的本质的理解。这实际上就是说的形象思维。在刘勰之后，历朝历代几乎都有人在自己的文学论著中谈到过、强调过文学创作必须应用形象思维的方法。他们的主张都是有的放矢的，或者针对当时文学创作中的形式主义倾向，或者为文学创作的繁荣而推波助澜，或者是为了抵制某种理论的影响，还有，由于文学领域中出现了新的样式，应创作的需要从新的角度指出了形象思维方法对于文学创作的重要性。应该说，这种主张在当时都曾分别起过良好的作用。但是形象思维作为文艺科学的一个重要概念，到了现代才被人从西方的文艺论著中引译过来，毋庸讳言，它对于现代的文学创作也曾起过一定的作用。否定它的存在，那是十几年前的事。起初，人们认为是美学争论，后来竟被"四人帮"搞成了政治问题。

就在形象思维遭到否定的时期，毛主席写下了《给陈毅同志谈诗的一封信》。在信中，毛主席再三肯定形象思维的存在，可以认为这也是有针对性的。毛主席指出"要作诗，则要用形象思维方法"。众所周知，毛主席的《实践论》和《矛盾论》，丰富和发展了马克思主义的认识论，而肯定形象思维则又是对于两论的丰富和发展。我们重视"神思"清理古人给我们留下的关于形象思维的思想资料，一方面是为了消除"四人帮"在这方面给文艺创作及文艺科学所造成的混乱，但更重要的还是为了坚持马克思主义的认识论。

刘勰在中国古代文学思想上，在作家创作中的思维特点的研究方面，不仅吸收了前人的成果，自己还有所发现和发明。早在《周易》的"系辞"里，关于形象思维与抽象思维已经做出了事实上的区别。"系辞"中的"彖辞"就是抽象的说明，而"象辞"则是"彖辞"意义的具体化。"彖辞"和"象辞"都是说明"象"的，前者偏于抽象的推理，后者则偏于形象的说明。"象"的得来，是"仰则观象于天，俯则观法于地，观鸟兽之文，与地之宜，近取诸身，远取诸物"。这"仰观""俯察""近取""远取"，就是思维过程，其中包含着区分"有形之象""无形之象"等关于"象"的思想①。"有形之象"就是具象，"无形之象"就是抽象。而"象"本身一经意识化，就成了形象思维过程的结果，因为它不脱离个别存在，仍然是可感的，但它又不是自然形态的感性存在，它显示着人的发现和发明。"圣人立象以尽意"，乃是说"立象"的目的在"尽意"，抽象的概念扬弃了个别可感性转化为普遍性，而形象是普遍性始终寓于特殊性之中，因此，抽象的概念具有单纯性和严格的规定性，而含有人的思想的具体的"象"却可以使人触类旁通、闻一知十。抽象概念以明确性见长，对读者偏于灌输；而形象则以包孕丰富取胜，对读者偏于诱发深思。这就形成了下列现象：人们对于科学的结论往往能够直接表明自己的是非；而对于形象，即使态度都是肯定的，但主要肯定它的什么却可以有不同的看法，特别是艺术典型包括许多方面的内容，人们可以侧重从某一方面得出自己的判断。从这个角度看来，我们可以说"理论是暗淡的，而生活之树是长青的"。所以王弼说"尽意莫若象"②。这句话的含义近似于后来的文艺理论中所谓"形象大于思想"的说法。在我们的古人的心目中，"象"是同类事物的代表。《楚辞·九章·抽思》："望三五以为象兮，指彭咸以为仪。"王逸注曰："三王、五伯可修法也"，"先贤清白，我式之也"。诗和注将"象"和"仪"并称，"法"和"式"对举，指明"象"有法式之意。《说文》"象"下徐按："象，即式样之合声。"可见"象"本身就是具有典型意义的具体事物。刘勰把"意象"拿来作为作家思维的结果，说明他已意识到了文学的基本特征。这个特征就是形象思维及其所产生的形象。

---

① 《周易·系辞上》，《周易正义》卷7。
② 《周易略例·明象篇》。

刘勰所说的"意象",本质上相当于我们今天所说的形象。"意象"同具体的自然形态的物象相对,是作家在"神与物游"的思维过程中对自然象加工改造的结果,"物"是"意象"的根据,"意象"是"物"的升华。它们之间的关系仿佛麻与布的关系:"视布于麻,虽云未费,柠轴献功,焕然乃珍。"这个生动的比喻,将自然美与艺术美区分开来了,而且揭示了艺术美的社会功利性。

刘勰认为"意象"的特点是"以少总多,情貌无遗"①。这就接触到了文学形象的典型性问题。文学的典型化原则要求作家把丰富复杂的社会生活转化为具体形象和个别事物去认识,因此作品所提供的内容,不应当只以它普遍性出现,普遍性必须经过清晰的个性化,化成个别的感性的东西。科学则与此相反,它必须把具体可感的事物转化为普遍的思想和概念,它所提供的内容是可以理解的一般。我们常说真理是具体的,但是科学真理的具体性是指人们可以用自己的感性经验加以印证的那种具体,文学真理的具体性却流露在可感的形象或画面里。从形式方面来说,科学的概念就是思想的样式,绝不是任何可供直观的形象。而文学的内容必须与生动可感的形式相适应,它保持着生活本身的样子,虽然文学中的生活是经过作家改造和提炼了的。但是这种改造和提炼却又不露痕迹。严羽要求诗歌做到"不涉理路,不落言筌"②,尽管言之过分,但是它的合理性的一面正在于坚持文学必须具有形象这一本质特征。这种特征决定了文学家和科学家在思维方法上的差异,然而我们揭示这种差异,并不意味着像黑格尔所主张的那样,作家应该"守在感觉和情感的范围里"③。恰恰相反,文学家要把握事物的本质,应该同科学家一样,必须遵循实践——认识——再实践——再认识这个共同的规律,都需要从感性认识上升到理性认识。在感性认识阶段上,科学家和文学家的区别不太显露,他们常常都以直观和表象为起点,到了理性认识阶段,也就是在进入思维的时候,科学家把从直观得来的表象的具体可感性蒸发得愈来愈稀薄,不断地把时间、空间情节以及使它们各不相同的那些细节清除掉,以便造成抽象的概

---

① 《文心雕龙·物色篇》。

② 见严羽:《沧浪诗话》。

③ 《美学》第1卷,第351页。

念，从而运用概念进行判断和推理，最后得出科学的结论。可是文学家却随着认识的深化，通过直观得来的表象的具体可感性经过思维的浸润，愈来愈明朗；思维绝不放过任何一个稍有关联的情节和细节，并且带着它们跃进到理性认识阶段，最后孕育成形象。根据这种事实上的不同，我们一般地把科学的思维称为抽象思维，文学的思维称为形象思维。

文学形象，特别是典型形象的社会意义就在于它在同类事物中具有普遍性。但是，在现实生活中完全相同的两物是不存在的，要忠实于现实生活又必须同时保持"这一个"形象与同类的许多事物的差异，也就是要保持它的特殊性。形象思维的作用正表现在具体地、历史地完成这个精细复杂的过程，并把作家自己的个性融合于其中，从而使文学形象具有概括性、具体性、新鲜性和生动性。鲁迅为了揭露和鞭挞那种自欺欺人的精神胜利法，写成了《阿Q正传》这部小说，塑造了阿Q这一典型形象。精神胜利法是古老封建帝国的传统的自大心理与半封建半殖民地社会中被侮辱、被损害的现实在人们思想上的一种矛盾的反映。就其抽象形式来说，不同阶级的人们可能具有类似的反映，但是就其具体内容与具体形式来说，不同阶级的人们却又是相异的。阿Q的精神胜利法是落后农民的落后思想的表现，它是在资产阶级旧民主主义革命时期的中国形成的，是在国中之国的未庄形成的。因此，阿Q的精神胜利法与地主、资产阶级的精神胜利法是不同的，与上海的洋车夫与小车夫的精神胜利法也是不一样的，它是属于辛亥革命前后中国的未庄的阿Q的。未庄的阿Q既是概括的，又是具体的，具体到连他的年龄和穿戴都不能随意改变。一九三四年十一月四日叶灵凤曾在《戏》周刊上发表过一篇他作的头戴瓜皮小帽的阿Q画像。鲁迅在十八日即给《戏》周刊去信。信中说："只要在头上戴上一顶瓜皮小帽，就是去了阿Q，我记得我给他戴的是毡帽。这是一种黑色的、半圆形的东西，将那帽边翻起一寸多，戴在头上的……"① 文学作品中的典型形象要求在细节、环境和性格三方面都要达到艺术的真实，因此作家在思维过程中不得不把它们想得很贴切、很具体，这同时就在思维方法上相对地形成了自己的特殊性。

---

① 《寄〈戏〉周刊编者信》，《鲁迅全集》第6卷，第117页。

（四）"物以貌求，心以理应"

"物以貌求"，当然是指形象思维方面而言，但是"心以理应"呢？这里的"理"显然就是人情事理的"理"，换句话说，就是思维的本质或规律，既关于"形象思维"，也关于"抽象思维"。这样看来，"物以貌求"是指出"形象"的要求，"心以理应"是指出思维的特点。而"物以貌求，心以理应"的总的含义是说文学创作必须坚持应用形象思维方法，这是一方面，是主要的一方面，但决不因此意味着主张排斥抽象思维。这不是矛盾的吗？不矛盾的。严羽曾经大声疾呼："夫诗有别材，非关书也；诗有别趣，非关理也。"再没有谁比他强调形象思维的主张更剧烈的了，但是接着他又说："然非多读书，多穷理，既不能极其至。"① 强调"诗有别趣"是为了反对当时"以议论为诗"的不良倾向，而主张"穷理"则是为了防止诗歌形象的安排不堪理喻的另一种倾向。只有同时注意到了这两种倾向对于文学创作可能发生的影响，在理论上才可以说是全面的。这是因为社会生活是复杂多变的，反映社会生活的思维活动也势必不能绝对拘泥于一法。同时，作家在创作过程中应该时时处于主动的地位，根据需要他随时可以跳出形象思维的圈子而适当应用抽象思维。

再则，作品的体制、题材也对作家的思维有一定的制约性，文情的变化也影响着文思应有相应的变通。在诗大序中标出了六义，风、雅、颂属于诗的体制，赋、比、兴则属于表现方法。体制和方法并标于六义之中是很值得研究的。风，多数是抒情诗，故用比、兴二法居多。情感与情绪属于主观心理方面，本身是抽象的。喜怒哀乐，人之情也，这是说的"情"的性质，性质是可知的，却不一定是可感的。要把"情"表现得既可知又可感，则非得应用形象思维不可，所以比兴二法适合其宜。雅、颂中的叙事诗比较多一点，所以直书其事的赋法也相应地用得较多。作为文学的叙事当然主要还是用形象思维，否则就会变成历史的纪事。历史的纪事要在质朴中见其真，而文学的叙事却要求在真中见出美。做不到文质彬彬就

---

① 严羽：《沧浪诗话》。

谈不上什么文学。这是问题的一方面。

另一方面，事物本身固然是具体的，但事物又是在发展变化的，在其起承转合之处作者有时候不得不脱出来作一些概括性的说明，这说明性的地方就是直白，也就是抽象思维了。在叙事文学发展得愈为成熟时，这种情况就显得愈为突出。"话说天下大势，分久必合，合久必分"，这是《三国演义》的开场白；"幸福的家庭都是相似的，不幸的家庭各有各的不幸"，这是《安娜·卡列尼娜》的开头语。它们都是抽象的议论。叙事文学离不开人物和事件，作家即使在写得兴会淋漓的时候，也就是形象思维最通晓畅达的时候，也难免会情不自禁地跳出来作一些概括性的评论，以便提醒读者的注意，或者帮助读者理解人物的性格和事件的发展进程。《红楼梦》第三回王熙凤的出场，作者把她的声容笑貌写得何等淋漓尽致，可是正在笔酣墨饱的时候，却很巧妙地借助于贾母的口对她作了这样的介绍："她是我们这里有名的一个'泼辣货'，南京所谓'辣子'……"有了这样的抽象的说明，当我们看到第十二回"王熙凤毒设相思局"的时候，对她的毒辣的性格就不难理解了。在中国古代文论中有所谓文情跌宕的说法，而"文情跌宕"正常产生在作家文思转折的时候，作品中人物性格的发展以及时间的交替衔接之处。这正好说明了适当的抽象思维在文学创作过程中不仅不会败坏形象思维，在特定的情势下，还能与形象思维相得益彰。文学创作，特别是叙事性的作品要反映有节奏的社会生活，它本身就必须具有节奏感，这种节奏感常由间用抽象思维而得来。

挚虞在《文章流别论》里说："古诗之赋，以情义为主，以事类为佐。今之赋，以事形为本，以义正为助。情义为主，则言省而文又例矣；事形为本，则言当而辞无常矣。"抒情，要求"言省"而又内容丰富，非突出形象思维不可。叙事，要求"言当"，即合乎事理的准确性，有时难免要适当转用抽象思维，在语言的表达上也须相应地转用直白。只是这种转用情况在头脑中常常是迅雷不及掩耳，更兼两种思维方法人人都能使用（能力虽有强弱之分），而何时何地转用，作家本人并不十分注意，因而表现出一种好似不自觉的特点。考虑到了这种复杂情况，就会感到过分强调抽象思维则易违背文学的特殊要求，过分强调形象思维则又可能因形象的扑朔迷离而造成诗无法达诂之弊。所以，古人将赋、比、兴三者并存，是很有道理的。

毛主席主张"诗要用形象思维，不能如散文那样直说"，同时又指出对于"直说"也要作具体分析，不能认定"直说"绝对不能用。他对杜甫《北征》诗的评价为我们提供了这方面的范例。只有全面地、准确地理解毛主席的文艺思想才能避免对具体复杂的文学现象作片面的解释，陈子昂是强调形象思维的，它的《登幽州台歌》的确是千古绝唱，但是结句中的几滴眼泪不足以说明它的形象性的强弱。它在艺术上的杰出成就不表现在形象的具体、鲜明方面，而在通过想象概括了无限延续的时间和无限广袤的空间，寄托了他对人世盛衰的深沉的感慨，因而在艺术上造成了一种苍茫幽邃的境界。

当我们考察一种现象时，当然要把它当作一种独立的存在来研究，以便弄清楚它的特点和性质。但同时也不应忘记它和它以外的现象的联系，特别是它和它的近亲或远邻的关系。形象思维和抽象思维既然都是人们认识和把握世界的思维方法，它们之间就必然会有互相渗透的时候和互相渗透的地方，不可能是绝缘的。"天长地久有时尽，此恨绵绵无绝期"，人们都承认它是佳句，然而形象却并不鲜明。"天"和"地"是具体的，可是"天长地久"乃是时间的延续性，与其说它是形象的表现，不如说它是一种抽象的概括。这种概括与绵绵不绝的恨联系起来，再加上语调的哀婉深沉，就散发出一种缠绵悱恻的气韵，从而使人产生一种凄凉冷峭的感觉。但是文学作品中，特别是诗中的抽象概括必须以大量的形象表现为其存在条件，一味直说，就不是诗了。反过来，诗文中全是形象好不好呢？这要作具体分析。倘若这些形象浑然一体，符合艺术的真实，那便是好的；如果出于胡乱拼凑，纵使其中夹有一二警策之句，但合起来并不见佳，那就又当别论了。因为如果诗行被形象堆砌得像堵城墙一样，压得读者喘不过气来，就势必显得凝重板滞，斩杀了圆转飞动之态。这样的诗，当然不成其为好诗。"反者道之动"①，虚实相生、疏密相间是一切事物发生发展的辩证法，诗文之道也应该是这样的。

科学研究要求在推理过程中遵守严密的逻辑，文学创作在构思过程中，自然景物的离合与剪接，人物形象的演化与推移，情节故事的安排与

———————————

① 《老子》第40章。

转换，也须要合乎一定的逻辑规律。然而有些作家或诗人却往往忽略这一点。造成这种忽略的原因，一方面是由于诗歌艺术要求形象高度集中，语言高度精练，有时诗人故意舍去一些过渡性的环节，因而易于造成不合逻辑；另一方面，也是更重要的方面，则是由于诗人对被表现的对象不够熟悉。克服的根本办法一是靠深入生活，二是靠提高思想水平，但是在"临篇缀虑"中，必须尊重形象本身的逻辑，并且按照这个逻辑去刻画形象，安排形象与形象之间的关系。

杜甫对安史之乱时期的人民生活应该说是相当熟悉的，因而写出了三吏、三别那样千古不朽的名篇。但《石壕吏》一诗在情节的转换上就有逻辑不顺之处。开始写了"老翁逾墙走"，分明是说老翁为吏所逼弃家外逃，而结句却是"天明登前途，独与老翁别"，这无疑是说老翁已经回来了，然而在诗中此前并无交代，甚至连一点暗示也没有，所以不免显得突兀而失真。高尔基在总结自己的创作经验时，曾经对自己作品中的"笔误"和"失言"，也就是不合逻辑之处作了真挚而坦率的自我批评。他写道："这些好像都很细小的错误却具有重大意义，因为它们破坏了艺术的真实性。"① 刘勰提出的"博见为馈贫之粮，贯一为拯乱之药"，就是要求作者通过"博见"以丰富作品的内容，做到"贯一"以便使内容的安排有条理、合逻辑。而要有条理、合逻辑，除了"博练"形象思维能力而外，尊重想象本身所固有的逻辑，也是很重要的。这样，在创作实践中要真正做到"物以貌求"，作家就必须熟悉生活。而在今天，就是要全身心地、无条件地、长期地到工农兵中去；同样，要真正实现"心以理应"，也不是一般地做到事理通达，而是要有正确的世界观的指导，在今天，就是要学习马列主义，以便用无产阶级世界观来指导自己的创作。

我们明确了形象思维与抽象思维的区别与联系，理出了形象思维的几个重要的侧面，以及它们在创作构思过程中的表现和作用，就可以说，从作家在创作构思过程中的精神活动方面看，文学艺术的基本特征就是形象思维。这样说丝毫也不意味着否定抽象思维的作用，正如在科学研究中并不绝对摒弃形象思维一样。当然，同一命题还可以从其他的角度加以研

---

① ［苏］高尔基：《论文学》，第187页。

究，并可望获得同样合理的结论，但那已经超过了本文所确定的范围，因此"言所不追，笔固知止"。

1978 年 5 月 11 日

原载《文艺论丛》1978 年第 5 期

十一

中国古代文论的研究方法问题

（一）一个值得思索的历史现象

我们研究中国古代文艺理论或美学思想，最可靠的资料是现存的古代文献。而从现存的古代文献来看，最早、最有系统的文艺理论家或美学思想家不能不推孔夫子。当人们研究孔夫子的时候，"知人论世"，应是必须坚持的最起码的方法论原则。我们可以沿着两个方向去探索：一是顺向的，一是逆向的。从顺向研究，我们发现，孔子在当时就是一个有争议的人物，有信奉他的，也有反对他的。可是信奉他，既不像后世的人们吹捧的那样崇高；反对他，也不像后世的人们诋毁的那样渺小。单从学术方面看，由他创立的儒家学派，在秦、汉以前一直居于"显学"地位，尽管他在活着的时候，到处奔波，政治上却一直栖栖惶惶；尽管在他身后，儒家学派逐步四分五裂（所谓"儒分为八"），而且他的学说并没有得到任何一个诸侯国的真正信奉。但是，从汉代开始，他的地位得到了空前的提高，百家被黜而儒术独尊，他成了受官方拥戴的圣人了。汉代以后，孔子的学说也曾经受到过人们的怀疑，也曾经受到过不同的时代浪潮的冲击，但是总的说来，孔子的政治声誉并没有发生过根本性的毁坏。这是怎么一回事呢？从逆向研究，我们知道：在当代，史无前例的"文化大革命"中曾经出现过甚嚣尘上的"批孔"运动；在现代，"五四"新文化运动中出现过"打倒孔家店"的口号。"批孔"别有用心，已是毫无疑义的公论；"打倒孔家店"的口号在当时的进步性和革命性，在思想史和文学史上也已早有定评。"批"和"打"，形式上并无太大的区别，但其意义断断乎根本不同，这又是怎么一回事呢？更为值得人们思索的是：现当代的一"打"、一"批"，对孔子简直视如鬼魅；而从汉代直至明、清，对孔子为什么那样地奉若神明？

在将近两千五百年中，同是一个孔夫子，其形象经历了从人到神、从神到鬼，再由鬼到人的变化——经历这样的怪圈大概正是一个真正的思想家在其身后难以逃脱的悲剧性历史命运。这个现象的客观存在，不仅说明了科学研究的重要性，同时也增加了科学研究的艰辛：我们研究活人，活人在变化着，难以把定；我们研究死人，死人也在变化着，也是难以把定。我们研究当代，当代在变化着；我们研究历史，历史是过去的事情，似应相对稳定，但历史也在变化着。可见"知人"不易，"论世"尤难。

难就难在当代性与历史性关系的正确认识与正确处理上。这里有世界观问题，也有方法论问题。而世界观和方法论是一体的两面，它们是互相依存、互相制约的：一定的世界观派生出一定的方法论，一定的方法论依据于一定的世界观；世界观决定方法论，方法论影响世界观。正是因为这样，在中国古代文论的研究中，关于方法论的讨论，关于当代性和历史性关系的思考才显示出它的不可忽视的意义。那么，从方法论角度看来，目前存在一些什么样的问题值得我们探讨呢？

（二）功利性与功利主义

"世衰道微，邪说暴行有作，臣弑其君者有之，子弑其父者有之。孔子惧，作《春秋》。"① 历史研究总是带有某种程度的功利性质的。中国学术向有经世致用的传统。强调"经世致用"，就是反对学术研究脱离当前现实，主张学术思想应和现实需要联系起来，要求在评判历史上各种学派的是非功过时表现出明显的功利性。这个传统好不好呢？我以为既不能抽象地肯定它，也不能抽象地否定它，要看它具体地采用何种方法来实现学术研究的功利性目的。在"五四"新文化运动中，为了反对旧道德提倡新道德、反对旧文学提倡新文学，文化新军提出"打倒孔家店"的口号，在总的方向上是符合历史前进要求的。因为就整个思想体系来说，孔子的思想确实是资产阶级民主革命的一大阻力。但是这个口号的内容以它热烈

---

① 《孟子·滕文公下》。

的诗情压倒了冷静的哲理。二十一年以后，毛泽东同志在总结五四运动的历史经验时说道，"五四运动，在其开始，是共产主义的知识分子、革命小资产阶级知识分子和资产阶级知识分子（他们是当时运动中的右翼）三部分人的统一战线的革命运动"①，就实际情况来说，"共产主义知识分子"在当时尚未具备完全唯物史观，在一场巨大的历史风暴中，一时还难以做到"把革命气概和实际精神结合起来"②。而且，既是"三部分人的统一战线的革命运动"，其行动口号就不可能不照顾到三部分人的思想愿望和情绪要求，就不能不反映出统一战线的性质。以阶级论，三部分人在思想素质上都具有小资产阶级的根底。小资产阶级的狭隘性和狂热性是造成"五四"新文化运动弱点的一个重要原因。小资产阶级惯用短视的功利主义态度，对于复杂的当代性与历史性的关系，"矫枉过正"是其必然的行动结果。"五四运动是在思想上和在干部上准备了一九二一年中国共产党的成立"③。因此，五四运动的积极一面在共产党内得到了有力的继承，而其消极的一面也或多或少地带进了战斗的共产党；文化政策上的长期"左"倾便是这消极一面的明显的表现。就方法论而言，毛泽东同志认为，五四运动的缺点在于：

> 那时的许多领导人物，还没有马克思主义的批判精神，他们使用的方法，一般地还算资产阶级的方法，即形式主义的方法。他们反对旧八股、旧教条，主张科学和民主，是很对的。但是他们对于现状，对于历史，对于外国事物，没有历史唯物主义的批判精神，所谓坏就是绝对的坏，一切皆坏；所谓好就是绝对的好，一切皆好。这种形式主义地看问题的方法，就影响了后来这个运动的发展。④

毛泽东同志同时指出，五四运动以后，这种形式主义沿着两个方向发展着：一部分人走到资产阶级的道路上去，"是形式主义向右的发展"。

---

① 《新民主主义论》，《毛泽东选集》（合订本），第660页。
② 《改造我们的学习》，《毛泽东选集》（合订本），第759页。
③ 《新民主主义论》，《毛泽东选集》（合订本），第660页。
④ 《反对党八股》，《毛泽东选集》（合订本），第789页。

在共产党内也有一部分人犯了形式主义的错误，"这是形式主义向'左'的发展"①。一九四二年前后的延安整风，对以王明为代表的"左"倾路线作了有力的批判，保证了以后革命斗争的胜利。在整风运动中，毛泽东同志撰写了许多闪耀着思想光辉的文章，包括《在延安文艺座谈会上的讲话》。但就是在《讲话》中，一方面指出了狭隘的功利主义的错误，一方面又在文艺批评方面规定了一个狭窄的功利主义标准。这个标准成了而后文艺运动中出现的"左"倾政策的思想根源。

"文化大革命"中的"批孔"，是狭隘功利主义在新的历史条件下向实用主义的发展。而由"批孔"发展到"评法批儒"，更可以清楚地看出这种实用主义在思想史方面的继承性。"批孔""批儒"与其说是学术研究，不如说是魔术表演。而"评法"，与其说是表演，不如说是魔术师的当场说法："批孔""批儒"是为了满足某种现实需要，任意强史就我；"评法"则是通过以史昌学，暗示我就是法家。用陈伯达的话来说，就是"立足现实，追溯历史"。这种辩术曾经是那一时期史学研究的"指导原则"，其实质正是实用主义的。

实用主义的史学原则把一己的私利作为处理当代性与历史性关系的标准。所谓"立足现实"，就是以现实为主；所谓"追溯历史"，就是以历史为奴。这样，当代性与历史性的关系就成了主奴关系。在方法论上，它同胡适的"大胆假设，小心求证"并无本质区别，都是实用主义的。胡适曾经说过，历史是一个百依百顺的女孩子，可以由人们任意地涂抹打扮；历史是几十个大钱，可以由人们任意地摆弄。② 资产阶级的本性是极端的利己主义，它无视于历史事实，无视于历史事实中所包含着的客观真理，在资产阶级看来，现实的运动就是人的意志的运动。因此，历史事实不存在任何质的规定性，不存在任何时间和空间的制约性，世界是从来如此的，历史性就是当代性。从这里可以看出，向"左"发展的形式主义与向右发展的形式主义，原是同姓同宗的两兄弟，他们经过五十多年的沉浮，在社会主义革命向社会主义建设的转折时期，终于携起手来了。这两种形式主义在中国古代文艺理论的研究中，都曾经产生过不同程度的消极

---

① 《反对党八股》，《毛泽东选集》（合订本），第789页。
② 参看《胡适文存》第1集第2卷。

影响，以致长期以来，不仅儒家的文艺思想没有得到科学的评价，道家的文艺思想也没有得到很好的清理；而从总体看来，这方面的研究远远不能符合社会的需要。这些历史经验告诉我们：功利性必须坚持，而功利主义必须摒弃。

（三）当代性与当代主义

在史学上，为了现实而强史就我，或者为了现实而以史昌学，都是在唯心史观的指引下以实用主义的态度而使用形式主义方法的必然结果。他们常以经世致用或古为今用作标榜，借口现实需要而任意驱遣历史，这就不仅阉割了历史、糟蹋了现实，而且在学术上必然造成空疏浮泛，并由此走向经世致用的反面。经世致用的原则突出了史学研究的当代性，突出了史学研究的功利性，这原是我国史学方面的一个好传统；只是在后来，有些人在实际的研究活动中采用了唯心史观和形式主义方法，片面地把功利性变成了功利主义，把当代性变成了当代主义。其结果，既亵渎了史学的革命性，又破坏了史学的科学性。

那么，为了反对当代主义而否定当代性，为了历史而忘掉现实好不好呢？事实上，在"十年浩劫"以后，确曾有人在报刊上发表文章，提出过"回到乾嘉"的主张。这个主张的合理因素在于提倡乾嘉学派细密精审的学风，以反对此前长期存在着的以史昌学的空疏之弊。但是，这只是问题的表面，其背后似乎存在着一种难言之隐，一种学术与政治的模糊关系长期得不到科学说明的隐忧。乾嘉学派的兴起，主要的原因是清朝最高统治集团大兴文字狱，使得许多研究学问的人，不敢公开继承清初顾炎武、黄宗羲、王夫之等人所倡导的经世致用的传统，转而致力于训诂、名物和历代典章制度的考索，后人遂称之为考证学。他们这样做，并不完全是消极的。他们出于不得已逃亡到考证学里去了，然而内心并未屈服于清廷钳制思想的政策。乾嘉学派在学术思想上并未真的为了历史而忘怀现实。清朝统治者的御用哲学是程朱理学，而程朱理学才是真正的适合统治者需要的"读书静坐"和空谈"心性命理"① 之学。乾嘉学派中的代表

---

① 颜元：《朱子语类评》。

人物戴震堪称一代考据大师，然而正是他在哲学上对程朱理学联系当时现实最核心的部分，即天理与人欲的问题进行了有力的批驳。他针锋相对地提出了自己的看法："理也者情之不爽失也，未有情不得而理得者也"，"今以情之不爽失为理，是理者存乎欲者也"。① 它以"理存于欲"的新命题反击了理学家所谓"去人欲，存天理"的旧说教，并且进一步认为"后儒以理杀人"同"酷吏以法杀人"本质上并无区别。他把清朝统治者"以理杀人"和"以法杀人"并列在一起加以抨击，是中国封建社会后期思想史上最闪光的一页，可以说既是继往，又是开来。在他以前，反对理学家空谈心性、不论事功的清初进步思想家唐甄就曾经提出过忠孝仁义诸道德，都可以"致人于死"，都可以"成崇"② 的论点，可是不及戴震揭示的那样尖锐、那样深刻。在他以后，激进的资产阶级旧民主主义者谭嗣同，为了冲决封建专制及其纲常名教的罗网，对程朱理学作了类似的驳斥："世俗小儒，以天理为善，以人欲为恶，不知无人欲，尚安得有天理？"③ 由此可见，学术研究上的为历史而历史，正如艺术创作上的为艺术而艺术一样，他们都是逃避一种现实而向往另一种现实。这是我们反对历史研究的当代主义，同时又肯定历史研究具有当代性的一个重要的事实根据。

那么，我们所主张的当代性，其具体含义究竟是什么呢？简略地说，就是用当代人的眼光去研究古代人的问题。

历史是过去了的事情，然而历史研究却是常在常新的。古代人的实践给后代人留下丰富的史实，这些史实的形式虽已凝固，但其内容却是婉转流动的；后人对于这些史实的认识有可能一代比一代更正确，一代比一代更深刻，但是永远不可能穷尽它的客观意义。古代人根据自己的实践经验总结出一套思想和理论，建立了一套概念和范畴体系。这些思想和理论，固然有它不可避免的历史局限。但是其中具有规律性的思维成果，仍然可以转化为我们自己的思想财富。因为人类思想的历史发展过程，既不是绝对肯定，又不是绝对否定的过程，后人对于前人的思想资料总是又否定又

---

① 见《孟子字义疏证》卷上。
② 见《潜书·考功》。
③ 蔡尚思、方行编：《谭嗣同全集》（增订本下册），第 301 页。

保持的扬弃。既有保持，就必然存在着某些一致的方面和情况。所以混淆当代性与历史性的界限是不对的，割断历史则更为不妥。尤其是意识形态，其继承性更是不容忽视。但是继承并非机械重复，它要经过现实运动的消化和过滤，从而形成新的元素以推进现实的运动。从历史的连续性来看，当代是历史的合乎规律的发展，也就是说，历史既在当代之外，又在当代之中。从历史阶段的区别性来看，历史在当代之外；从历史阶段的有序性来看，历史又在当代之中；前者是相对的，后者则是绝对的。从历史在当代之外这一点来说，研究古代文献必须弄清楚它的本有意义，于是溯源、考证成了必备的方法，而由此产生的结果是复制。从历史在当代之中这一点来看，研究古代文献必须明其是非、知其得失，从中得到过去的教训，获取现在与未来的启迪，于是分析和综合成了不二法门，而由此产生的结果则是创造。复制是历史研究的基础，而创造则是历史研究的最终目的。以中国的历史资料而言，除了尚待进一步挖掘的地下文物而外，大部分已经见之于各种史籍；但是人们根据同样的材料得出的对于中国历史进程的认识，历千百年而未能趋于一致，单是对中国历史分期问题，当代几十年间仍然聚讼纷纭。倘使对于中国的历史分期缺乏明确的认识，则对于中国古代文艺理论或古代美学的研究简直是寸步难行。因为精神文明的根源不能由它自身来说明，只能到物质文明中去寻其最终的依据。精神生产的性质、特征和作用总是以与它对应着物质生产的性质、特征和作用为转移的。俄国的施托尔希的"文明论"，对所谓"内在财富即文明要素"进行的研究，马克思对其作了大段具有方法论意识的评论：

　　要研究精神生产与物质生产之间的联系，首先必须把这种物质生产本身不是当作一般范畴来考察。例如，与资本主义生产方式相适应的精神生产，就和与中世纪生产方式相适应的精神生产不同。如果物质生产本身不从它的特殊的历史形式来看，那就不可能理解与它相适应的精神生产的特征以及这两种生产的相互作用。从而也就不可能超出庸俗的见解……。①

　　我们研究中国古代文论或古代美学的人，如果坚信马克思主义是当代最先进的理论和方法，那就不能不依照这种理论和方法来考察中国古代文论和古代美学。但是，马克思主义文献中并没有关于中国悠久历史的分期

---

① 《剩余价值论》，《马克思恩格斯全集》第 26 卷第 1 册，第 296 页。

的具体说明，"而生也有涯，知也无涯"，为了方便，我们常常借助于历史学家的研究成果来作为我们判断古代文论或古代美学中具体现象的历史根据。借助绝非盲从，众说不一，需要选择，选择那些当代最新而又符合实际的成果。选择的过程，实际上也是一种用现代人的眼光去看待古代人的问题的过程。

人类的精神活动向来有瞻前顾后的特点。瞻前，是对于未经现实验证的人们的某种思想行为的预期；顾后，是对于已经历史考验的人们的某种思想行为的反省。它们统一在当时的认识水准上，目的是"温故而知新"。从时间的相对性来说，未来是现在的未来，历史是现在的历史。所谓未来学和历史学，都是以当代人的眼光做向导的。这种精神活动的特点，适应着一定的生产方式，其阶梯状的演进也与生产方式类似。对于同一命题的认识，在总体上当代人比古代人进步，而对于后代人则又注定了它的局限性。正如清人赵翼所说："预知三百年新意，到了千年又觉陈。"① 文艺创作和文艺理论研究，本质上都是一种创造性劳动。创造性劳动的特点在于不断地求"宜"，是为了使自己的认识和行动既符合客观实际，又符合人的现实需要，就是顺乎天理、合乎人情。求"新"是求"宜"的进一步发展，就是从求"宜"中悟出更深的天理和人情，奋力一跃，解放出来，高瞻远瞩，充分发挥主体认识与主体行为的能动性，从而推动天理、化育人情。所以汤文《盘铭》曰："苟日新，日日新，又日新。"殷人尚鬼，发明了天道观（天命论）。今天看来，它是十分落后的；但在殷代，天道观的发明，却是一大进步，因为它针对着部落间的对立和厮杀。为了统一偌大的黄河流域，建立统一政令的国家，没有一个统一的思想是难以实现的；而当时文明的初起，物质生产和精神生产尚未摆脱原始的形态，因而"以神道设教"确是"圣人"的绝妙创造。

随着社会的发展，天道观压制了人性的发展，暴露了它的非理性的弊害，于是到春秋战国时期逐步被人性论所代替。儒家文艺思想或美学思想的理性主义特征正是以人性论为核心的。孔子论《诗》，拈出"思无邪"；孟子说《诗》提出"以意逆志"；荀子也确认"《诗》言是其志也"，都

---

① 《瓯北集》卷28。

是从主体方面突出理性要求。在哲学思想上，正是儒家把传统的天人关系颠倒了过来，变成了人天关系；从而在文艺创作和文艺欣赏方面突出了人的主观理性的作用。儒家的理性主义，并没有发展成为"唯理主义"。它反对偏激，认为"过犹不及"，主张"无过无不及"，所以尚理而不毁情；承认情欲，而又反对任情纵欲。因此，无论从它的外在针对性，还是从它的内在机制来说，在当时都是进步的。宋代理学家标榜儒学，为了扼杀现实生活中背离礼教的倾向，维护朽坏的封建统治，吸收了儒学尚理的一面，并且把理与情对立起来，形成了程朱理学的绝对理性主义。在哲学思想上，它把先秦时期儒家所确立的人天关系，在新的历史条件下作了新的颠倒，在形式上回复到了文明初始时期的天人观，而在内容上则显得十分精巧细密。绝对的理性主义同样是野蛮的，它所引起的直接后果就是桎梏人性。到了明清两代，当资本主义因素在封建制度内部开始萌芽的时候，程朱理学就成了统治者手中杀人不见血的武器，从而日益暴露了它的反动性。作为思想界的反对倾向，文学理论上"性灵说"和"唯情说"的崛起，文学创作方面描写世态人情的戏剧、小说的大量涌现，对于反动的程朱理学都是一种有力的冲击。可见，并非任何理性主义都是值得肯定的，因为人们所要求的是既合理又合情的生活，艺术倘要满足人们的精神需要，也必须是既合理又合情的。

我们对出现在历史上的两种理性主义，作了截然相反的两种评价，显然是用了当代人的眼光。但是这样的评价如果不符合历史实际，那么，所谓当代人的眼光就造成了十分有害的主观武断，而主观武断，历来是科学研究之大忌。因此，我们所讲的当代人的眼光，应该包括我们心中对理论、现状和历史知识的全面积累。缺乏理论素养，我们容易被历史现象所迷惑，而难于揭示它的实质；缺乏对于现状的了解，面对五光十色的历史事实，我们就会头脑冬烘，自我作古；而如果缺乏必备的历史知识，则历史研究就失去了实事求是的基础。诚然，科学研究必须讲究方法，但是再好的方法也补救不了无知。方法同知识的关系，犹如眼镜同眼睛的关系。目力不足，配上眼镜，可以增强我们的视力；知识丰富，方法先进，可以使我们的眼光更加尖利。假如挖去我们的双眼，即使戴上质量上好的眼镜，也依然辨别不了大千世界的黑白青黄。世间万事万物都处在一定的关系中，我们只有在一定的关系中找到了事物的固有位置，然后才能正确地发挥它的作用，这就叫作"思不出其位"。片面地夸大方法论的作用，那本身就是一种方法论错误。

我们研究中国古代文论和古代美学，目的是为了从中找到借鉴，以便建立具有中国特色的马克思主义的新的文艺理论或美学体系。我们的眼光必须纵贯古今，横绝各个时代，把一些重要问题放在一定的历史关系和逻辑关系中加以考察，只有这样，才能逐步探索出规律性的见解。而方法，实际上就是认识和处理各种关系学的总和。在这方面，问题较多，限于篇幅，本文仅就下列两种关系谈一些初步的看法。

（四）唯物主义和唯心主义的关系

任何文艺理论或美学思想，都是建立在一定的哲学基础上的。孟子的"充实之谓美"，是中国美学思想史上关于美的本质的最早的科学概括，而其理论基础分明是他的性善论哲学。孟子的"知人论世"的文学批评论，也分明同他的性善论哲学有关。同样，荀子的文艺理论和美学思想，也是从他的性恶论哲学派生、演化出来的。正因为这样，我国古代文艺理论或古代美学领域在各个时代都有唯物主义和唯心主义的对峙、起伏和消长。在先秦时期，儒家文艺思想或美学思想，在主体与客体的关系方面，主导倾向是唯物主义的。孔子的兴、观、群、怨说；孟子的"知人论世"说；荀子重视外部环境对人的主观意识的影响，并且由此提出了"既雕既琢"的观点，都是很好的例证。道家在哲学的基本问题方面是唯心的，其贡献主要表现为对于人的主观世界的探索。由此往后的各个时代，哲学上两条路线的斗争对于文艺理论或美学思想都产生过直接的、间接的影响；而哲学问题的解决，又常常是文艺问题或美学问题获得解决的前提。据此，我们在评价古人时，不得不把一些古人划归唯物主义阵营，而把另外一些古人划归唯心主义阵营，并把唯物主义和唯心主义的分歧作为中国古代文论史和古代美学史的贯穿线，是一件自然而又合理的事。不如此，很难从总的方面揭示出古人的思想和学说的世界观性质。然而，真正的科学研究决不能仅仅满足于这种初步的分类排队，更不能以此作为肯定和否定的绝对依据，否则，至少在方法论上难免犯形而上学的错误。因为古代的唯物主义是不完善的，古代的唯心主义也并非一无可取。马克思在 1845 年写的《关于费尔巴哈的提纲》，第一条就是提醒我们在这方面要采取实事求是的分析判断的方法：

> 以前的一切唯物主义——包括费尔巴哈的唯物主义——的主要缺点是：对事物、现实、感性，只是从客体的或者直观的形式去理解。所以结果竟是这样，和唯物主义相反，唯心主义却发展了能动的方面，但只是抽象地发展了，因为唯心主义当然是不知道真正现实的、感性的活动本身的。

此外，还有这样的情况，即是一个人的思想，在总的倾向上尽管是唯物主义的，但并不排斥他在局部问题上会犯唯心主义的错误；与此相反，一个唯心主义者，也可能会在局部问题上发表某些唯物主义见解。而且，古代人，特别是上古时代的思想家，他们的思想方式常常带有直观性和猜测性，对于感性和理性、存在和意识、唯物和唯心的关系，在他们的观念中本来就是非常模糊的。我们不能无视这种复杂的实际状况，而简单地采取给古人画脸谱、贴标签的方法来代替艰苦细致的实事求是的分析。我们知道，古代的儒家和道家思想，有如黄河和长江一样，曾经长期地培育过我们中华民族的精神之树，以致在我们一代又一代人的精神内部，在心理素质、思想情操、思维方式的底片上，都留有它们或深或浅、或明或暗的印记。在古代文艺理论和古代美学思想方面，由于它们的影响而形成了两个不同的流派，两种不同的观点、不同的情趣和不同的体系。我们很难以精确的谁优谁劣来区别其价值，只能说，它们是我们伟大民族精神之树的两朵古代并蒂的花。

然而，事情并不像我们期望的这么简单。比如老子，他究竟是一个唯物主义者还是一个唯心主义者，哲学史家们的看法就颇为分歧：有人说他是唯心主义者，也有人说他是唯物主义者，而且双方都能拿出论据以支持自己的论点。在这种情况下，我们想要借助他们的成果来研究老子的文艺思想或美学思想，常常感到无所适从。怎么办呢？科学研究贵在能疑，疑者觉悟之机。对于同一个历史人物，后人在评价上产生两种截然相反的看法，如果不是出于社会学上的原因，那么，从逻辑上讲，两种看法之中可能都包含着部分真实，又都存在着不够周延的缺陷。我们带着这样的疑问来反复阅读老子的《道德经》，读之愈熟，思之既久，那就会发现：在一些问题上，老子诚然是唯心的，在另一些问题上，他又确乎是唯物的，而从总体来看，这可能正是客观唯心主义者的特点。从这里我们可以得到一点经验式的启发：对于任何一个较为复杂的古代思想家，研究者的眼光必须既能焦点透视，又能散点透视，这样才能判断其思想的哲学性质，才能避免执其一端而充当"固哉高叟"。但是，知其然，仅仅是科学研究的初步要求；知其所以然，才是科学研究的真正使命。我们经过研究，确认老子是一个客观唯心主义者；宣布这个结论，不能认为没有意义，可是更为重要的意义却是在于进一步说明他为什么、从什么地方不无遗憾地跌进了唯心主义的缺陷！如果我们经过努力做到了这一点，那么，我们的研究就能够化腐朽为神奇，使得读者从中受到应有的启发，因而也就同时收到了当代性的效果。

一个人的文艺思想和美学思想同它的哲学思想存在着这样那样的联系，这是不成问题的；需要考虑的是：这种联系并非机械地一一对应，而是有可能对应的，也有可能超出常规。比如老子确实崇无尚虚，有的论者遂以此为唯心，摘取一些似是而非的例证，从而判定老子的文艺思想或美学思想是虚无主义的；而常识告诉我们，虚无主义是不好的，于是张弓射影，大加批判。诚然，马克思主义在本质上是批判的，但马克思主义首先是唯物辩证的。对于复杂的事物，马克思主义从来不抱轻率态度，从来不作主观随意性的批判，而是针对具体问题进行具体分析。在方法上，马克思主义者绝不迷信形式逻辑，深知单靠形式逻辑难以理解纷纭复杂的社会意识。老子在哲学的生成论方面，主张"有生于无"，这可能是欠妥的①，但在艺术理论上提出的有无相生，却具有深刻的方法论意义。老子认为"道"为万物之宗，而道体是"虚"的，于是为了尊"道"而尚"虚"，这在生成论方面，同样是不妥的。但是从心理学的角度看，他提出的"致虚极，守静笃"②，却是一个不无意义的命题，在文艺心理学方面所具有的意义尤其不可低估。有的艺术家进入创作过程时，眼前万象纷披，心

① "有生于无"，说得太绝对，但现在看来并非全无根据。现代物理学发现了"核内电子既存在又不存在"的悖论，可以证明上述看法。

② 《老子》，第16章。

底波涛汹涌，整个情绪冲动不已，这是一种类型的创作心理状态。还有一种类型的创作心理状态则与之相反，它表现为，主体高踞于客体之上，意不旁骛，以透明的心境去琢磨自己所关注的对象；或者视对象如泥丸而婆娑把玩于股掌之中。它同样获得了审美感受。但是这种审美感受不是浮动的，而是深沉的，不是热烈的，而是冷静的；不是迷狂的，而是清醒的。唯其为此，主体始终保持着独立不迁的品格，而与审美对象处于不即不离的关系之中。——这正是我们引以自豪的东方型艺术思维的特点，哪里是审美虚无主义！实际上，老子自己从不轻易地将"虚"和"无"连成一个概念，更未把"虚无"当作自己的哲学主旨而加以标示。在汉朝人司马谈的《论六家要旨》中，才第一次出现道家思想"以虚无为本"的说法。这个论断意在指出"虚"的概念在老子哲学中的重要性，并不包含任何贬义。《老子》第十五章："大成若缺，其用不弊。大盈若冲，其用不穷。""缺"和"冲"，都是"虚"，但两个"若"字，表明这种"虚"并非真的"虚无"，而是揭示有些事物在现象和实质之间存在着相反相成的情况。即表面看来像有欠缺的东西，实质上恰恰是最完满的东西；表面看来像是空虚的东西，实质上恰恰是最充实的东西。这在艺术理论上正是艺术家们所说的"空灵"：诗家中的神韵派主张写作诗词要半吞半吐，有意不把话说尽；画家中的写意派主张图画丹青要在画面上留下空白，有意不把画面填满。不说尽，不填满，不等于无字天书、一张白纸，而是自觉地从另一个方向，从与充实相反的虚空来追求较之表面充实更为充实的效果。根据这样的艺术理论所创造的艺术品，不可避免地带有某种抽象性和象征性，然而，这正是我们引以自豪的东方型艺术特点。近几年来，我们有不少同志对于西方现代派艺术理论和艺术作品，流露出可以理解的惊奇之感与钦慕之情；然而人们并不全都知道西方现代派的衮衮诸公，当初为了突破和创新，曾经向东方的艺术之神作过虔诚的祈祷！我们指出这个事实，无意于同西方人争夺艺术真理的发明权，而是为了说明艺术规律是客观存在的，谁发现了这些规律，谁的思想就成了人类共同的精神财富，谁就理应受到人们的尊重。对于研究中国古代文艺理论或美学思想的人来说，如果他的心中装着这些古今中外的有关事实，那么，他的研究就不会无的放矢，他的著述即使没有直接触及任何现实问题，现实问题也依然会氤氲其中，挥之不去，从而给予当代人许多有益的启迪，也许在方法论上还可以由此免却许多不应有的简单粗暴的失误。

（五）通和变的关系

任何思想、理论，都是历史地产生，又是历史地变化的，即使是神学也不能例外。因为世界上不存在最后的、终极的真理，真理受着时空的限制，真理总是带有相对性的。理论思维"在不同的时代具有非常不同的形式，并因而具有非常不同的内容"①，就历史的纵向关系来讲是这样，就历史的横向关系来看，对于同一个命题，同一时代的人由于观察面不同而产生不同的论断也是屡见不鲜的。由此看来，关于真理的相对性和绝对性的规律，不仅显示在历史的经线上，同时也显示在历史的纬线上。为了唤起人们的自觉，我们的先哲发明了"通变"的理论，经书上说"穷则变，变则通，通则久"②，在新的事物面前，原有的理论原则如果不能完全或完全不能揭示它的新质、解析它的多方位、多层次的关系时，人们就要设法部分地或者全部地改变原有的理论原则，以求补偏救弊，甚至除旧翻新。只有排除了理障，人们在实践中才能少走弯路，才能顺利前进："若无新变，不能代雄。"③ 所以经书上又说："一阖一辟谓之变，往来不穷谓之通。"④ "变"就是变化、运动，"通"就是发展、联系，"变"是"通"的前提，"通"是"变"的目的。而合成一个哲学范畴，"通变"暗示着不变因素与变化因素的对立统一，暗示着否定与保持在一个空间同时得到了实现。人们自觉地掌握了通变规律，就不会为祖宗成法所束缚，就不会产生狭隘的排外思想；也不会为了维护自觉的尊严而产生狭隘的排它情绪和盲目的非古倾向，所以鲁迅说："外之既不后于世界之思潮，内之仍弗失固有之血脉……取今复古，别立新宗。"⑤

在阶级社会中，由于阶级的原因，即使在同一个阶级的内部也还会由

---

①　《马克思恩格斯选集》第 3 卷，第 495 页。

②　《易经·系辞上》。

③　萧子显：《南齐书·文学传论》。

④　《易经·系辞上》。

⑤　《文化偏至论》。

于认识的原因，使得通变规律很难在人们的主观方面得到统一的实现，于是由观点分歧而分成了各种不同的学派。对于研究中国古代文艺理论或古代美学的人，"通变"规律具有什么作用呢？我看至少在方法论上存在着不容忽视的意义。就横向关系来说，自觉地应用"通变"规律来观察历史上的百家众技，由于在总体上理论思想对立，因而显得壁垒森严，但这只是问题的一方面；问题的另一方面，还可能出现出发点截然不同，归宿点却显然趋于一致的情况。前面谈到的儒道两家，在先秦原是两个对立的学派，道家在美学上追求虚涵同儒家在美学上追求充实，代表着两种互相反对的倾向。在人格美论方面，儒家提倡渐修，主张"学而知之"，不惮"苦其心志"，然后达到内在的充实。孟子提出"充实之谓美"，但是"充实"只是人格魅力的第一个层次；"学而不厌"，由此往上递进，还有第二、第三、第四个层次。所以孟子接着又说，"充实而有光辉之谓大，大而化之之谓圣，圣而不可知之谓神"。① 只是充实而不能灵光四照，那是金子而不是宝珠，所以要"充实而有光辉"；只是个人内充外照而不能化育万物，那是瑚琏之器而不能算作国宝，所以要"大而化之"；能够化育万物但是形迹显露，那只能算作国宝而不能称为神器，所以要"圣而不可知"。这最后一个层次就是儒家所追求的人格美的最高境界，它同道家的虚涵，实质上并无二致，都具有某种神秘而不可究诘的意味。他们的区别仅仅表现为实现这种境界可以通过不同的途径、可以具有不同的方法而已。道家提倡了悟，主张"绝学弃智"。反对苦虑劳情，要求去繁就简直逼虚涵。把他们的人格美论用在文艺学上，对立而又统一的两个方面也是昭然若揭的。在方法论上，儒家主张由博反约、实中有虚，道家主张以约制博、虚中藏实；在风格论上，儒家崇尚由雕绘满眼而造成辉煌壮丽，道家提倡自由自然省净而造成平淡清新；在形神关系论上，儒家提倡以形写神，道家则提倡遗形取神；而其总归都以神秘虚涵为最高境界。我们的祖先把这种对立而又统一的现象概括成一条哲理，即所谓"同归而殊途，一致而百虑"。②

西方现代版衮衮诸公虔诚地向东方美神祈求艺术真理，但对中国，他

---

① 《孟子·尽心下》。
② 《易经·系辞下》。

们似乎只垂青于道家一派，似乎只有道家的美学思想才真正道出了东方艺术的真谛，才是真正的艺术的不二法门。他们对于儒家的美学思想似乎兴趣不高，只在门前一望而未曾入其堂奥。对于外国人的这种误会和粗疏，我们可以谅解；可是我们自己对于祖先留下的精神财富，却不可跟着外国人粗疏起来、误会下去。我们继承遗产，首先要求对遗产有个系统、全面、正确的理解，这样才能避免见其小体而忘其大体。没有分析就没有综合。我们应该从研究那些对我们民族的文化思想发生过重大影响的代表人物入手，把他们学说的各个侧面弄清楚，并且由此形成一个总的认识，然后再把我们所要研究的课题放在他们总的思想体系中加以考察，免得以管窥天只求其自身的对位合度。一个时代的思想家处于同一个时代潮流之中，思考着共同的问题，而研究问题的方法却可以千差万别，正如世界上没有"最后的、最终的真理"一样，也没有"唯一的严格科学的方法"。[①]

　　我们已经分别研究了各种学派的代表人物及其学说，我们也已经看到了各种学派观点上的矛盾对立，在这个基础上，我们的眼光倘使能够笼罩一世，那么，我们所看到的就不仅仅限于各家各派在观点上矛盾对立的一面，还可能从中透视出和谐统一的一面。历史是按照平行四边形的角线方向前进的，不同学派学说中和谐统一的一面所发挥的实际作用，也许恰似平行四边形的对角线，也许正好符合历史所遵循的合力的方向。不然，我们又怎么理解儒道两家在后世的合流呢？春秋战国时期曾经出现过百家争鸣的局面，各家有各家的学说。如许众多的学说，在当时都有存在的理由，但是经过历史的长期浪淘，流传于后世而又真正能发挥作用的也不过就是那么几家。而且，在这几家之中对于中国民族文化心理结构的形成，恐怕要数儒道两家影响最为有力。秦汉以后，儒道两家的影响力虽然由于时代状况不同而出现过起伏消长的态势，但是总的趋势却是儒道合流。这也是"通变"的一种具体表现。魏晋南朝情况明显，毋庸多说；唐代思想开放，尊李（道）、尊孔（儒），长期共存；宋代理学大兴，理学曾经被作为钦定的经院哲学，居统治地位近五百年之久。但是，究其学术渊

---

① 《马克思恩格斯选集》第 3 卷，第 69 页。

源，道家思想也是其中的一脉源头①。这样，"外儒内老"，就成了中华民族长期养成的总的文化心理结构，中国的知识分子可以说尤其如此。任何事物，任何情势，都有阴阳刚柔两个侧面，人们为了驾驭事物的运动、对付情势的变化，不得不准备阴阳刚柔两手，以求人与环境取得某种适应。整个人类历史就是人对环境的积极的适应过程，就是历史和现实不断从矛盾趋于统一的过程，就是无穷的"通"和"变"的过程。社会美和生活美，正产生在这种"通变"关系之中，"人与天调，然后天地之美生"②。所以经书上又说："刚柔者，立本者也；变通者，趋时者也。"③ 在历史和现实的通变关系中，儒道两家正好代表着阴阳刚柔两个侧面，由它们来铸成我们民族总的文化心理结构是完全可以理解的。

一个民族的总的文化心理结构制约着它的艺术心理结构，从而制约着它的艺术思维的指向。于此也就可以理解，在我国古代文艺理论或美学思想中，情与理的关系、形与神的关系以及兴象与兴寄、写实与写意、自然和雕绘诸般关系的哲学基础和心理学基础到底是什么。我们研究我国古代文艺理论或美学思想，不得不把它们放在我们民族总的文化心理结构中加以考察。这样做，有利于正确地估量它们的历史价值，也有利于更好地借鉴它们，以便从此时此地发展我们的艺术创作和艺术理论。因为真正的"通变"，离不开总的民族文化心理结构，离不开总的民族文化的特点。因为"古往今来每个民族都在某些方面优越于其他民族"。④ 而每个民族对于世界文明的贡献也正在于它的优越之点。古代希腊人推崇技艺，推崇艺术家的聪明和智慧，于是造型艺术领先发展，而在文艺理论上相应地提出了"模仿"说；"模仿"说强调客体的"真"，艺术方法上也就必然偏于再现。我们中国古代的文艺理论也是从"模仿"说开始的⑤，但是由于礼教的约束，在实际生活中重视道德而不重视技艺，推崇道德家内在的品

---

① 参见侯外庐主编《中国思想通史》第 4 卷下，第 595 页。

② 《管子·五行篇》。

③ 《易经·系辞下》。

④ 《马克思恩格斯全集》第 2 卷，第 194 页。

⑤ 《易经》中论卦象："仰则观象于天，俯则观法于地……"，又云："圣人有以观天下之赜，而拟诸其形容，象其物宜，故谓之象。"古人认为形容而后有"象"，通过对外物的模拟而达到"象者，像此者也"。我们可以把这些思想材料看作中国古代的"模仿"说。

德修养及其外在影响，因而文艺理论上相应地提出了"比德"说①。"比德"说强调主体的"善"，艺术方法上也就必然偏于表现。中国古代文艺乃至整个文化的特点是礼乐相依，于是率先发展了音乐艺术，而"乐者，生于人心者也"。认识到了音乐是精神表现的媒介，在艺术方法上也就必然偏于表现。

　　我们研究中国古代文艺理论必须充分注意到这个传统，但是重视传统绝不意味着排斥外来文化。我们注意"通变"，正是因为"一个国家应该而且可以向其他国家学习"②，正是因为我们在这方面有过很好的经验和教训。汉、唐两代是我们民族历史上最辉煌的时代，汉人、唐人具有很强的民族自信力，他们充分尊重自己的文化艺术传统，又从不拒绝吸收一切有价值的外来的东西。我们的古人以大为美，所以尊之为"大汉""大唐"。但是"大"的哲学含义是什么呢？古人有言曰："不同同之谓大"③。清朝末世，是我们民族历史上最耻辱的时代。那时国力孱弱，文化萧条，然而统治者终日昏昏，不知通变，闭关自守，把传统文化艺术当作万世不移的国粹，自大而又自卑，狂傲而又怯懦。他们违背了我们古人的良训："圣人终不为大，故能成其大。"④ 辛亥革命和五四运动的风雷激荡，才冲破了中华民族历史上那段末世的沉闷，开始了新的通变的历程。当今的时代是一个开放的时代，那种患了自大狂和恐外病的人，同马克思主义的博大精深，同我们民族的恢宏气度，同朝气勃勃的时代气氛是格格不入的。我们需要说明的是吸收不要忘记消化，一切外来的东西必须经过符合我们现实需要这个必要的环节，然后才能够汇入、融合到我们民族文化的长河中去，从而提高它的流量，更为有效地发挥它的运输和灌溉的能

---

　　① 《荀子·法行篇》：子贡问孔子曰："君子所以贵玉而贱珉者，何也？为夫玉至少而珉之多邪？"孔子曰："恶！赐，是何言也？夫君子岂多而贱之、少而贵之哉？夫玉者，君子比德焉。温润而泽，仁也；栗而理，知也；坚刚而不屈，义也；廉而不刿，行也；折而不挠，勇也；瑕适并见，情也；扣之，其声清扬而远闻，其止辍然，辞也。故虽有珉雕雕，不如玉之章章。《诗》（《秦风·小戎》）曰："言念君子，温其如玉。此之谓也。"〈按〉荀子的"比德"说对后世影响甚大，其实质就是主张象征：用玉的自然属性来象征人的社会属性。人对于玉的认识不是机械反映，而是根据玉的特点进行再创造。在这里，人的主观想象力起了决定性作用。

　　② 《马克思恩格斯全集》第 23 卷，第 11 页。

　　③ 《庄子·天地篇》。

　　④ 《老子》，第 63 章。

力。我们现在讲通变，就是自觉地立足于本专业，正确地认识与本专业有关的古今中外的各种联系，以便放眼世界，走向未来，以便使我们的科学研究尽快地有所突破。

原载《文学评论》1986 年第 2 期

十二

现象环与中国古代美学思想

> 人的认识不是直线（也就是说，不是沿着直线进行的），而是无限地近似于一串圆圈、近似于螺旋形的曲线。
>
> ——列宁：《哲学笔记》

中国古代美学是一个丰富的矿藏。但是系统的美学专著甚少，大部分思想资料作为哲学的共生体散乱地沉寂于经、史、子、集之中，丰富性给人们带来喜悦，散乱性则又给人们带来许多麻烦。研究者怎样通过麻烦的工作从散乱中见出它的条理，从丰富中见出它的价值呢？在我看来，必须要求自身具有自甘寂寞的忍性和致力于总体探索的苦心。

探索中国古代美学思想的总体规律，在方法上应当是"分"中求"合"，"异"中求"同"，也就是说，在一家一派、一朝一代分别研究的基础上，扶摇而上，鸟瞰全局，决意作宏观的把握。在这里，列宁的论断在认识论方面对我们具有极大的启发性：为了洞察对象的总体规律，人们除了应作抽象的思辨认知而外，还可以作某种形状或性状的具体把握。结合中国古代美学思想总体规律的探索，我以为应当注意两点：

紧紧抓住它作为哲学共生体的特点，从哲学思想上着力清理出它的中心线索来，以便把杂多转化为整一，把繁难转化为简易。这就是我在文中将要进行粗略论述的两端论——中合论——神秘论。

线索仅仅是通向大厦的方向和途径，欲知壮观的大厦，还必须根据固有的资料把心神集中在中国古代哲学—美学思想总体结构的绘制上。这就是我在文中将要进行粗略描述的思想环——宇宙环——现象环。

总而言之，三论、三环代表着我对中国古代哲学—美学思想的总体结构的认识，千虑之一得，为引玉而抛砖！

（一）思想环与中国古代美学思想

中国古代哲人认为一切事物都处在运动变化之中，而运动变化的始因不在事物的外部而在于"物生有两"。其内部机制，用中国古代儒家的话来说，就是所谓"相荡""相摩"①；用中国古代道家的话来说，就是"相盖（害）、相治"②。这种机制的作用在于通过两端运动的自调节，使事物由无序转为有序，由非平衡趋于平衡状态，其理想的结果就是儒家所谓的"中庸""中和"或"中正"，就是道家所谓的"天和""天倪"或"天钧"。换句话说，统一体之分为相互关联的两端，通过其内部机制的调节和推动，按照固有规律各自向前发展，发展的结果，不是一方吃掉另一方，而是互相否定又相互保持，经过扬弃而不断完善统一体自身，这就是中国古代哲学—美学思想的中心线索。这个线索无头无尾、无始无终，好像很神秘；如果我们跳出单纯的哲学思辨，把它的运动轨迹从形状或性状上加以美学的描摹，那就清晰地显现为一个美丽的圆圈：一分为二，经过中和，在更高的层次上合二而一。所谓"更高的层次"，意在点明这个美丽的圆圈并不封口，它是一条无穷无尽的螺旋形的曲线。

中国古代哲人面对浑浑无涯的宇宙，在思想上深信，可以通过合情合理的调节，有效地挣脱众多两端现象的困惑，达到至美至乐的人生境界。从精神现象学的观点来看，它的逻辑次序是智力结构在前，意志结构居中，美感结构殿后，从而说明，它与人类精神生长过程存在着一致性。但是中国古代哲人并不着意于这种逻辑次序的明确划分，更大的兴趣倾向于追求智力、意志、美感的首尾相应、圆融一体。在他们看来，这才是真正健全的人类精神。

健全的精神就是有道，就是合德，就是大美。这种精神的充分自觉，就是一空依傍的自由境界的出现。中国古代的儒道两家，都把这种精神的自觉概括为"诚"，而把充分的自觉概括为"至诚"或"精诚之至"。抽象地说"至诚"或精诚之至，乃是人的最高修养，人的最高的精神境界。

---

① 《易·系辞上》："刚柔相摩，八卦相荡。"《礼记·乐记》："天地相荡，阴阳相摩。"
② 《庄子·则阳》："阴阳相照、相盖（害）、相治。"

具有这种最高修养、达到这种最高精神境界的人，儒家称之为"圣人"，道家称之为"至人"。他们都有什么特点呢？儒家告诉我们说，"不勉而中，不思而得，从容中道，圣人也"①。道家告诉我们说，"夫至人者，上窥青天，下潜黄泉，挥斥八极，神奇不变"②。这就表明，他们都具有超越物我两端的神秘性。因此，确认神秘主义是中国古人普遍的意识结构的支撑点，是完全合乎实际的。需要说明的是：神秘主义常常就是唯心主义，但并非任何神秘主义都可以与唯心主义等同起来。因为哲学史上的神秘主义都不满足于"知性思维"，单就这一点来说，"思辨思维"与神秘主义颇为相近。在这个意义下，"一切理性真理均可以同时称为神秘的"③。黑格尔把人类思维划分为"知性思维"与"思辨思维"两个不同的递进阶段，并且肯定神秘主义与理性真理存在着一致性，从而在他的认识论中削弱了形而上学，突出了辩证法。但是，中国式的神秘主义在突出"思辨思维"的辩证性方面表现得并不那么自觉，这是因为我们中国人传统的思维方式从来不以思辨性为其特点。窃以为中国式的神秘主义的特点在于认识过程中绝不驻足于理性认识，它还要由此继续向前推进，推进到复归于感觉，在感觉中又以直觉为极境。在中国古代哲人来看，理性认识的可靠性并不完全取决于理性自身，它必须与一个人的具体行为联系起来才可以得到最后的确认。这是一。人有求知的本性，但人同时又有畏惧真理的情绪，因为真理具有威慑力量。这是二。前者出于我们中国人的"知行合一"观，后者出于我们中国人的"情理通达"论。

那么，由理性的认识复归于直觉的认识是不是意味着背离理性呢？答曰：非也，我们中国古代哲人所主张的直觉，并不像现代人所理解的不带理性的最初的直观，而是指认识主体对理性真知的精熟、笃信和一贯，以致在具体引用中能触类旁通、当下勘破，好像不假思索一样。请观《吕氏春秋·博志篇》：

盖闻孔子、墨翟昼讽诵习业，夜亲见文王、周公旦而问焉。用志

---

① 《礼记·中庸》。
② 《庄子·田子方》。
③ ［法］黑格尔：《小逻辑》，第28节。

> 如此其精也，何事而不达，何为而不成！故曰：精而熟之，鬼将告
> 知；非鬼告之也，精而熟之也。

　　这是说的一种认识上的超常状态，它出现在假定理性的前路与归途都
被切断而使感觉相对孤立的时刻。所谓感觉的相对孤立，是说此时的感觉
同理性的关系处于藕断丝连之中，人们通常只见其藕断而不察其丝连，于
是复杂性的认识被孤立化为简单性的直觉。理性的高度升华而变成了无拘
无束的直觉，人类的精神世界就获得了高度自由的心理体验。这样的神秘
主义直觉，就是我们中国古代儒家所说的"君子无入而不自得焉"[①]；就
是我们中国古代道家所说的"目击道存"[②] "神之又神"；也就是中国古
代佛家所说的"名言路绝，栖心无寄"[③]。如果我们剥去它的神秘主义外
衣，这种认识运动的轨迹同样清晰地显现为一个美丽的圆圈。它是哲学
的，同时又是美学的。
　　由于中国古代哲人重视感性体验，因而重视历史经验，认为历史经验
中包含着永恒不变的真理。这就造成了中国古代哲人严重的复古主义的心
理趋向。复古主义的特点表现为强调"前事"重于强调"后事"，怯于计
议发展而勇于谈论回归。儒家和道家都是复古主义者，他们都把遥远古代
的"圣人"或"真人"当作自己理想的象征物，以便利用这种古尸的磷
火来照亮活人的前程。
　　中国古代的儒家认为夏商周三代的递变历史，已经体现了人类文明的
全部经验，这就是所谓"正朔三而改，文质再而复"。往后的历史运动纵
有形式的改变也绝不会在根本上违背这个模式。在《论语·为政篇》里，
孔子对他的学生子张明确地提出了他的历史"损益"观。孔子十分自信
地认为，只要掌握了这种"损益"观，就会预见到往后的历史将会如何
运动。刘宝楠《论语正义》在此引《白虎通·三教篇》加以注解："三者
如顺连环，周则复始，穷则反本。此则天地之大理，阴阳往来之义也。"
揭示历史运动在现象上的相似性重复，我们中国的古代哲人是有功劳的，

---

① 《礼记·中庸》。
② 《庄子·天地》。
③ 法藏：《金狮子章》。

但把这种相似性重复视为机械性的循环，显然是一种唯心史观。抓住它肯定变化合理性的一面，可以激励人们向前看；抓住它机械循环的一面又可以使人向后看。后来佛家的生死轮回说就是这种历史观在人的生命论方面的缩写。"阿 Q 精神"，阿 Q 式的英雄主义，正是这种历史观和生命论在近代历史条件下聚合而成的一种消极的愚昧落后的意识。

值得我们探索的是从历史观、生命论、意识论等方面所形成的中国古代的现象学。中国古代的哲人不仅认为人类社会的历史运动是连环式的，连环式的运动在他们的观念里乃是一种普遍的精神现象的模型。就人的本性来说，从最初的混沌到分出善恶两端；通过接受教育，去恶扬善而产生中和，中和到极点就是凡事优游不迫，好像又回到了最初的混沌。这种混沌不是善恶不分的怪癖，而是高度渗透善恶以后所产生的理想的人性。它不免显得神秘，实质却十分美好。就人的知识修养来说，从最初的无知（愚）到后来的知（"不愚"）再向前发展，好像又回到了最初的无知（"如愚"）。就人与社会的关系来说，从最初的无关心的和谐（朴）到后来的利害冲突，经过合理的调节，消除了这种冲突，而彻底的无冲突，又好像回到了最初的无关心的和谐（"返朴"）。所有这一些，在运动的形状或性状上都是连环式的。因此，可以从中抽象出一个总的概念，它就是我所说的思想环。两端论、中合论、神秘论包含在思想环之中，并且是作为思想环的内容而存在的。宋人朱熹在论说《中庸》一书理论上的逻辑运动的特点时，也是根据思想环的原理。他在《中庸·序》里说："其书始言一理，中散为万事，末复合为一理。放之则弥六合，卷之则退藏于密。"

思想环是中国古代哲人对人类精神现象的审美性认识。它在具体应用中具有两端背反的特点：既可以上升为开放型的一串连环，也可以下降为一个个孤立的圆圈。英明的统治者可以应用开放型的思想环创造光辉灿烂的业绩，从而开辟一个壮丽的时代（如汉、唐时代）；昏庸的统治者也可以把思想环当做封闭的圈套，在应用中延缓或阻滞历史的发展，并且铸成一段腐败暗淡的时期（如晚明、晚清时期）。在近年来出现的文化热中，有不少同志为了推动新文化的进一步发展，为了清算旧文化的流弊，认为中国传统文化的特点是注定的封闭型。我觉得其意固属可嘉，然而其言未能尽当。因为这种看法既不完全符合中国古代的历史实际，也不完全符合中国古代的理论实际。我们的古代哲人当自己决意避开现实处境的束缚时，也曾经清醒地说过："夫道未始有封"①，"不闭其久，是天道也"②。

思想环对于美学思想有什么意义呢？意义就在于它是大全之美的恰切的性状。《礼记·经解》："天子者，……同步则有环佩之声。"《郑注》："'环佩'，佩环、佩玉也。……环取其无穷止，玉则比德焉。"配饰是一种为礼貌所要求的美，而"环佩"则是一种美的寓意。孔子"佩象环"③的寓意就是"象，有文理"，"环，取可循而无穷"④。庄子认为万物相生相禅，"始卒若环，莫得其伦，是谓天钧"⑤。"天钧"亦云"天和"，是道家所追求的浑浑融融的道的境界、美的境界。范缜的《神灭论》认为"圣人圆极，理无有二"。佛家主张神不灭，但所追求的真如本体却也号曰"圆成"⑥。由此可见，儒道佛尽管学派不同，唯物与唯心尽管观点迥异，但在以圆为美这一点上看法竟然若合符契，这就不能不引起我们高度的重视。

以圆为美的观点在我国古代的文学艺术理论中有着多方面的表现，清人丁皋在《写真秘诀》里主张画家写真应该"立混元一圈"。清人李修易《小蓬莱阁画鉴》指出善将之兵家妙于布势，而画家亦莫不妙于布势："发端混仑，逐渐破碎，收拾破碎，复还混仑"。此论极妙。布势成环，使画面气势圆融而不散乱，方能收到整体诱人的艺术效果。推而广之，就是宋人郭若虚的所谓"环混"⑦，唐人白居易的所谓"行真而圆，神和而全"⑧，单就形式美而言，其意义也是很明显的。中国古代诗文结构讲究起承转合，而造语则讲究璧合珠联；中国的园林入口处多用月亮门；中国的戏剧舞台是圆形的，而角色在台上行走则为走圆场，如此等等，都表现出中国古人对于环状美的追求，从而可以证明思想环乃是中国古代哲学一

---

① 《庄子·齐物论》。
② 《礼记·哀公问》中孔子语。
③ 《礼记·玉藻》及文下郑注。
④ 同上。
⑤ 《庄子·寓言》。
⑥ 法藏：《金狮子章》。
⑦ 参看《图画见闻志叙论》。
⑧ 参看《画记》。

美学思想结构的一个重要组成部分。

（二）宇宙环与中国古代美学思想

我们中国古代哲人从不脱离人的行为和人所生活的环境去孤立地谈论思想，对于任何事物总是主张放在它的系统中加以考察。所谓"智欲圆而行欲方"，不仅是知行统一观的明证，而且说明美学上的以圆为美所要求的圆并不是无方之圆，而是正多边形在运动中趋向于它的极限，也就是老子在《道德经》中所说的"大方无隅"。圆，显得严密而又婉转流动，但是纯圆却又不免失之于柔媚而无骨，只有圆中有方、方而不割，才能具备柔中有刚、绵里裹铁的美学特点。所以老子的"大方无隅"之说实在是美学中的"环中"妙道！

《管子·水地篇》："人与天调，然后天地之美生。"天是人所生活的大环境，人不仅应当同这个大环境一致，而且在总的生活格调上也应当像天一样的圆融和燮。由此看来，思想环作为精神现象是一种复杂的圆形结构，它的扩大就是宇宙的整体，它的存在就是宇宙的缩影。有环必有轴，否则运转无序。《荀子·解蔽篇》说道："心者，神之君也，而神明之主也，出令而无所受令。"可见我国的古代哲人认为人心就是环中之轴，因为人的思想言行离不开人的心灵的制约。也就是说，作为精神现象的思想环以人心为中轴而得以运转。问题是运转的动力从何而来？中国古代哲人认为，人心中藏"气"，心知乃气之所动；气又充满全身，生命乃气之所聚，血气的流通使得"心之官"具有思维能力，气是"心之官"产生运动的内力。"心"和"气"的区别，只表现在人的肉眼可见与不可见这一点上，可见其形谓之"心"，不可见其形谓之"气"，它们都是物质性的存在。"气"的内部包含着互相对立互相依存的两端，两端的相摩相荡成为"气"之所以流通不已的原因，同时又是人类生命力的源泉。《礼记·祭义》："气也者，神之盛也。"《淮南子·原道训》："夫行者，生之舍也，气者，生之充也，神者，生之制也。"汉代唯物主义哲学家王充更进一步认为人的一切生命活动都离不开气。他在《论衡·无形篇》中说道："形、气、性，天也。……性情神志，皆不离乎气。"不独此也，在中国古代哲人看来，宇宙的产生、宇宙的活动，也是依赖于气。因为天地未分之时，宇宙本是一团混沌状态的元气，其名为"太一"，其形也是一个圆。"太一"作为物质现象，我们把它叫作原始宇宙团，其本体就是"道"，所以"太一"有时也作"道"解。由于"道"的运动，原始宇宙团遂分而为天地、阴阳，"道"行于其中而使运动有序不乱。《庄子·则阳》云："是故天地者，形之大者也，阴阳者，气之大者也。道者为之公。"天地、阴阳有规律的运动，就是"大化"；人的生命就产生在这种天地阴阳大化之中。天地人谓之三材，三材俱备而宇宙垂成。扬雄《太玄·玄告》："天地奠位，神明通气，由一有二有三。位各殊辈，回行九区，终始连属，上下无偶。……圆方之相研，刚柔之相干，盛则入衰，穷则更生，有实有虚，流止无常。"这就分明是说宇宙运动的形状或性状也是一个美丽的圆。因此，我们可以把它定义为宇宙环，同思想环一样，两端论——中合论——神秘论也是宇宙环的内容，并且在本体上两者同为一气；同为一气，自然可以互相贯通。于是人心能够与天地交相往来，能够认识天地，从而改造天地；能够认识自身，从而改造自身。

"气"与美又有什么关系呢？关系非常密切。孟子说他"善养浩然之气"，因为"浩然之气"落之于内就是一种刚正不阿的品格，而扬之于外就是一种鼓荡于天地之间并且能够征服一切的人的风格显现。曹丕主张"文以气为主"，韩愈认定"气盛则言宜"，也都是因为文章的语言之美与作家内在的气质有关。南朝谢赫倡言绘画"六法"，而"气韵"居"六法"之首，有"气韵"则画面"生动"，正是说明画面的"气韵"，乃是由于显现着画家对于宇宙和人生的独特理解，因而产生出一种感激人心的风致。清人丁皋《写真秘诀》认为，"气韵"的实质就是"灵明之神也，生动之致也，运用之机也，虚无之象也。"他主张："写真一事，须知意在笔先，气在笔后。分阴阳、定虚实，经营惨淡，成见在胸而后下笔，谓之意在笔先。立混元一格，然后分上下以定两仪，按五行而定五岳，设施既定，浩乎沛然，充实辉光，轩昂纸上，谓之气在笔后"。他这里所说的，实际就是艺术创造应该通过艺术家的涵养而体现出宇宙环之美。而最早做出这种定义的似乎可以上推到春秋时期的伍举。其言见于《国语·楚语》："夫美也者，上下、内外、大小、远近皆无害者，故曰美。"这里分明是说无数两端的中和就是圆，就是美。《管子·君臣下》认为圆之所以为美就在于："圆者运，运者通，通则和。"这也就是说，圆以外的一切形状或性状本身都带有刺激性、阻滞性、固定性。固定则不能"运"，阻滞则不能"通"，刺激则不能"和"；而能"运"，能"通"又能"和"，却是圆的本性。我们还可以进一步说，一切都有"过"，只有圆"无过"；一切都有"偏"，只有圆"无偏"；一切都有"限"，只有圆"无限"。总之，圆的本性就是完满，就是大全，就是中和而又神秘。由此可见，孟子所说的"充实之谓美，充实而有光辉之谓大"，是继伍举之后所作出的涵盖宇宙和人生的美论。

作为精神现象的思想环，以人心为中轴而得以运转，那么作为物质现象的宇宙环又以什么为中轴而得到运转的呢？《管子·内业篇》："凡人之生也，天出其精，地出其形，合此为人。"《礼记·礼运篇》："故人者，其天地之德，阴阳之交，鬼神之会，五行之秀气也。"这是说，天地在先，人类后出，以天地人为骨干，以人为中心，组成了统一的宇宙，说到这里，宇宙发生发展的轨迹可以表述为：从最初的太一，到判分为天地，再到天地和合生人，最后形成三材而复归于一。究其情状，西方人叫作蛇咬尾巴，而中国人则叫作"无有头尾"①或"首尾相"。从逻辑上讲，就是王夫之在《周易外传》里所说的"始于合，中于分，终于合"。

宇宙环与思想环都是从现象方面说的，至于它们的本性，古人认为都是"道"。"道"是物质的还是精神的？依据对这个问题的回答，而有唯物与唯心两派学说的长期论战。宋代的张载和清代的王夫之，都认为"道"为"气"之所"化"，而"化"，即"所以然之妙"②。《易·系辞上》："一阴一阳之谓道。继之者善也，成之者性也。仁者见之谓之仁，知（智）者见之谓之知（智），百姓日用而不知，故先王之道鲜矣。"因为"道"为"气"之所"化"，所以包孕深广，非止一端。对此，《孔疏》有言："以数言之谓之一，以体言之谓之无，以物得开通谓之道，以微妙不测谓之神，以应机变化谓之易。"这里所说的几个概念正是研究中国古代哲学—美学思想的人亟待解析的命题。而从艺术辩证法的观点看来，这些正是艺术家构思艺术形象时所应达到的精神境界，也是一个或一组复杂的艺术形象所应包含的宇宙、人生的内容。董其昌说："画之所谓

---

① 慧能：《坛经·般若品》。
② 王夫子《读四书·全说》所论甚详。

宇宙在乎手者，眼前无非生机。"石涛《画语录·一画章》提出："一画笔"的主张。他认为绘画创作可以比作宇宙、自然的创造，也具有根本法则；应把"一画"的掌握作为画家必须具有的理性认识，以指导自己的创作。他从老子"万物得'一'以生"的观点，确定"一"为绘画之本。明代无名氏《画山水歌》认为一幅成功的山水画应当是这样的："盈尺写寰中之境，使人怀物外之思。……一艺曲折，但观纸上之图；元气淋漓，半吐胸中之异。"

"道"之所以具有那么多的别号，就因为道体本是一团元气，它超越时空限制，具有独立自足、独来独往、不可穷尽的特点，它在性状上也是一个圆。人在什么时候获得了这个圆，就在什么时候与道体为一，从而进入了自由境界；如果艺术作品能够体现出这种境界，那就成为艺术中之神品或逸品。

我们明白了宇宙的结构，又明白了宇宙环的本体，自然也就可以猜想到宇宙环的中轴应该是三材中的人。《礼记·礼运篇》正是这么说的："故人者，天地之心也。"人之所以成为宇宙环的中轴，一是因为人的自然本性与天地万物是一致的。二是因为人永远与天地同在：没有天地，人就难以生存；没有人，天地也就减弱了它的生气。三是因为宇宙环与思想环本是互不相离的连环套，所以人之作为宇宙环的中轴，其势有如人心之作为思想环的中轴一样。我们知道，思想环以人心为中轴依赖于心中之气的流动、激荡而得以运转，而宇宙环以人为中轴的运转，在自然形态上则源于自然之气的推动；但是天地人作为一个系统，在社会形态上则依赖于人的全部身心所焕发出来的"灵气"，它就是人类"敢教日月换新天"的大勇大智。从这里，我们可以进一步领会到宇宙环与思想环之所以构成连环套，还因为天地与人之间存在着相互补充的关系。

互补是为了求得统一体的平衡，但平衡有静态、动态之分，于是互补之中产生了"小补"和"大化"的区别，无论"小补"和"大化"，都在于人的作用。《孟子·尽心上》认为霸者之道产生的效果是"小补"，因为它是一种单纯的"补缺"。其流弊表现为"益于此，或损于彼；支于左，或诎于右。一利兴而一害即由此起，故为'小补'"①。王者之道与霸

---

① 焦循：《孟子正义·尽心上》。

者之道不同。王者不待缺欠产生而未雨绸缪，不使有缺；不待灾害流行而防患于未然，不使有灾。因为解决问题是在问题尚未显露之际，所以其功不可知，而其德如神。这样的世道，人民没有暂时的欢愉，乃是由于不存在长期的痛苦。其妙处在于"德施于普，变化于微，天下受其福而无能名，诚如天之元气而无已也"①。这就是孟子所说的"大而化之"的"大化"。假如我们由此作适当的引申，那就是由于系统的内部机制始终处于协调状态，因而有着很强的自控能力，能够适应一切外部情势的变化，使系统达到了非平衡稳定态。所以孟子称许"大化"而不欣赏"小补"，不禁喟然叹道："夫君子所过者化，所存者神，上下与天地同流，岂曰小补之哉！"

王者的根据是什么呢？根据是上法于天，下法于地，其作用有如天覆地载，化育万物而又不见其形迹，人民于不知不觉中受到了教化，利害不存于胸中；表面看来"不怨""不庸""不知"如愚，实际上是每个人的精神世界、人与社会以及人与自然的关系都处于极度的和谐之中。这个世界，大概就是儒家所憧憬的"大同"世界，同时也可以看作是道家主张无为而治所希冀的效果。推行王道的人不一定都是位居王侯的人，一个各方面修养都很充分的君子或圣人也可以起到这样的作用。谁真的起到了这样的作用，谁就是"上下与天地同流"。换句话说，人因法天、法地而成其伟业，天地也因人的有效活动而益见其高明博厚。于是人与天地的关系不再是对立的，而是各自"相观而善"，和平共处于一个统一体中，整个宇宙也就势所必然地呈现出一派和气氤氲、大化流行的景象。单就人类社会来说，这种景象的出现，正是"盛世"来临的标志，人们忘记了过去的一切不幸与忧愁，好像重又回复到了陶陶融融的远古时代。这个时代不免显得虚幻，但对现实的人来说，却是美妙的、充满魅力的远景。它曾经拨动过苦难中的无数中国古人的心。诗人李白一辈子命运不济，但对于人类的发展却一辈子怀着美好的向往。他曾经深情地歌唱过："盛世复远古，垂衣贵清真。"② 由此可见，人与天地互补的着眼点，首先不在天地，而在处于现实关系中的人。它所谋求的是通过造就普通的人格美，进而创

---

① 焦循：《孟子正义·尽心上》。
② 《古风五十九首》之一。

造和谐的自然环境和社会环境，最后形成极高境界的自然美、社会美和人格美的圆融一体。

（三）现象环与中国古代美学思想

作为精神现象的思想环与作为物质现象的宇宙环，以人为中轴，构成了一个互不相离、运动不止、生生不息的连环套。为了精炼，我把它叫作现象环。现象环的运转动力仍然是"气"。不过中国古代哲人认为凡物皆有精粗、体用之别：精者为"道"，粗者为物；"道"为体，"物"为用①，"气"也有精粗体用之分：精者为"道"，粗者为"气"；"道"为体，"气"为用，离"气"无"道"。宇宙万物得"气"者运，失"气"者止；得"道"者生，失"道"者死。所以《管子·内业篇》说"气道乃生"。"道"既是现象环的本体，当然也是宇宙万物的本体，从这里我们可以理解《周易》为什么说"太极生两仪，两仪生四象，四象生八卦"；《道德经》为什么说"道生一，一生二，二生三，三生万物"。正因为"道"是现象环的本体，所以中国古代哲人几乎无一不谈"道"，几乎无一不把"道"视为自己终生探求的目标。道体"于大不终，于小不遗"，能够"大包无穷，小入无间"②，它是无限的。就其"大包无穷"来说，人只是其中的一分子；就其"小入无间"来说，人的心中却可以包藏宇宙风云。儒家认为得道可以为圣，道家认为得道可以成仙，圣人和仙人就是超脱了有限，进入了无限的人。他们是自由的，但这种自由是此岸的，而不是彼岸的。"道"是美的，得道的圣人和仙人也是美的，因得道而美，才是一种大全之美。这在《荀子·正名篇》《庄子·田子方》中都有明确的论述。渴望自由是人的天性。人人渴望自由，可是道体深邃难知，聪慧博学如孔子，也曾不无遗憾地说"朝闻道，夕死可矣"③。说到这里，我们可以看出，在逻辑上，现象环实际就是演绎法和归纳法的串

---

① 《庄子·天下》："以本为精，以物为粗"；《集解》："成云：本无也；物，有也；用'无'为妙道，为精；用'有'为事物，为粗。"
② 《庄子·天道》及文下《集解》。
③ 《论语·里仁》。

连：以道为中心，沿着顺连环可以推演出全部现象界，以现象界为起点，沿着倒连环又可以回归到现象环的本性——道。

"道"是现象环的本体。它永远存在于现象环之中，现象环之外无所谓"道"。"道"是可知的，只不过由于道体精微而又宏大，人们难于把握，因而显得神秘罢了。这是中国古代现象学与本体论的特点。这个特点，规定了中国古代以人为中心的认识论。依照这个认识论，人类不仅可以把握宇宙规律，而且宇宙规律也只有依靠人类方能得到发扬光大。人类面对苍茫宇宙不是被动的、渺小的存在，而是主动的、任何事物都不能代替的伟大力量。孔子曾经说过"人能弘道、非道弘人"①，这是说，当着现象环处于相对静止的状态时，道体是不依赖于人的客观存在，可是，当现象环处于运动状态时，道体倘不借助于人的聪明才智就难以显现出巨大力量。但是，现象环是运动不已的，道体是周流不息的，人又是现象环的中轴，因而自有人类以来，道就得到了苏醒而与人的灵性同在。人与道的关系也是相辅相依的，宇宙之有人，其光芒有如东方之日出！就人类总体而言，情况是这样，倘就人类个体而言，情形又当别论。因为人有愚智、善恶的不同，于是道体得以弘扬的程度势必依赖于个体人的才性与道行的高下。才德高尚的人能够自大其道，能够长进为圣人，才德低下的人尽管终生不离其道，却又一辈子不知道为何物，结果只能成为庸人，甚至沦为罪人。就此《汉书·董仲舒传》有一段经验之谈，"夫周道衰于幽、厉，非道亡也，幽、厉不揉也。至于宣王，思昔先王之德，兴滞补弊，明文、武之功业，周道粲然复兴"。这是一个古代的史家在用具体的历史经验证明"兴废在人"的道理。

"人者，天地之心也"，这显然是中国古代以人为本位的宇宙观，它的出现，标志着人对于天命论的怀疑：它的成形，标志着人对于自身价值的明确肯定。在中国古代文明的初始时期，人在天命论的束缚下度过了一段漫长的岁月。由于"汤放桀""武王伐纣"这两大历史事件的强烈冲击，天命论在人的观念中开始动摇，随之而来的就是人对自身价值的发现。《尚书·周书·泰哲》记载着武王伐纣时所说的两句名言："惟天地万物父母，唯人万物之灵。"这已经说得很明确，人与万物都是运动不已

---

① 《论语·卫灵公》。

的天地所创生的,但是人与人之外的万物比较起来却是自然界的最高产物:人之所以不同于物,在于只有人具备着神奇的灵智:人依靠着自身的灵智,才得以从单纯的顺应自然的状态中解放出来,变成改造自然和社会的自为存在。所以《泰誓》中又说"天视自我民(人)视,天听自我民(人)听"。在上古时代进步的、清醒的政治家看来,上天的权威,不过是渺茫的存在,真正值得重视的还是现实生活中的人民,人民的视听就是上天的聪明。从哲学观点来看,经过了长期的、痛苦的磨难,在人与自然和人与社会关系上所表现出来的人本主义思想,已经在少数杰出政治家头脑中得到了初步的确立,从美学观点来看,"唯人万物之灵",表明少数杰出政治家已经从经验中体会到只有人才是世界上最神奇的,因而也是最美的存在。

如果我们注意到中国古代艺术理论中,有许多概念如"气""灵气""风骨""神行""血脉""肌理""神思"等等,那就不难发现,创造这些概念的内在契机正在于美学家头脑中早就存在着"唯人万物之灵"的观念,因而才得以运用人的体性来比况文学艺术的体性。这在实际上已经是把人的美当作艺术美的尺度了。

如果我们由此进一步注意到我国古代艺术论中风格论的特点,那就会更有兴味。为什么我国古代文艺批评家在评论艺术作品,在分析艺术作品的内容的特点时,常常是从作品的风格入手呢?这固然是同我国古人在认识方式上的重体会、重感悟有关,但更重要的还是由于中国古代社会长期实行礼制的缘故。《礼记·礼器》:"礼也者,犹体也。体不备,君子谓之不成人。"《孔疏》:"'礼也者犹体也',释'体'也。人,身体、发肤、骨肉、经络备足,乃为成人;若片许不备,便不为成人也。"细味《礼器》和《孔疏》,我们可以知道,礼的制作是依据一个"成人"(完备的人)的身体构造,而"礼以治躬",反过来又应用已成之礼把一般未经礼制教育的人塑造成为合乎礼制规范的人。如何检验教育的效果呢?首先是看接受礼制教育者的风格表现,礼制教育的内容包括《诗》《书》《礼》《乐》《易》《春秋》,所谓"六义"(六艺)的教和学,详观《礼记·经解》可知礼制教育的结果可能出现的情况有三种:一是得,二是失,三是处于得失之间的中和,而其内容多指人的风格或风度。值得我们注意的是,古人认为最理想的风格美即中和美,而这种风格的得来是由于在某种风格的得失之间保持了一定张力的缘故。这里所说的张力，就是"无过、无不及"，也就是两端的中和力。仅就风格与人的关系而言，我们可以做出这样的概括：既然礼的制作依据于人的体性，又表现出人的风格，那么文艺的创作依据于人的体性，又表现出人的风格，应该是没有什么可怀疑的，因为礼在内容表现上的特点恰恰在于"称情而立文"①，制礼和作文在原理上本来就是相通的。

以人为本位的思想的发展，在教育方面就是重视人才的培养和提倡对人的普遍尊重。于是孔子创造了"仁学"。其核心内容就是"爱人"，而"里仁为美"②又恰好说明他的美学思想服从于他的"仁学"，并且是其"仁学"体系的一个重要组成部分。他创造"仁学"，主张"爱人"，因此反对"暴政"，反对"不教而诛"，于是提出了"有教无类"的伟大宣言。美感教育在孔子的教学内容中占有十分突出的地位。他曾经把自己的教学经验概括为"兴于诗，立于礼，成于乐"③。在教学内容的安排上，他的做法是始于诗，终于乐，也就是从美育始，又以美育终。而从教学效果来看，这样的安排又显示为人生修养三个阶段或三个层次的预期。诗有六义，本于性情，其内容重在美治刺乱，因此可以感奋人心，开通情志。于是诗教成为人格修养的第一个层次。礼是人的行为规范，饮食衣服，动静居处，容貌态度，由礼就会表现和节而又文雅，可见学礼可以立身处世。于是礼教成为人格修养的第二个层次。音乐也是本于情性。其作用在于调节人心，使之达到合目的的和谐。从而发之于外能使人的言行自然雍容合度。于是乐教成为人格修养的第三个层次。对于一个具体的人来说，谁在学习方面循序渐进，最后终于在人格上完成了三个层次的修养，谁就具备了人格美，这种三元化的修养过程，如果加以哲学的思考，其逻辑运动也是一个有趣的圆圈；第一个层次是改造自己粗朴的性情；第二个层次是使自己的行为理性化，第三个层次是使自己的性情处于情理交融之中，最后转化为知行合一，自然而然地达到进退自如、无可无不可的境界，那就进入了人类孜孜以求的美学上的自由境界了。

---

① 《礼记·三年丧》。
② 《论语·里仁》。
③ 《论语·泰伯》。

中国古代儒道两家都把"道"作为哲学的最高范畴，都把自由境界作为美学的最高要求。那么，它们在根本点上又有什么区别呢？区别表现在"道"和"美"的关系上。儒家认为美不离道，但道又是对美的一种当然约束，美学上的自由境界，只有当人时时处处真心诚意地接受道的约束时才有可能出现。这就是孔子所说的"七十而从心所欲，不逾矩"①。道家的道体本身就是美，"道"对于"美"是一种解放；美学上的自由境界，只有当人时时处处摆脱了任何约束时才有可能出现。道家可以说非道不言，原因在于"道在万物之奥，善人之宝，不善人之所保；美言可以市尊，美行可以加人"②。儒家和道家学说在作用上的这种差别，是中外古今学术史上的普遍现象。因此，罗素在《西方哲学史》结论中说道："自从公元前 600 年直到今天这一全部漫长的发展史上，哲学家们可以分成为希望加强社会约束的人与希望放松社会约束的人。"影响所及，形成纪律主义与自由主义两种思潮的不断冲突，其极端的表现就是专制主义与无政府主义的尖锐对立。如何做到既有纪律又有自由、既有统一意志又有心情舒畅，从而保持社会安定，仍然是哲学—美学领域中至今没有得到完满解决的一大难题。儒家的中和之道，主张在两端中作合情合理的调节，希望以治防乱，其合理性的一面，可能正是当代多角关系的世界中新儒学思潮得以兴起的原因，其目的是为了以理性与仁爱去缓和甚至消除每一个社会都可能受到的两种相对立的危险的威胁！

在"道"和"艺"（技）的关系的看法上，儒道两家有相似处，但也有不同。儒家认为"艺"必须接受"道"的制约，所以孔子说"士，志于道，据于德，依于仁，游于艺"③。在这里，"志于道，据于德，依于仁，"乃是"游于艺"的前提条件。就一个人的修养来说，道德是立身行事的依据，依据就是约束；艺事是情志是情趣放松的嬉游，嬉游时的身心是比较自由的。有约束，又有自由，这就是孔子所提倡的中庸之道或中和之美。儒家的美学思想是理性主义的，而彻底的理性主义必然导致重道轻文的观点，这就是后世的道学家力倡"文以载道"的思想方面的原因。

---

① 《论语·为政》。
② 老子：《道德经》，第 53 章。
③ 《论语·述而》。

为了使人的心灵在劳碌的人世间能够在某种情境中获得某种安顿，儒家主张"游"，道家更主张"游"。不过道家的"游"，为的是追求不带任何条件的快乐，而要真正获得这种快乐，游者必须先要具备自由的精神。倘若不具备自由的精神，那么，"举世皆浊我独清"，到什么地方去"游"？"众人皆醉我独醒"，又同什么人去"游"？屈原的牢骚与庄子的逍遥，区别就在这里。庄子认为，人一旦具备了自由精神，那就所游皆是，无往而不适；反之，则所游皆非，到处碰壁。所以庄子的游心于"艺"，实即游心于"道"，在他的心中，"道"和"艺"，都是一种自由创造的精神，自然它的论道就是谈艺，谈艺就是论道。宋代郭熙、郭思的《林泉高致》论"画意"：

> 世人止知吾落笔作画，却不知画非易事。庄子说画史"解衣盘礴"，此真得画家之法。人须养得胸中宽快，意思悦适，如所谓易直子谅，油然之心生，则人之笑啼情状，物之尖斜偃侧，自然布列于心中，不觉见之于笔下。

道家的美学思想是非理性主义的，而彻底的非理性主义必然主张摆脱一切理性教条的束缚，一任自由的身心对于宇宙、人生的直觉感悟。这是道家的哲学—美学思想深得后世"主观诗人"、文人画家推崇的根本原因。

"道"是现象环的本体，人是现象环的中轴。随着现象环的运转，产生了光辉灿烂的中国古代文化艺术，产生了初步的人文主义思想。但是由于社会生产力发展水平的限制，由于社会历史进程的制约，这种人文主义思想始终没有彻底否定蒙昧主义的天命论和君权论，在僵硬的专制制度的躯壳内不可能得到合理的发展。它同近代西方出现的人文主义有着质和量的区别。中国古代哲学—美学思想的两端论、中和论、神秘论的特点，同这种不成熟也不可能成熟的初步人文主义关系非常密切。三论的价值表现在这里，三论的缺陷也表现在这里。它的发扬光大，需要等到另一个时代，需要另一个时代里的英雄人物前赴后继地为之艰苦奋斗！

（四）现象环的展开与中国古代美学思想的中心线索

如果我们将现象环展开，那就会看到中国古代哲学—美学思想的中心线索。这就是两端论——中和论——神秘论。三论也是一个圆，不过它隐而不露，暗伏在现象环之中。我们知道，现象环是思想环和宇宙环以人为中轴的串联。思想环是人类精神现象的形状或性状，可以归入生命学；宇宙环是物质现象的形状或性状，可以归入宇宙学。生命与宇宙关联，生命学和宇宙学原理相通，虽然名称不同，实质是一回事。从生命学可以发现美，发现三论；从宇宙学也可以发现美，发现三论。唯其如此，我们才可以大胆地将三论视为中国古代哲学—美学思想的中心线索。我们中国的古代哲人，正是从生命学和宇宙学的结合上来谈美论道的，而三论随时隐显，不难发现。试看《礼记·中庸》上的一段隐晦而又绝妙的文字：

> 君子之道，造端乎夫妇，及其至也，察乎天地！

文中的"君子之道"是指中庸之道或中和之美。古人认为它们最初是从夫妇间的两性关系中产生的。男女两性一阴一阳，本是对立的两极（两端），但是一经结为夫妇，对立随之消解，两造依依而成统一（中和）。统一产生和谐，而高度和谐是从夫妇间的性生活中表现出来的。男女间的性生活，从生命学上看，具有人类延续生命的意义；但是在实际的性生活中，男女双方往往并不计较这一点，多半是由于情感的极其热烈而产生难以抑制的冲动，因而不能自禁地和合一致，以便从中取得全部身心的快乐。这种快乐，是不受理性束缚、不被功利纠缠的最和谐、最愉悦的美感享受：它的本性当然是自由的，正因为这样，性生活的结果反而出乎意料地（神秘地）产生出新的生命——婴儿。婴儿的纯洁天真，是人类公认的人性美。不过对于成年人来说，这种人性美却是一去不复返的，他们只能从婴儿的表现上反观自己曾经有过的无忧无虑，幼小时期的幸福生活，有时能够因此对于难以平静的人生取得些微的解脱。那么，一个人倘若能够回到童年时代，他的身心将是何等的稚拙而又和谐！孟子道性善，所以他说"大人者，不失其赤子之心者也"①。所谓"大人"，就是道德高尚的人"不失其赤子之心"，就是保持着童年时期的人性美。老子尊道德，在他看来，道德最完备的正是"婴儿"和"赤子"。《道德经》仅五千言，其中竟有三处用"婴儿"和"赤子"的体性来比况道和德的体性。老子认为，一个成年人倘使能够做到"常德不离，复归于婴儿"②，他就是一个有道德的人，他就具备了难得的人性美。综上所述，从生命学观点来研究男女两性关系的全过程，可以发现哲学—美学上的三论；从人性论方面来研究人性中善恶关系的变化过程，也可以发现哲学—美学上的三论。可见把三论视为中国古代哲学—美学思想的中心线索，并非出于作者的主观臆测。

中国古代哲人构造思想体系，在方法上主张"近取诸身，远取诸物"。从切近的男女两性关系的研究，产生了中国古代的生命学，由此远推，又从而产生了中国古代的宇宙学。这就是引文中所说的"及其至也，察乎天地！""至"这是极点，也就是李卓吾在《焚书·夫妇论》中所说的"极而言之，天地一夫妇也"。"察"，并非科学实证，并非严密的逻辑推理，而是以生命学原理为立足点，根据人对天体的观察，在联想比类中建立起宇宙学理论。哲学—美学上的三论就萌发在这种"近取"和"远取"之中。上文已经约略谈到，太初的宇宙团本是混沌的元气，这元气在运动中"分而为天地（两端），转而为阴阳（两端）"③。天地合气，其情状有如夫妇和合（中和），结果就是不期然而然（神秘）的人类的诞生。所以《庄子·知北游》中发出"天地有大美而不言"的赞叹。这也就是《周易·系辞下》所说的"天地氤氲，万物化醇；男女构精，万物生化"。《周易·序卦》言咸卦之义，《韩注》："咸，柔上而刚下，感应以相与，夫妇之象莫美乎斯，人伦之道莫大乎夫妇"。从生成论上看，这里所说的一切，就是《周易·说卦》中所说的天道、地道、人道各分为"两"，两端相反相成之理。其要义就是中国古代哲人常说的"天下万物生于两，不生于一"。我们所以重视两端论，也正是因为它的要义非常符

---

① 《孟子·离娄下》。
② 《道德经》，第23章，可与《庄子·天地》合观。
③ 《礼记·礼运》。

合现代遗传学中"两个基因决定一种性状"的生命遗传规律，这就是享有盛名的孟德尔法则①。

作为一种系统的哲学理论或美学思想，最早明确提出两端论的则是我国古代第一等圣人孔夫子。

> 《论语·子罕篇》：子曰："无由知乎哉？无知也。有鄙夫问于我，空空如也。我叩其两端而竭焉。"
>
> 《论语·为政篇》：子曰："攻乎异端，斯害也已。"（按：焦循认为"异端"即"两端"。）
>
> 《礼记·中庸》：子曰："舜其大知也与？舜好问而好察尔言，隐恶而扬善，执其两端，用其中于民，其斯之谓舜与！"
>
> 《论语·先进篇》：子贡问："师与商也孰贤？"子曰："师也过，商也不及。"曰："然则师愈与？"子曰："过犹不及。"

上面这些材料说明，孔子所发明的两端论，实质上是讲差异，讲对立，讲一分为二。所谓"叩"，所谓"执"，就是主体用全力捉住客体的两端，从而精心地促进两端向有利于主体的方向转化。"斯害而已"，就是在正确的转化工作中，达到了兴利除害、补偏救弊、转危为安、转败为胜的目的。

两端论概括力极强，包含的内容非常丰富复杂，这里只能侧重论述与本文主题有关的"过"与"不及"的问题。

任何事物都是一个独立存在，因为任何事物都有属于自己的个性，任何事物都处在一定的关系中，因为任何事物都有同于他物的共性。个性与共性只有在各安其分的情况下，事物才能稳定存在。个性的过分扩张，会造成共性的过分收敛、而共性的过分收敛必将促使事物变质。反之，个性的过分收敛，会造成共性的过分扩张，而共性的过分扩张，必将促使事物消亡。共性与个性构成两端，扩张和收敛就是"过"与"不及"。曹雪芹在《红楼梦》开卷第一回里批评当时有些小说"千人一面，一部一

---

① 参见（日）太田次郎《图解基因工程入门》，吴正安译，科学出版社 1987 年版，第 2 页。

腔"，就因为那些小说情节故事大同小异，人物性格因袭雷同。这是对于个性过分收敛，共性过于扩张的创作时弊痛下的针砭。鲁迅在《中国小说史略》中批评《三国演义》"写刘备长厚而近伪，状诸葛多智而似妖"，就是因为罗贯中在刘备与孔明的形象刻画方面过于放纵主观情思，以致在"长厚"与"近伪"、"多智"与"似妖"之间忽略了恰当的调节。这是对于个性过分扩张、共性过分收敛的艺术失误所做的尖锐批评。

对于同一个运动着的事物来说，"过"与"不及"的后果都不见佳，所以孔子说"过犹不及"。但是统观中国古代思想史，我国古代哲人着力反对的还算"过"的一端，因为"过"所造成的损失比"不及"所造成的损失更大，也更难挽救。艺术上可以说尤其如此。《礼记·乐记》："乐由天作，礼以地制。过制则乱，过作则暴。"又云："乐胜（过）则流，礼胜（过）则离。"为什么这么说呢？这是因为礼的社会作用在于使人们从理性上尊重尊卑贵贱的区分，所以说"礼者为异"。"异则相敬"，这就形成了人与人之间的"隔"，适当的"隔"有利于维护等级制。但是礼制过于殊隔，那就造成虽敬而不亲。乐的社会作用在于使人从感情上习惯于尊卑贵贱的区分，所以说"乐者为同"。"同则相亲"，这又形成了人与人之间的"不隔"，适当的"不隔"同样有利于维护等级制。但是作乐过于和乐，那又会造成因亲而失敬。由此看来，礼乐两端原是相互牵制、相互调节的关系，任何一端过分都会失去其牵制、调节的作用。《孔疏》："唯须礼乐兼有，所以为美。"所谓"礼乐兼有"，就是两端的相须而成，就是内容上的情与理的协调，就是作用上的"隔"而"不隔"，而其结果就是美的产生。这种美就是中和之美，由此产生了中国画论中"间"的理论。

画有画法，法就是理。初学绘画须从有法入手，无法则不能肖物之行，但是依法作画则又不能取物之神。画家怎样才能提高绘画艺术修养从而创造出形神兼备的作品呢？清人布颜图在《画学心法问答》中写道："夫惟倚法，朝而摹焉，夕而仿焉，熟练于腕下，镂刻于胸中，心手无违碍，渐归于无法矣。无法者非无法也，通变乎理之谓也。"他认为画家只要具备这样的艺术修养，则提笔作画就能做到"不拘于法而自不离乎法"，"所谓有法无法之间也。此法不亦微乎！"概括说来，就是画家精于画理，技法熟练，又不遵守陈规而能变通趋时，于"有法无法之间"进行自由的艺术创造，其结果当然就是形神兼备的作品的产生。画有工笔、写意之分，倪云林又有"逸笔草草"之说。清人郑绩《梦幻居画学简明》"论逸笔"："所谓逸者，工、意两可也。……妙在半工半意之间，故名为逸。"此外，如"虚实之间""有无之间""有意无意之间""似与不似之间"，真是不胜枚举。画论中"间"的理论多从两端论、中和论、神秘论蜕变而来，而画家以此为之道所创造的艺术美，也多为中和之美。

值得我们思索的是：为什么局部的艺术领域中可以产生中和之美，整体的社会现实中却又难以产生中和之美呢？这是因为艺术创作是一种精神活动，个体的精神活动可以由于暂时疏离社会的喧嚣而取得内心的宁静，以致创造出中和之美的艺术品。整体的社会现实以私有制为基础，不同的群落之间和不同的个体之间充满着不同利益和不同爱好的冲突，这些冲突的远景是整体社会历史的进步，而其近景则是两端的不断摩荡，很难造成整体社会现实的中和。中国古代的礼乐文化企图造成整体社会现实的中和美，但是文化体制受政治、经济体制和国君个人意志的约束，因而总体社会现实不能不表现为政治上的一治一乱，政策上的一宽一猛，文化上的一文一质。这种一正一反、直上直下的历史运动，古人认为是一种不可避免的规律性现象，然而今天看来，它所造成的内消耗，可能正是中国社会发展缓慢的重要原因。在中国古代社会中，文化与政治、文艺家与政治家之间的矛盾长期得不到科学解决，同这种政治上的不安定，政策上的不一贯，同这种大幅度的历史波动，关系是非常密切的。

中和之道或中和之美，包含着高低不同的层次，其中有糟粕也有精华。最低层次是折中、骑墙、两面倒，这是应当否定的。较高层次是在两端间保持一定的张力，以求得整个系统的非平衡的稳态发展，这是应当肯定的。最高层次是非此非彼、亦此亦彼的神秘境界，对此应当加以审慎地分析。中国古代的神秘主义在政教方面集中表现为"以神道设教"，其本质是一种蒙昧主义。但是它有二重性，即统治者可以用来愚民，被统治者也可以用来愚君。对此本文无暇评论。我们需要注意的是神秘主义在中国古人表情达意方式上的表现以及如何评论它的优劣。

中国古代哲人说理论事主张多方位设譬明象，于是产生了"比象""法象""博依""博喻""取类比象""比物丑类"等方法。其实这些方法都是广泛运用形象性的比譬来代替抽象性说理论事的修辞手段。这些手段的普遍运用，使得中国古代哲人的表情达意减弱了透明度，增强了神秘性。产生这种神秘性，我以为与下述几种情况有关。一是中国古代教学法重启发而不重灌输，因而老师的教学多为"引而不发"，多为曲达而少直言。曲达需要设譬，以启发学生的联想，同时也就丰富了教学的内容，加强了学生学习的主动性。所以孔子说"举一隅，不以三隅反，则不复也"①。二是中国古人在人际关系上主张礼让，设譬曲达往往能够更好地产生这种效果。真理具有威慑性和时间性，朋友之间的交谈辩说，君臣之间的问答劝谏，据理直言难免带有超前性和刺激性，而通过比譬曲达则比较地易于为对方所接受。所以孔子说"情欲信，辞欲巧"②。三是因为中国古人认为抽象性理论因其意义幽昧而难于为人知解，而形象性比譬则因其情形显豁而比较地易于被人感悟。所以《周易·系辞下》韩康伯注云："在理则昧，造行而悟。"四是因为中国古代哲人认识到了语言文字在表情达意方面存在着局限，有些精微细密的思想感情常常只可意会，不能言传，而让人意会的办法莫如设譬比象。所以《周易·系辞上》说："言不尽意"，故"圣人立象以尽意"。设譬比象这种表情达意的方法好不好呢？两端论告诉我们，凡事有一利必有一弊。设譬比象的长处在于它不执着于一点，比较全面；不把话说死，比较灵活；不把话说白，比较含蓄。因为它具有较强的弹性，特别适用于外交辞令。不足之处在于它所表现的意义往往模糊不定，容易造成仁者见仁、智者见智的多义解会，容易造成神秘感，特别不适宜科学表述，我国古代的神秘主义同这种特有的认识、逻辑与修辞方式有关。一般说来，我们中国古人抽象思辨能力较弱而形象感悟能力较强，中国古代精密的、系统的科学理论不太发达而文学艺术却相对地十分丰富，是同这种神秘主义分不开的。

比喻产生象征。《礼记·玉藻》："古之君子必佩玉"，又说："君子无故，玉不去身；君子欲与玉比德焉。"可见古人以玉为容饰，意义全在于象征，即用感官形式体现看不见的实在的观念；以玉律己，象征自己有德性；以玉为饰，又象征自己有美容。我们记得，柏拉图在《理想国》中

---

① 《论语·述而》。
② 《礼记·表记》。

曾经把太阳和它的光比作绝对的善及其表现的产物象征。这一著名的譬喻，对于后来西方象征主义的发生和发展产生过巨大影响。但柏拉图自己却认为形象和想象低于自然和科学。他同我们中国古代哲人在这方面是很不一样的。由此可以看出，西方古代理性主义的特点是它的明显的科学化倾向，而中国古代理性主义的特点则在于它的明显的人文化。前者影响到艺术创作就是重视再现，而后者在艺术上的影响就是重视表现。重视再现，强调尊重客体的真实；重视表现，则强调发挥主体的创造。再现和表现，其实也是一个两端论问题。文艺思想史和美学思想史的许多争论都同它有关，并且由此分出许多学派，而究竟谁占上风则决定于时代和社会的需要。正因为这样，我们中国古代哲人也就特别重视"时"的观念。他们把适应时代和社会需要并为人们所广泛接受的思想称为得其"时中"，得其"时中"的代表性学者自然就成了人们所尊敬的圣人。孟子曾经不止一次地强调过"时"的重要，他说过："孔子，圣之时者也。"[1] 只要世界上依然存在着时代和社会的差异，那么，学术观点的分歧，不同学派之间的争论就会不断地继续下去，世界就在这种正常的两端运动中趋于中和，得到发展，发出光辉。秦始皇和汉武帝就因为不懂这一点，所以他们不免显得"略输文采"！

　　随着现象环的展开，我们看到了两端论、中和论、神秘论，看到了中国古代哲学—美学思想的中心线索。我们循着这条线索在宇宙环中游历了一周，最后又回到了本文第一部分所叙说的思想环。思想环、宇宙环，以及由它们所串成的以人为中轴而运转的现象环，就是我们中国古圣先贤们精心制作的一串神秘的圆圈，就是中国古代生命学和宇宙学的范式，就是中国古代哲学—美学思想发生、发展的模型。对于这种假说，对于这一串圆圈，"千秋功罪，谁人曾与评说"？

1988 年 1 月呻吟于病房里，咆哮于逆境中

原载《文学评论》1988 年第 6 期

---

① 《孟子·万章下》。

十三

说"环中"

——"中国古代混沌论"之一

　　文化研究的最终目的是探索文化精神，以促进当代文明的发展；研究中国文化的最终目的是探索中国的文化精神，以促进中国当代文明的发展。历史研究，归根结底是为了当代；研究中国的历史，归根结底是为了中国的当代。当代是历史的当代，没有历史，当然不会出现当代；当代又是未来的历史，不重视当代，也就不会有美好的未来。当代是历史长河的渡口，它是世界文明，从而也是一个国家的文化精神据以发展的时间上的传送带。

　　任何事物在孤立状态中不可能得到发展，任何一个国家的建设总是在内部关系和外部关系中展开的。在建设过程中，出现许多内部的分歧和外部的冲撞，是不可免的。对于来自内部和外部两方面的矛盾，离开传统文化精神的准确把握，也就很难得到妥善的解决。文化精神在内部关系上的求同性，乃是一个国家国民凝聚力和社会安定性的精神支柱；而在外部关系上的合异性，又是一个民族融入国际社会，促进世界和平的驱动力。"文化大革命"的盲目动乱，显然是由于我们自己违背了本民族的文化精神；改革开放以来，不时产生一些恼人的中外摩擦，这多半由于一些外国人不了解或者虽然了解却又不愿尊重我们的文化精神有关。因此，在文化领域内，我们面临着自己准确把握，并让外国人清晰理解我们文化精神的双重任务。为了民族的振兴，必须具备良好的国内国际环境，在这方面，文化工作真是大有可为。

　　由此看来，我们研究中国古代文化，具体学科、具体项目的研究尽管千差万别，但必须以文化精神的探索和揭示作为出发点，作为题中应有之事。只有个别学科的具体研究千姿百态地从不同的方面拥护一个总体的核心，文化研究在总体上才能布成一个有条不紊的阵势，在具体项目的研究上才能避免无的放矢，在个别问题的结论上才能做到切中肯綮。也只有这样，文化研究才能带着勃勃生机参与现实，才能有助于内部分歧和外部冲撞的认识和处理，才能有力地显现其自身存在的意义从而推动自身的发展。

中华民族传统文化精神的构成，有两根承受力量大的支柱：一为儒家学说，一为道家思想。它们是我们古代中国不断腾飞的无形而有力的两翼，又是古代个体中国人应付复杂环境的无形而有力的两手。如果我们不为表面的学派之争所迷惑、而去寻找它们的会合点，那就会从中发现我们中华民族统一的文化精神。论题很多，难以面面俱到，只能抓住一些分叉性论题进行解剖，这样也许可以激起举一反三的效应。我以为道家的"环中"与儒家的"距之道"就是两个异中有同、同中有异的分叉性论题。限于题目本文只说"环中"。庄子曾经被作为中国古代思想史上的相对主义者受到过现代人的批判。有的学者甚至发出谩骂，说他的哲学是"滑头主义"哲学。批判的根据最明显的在于《庄子·齐物论》，然而这是因为误会而产生的现代学术史上的一大错案。因为把相对论视为相对主义，把智慧认作"滑头"，不是偏见，就是无知。要了解庄子的思想，不可不读《齐物论》，而要正确理解《齐物论》，则又必须抓住关节点"环中"。对于《庄子》一书，千百年来，注家蜂起，令人遗憾的是，"环中"一词至今并未得到完满的解释。试引原文如下：

　　　　彼是莫得其偶，谓之道枢。枢始得其环中，以应无穷。

"彼是莫得其偶"，是说彼此双方不致构成对立态势。这里考虑到了人的主动性，说的是人之认识对于现象界的超越。现象界经常出现是非、善恶、美丑两端，其中任何一端都是相对存在。真、善、美背后始终拖着假、恶、丑的阴影，假、恶、丑的前面也不乏真、善、美的光明；概念上的两端具有静止、僵化的一面，活生生的两端都有相互渗透、相互转化的可能。是是非非难以论定，两端运动好像魔鬼一样，纠缠着人们的灵魂。"窃钩者诛，窃国者为诸侯，诸侯之门仁义存焉"①。这个画面是多么的不

---

① 《庄子·胠箧》。

合理，然而却是千真万确的事实。庄子认为，为了正确地对待两端，必须有效地超越两端。超越两端，就是道的枢轴，只有把握了道的枢轴才能够"得其环中"；只有"得其环中"，才能够正确认识和对待两端运动，从而有效地摆脱两端困惑，取得身心的自由。"环中"乃是一种比喻，比喻是一种自由的人生境界，以及达到这种自由境界应该采取的办法。但是它的具体含义是什么呢？最有代表性的解释是《郭注》和《成疏》，今引如下：

> 《郭注》：偶，对也。彼是相对，而圣人两顺之，故无心者与物冥而未尝有对于天下也。此居其枢要而会其玄极以应夫无方也。
>
> 夫是非反覆相寻无穷，故谓之环。环中空矣，今以是非为环而得其中者，无是无非也；无是无非，故能应夫是非，是非无穷，故应亦无穷。
>
> 《成疏》：夫绝待独化，道之本始，为学之要，故谓之枢。环者，假有二窍；中者，真空一道。环中空矣，以明无是无非，是非无穷，故应亦无穷也。

《郭注》《成疏》内容大同小异，对于"环中"的义理，似乎已经说透，是以郭象、成玄英之后的学者几乎采取一致的趋同态度，即同以空虚幻灭的观点去解释"环中"。在这里，潜在的认识是不言而喻的。"环中"提倡虚无主义，庄子是一个虚无主义者。若果如此，庄子在贫困寂寞中为什么还要著书立说？既然是非、善恶、美丑都是空幻虚无，他在书中为什么还要那样情词激切地劝世骂世？历代注家在揭示"环中"时显然忽略了注释学上的几个不可忽略的原则，那就是：对于任何一个具体词汇和具体概念，特别是那些事关大局的词汇和概念，必须照顾全文、全书、全人及整个时代思潮，方可求得近乎正确的理解。"环中"概念初见于《齐物论》，"环中"说明"齐物"，不可脱离"齐物"去妄说"环中"。《庄子》一书，屡言"忘"，屡言"外"，屡言"遗"，屡言"解"，"忘""外""遗""解"都不是为了导向虚无空幻，而是为了导向"独"，导向"游"，意即郭象所说的"独化"。换言之，对于世俗的是非、善恶、美丑之论，不可任其纷争，应该通过一定的途径求得化解，社会才能安定。个人对于世俗的是非、善恶、美丑，不可偏向一方，必须超越两端，方可得出公正的判断。放弃公正，一切两段无法调节；只有坚持公正，方有良好的人际关系。个人的自由只有在良好的人际关系和安定的社会环境中才能健康地存在。庄子的人生态度是既不愿意离群索居、孤芳自赏，又反对出人头地（"出众"）、排斥异己；提倡"独与天地精神往来，而不敖倪于万物，不谴是非，以与世俗处"①。所谓"不谴是非"，并非否定是非的存在，而是指承认是非，但不为是非所奴役，立于中正无邪之境，以便更有效地驾驭是非。这样做的客观效应是"长宽容于物，不削于人"②，其主观效应则是"物物而不物于物"，于是主客一体，而又不失自我，自我处于全面的和谐之中。庄子主张面对是非"反求诸己"，倘若人人都能从我做起，则健康的人际关系和安定的社会环境就会自然地呈现在人们面前。强调自我修持，提倡"宽容"，主张"中正"，谋求"大同"，绝不限于道家思想，作为战国时期的"显学"，儒、墨两家常有此论。而其总汇，就是中华民族的文化精神。这种博大精深的文化精神，最初是在那个天下纷纷、风云变幻的时代中孕育而成的。

上面谈的今人注解古人应该注意把握的几个原则，此外还须考虑本身的两种性质：一为复原，一为创造。复原，就是通过注解，消除古人隔膜，使今人更清晰地了解古人的原意，从而读懂古人书。复原的程度主要依靠注家的知识。创造，就是从一个具体概念或命题中发现未被原作者思考过的东西，并且通过自己的语言将其有理有据地揭示出来，变成新的思想财富。这种表现，依靠知识自不待言，但更主要的还是依靠智慧。知识可以使人成为学问家，智慧可以使人成为思想家，然而在学术领域内，我们应该着力推崇的则是知识和智慧的结合。"说'环中'"之所以要"小题大做"，就是因为它既需要更好地复原，同时还需要进一步开掘。

郭象注"环中"，说"是非反覆相寻"，玩转流动，其势如环，虽然过于粗略，大体还算是理解不错，但以空虚说"环中"，则殊为费解。"得其环中"本为跳出是非两端的魔窟，而以空虚之"中"去否定实在之"环"，则又意外地落入虚实两端的魔掌。从跳出一个魔窟复行落入另一

① 《庄子·天下篇》。
② 《庄子·在宥篇》。

个魔掌,跳来跳去跳不出两端的圈套,又何来"以应无穷"?窃以为出现这种纰漏,是由于注家对于具体概念的理解缺乏宏观的意识。至于成玄英疏,除了因袭郭注之外,印度龙树空宗的思想对他的影响,无疑也是造成纰漏的一个重要原因。那么"环中"究竟应作何解?不揣冒昧,试言之,以就教于方家。

《齐物论》中的"环中",当然关系着"齐物"。"齐物"并非无物,"齐是非"也并非无是非。正有如儒家主张"家齐而后国治"一样,并不是说"家无而后国治"。齐者,理顺两端关系之谓也。两端因"齐"而得以通顺、一致、和合。齐与脐通;脐为中,"齐"与"中"关系密切,但"齐"与"空"很难钩连。孟子说"物之不齐,物之情也"①。事物的不齐乃是常见现象,因为不齐,故有两段的差异和对峙,于是产生种种摩擦和冲撞,形成事物的运动。运动的结果,不是"同",而是"和"。"同"是不分是非而胡乱混合,"和"是调节是非而使两端趋于和顺。"同"是一端吞灭另一端,但这是办不到的,即使办到了也不会长久;"和"是两端各保其长,又各去其短,彼此"相观而善",从而形成生生不息的健康的运动。人们常为是非两端所困惑,又常以自己的主观好恶去定是非,因而是是非非,终难裁定。为了正确地对待两端运动,可以把真理观和价值观区分开来。从真理观看两端,是非、善恶、美丑都有存在的根据,都有存在的作用,都有存在的权利,都是历史的驱动力,不可妄加歧视,只能作冷静的"等观"。真理观上的是非两端在运动中可以互易其位,价值观上的是非两端却不管运动,只图"公道",因而它是恒定的。庄子的"环中"正是价值论上的概念,而不是真理观上的概念。明乎此,则"环中"疑结不解而自解。很明显,环中就是圆心,圆心与圆周上任何一点的距离都是相等的,它是对环上的是非两端最为"公道"的观察点。可见"环中"概念乃是"齐是非"的数学表达。立于真理观,认为"齐是非"是玄学家的奇谈;立于价值论,提倡"齐是非"就是对具体的是非抱超脱态度,冷静地、积极地同两端保持等距离,以"公道"的态度对待两端。这样就可以在顾全大局的同时成全自己、发展自己。在当今国际社会的多角关系中,存在着一种等距离外交现象,其出发点常常不是基于意识形态

① 《孟子·滕文公上》。

方面真理性考虑，而是从国家利害关系出发所做出的价值性决策。

对于"环中"这种数学揭示，我们从当时后期墨家的《墨经》中可以发现确凿的根据。试观《墨子·经说上》：

【经】中，同长也。【说】心，自是往相若也。
【经】圆，一种同长。【说】……

这里已经说得十分明白，圆是与中心等距的点的轨迹，中心是与端点距离相等的一个特殊点。

庄子与老子是先秦道家学派的两个代表人物，了解庄子的思想应当参照老子的学说。庄子的"环中"，在老子那里叫作"玄同"。其言见于《老子本义》第 49 章："……和其光，同其尘，是谓玄同。故不可得而亲，不可得而疏；不可得而利，不可得而害；不可得而贵，不可得而贱，故为天下贵。"和光同尘，说的是处世应物的中和态度，其效应就是避免出现亲疏、利害、贵贱两端及其可能发生的冲突；由此产生出中正平和的社会生活环境。"故为天下贵"，就是由此而必然获得的一种普遍的价值肯定。如果我们由此联想到儒家代表人物孔子的思想，那是十分有趣的。孔子的得意门生有子说过："礼之用，和为贵，先王之道斯为美，小大由之。"[①] 这一节名言可与"玄同""环中"互相发明，而儒道两家思想的互相映带，又正是我国古代思想史起点上统一的时代思潮之明显的表现。"和为贵""玄同""环中"，在人生态度上都不是提倡简单地否定是非、善恶、美丑或消极地逃避是非，而是从积极方面谋求人际关系的和谐，以便创造稳定的社会秩序，个人的价值也只有在这里才能得到全面的肯定。

"玄同"和"环中"之提出，在于正面价值和负面价值的同时肯定，以防止和矫正人们用单纯的真理观去认识和处理复杂问题时常会产生的失误。这在中国思想史和世界思想史上都是一种光照千古的贡献。人们习惯于一厢情愿，习惯于单向思维，习惯于静止地观察事物，习惯于将整体分成碎片，然后根据碎片去理解整体。这是人们的情感倾向和理性思维难以避免的局限。正面价值和负面价值的同时肯定，就是向人们揭示，在真理

---

① 《论语·学而篇》。

之上还存在一个更具普遍性的"公道"。它就是在正面价值和负面价值的相互作用中所产生的终极价值；呼唤人们对这种终极价值的追求，就是对人们的终极关怀。理论的号召力就产生在这种终极关怀之中。

所谓终极价值，就是无可匹敌的"一"，它是判断是非、善恶、美丑的最高标准。"知通为一"是超越两端的必要条件，所以要"抱一"。道家重视"反"，《老子本义》第34章提出："反者，道之动；弱者，道之用。"其着眼点显然不在真理，而在动和用的价值。真理从两端中析出而且不脱离两端，其作用总是表现得有一利必有一害；价值超越两端，而且能容纳异己，所以"利而不害"①。价值在变化的情境中处于混沌状态，它的正常实现总是"同异交得，放有无"②。所谓"同异交得"，是指任何价值判断的实现都是同中有异，异中有同，只有同异双方各有所得，价值判断才能转化为现实。那情形就好像无中生有、有中含无一样，价值判断正是在有无之间滑动，最后实在有无之间。价值论上的"中和"，就是"同异交得"，得在"有无之间"。这在理性上难于把握，所以情同混沌。《庄子·齐物论》有言："是以圣人和之以是非而休乎天钧，是之谓两行。"这里的"是非"，与其说是真理观上的是非，不如说是价值论上的得失；"休乎天钧"乃是"得其环中"的另一种说法；而"两行"正是价值论上的"同异交得"，亦非真理观上不负责任地听任是非并存。所谓"和"，就是调节。通过调节而使之恰到好处，关键就在找到一个各方面都能接受的平衡点，找到了这个平衡点，就是"得其环中"。

"环中"（圆心）是圆的一个最佳平衡点。立足于环中，就是绝对地"立于独"③，打破了对称关系，进入了独往独来的自由境界。值得我们深思的是这个平衡点在实践和空间上所具有的独一无二的特性。

"环中"概念在《庄子》中出现过两次，其一见于《齐物论》，内容已如上述；其二见于《则阳篇》，意义更为深邃。其文如下：

冉相氏得环中以随成，与物无终无始，无几无时。日与物化者，

---

① 《老子本义》，第68章。
② 《墨子·经说上》。
③ 《庄子·田子方篇》。

一不化者也，尝舍之。

《成疏》对于这一段引文的解释极为精彩，故须引而论之：

关于"与物无终无始，无几无时"。《成疏》："无始，无过去；无终，无未来；无几无时，无见（现）在也。体化合变，与物俱往，故无三时也。"我们知道，实践是前进的，而过去、现在、未来"三时"构成了时间存在的整体，"无三时"显然是说时间等于零。哲学教科书上常说时间和空间是物质存在的形式，"环中"在时间上等于零，那么这个平衡点究竟是物质的还是精神的？对于这个问题，中国古代哲学家简直不屑一顾。因为在他们看来，精神和物质都不是一成不变的，它们在变化中可以结为一体，可以互换位置，绝对不变的只有"变化"本身。《庄子·大宗师》中所谓"藏舟于壑，藏山于泽，夜半有力者负之而走"，这个"有力者"就是"变化"。只有"变化"是永恒的存在，它无形又有形，无力又有力。"变化"本身什么都不是，无所谓过去、现在和未来，但它能够创生一切。它存在于宇宙中，也存在于人们的心里。老子把它叫作"玄"，庄子把它叫作"混沌"，西方学者把它叫作"黑洞"。在庄子看来，人假如不愿使自己的身心僵化而勇敢地与变化结为一体，他就彻底地摆脱了福祸、寿夭的两端困惑，他的生命就会成为日新又新的不朽的存在。

关于"日与物化者，一不化也，阖尝舍之"。《成疏》："顺于日新，与物俱化者，动而常寂，故凝集一道，嶷然不化。……"考"环中"作为一点，在数学空间上是零维，不占位置，此乃道家最欣赏的至虚之物，可称为"无"，但在物理空间上任何一点都占据一定的位置，可称之为"有"。合而言之，"环中"作为一点，实存于"有无之间"。"环中"作为特殊的一点，夹角为零，所以环动而"环中"不动，它是道家最欣赏的"动而常寂""寂而复动"的一点，是无机而又有机的实存，这些正是时空等于零的黑洞里的情形。在真理观上难于理解黑洞，因为真理总是展现在一定的时空中。但是价值论酷似黑洞论。价值具有模糊性，可调和性，在人世间能够与化为体的就是价值。关于这一点，只有通过道家所标举的"道德"，人们才能获得清晰的理解。

1.《庄子·天地篇》："通于天地者，德也；行于万物者，道也。"这就是说："道德"具备普适性，它能够无怨无艾地通行于天地万物之间。

真善美显然做不到这一点，因为有假恶丑同它们对立着。凡是成对的东西都不能在天地万物之间自由自在地通行。可见道德的归趋就是超越两端的各种价值的自由实现。

2.《庄子·知北游》："调而应之，德也；偶而应之，道也。帝之所兴，王之所起也。"《郭注》："调、偶和合之谓也。"《成疏》："夫帝王兴起，俯应群生，莫过调偶随时，逗机应物。"这是说"道德"的功能在乎应变，它能够在变化中不失时宜地超越两端寻求价值的实现。和合力最强的东西正是所谓"至虚之物"，而"至虚之物"莫过于在时空上等于零的玄、混沌、黑洞。只有它们真正具备"调偶随时，逗机应物"的功能。《庄子·庚桑楚》所说的"圣人藏乎是"，"是"就是玄、混沌、黑洞，也就是"道"，"有无之间"是其特性。谁具备了这种和合能力，谁就能成就帝王之业；谁立足于有无之间，谁就会具备这种能力。真理是固执的，而价值却具有随机性，价值超越真理，"道德"在真理之上。观乎《庄子·天运篇》中的"履迹之辩"便知其中奥妙。

3.《庄子·在宥篇》："中而不可不高者，德也；一而不可不易者，道也。"由此可见，"道德"的本质就是超越两端而使之归于中和，化繁为简而使之合为一体。《庄子·缮性篇》："德，和也；道，理也"。"道德"就是和合中见出调理，无序而又有序。这正是当代混沌学中的混沌特性。作为范畴，道德不成对，它们的关系是生成关系；德者，得也；"德"就是"道"的获得。道生德，道德可以简括成"道"，所以中和之德，也可以称之为中和之道。

"道"为道家学说的最高范畴。它随变化而变化，随机遇而显现，非无非有，不是不非。它是一种非理性或超理性的价值存在。可以这么说，道家哲学并不是关于真理的哲学，而是关于价值的哲学。试观《庄子·天运篇》中的一节奇文便知我之所言并非虚妄之说。

《庄子·天运篇》记述孔子治"六经"，而"六经"之理却不为当世所用，于是发出了"道之难明"的感叹。老子对他说："夫六经，先王之陈迹也，岂其所以迹哉？今子之所言犹迹也。夫迹，履之所出，而迹岂履哉？"由此进一步指点说："时不可止，道不可壅。苟得于道，无自而不可；失焉者，无自而可。"这里的观点是明确的，即：诗书礼乐易春秋之所以被孔子奉为经典，因为在他看来那是先王留下的真理。但是老子认为

"六经"乃"先王之陈迹",真理是"迹"而不是履。迹生于履,舍履无迹。迹是履在一定时间内和一定空间位置上留下的印记,只可以供回顾,而不足以供前瞻。"六经"是先王根据他们当时当地的经验所作出的理性思维的成果,即使全是真理,也避免不了自身的时位局限,对于后人只能做出一种思想资料保存下来,以供参照,绝不能代替指导现实生活的活生生的思想。所谓时位,就是天时、地利、人和在当时综合出现的形势中产生的机缘或条件,真理只有适合这个机缘才可以发挥作用。所谓"有理走遍天下"的古训,是不足为训的,只能说"真理加上机缘可以走遍天下"。由此可见,在真理之上还存在一个更高的范畴。这个范畴,就是道家所说的"道"。"道"就是"真理加上机缘"。由此又可见,西方所谓"真理"与中国的"道理"是不能等同的。

真理面对着必然性与偶然性两端冲突,而道则是必然性与偶然性的和合;所以"道"又可以表述为"一"。真理期待着机缘,是不自由的。机缘包含在"道中";"道"自本自根,自足自得,不必期待什么,是自由的王国,是当下的真实,当下的价值判断。所以"道"又可以表述为"易"。如果我们由此联想到孔颖达的"易有三名"之说,那是耐人寻味的。孔颖达认为,易同时包含着易、不易、简易三种意义①。换言之,易就是不变之变的当下呈现。从生成关系看,真理重分析,但从真理分析不出道来;道重和合,从道中却可以析出真理。所以"道"又可以表述为"玄牝"。真理是清晰有序的,可以界定;道无畛,且与化为体,具有不可定义性。所以"道"又可以表述为混沌。真理是"有"的存在,而"有"总是有限的;道"于大不终,于小不遗"②,是存在着的"无",无所不容,所以至公至正,有如"环中"。宋儒对于"道"和"理",在观念上表现得模糊仿佛,读其著作,总使人感到有一种玄学气味弥漫于其中。关于"道"和"理"的区别,王夫之的论断最为精警:"太极最初一'○',混沦齐一,固不得名之为理。殆其继之者善,为二仪,为思想,为八卦,统一章而条理现,而后理之名以起焉。"③ 它所说的"○",就是

---

① 参见《周易正义序》。

② 《庄子·天道篇》。

③ 《读四书大全·尽心上》。

时空等于零的黑洞，就是"玄""混沌""环中"，就是同异不彰而又同异交得的"齐一"，它不是"理"。理的特点是分，道的特点是合；合在分之上，道为理之母。中华民族重视公正，重视和合；反对对立，主张统一，于是，道就自然地成为中国古代文化思想中公认的最高的哲学范畴。它耸立在一般真理之上，是天与人、物与我、情与理、知与行得以和合的唯一的内聚力，所以又名为"太一"或"太极"。

太极是无极之极，在这里不存在两端对立，换句话说，"道"是自由的存在，对于人来说，是一种自由的境界。得道之人意味着解脱了两端，获得了自由。"若然者，登高不栗，入水不濡，入火不热，是知能登假于道者若此。"① 由此看来，道是人生理想的归宿，既是人生的终极价值，又是对人生的终极关怀。凡是终极关怀，都可以成为信仰。但是中国古代人对于"道"的信仰，不假外求，反求诸己，认为"道"存在于人性中，人性是人之价值的当下真实，当下呈现，人性和道同质同趋。正因为如此，中国不存在西方式的上帝崇拜，中国人的上帝就是自我人性的复归。道家主张"归根""复命"，儒家主张"修身""率性"，其基本原则即在于：人与天地万物具有共同本性，天地万物是大宇宙，人体则是一个小宇宙，小宇宙是大宇宙的缩影，它们之间是平等和合的关系。试观《淮南子》。

> 《淮南子·原道训》："夫天下者，亦吾身也，吾亦天下之有也。"
> 《淮南子·本经训》："天地宇宙一人之身也；六合之内，一人之制也。……故圣人由近知远而万殊为一。"

因此，人只要能够"复性"，他就会"通体于天地，同精于阴阳，一和于四时，明照于日月，与造化者相雌雄"。② 这也就是说，只要人性复归，任何人都能够尽天合道，自由自在而归于永恒，中国人的自强不息、独立自主、谦和中正、日新又新的思想传统，正是从这里生发出来的；这些思想传统的当下呈现，就是人性，就是道，就是当下的价值判断。合道

---

① 《庄子·大宗师》。
② 《淮南子·诠言训》。

为真，所以有真人；合道为善，所以有善人；合道为美，所以有美人。合道的真善美不存在假恶丑与之相对，因而区别于世俗的真善美，而成至真、至善与至美。对于人来说，至真，就是不以己之真而强人从己，所以至真无真；至善，就是不以己之善而生求报之念，所以至善无善；至美，就是不以己之美而生骄人之心，所以至美无美。由此可见，合道的真善美高超于世俗的真善美之上，乃是一种"大全"的精神境界。《庄子·德充符》有一则寓言，可供我们深思：

> 鲁哀公问于仲尼曰："卫有恶（丑）人焉，曰哀骀它。丈夫与之处者，思而不能去也；妇人见之请于父母曰：'与为人妻，宁为夫子妾'者，十数而未止也。未尝有闻其唱者也，常和而已矣。……

丑人哀骀它对于男人和女人为什么都能产生一种强大的魅力呢？原因在于"常和"。所谓"常和"就是"使之和豫通而不失于兑（悦），使日夜无隙，而与物为春，是接而生时于心者也"。"与物为春"是说物我关系融洽一片；"接而生时于心"是说四季不同而春和之心常驻。这显然是"得其环中"的另一种表述。

西方美学史上，曾有人把几何学上的"黄金分割"视为完美的表现；在中国美学史上，道家学派则把几何学上的"环中"作为完美的表现，两者适成对照。前者立足于对称，立足于二；后者立足于一，立足于不对称。"二"为分别知，主要是通过理性分析去把握；"一"为混沌知，主要通过超越理性的体悟去把握。所谓体悟，就是对人生理趣的当下直觉——感同身受，自我消融在活生生的情境之中，情境之中呈现着活泼泼的自我。指出这一点，意在说明：我们研究中国美学思想史，要依据中国的文化精神和思维特点，西方美学思想史的概念及框架，对于我们只能作为参照，切不可原封不动地拿来应用。我以为中国"国学"的危机正在于它的非国学。

1994 年 3—4 月客寓淮阴师专

原载《淮阴师专学报》1994 年第 2 期

十四

论"絜矩之道"

——"中国古代混沌论"之二

　　道家提倡"环中之道",儒家标举"絜矩之道"。"环中"意在圆通,"絜矩"意在方正,圆通源于阴柔,方正源于阳刚。于是人们有理由认为,在美学思想上,儒家偏于阳刚之美,道家偏于阴柔之美;如果仔细推敲,我们可以发现,这个结论并不完全正确。因为考察一个命题的全部内容,不仅要注意到它的出发点,还必须注意到它的归宿点,只有把出发点和归宿点同时纳入我们的视角,然后才能产生正确的判断。的确,"环中"崇圆,"絜矩"尚方,然而,崇圆、尚方的目的都在于超越两端而归于中和;出发点虽有不同,归宿点却完全一致。这正是"圣王殊途而同归,百虑而一致"。从"殊途""百虑"方面,我们可以看出它们学派的对立;从"同归""一致"方面,我们又可以看出它们在民族文化精神方面的统一。由此看来,科学研究不仅要着眼于分析,而且更须着重综合;没有综合,看不出事物的全体大要。

(一)"絜矩之道"与"一—二—一"

　　儒家的"絜矩之道"见于《礼记·大学》,原文两节,分为政治思想和文化精神两个方面。今录之,试加论述如次:

　　　　所谓平天下在治其国者,上老老,则民兴孝;上长长,而民兴弟(悌);上恤孤,而民不倍;是以君子有絜矩之道也。

儒家学说，在处世应物方面主张由小到大，由易到难，循序渐进，不可超阶段冒进（所谓"不可躐等"），这就是身修而后家齐，家齐而后国治，国治而后天下平。这一节论说治国之道，在于当权者用一定的道德标准来规范自己的行为，以身作则，成为黎民百姓的榜样，从正面说明，通过积极的上行下效，使群臣上下都能各遂其愿，从而谋求整个国家的和谐。这里隐隐地包含着三个思想要点：一是上行下效的客观基础是人性皆善，相信官民之间存在着共同的道德要求，这种共同的道德要求的实现，就是上下一家，彼我如一。二是主张以德服人的王道。儒家提倡伦理政治，认为只有具备全面道德修养的圣人方能成为行使一国之政的国王。这是中国思想史起点上就已产生的具有人文主义特色的国家首脑论，即所谓"内圣外王之道"。"内圣外王"一语，初见于《庄子·天下篇》，它是儒家社会政治思想的核心内容之一。需要说明的是："内圣"是"外王"的条件，"外王"是"内圣"理应承担的社会责任；其内部逻辑次序不容颠倒，绝不能颠倒为"外王"必然是"内圣"。三是反对以力服人的霸道。儒家认为以力服人的霸主，只能称雄于一时，不可能保持永久，因为它作威作福，不得人心，只有得人心者方可以得天下。以上三点，归纳起来就是"絜矩之道"。

所恶于上，毋以使下；所恶于下，毋以事上。所恶于前，毋以先后；所恶于后，毋以从前。所恶于右，毋以交于左；所恶于左，毋以交于右。此之谓絜矩之道。

这一节是从文化精神方面进一步阐明"絜矩之道"的含义，其要点有二。

1. "忠恕之道"与"一以贯之"

刘宝楠《论语正义》认为"忠恕"就是"絜矩"；用忠恕之道贯通天人、彼我，可以促进天人、彼我两端和合如一，并从而获得道德和知识的同时完善①。可见在儒家学说，"忠恕之道"与"一以贯之"，既是道德论，又是知识论。关于这方面的言论，屡见于儒家经典，今择其要者引录如下：

---

① 参考《论语·卫灵公》："一以贯之"下《正义》。

《论语·里仁篇》：子曰："参乎，吾道一以贯之。"曾子曰："唯。"子出，门人问曰："何谓也？"曾子曰："夫子之道。忠恕而已矣。"

从道德论看来，"忠"是对内不欺，"恕"是对外能容，就是在待人接物方面坚持严于律己，宽以待人的原则。这样可以避免自以为是，凡事能够择善而从；以一心而容万善，也就不会产生见人之长而生妒忌之心。妒忌是人类的恶德，它的本质是一己的私心在人际关系上的膨胀；虚弱的心灵无意于正常的竞争，有心于出人头地，于是在行为上不得不采取压制或打击别人的办法以维持自己的存在，其结果只能是损人害己、破坏群体关系的和谐。提倡忠恕之道，意在培养人们具有既不屈己，也不干人的品格，从而推动社会文明的发展。《说文》训恕为仁，是故"仁者，己欲立而立人，己欲达而达人"（《论语·雍也篇》），己立己达，就是忠：立人达人，就是恕；两者相因，而无偏倚，就是中国古代圣贤的要道。至于"所恶于上，毋以使下"云云，那是从负面说明，只要全社会上上下下诚实无欺，办事公道，就可以防止种种损人利己行为的发生，达到遏制内部摩擦，减少内部消耗的目的。从人类文明的历史看来，只有在祥和的民气中，民智民力才能得到健康的发挥。愈是精神文明落后的地方，内部分歧愈多；愈是物质文明落后的地方，内部消耗愈重。文明可以加强社会凝聚力，不文明只能导致社会涣散。由此又可见，中华民族的凝聚力同传统的忠恕之道存在着密切的联系。

从知识论上来看，"忠恕之道"与"一以贯之"表现为处处看到个人的不足，而能够从善如流，胸怀广阔，虚心不是出于自卑，进取决不依靠掠夺。下录两条儒家经典，可以互相参证。

《礼记·中庸》：子曰："忠恕违道不远，施诸己而不愿，亦勿施于人。"

《论语·卫灵公》：子曰："赐也，女（汝）以予为多学而识之者与？"对曰："然。非与？"曰："非也。予一以贯之。"

如果我们把这两节引文联系起来考察，那就不难发现，儒家认为个体的人格修养与其知识增长之间存在着紧密的因果联系，透过这种联系更可以看出儒家的知行合一观。

忠恕之道包含广义和狭义两个方面：广义方面在于用来协调天地人关系，所以扬雄说"通天地人，曰儒"（《扬子法言·君子篇》）。忠恕之道贯于天地人，而使二者和合结为一体，从而形成了中国传统文化中关于宇宙人生的整体意识。它的特点是：不把人与自然的关系看成是对立的，认为它们是有机的统一体。从这里形成了天人合一的文化思想。唯其如此，所以在中国传统文化中特别强调人与自然的协调，而很少看到征服自然的主张。环顾今天的世界，完全可以这么说：作为一种传统文化思想，在当前仍然没有失去它的夺目的光辉。但是，在天地人的统一关系中，人与天地的关系并不是主奴关系，而是一种人类起源学上的亲子关系①，由此进一步认定天地的本性是以人为贵②，所以扬雄又说："通天地而不通人，曰伎（艺）。"宋儒程颢说得更为明确："人与天地一物也，而人特自小之，何耶？"（《遗书》卷十一）从这里，我们不难看出所谓"天人合一"的思想，在文化人类学上就是一种以人为中心的天地人三合一精神，概而言之，就是天地人精神。中国古代的知识论同这种天地人精神息息相关，其特点正如司马迁所说："究天人之际，穷古今之变，成一家之言。"在中国古代思想家眼中，不识天文，不知地理，不知人世的变迁，提不出创造性的见解，所谓知识是无从说起的。

狭义方面在于用来协调人的内部和外部关系。内部关系指人与自身的关系，外部关系指人与他人之间的关系。朱熹《四书集注》是这样解释"忠恕"的："尽己之心为忠，推己及人为恕。"具体地说，就是以爱己之心爱人，以责人之心责己；两者的潜在逻辑是必先"诚身"而后才能尽"友道"。"诚身"，在于修持自己的善性，用诚实的心灵对待自己的言行，避免无知亡作；用忠恕之道扩大自己的胸襟，避免固执己见，以便突破"小知"而求"大知"。"友道"，在于善与人交，多多"舍己从人"，集

---

① 参见《管子·内业篇》《庄子·山木篇》《淮南子·精神篇》。
② 参见王充《论衡》：《无形篇》《状留篇》。

思广益，用千万人之知来充实自己，以便最终由"小知"而上达"大知"①。这个过程就是"一以贯之"，就是"德性之知"与"闻见之知"的贯通为一。宋儒将"德性之知"与"闻见之知"离而为二，在知识论上显然没有摆脱两端的困惑。孔子的"学无常师"（《论语·卫灵公篇》）与"择善而从"（《论语·述而篇》）的思想，着眼于言行一致，着眼于知识的行之有效，结合孔子在言行方面所发表的许多见解，完全可以认为，他的知识论所显示的实际上是一种知行合一观。其特点在于：反对片面，反对僵化，强调参与意识。强调历史责任感，认为一切知识只有与"治国平天下"联系起来才有意义。

2. 全方位观念

提倡"絜矩之道"，意在"治国平天下"。"矩"，就是规范；"絜矩"，就是通过人们普遍自觉地遵守孝、梯、慈爱等道德规范以谋求建立合情合理的社会秩序；"絜矩之道"，就是将各种个体道德规范凝练为普遍的"忠恕"，并通过"忠恕"以协调上下、前后、左右关系，从而使国家乃至天下有条不紊、和气氤氲，人们在合情合理的环境中安居乐业。作为一种治国安民的方略，集中地显示出古老的东方人文主义精神。其特点是以人为中心的全方位观念及其所包含的中央意识。

孔子所说的上下、前后、左右，就物理空间而言，在道家那里叫作"六合"；作为一种"帝王之德"，协调上下、前后、左右关系，在道家那里叫作"六通"（《庄子·天道篇》）；四方上下交通成和，无挂无碍，正是帝王治下理想政治局面的形成。从这里不难看出，全方位的和谐的观念在儒家和道家是完全一致的，而其核心则是两端—中和的理论思想。上下、前后、左右展现三对二端；两端差异必不可免地产生摩荡；摩荡的结果不是一端绝对胜利，也不是两端同归于尽，而是同样必不可免地归于中和。对此王夫之曾经作过这样的说明："阴阳（两端）各成其象，则相为对；刚柔、寒温、生杀，必相反而相为仇"，同时"互以相成，无终相敌之理"（《周易外传》卷五）。这个论断的依据是中华民族传统的思维模式，其完整的表述是：事物最初为"一"；一的剖判，出现两端；两端相

① 参见《论语·述而篇》，子曰："盖有不知而作之者，我无是也。多闻，择其善者而从之，多见而识之，知之次也。"

反相成，复归于一。也就是说，事物的运动过程和人对事物运动的思维过程是一致的，都是一分为二，又合二为一，这两种过程可以简化为一个共同的模式，那就是"一—二—一"。"一"，就是无形、不分、中和、整体、混沌；"二"，就是有形、分别、作对、两端、两极。这个模式具有极大的普适性，几乎无所不包，它是中国古代人文科学中的"黑洞"。其中的"一"，应该引起我们足够的重视。《淮南子·诠言训》说过："一也者，万物之本也，无敌之道也。"同书中的《齐俗训》又说："故一者至贵，无适（敌）于天下。圣人托于无适（敌），故民命系矣。""一"是中和、混沌，故为"万物之本，无敌之道"，中和、混沌是中华民族最高的价值判断，依据这样的价值论办事，就可以为生民立命，就可以大济于苍生！

同时，我们还应该注意，模式中的两个"一"分别代表事物运动的出发点和归宿点，它们虽有新质和旧质的区别，但在形式上只是体现中和、混沌的同一性转换。这里包含着中国人的历史观，那就是所谓"新新不住、运运迁移"。这个模式在理论上具有极大的意义。它强调事物的整体性以及事物与事物之间的相互联系和相互适应性，从而在人文科学中形成了中国古代的黑洞论。黑洞论的价值在于突破因果律的局限。因果律经不起无限追问的考验，最后必然求助于一个全知全能的上帝，作为人类一切疑难的终极回答者；黑洞论通过两端的模糊化对接，说明事物运动的始因和终极因不在外部，而在事物自身的本性；况且始因和终极因的区分也是相对的，因为一切事物都是自动的，不存在第一推动力，即所谓"不本而本，本无所本"。因此，庄子认为人对于世界的认识，最高层次是经过"凝始"而归于混沌。

（二）真善美与混沌

混沌，就是两端的中和，就是现实的"公道"。只有秉持这个"公道"，而后才会出现和谐的天地关系，才会有安定的秩序，才会有自由自在的人生。

两端—中和的思想，像一根红线一样，贯串着中国古代全部文化思想史，真是源远流长。儒道佛三家基于各自的派性，不免门户森严，但当他们严肃地阐述自己对于宇宙、人生的看法时，又不约而同地将两端—中和的思想安排在各自思想体系的中心位置上。正由于这样，儒道佛三家思想到唐宋时期才有可能逐步得到融合，以致终于形成面目一新的宋明理学。宋代的大儒们在构筑理学体系方面不遗余力，对于两端—中和的探索更是殚精竭虑，每有体会常常兴奋不已，程明道曾经作过这样的自述：

> 天地万物之理，无独必有对（两端），皆自然而然，非有安排也。每中夜以思，不知手之舞之，足之蹈之也！（《二程遗书》，卷十一）

根据《论语·尧曰篇》记载，两端—中和的思想萌芽于尧对舜的训导；但作为一种明确的理论，应该说，在儒家创始于孔子，在道家创始于老、庄，在禅宗则创始于达摩，这个论断，从下面所引的几条材料中可以得到证明：

> 《论语·子罕篇》：子曰："吾有知乎哉？无知也。有鄙夫问于我，空空如也。我叩其两端两竭焉。"
> 《论语·雍也篇》：子曰："中庸之为德也，其至矣乎！民鲜久矣。"
> 《庄子·知北游》："中国有人焉，非阴非阳，处于天地之间，直且为人，将反于宗。"（参看《郭注》、《成疏》）
> 《庄子·山木篇》倡言："处乎材与不材之间。"
> 《庄子·人间世》："且夫乘物以游心，托不得已以养中，至矣。"（《郭注》：中，中庸。《成疏》：中，言中和。）

禅宗方面，则可从禅宗祖师达摩的"禅法"与旧"禅法"不同中见出。旧"禅法"的特点是，"调身调息，跏趺宴默（静坐），舌拄上颚，心注一境"（宗密：《禅源诸诠集都序》卷上之一）。达摩"禅法"的特点是：在禅定的形式下进行思想意识的锻炼。达摩提出"理入"和"行入"的思想修养方法。"理入"即"壁观"，面壁静坐，使心如壁立，不偏不倚（道宣：《唐高僧传》）。可见，"面壁"，原为居心中正也。

孔子所说的"两端"，不同于韩非所说的"矛盾"。矛盾的本义是指两物的对立，虽然在运动过程中对立可以转化为统一，但矛盾关系的重心却是对立和分析。两端的本义是指一体之两面（或一体之两边，或一体之两头），虽然在运动过程中两端的差异也可以激化为对立，但两端关系的重心却是统一与和合。由此看来，矛盾的学说，在方法上主要是突出斗争，两端的学说，在方法上主要是突出调适。调适的目的是为了达到"中庸"这样一个最佳的平衡点。"中"，就是孔子所称许的无过无不及；"庸"，就是为人们普遍肯定的常理。"中庸"，子思称为"中和"①，意义更为显豁。宋儒认为两者的区别是"以性情言之，则曰中和；以德行言之，则曰中庸"。可见"中庸"与"中和"内涵并无迥别，只是在外延方面存在着广狭的微殊。因此，宋儒又指出"中庸之'中'，实兼中和之义"②。

"道"，是中国古代思想史的最高范畴，历朝历代，诸子百家，几乎无一不言其道。孔子身处乱世，有志于拨乱反正，却又到处碰壁，栖栖于一代之中，于是他不禁发出深深叹息："道之不行也，我知之矣：知（智）者过之，愚者不及也。道之不明也，我知之矣；贤者过之，不肖者不及也。"③ 这里的道是指中道，即中庸或中和之道。他认为中和之道既不为当世所知，又不为当世所行，原因就在于时人在知行两方面患着过与不及的通病。朱熹于此解释说："道者，天理之当然，中而已矣。"④ 可见过与不及就在于未能执中。"仲尼，祖述尧舜，宪章文武"，"执中"的思想正是儒家道统的一贯思想，这在儒家经典中有清晰的脉络可寻。

　　《论语·尧曰篇》：尧曰："咨！尔舜。天之历数在尔躬，允执其中，四海困穷，天实禄永终。"舜亦以命禹。
　　《礼记·中庸》：子曰："舜其大知（智）也与！……执其两端，用其中于民。"

---

① 参见《礼记·中庸》。
② 参见朱熹《四书集注》，《中庸章句》第 2 章注文。
③ 参见《礼记·中庸》。
④ 参见朱熹《四书集注》，《中庸章句》第 2 章注文。

由此观之,"执中"的思想为帝尧所首创,到了帝舜发展为"执两用中"。"执中",作为一个原始要求,还只是说应该主持公道,它没有回答怎样才能主持公道;"执两用中"不仅是一种思想原则,同时还具有方法论意义。孔子的贡献在于不仅坚定地维护着这个思想传统,而且据此提出了"两端"与"中庸"这样两个互相关联,在中国古代思想史上极为重要的范畴。刘宝楠《论语正义》敏锐地指出,"中庸之义,自尧发之,其后圣贤论政治学术,咸本此矣"。关于中庸思想的历史意义,他曾经作过这样的论证:"案执中,始于尧之咨舜。舜亦以命禹,其后汤执中,立贤无方,至《周官·大司乐》以中和祗庸孝友为六德,知用中之道,百王所同矣。"从这里,我们可以看到:从思想到方法,从理论到实践,从学术到政治,"执中"—"执两用中"—"中庸",确实是中国古代思想史的一条中心线索,如果用一个字加以概括,那就是"中"或"和"。

子思着重人的心性修养,于是把"中庸"改为"中和"。他写作《中庸》一书进一步阐明中庸的义理:"喜怒哀乐之未发谓之中,发而皆中节谓之和。中也者,天下之大本也;和也者,天下之达道也。致中和,天地位焉,万物育焉。"子思的这一段文字将孔子的"中庸"思想推进到全新高度,内容深,影响远大,可以视为中国古代关于中和之道的思想纲领。

1. 中和之道是对于情理两端的超越而形成的混沌

子思将人情分为未发和已发两种状态,同时指出,静态的人情是纯粹天赋,即孟轲所说的"人性":人性无所偏倚,所以说它中正无邪,这就是后来孟轲所说的"人性皆善"。动态的人情夹杂着人的私欲,必须借助于理性的调节,或者通过理性指导下的意志的控制,使之无所乖戾,所以说它和顺中节,这就是儒家所说的"正心",道家所说的"不离其宗"。从子思这一段纲领性文字中,作如下的理解似乎更为恰当。

中和之道既不是纯粹的理性,也不是纯粹的感情,理性只起调控作用,它无权将感情逐出人性之外;中和之道并不是某一个圣人对人性的灌输,它来源于美好的人性,并且就是人性自身,就是同时存在于人性内部的情与理的混沌。把先秦思孟学派推向前进的宋代理学大师们,不幸从这里滑向一端,他们片面地把人性等同于纯粹理性,认为理性的功能就在于抑制情欲；他们不懂得理性具有不顾后果的彻底性①，因而不可避免地变成了禁欲主义者，对后世造成了很深的危害。

2. 中和之道是对于善恶两端的净化而形成的混沌

宋儒在人性问题上，对于中和之道的理解不懂得情理两端应该如何超越，然而却十分清楚超越的另一种形式，即善恶两端的净化。朱熹正确地说过："盖均善而无恶者，性也，人所同也；昏明强弱之禀不齐者，才也，人所异也。诚之者，所以反其同而变其异也。夫以不美之质，求变而美，非百倍之功，不足以致之。"（《四书集注》：《中庸章句》第二十章）

"诚"是一种净化功夫，通过"诚"，打扫不洁，以超越世俗的真伪两端，从而达到"至诚"（全真），以保持人性"均善而无恶"，这也就是《礼记·大学》所说的"止于至善"。"至善"是对于世欲的善恶两端的超越，是净化以后的"均善"。"至善"同时也就是"至美"，它同样也是对于世俗的美丑两端的超越，是净化以后的"大美"。朱熹认为"至善"与"大美"能够"尽夫天理之极"，是独一无二的"公道"。由此观之，中国古代哲人的人生理想，不在世俗的真善美，而是通过超越与假恶丑相对的真善美，从而上升到全真、至善、大美的境界。这是一种真正的自由境界，进入这种自由境界，人们妙舍二边，独立于一中，"从心所欲""独往独来"。

全真、至善、大美，是人对于中和之道的分析性认识，在实际上，中和之道乃是全真、至善、大美三位一体的混沌，在其自身无所谓真善美，而又随地随时对人呈现为真善美，有如天之高明，地之博厚，日月之运行，四时之代谢，凡圣等一，不自不他。这是一种人性本有的平等境界。类似后世佛家所标举的真如界。它的特点有如天台宗荆溪湛然在《始终心要》中所述："真如界内，绝生佛之假名；平等智慧中，无自他之形相。"② 正因为这样，所以中和之道，中和之德，中和之美，虽有三名终归于一义，一言以蔽之曰："道"！实行中和之道，要求人人"执中含和"。"中"是在道义上的无差别，不分上下、前后、左右，平等对待；"和"是道义上的无仇恨，上下、前后、左右融成一片，自由往来。和平

---

① 参见恩格斯《社会主义从空想到科学的发展》英文版导言。
② 参见汤用彤《隋唐佛教史》，第136—137页。

依赖着中正，自由依赖着平等，所以说中为"天下之大本"，和为"天下之达道"。中和之道的功能臻于极致，就是"天地位焉，万物育焉"。关于"位育"，前贤注疏多半语焉不详，欲明其义，可以参照《管子·版法解》中的一节文字：

> 版法者，法天地之位，象四时之行，以治天下。四时之行，有寒有暑，圣人法之，故有文有武；天地之位，有前有后，有左有右，圣人法之，以建纲纪。春生于左，秋杀于右，夏长于前，冬藏于后。生长之事，文也，收藏之事，武也，是故文事在左，武事在右，圣人法之，以行法令，以给事理。凡治事者，操持不可以不正，操持不正，则听治不公；听治不公，则治不尽理，事不尽应。治不尽理，则疏远、微贱者无所告；事不尽应，则功利不尽举。功利不尽举，则国贫；疏远、微贱者无所告，则下饶。……

根据注文，所谓"版法"，就是"选择政要，载之于版，以为常法"。而"常法"正是效法天地、四时的条理以求建立人间社会秩序、政治法令。"四时之行"，寒暑有来有往，万物得到化育，形成春生、夏长、秋收、冬藏的秩序；"天地之位"阴阳无错无差，前后左右无不受其覆帱持载之功而显现为纪纲不乱。这种良好的自然景象如果同良好的社会政治局面配合起来，那就是风调雨顺、国泰民安的雍熙盛世。这里的关键是"治事者"操持公道，亦即在推行国家"常法"的过程中，居心中正，"不私近亲，不孽疏远"，做到"风雨无违，远近高下，各得其嗣"。管子这一段文字的义理，同子思"致中和，天地位焉，万物育焉"的论断，可以说相映成趣，不谋而合。由此我们不难推断，中和之道正是春秋战国时期思想家和政治家为了治国、平天下而确立的思想纲领，其作用在于调节天地人关系而使之和合如一。

（三）中央意识与混沌

"絜矩之道"的核心思想，正是要求协调上下、前后、左右关系时实行中和之道；而用以从政则表现为坚定的中央意识。在中国古代思想史上，作为概念，内涵最丰富的是"中"；作为范畴，意义最难把握的是"道"；作为思想原则，最受普遍推崇的就是"中道"。粗略证之如下：

关于"中"：

（1）一半、相等；平正。两端之间的平衡点。《庄子·德充符》："从之（王骀）游者，与夫子中分鲁。"《管子·禁藏篇》："立身于中，养有节。"

（2）内里，内藏。《庄子·天运篇》："中无主而不止，外无正而不行。"《礼记·乡饮酒》："中者，藏也。"

（3）恰当，合理，成功。《庄子·天道篇》："老聃中其说。"《荀子·儒效篇》："曷谓中？曰：礼义是也。"《礼记·礼器》："是故因天事天，因地事地，因名山升中于天。"《郑注》："中，犹成也。"《孔疏》："中，成也。谓天子巡守至方之下，进诸侯成功之事以告于天。"

（4）中、齐互训，谓齐一，无分别。《管子·正世篇》："治莫贵于得齐。"《庄子·达生篇》："与齐俱入。"

通过上述关于"中"的内涵的粗略介绍。我们可以看出它作为一个概念的重要性，而把所有这些内涵集中到一点就是"和顺"。《说文·丨部》："中，和也"；《释文》："中者，顺也。"在中国古哲的心目中，"和顺"是天地人的共同本性，也是天地人关系的本然状态，因此，儒家强调"执中"，道家强调"守中"，"中"自然而然地成为"道"的本质所在。朱熹《中庸章句集注》："道者，天理之当然，中而已矣。"中道概念就是这样合乎逻辑地产生的。对于先秦时期文化典籍中出现的"中"，或类似于"中"的"之间"，后世的注疏家根据它们的语言环境，或解为中道，或释为中庸，或训为中和，如此等等，足以说明在中国古代思想史上，中、心、中心、中枢、中央、中正、中道、中和、中行、时中，所有这些概念，义理一脉相通。而其源盖出于古人对人心的理解和重视。中国古代哲人认为，人心在整个人体中处于中心地位，它是人的思想器官，不偏不倚、中正无邪地调控着人体所有器官，使其各守其位，各尽其能，并且指挥所有器官按照一个统一的方向协同动作，从而形成人的有节奏的生活运动。由人的存在受到启迪，推及人类社会，认为也应该像人体一样组成一个有机整体，个人的命运与整体利益息息相关，因而也必须接受统一调控和统一指挥。负责调控和指挥的人必须像人心一样，充满智慧；必须像人心对人体一样，公正无私，这就是所谓"内圣处王之道"。《荀子·天论篇》："心居中虚，以治五官"与此对应，"内圣外王"的地位必须处于全社会的中央。"中央者，中和也"（《白虎通·五行篇》），坐镇中央，推行政事，注定要属守中和之道，使之结成牢不可破的整体，四海之内，亲如一家，这就是我们中华民族传统文化的国家观。《管子·君臣下》："为人上者，制群臣，百姓通，中央之人和，以中央之人臣参……"。《庄子·应帝王》确定"中央之帝为混沌"，郭庆藩《集释》于文下引简文云："混沌以合和为貌。"《管子·兵法篇》："畜之以道，则民和；养之以德，则民合。和合故能谐，谐故能辑；谐辑以悉，莫之能伤。"由此可知，混沌作为中央之帝，乃是道德的化身，和合的象征。"和合"就是不分，就是大齐万物，就是上下、前后、左右与中央谐辑如一，就是不可战胜的力量。这种"至美""至乐"的政治局面，庄子认为只有在黄帝时代出现过，而作为一种政治思想，当然属于黄帝的首创，所以《庄子·天运篇》写道："黄帝之治，使民心一。""一"是两端中和的结果，是"合二而一"之"一"。这就表明，黄帝被尊为中华民族的鼻祖，后人又以炎黄子孙自豪，其间的纽带，正是中正和平的文化精神。

汉初尚黄老之术，陆贾《新语·无为篇》有这样的说明：

> 是以君子尚宽舒以苞身，行中和以统远。民畏其威而从其化，怀其德而归其境，美其治而不敢违其政，民不罚而畏罪，不赏而欢悦，渐渍于道德，被服于中和之所致也。

我们由此不难推断：中国之所以定名为"中国"，不仅是由于中国古人的空间观念和古代的民族关系所使然，盖"中国者"，立中之国也，把它理解为中和之国，从政教方面看来，更符合"中国"的本义。政教合一是古代中国传统的国策，"政者，正也"是中国古代普遍的看法。所以《管子·法法篇》有言：

> 政者，正也；正也者，所以正定万物之命也。是故圣人精德立中以生正，明正以治国。故正者，所以止过而逮不及也；过与不及，皆非正也；非正，则伤国一也。

这里已经说得很清楚，所谓政治，就是用中和之道以治国。古代儒家治国十分重视礼乐教化，其社会政治意义正如《礼记·乐记》所说：

> 故乐也者，动于内者也；礼也者，动于外者也。乐极和，礼极顺，内和而外顺，则民瞻其颜色而弗与争也，望其容貌而民不生易慢焉。故德辉动于内，而民莫不承听；理发诸外，而民莫不承顺。故曰：致礼乐之道，举而错（措）之天下无难矣。

这里说得十分明确，礼乐的本质就是和顺，用礼乐之道作为政治教化的举措，也就是以中和之道去治国平天下。

从伦理政治方面，我们看到中央意识和中和之道并无歧义，但在地缘政治方面，中央却包含着一个明显的悖论：四边向心，中央成为四边强有力的调控首脑。据此《荀子·大略篇》说道："欲近四旁，莫如中央。"四边离心，中央反成为四边合攻的危弱之主。据此，《庄子·德充符》指出："中央者，中地也"（角处皆是危机）。如何解决这个悖论，以便趋利避害呢？中国古代哲人认为关键在于"得道"。《淮南子·原道训》说得异常明确，"泰古二皇，得道之柄，立于中央，神与化游，以抚四方"。所谓"得道之柄"，有如荀子所说的"兼权"（《荀子·不苟篇》），同时考虑到各方面的利害得失，经过深思熟虑，"然后定其欲恶取舍"。所谓"神与化游"，仿佛孔子所说的"时中"（《礼记·中庸》），中无定体，随时而在，应能虚心谨慎，适时制变，从而做到"无时不中"。思想上做到"兼权"，行动上达到"时中"，那显然就是中和之道的完美体现。汉人去三代不远，思想家们颇具古道热肠，扬子云叙说他写作《法官·先知》一篇的目的就是为了阐扬中和之道："立政、鼓众、动化天下，莫尚于中和；中和之发，在哲民情；撰《先知》。"（《扬子法言·序》）

在汉代，中央意识与五声、五色、五味、五材配搭起来，造成了一个严密的思想系统。《淮南子·坠形训》："音有五声，宫其主也；色有五章，黄其主也；味有五变，甘其主也；位有五材，土其主也。"引文中的宫、黄、甘、土，都得之于各自系统的中央，因而成为各自系统的主导。而中央之所以成为主导，根据是"中央四达，风气之所通，雨露之所会

也"。王充考证黄帝庙号的来由，说法更为有趣："黄为土色，位在中央，故轩辕德优，以黄为号。"（《论衡·验符篇》）

中央意识几乎渗透到了中国古代社会生活的一切方面，并且成为中国古人立身处世必须崇奉的原则：

> 《庄子·达生篇》：仲尼曰："无入而藏，无出而阳，柴（独）立其中央。三者若得，其名必极。"
>
> 《淮南子·诠言训》："人虽东西南北，独立中央。故处众枉之中，不失其直；天下皆流，独不离其坛城。"

中央的本义即中和。然而透过中央意识的种种表现，我们可以清楚地看见中和之道的深度和广度，看见中和之道并不是简单地为了防止粗暴而要求无原则的凑合。从修身、齐家、治国、平天下的事功方面，可以对中和之道作这样的理解：巧妙地超越两端而使之和顺如一，不偏不倚而使主体心性立于中正无邪，无过无不及而使主体行为进退有节，不僵不固而使主体思想随运日新，不自不他而使个体服从整体。从形方面来把握中和之道，其精义则在于：通过合情合理的调节，使两端对立性一面逐步弱化、模糊化，同时突出其统一性一面，并使之逐步强化、清晰化，以便造成健康而和谐的整体运动。处于运动中的整体的面貌，似模糊却清晰，似无序却有序，其势如龙，飞潜屈伸，应时偶变，这就是儒家所说的"大化"，道家所说的"惚恍"，佛家所说的"真如"，总其名曰："混沌"！

人类偏爱清晰，偏爱纯粹，这是一种简单化的心理倾向，生活中的许多失误，都同这种倾向有关。事实上，凡是生动的存在，包括人类自身，都是不清晰的，不纯粹的。清晰和纯粹的事物，不存在于我们眼前的世界中，而只存在于世界的尽头。正因为我们所面对的世界是一个混沌的世界我们方能不脱离感性的光辉去正确地思考一切和对待一切，我们的生活才有乐趣，我们的生命才有存在的价值。在中国古代思想史上，混沌被视为宇宙和人性的本来模样，被视为道的直下真实，直下呈现；它无所谓真善美，但又随时随地于人呈现出真善美，我们理解了混沌，也就同时把握住了中国古代哲学—美学思想的基本特征，从这里可以展开中国古代美学的长幅画卷，不然，我们又如何疏通下录两段文献的义理呢？

《礼记·中庸》:《诗》曰:"衣锦尚纲。"恶其文之著也。故君子之道,暗然而日章;小人之道,的然而日亡。君子之道,淡而不厌,简而文,温而理,知远之近,知风之自,知微之显,可与入德矣。《诗》云:"潜虽伏矣,亦孔子昭。"故君子内省不疚,无恶于志。君子之所不可及者,其唯人之所不见乎!

《淮南子·说山训》:是故不同于和,而可以成事者,天下无之矣。求美测不得美,不求美则美矣;求丑则不得丑,求不丑则有丑矣。不求美,又不求丑,则无美无丑矣,是谓玄同。

1994 年 5 月客居淮阴师专

原载《艺坛》第 1 卷,武汉出版社 2000 年版

十五

道与真善美

——"中国古代混沌论"之三

　　研究国学，研究中国古代文化，经过历史的反复浪淘，在治学方法上，看来还是以回归到"出入经史，流连百家"的传统为宜。只要坚持这个传统，而又目光四射，不存排外之思，且能含英咀华，持之以恒，玩索有得，日积月累，那么，我们的面前就会呈现出这样的发人深省的画面：古代中国，光华夺目；近代中国，曲折暗淡；当代中国，几经磨难重又崛起在世界的东方！

　　这是一个否定之否定的历史哲学过程。

　　虽然近代史上的悲歌余音未绝，但是谁也不能否认，《义勇军进行曲》的决绝之声正在激浊扬清，响遏行云！

　　处在这个庄严的历史哲学过程第三环节上的中国人，既不应盲目悲观，也不应妄自尊大。中华民族的文化精神是源远流长的中和精神，用这样的精神来审视和建设中国社会主义的新文化，我们肩负着沉重的历史任务。回顾过去，我们必须有所损益！面对当前，我们必须正确取舍！只有这样，方能稳健地走向未来。这就是说，对于古代文化，必须大力开掘其丰富宝藏；对于近代文化，必须大力清理其利弊得失；对于当代文化，必须怀抱中华民族的文化精神，顺应民心，勇敢地融入世界历史的潮流。

　　位卑而言高，历来是做人的大忌；但是出于责任感，又岂能隐而不言！限于才力，我个人只能从我的专业，从中国古代美学思想史方面，就道与真善美的关系问题发表一些肤浅的看法，不敢自以为是，试试而已。

（一）真善美并非中国传统美学的理论支架

真善美是西方哲学领域中的三大观念，它们是西方哲学最基本的理论支架。随着鸦片战争的一声炮响，在中国文化界形成了向西方寻求真理的浪潮。真善美就是前辈学者在这股浪潮中从西方引进中国来的，根据这个理论支架，中国产生了许多著作，这些著作也确实能够说明某些现象。久而久之，习以为常，人们也就对之深信不疑。当我们抛开这个理论支架，不带任何成见，独自研究中国传统美学思想的时候，我们就会发现，它并不符合中国传统美学思想的实际，它的思维深度远远不及中国的传统美学思想，它的社会作用也远远不及中国传统美学高明。自然，真善美能不能作为中国美学的理论支架也就不言而喻了。

西方哲学认为，真善美都是价值判断：真（真理）是知识领域中的价值，善是欲求领域中的价值，美似乎居于欲求领域和知识领域之间，以一种特殊方式分属于这两个领域。真善美三者关系中，真是决定性的一环，善和美的判断都必须以其是否具有真理性为转移，中国古代圣贤多半是"知行合一"论者。中国古代哲学主张知行合一，在知行合一中比较地说来又多半更注重于行，因此，在真善美三者关系中，善是决定性一环，真和美都从属于善，都以善为其最后的判断标准。更值得我们注意的是：在西方，善的基本内涵是人们值得欲求的事物，即人们想要和需要的东西。这就是说，善之所以为善，取决于它是否能够满足人类个体的不同等级的欲求！政治的作用表现为创造一种足以保证这种欲求得到满足的社会环境。西方的人权观念正是从这里引发出来的。在中国，善的基本内涵是仁爱，是推己及人，是孔夫子所说的"己欲立而立人，己欲达而达人"①。这也就是说，善之所以为善，取决于人的自身与他人之需要的共同满足，因为自身的安顿来之于人我关系的和谐。中国的所谓善，并不排斥个体的欲求，只是强调个体欲求的满足绝不能以伤害别人为前提，而要做到这一点，就得奉行克己待人的自律原则，这个原则，在先秦诸典籍中屡见不鲜，而通行至今的具体内容就是孔夫子所说的"己所不欲，勿施

---

① 《论语·雍也篇》。

于人"①。欲和善是相对的,所欲与所恶也是相对的,它们都是一体之两端。因此,这句话另一种表述就是"己之所欲,必当施诸人"。《韩诗外传》把上述正反两端综合起来,并且扩展为一种治国平天下的方略:

> 己恶饥寒焉,则知天下之欲衣食也;己恶劳苦焉,则知天下之欲
> 安佚也;己恶衰乏焉,则知天下之欲富足也。知此三者,圣王所以不
> 降席而匡天下。故君子之道,忠恕而已矣。

这就是中国古老的仁政思想和传统的天下观,只有根据中国传统的仁政思想和传统的天下观,才能正确理解中国的人论以及包含在此种人论中的人权观念。由此看来,西方的人权观念立足于个体欲求的满足,中国的人权观念着眼于群体生活的安顿,而两种人权观念的分歧,思想根源正是由于对善的不同理解;西方的善着眼于享受,中国的善立足于奉献。着眼于享受,善中隐藏着恶,难于摆脱善恶两端的困扰!立足于奉献,有可能去恶而扬善,以至于超越善恶两端而升扬为纯粹的善。

应该加以说明的是,西方的善并不否定奉献精神,但是不同的奉献精神可以产生不同的社会效果。事实上存在着两种不同层次的奉献:一是有偿的奉献,一是出以公心的奉献。两者都是善行为,但是前者为世俗之善,后者却是超越世俗之善的"至善"。善和至善所引出的社会价值是截然不同的。在中国古代哲学中,善是基于德行的价值判断。所以焦循说:"善,德之建也。"② 《管子·心术篇》认为"化育万物谓之德。"所谓"化育万物",就是"爱之生之,养之成之"。③ 于是个体人的德行实现,在社会关系上形成了"施德者"和"受恩者"两个方面。这两个方面的关系如果处理不好,"施德"就会变为"缺德",善就会变成恶;"施德者"就会变成"缺德者",善人就会变成恶人,会不会发生这种变化,关键在于"施德者"的心胸气度。如果施德者假德而行,以个人的名利和地位为价值目标,那就施而必求其报。结果施德者成了债权人,受恩者成

---

① 《论语·颜渊篇》。

② 《论语·补疏》。

③ 《管子·正篇》。

了负债者，两者的关系成为压榨和被压榨、统治和被统治的关系。这种关系倘若发生在平民百姓之间，局部的危害就是局部的不安定，普遍的危害就是普遍的社会危机；而一旦发生在当权者和平民百姓之间，那就会给全社会带来始料不及的灾难。马克思在《路易·波拿巴的雾月十八日》一文中，曾经对野心家小波拿巴的伪善提出过尖锐的批判：波拿巴想要扮演一切阶级的家长似的恩人，……正如吉兹公爵在弗伦特运动时期由于曾把自己的一切财产变成他的党徒欠他的债务而被称为法国最该受感激的人一样，波拿巴也想做法国最该受感激的人，把法国所有的财产和所有的劳动都变成欠他个人的债务。……

马克思在这里把善和行善的动机联系起来加以考察，从而有力地揭示出善可以变成恶这种常见的历史现象。中国的古代圣贤关于善和"至善"的理论也正是从丰富的历史经验中提炼出来。孟子曾经将善和行善归纳为三种类型："尧舜，性之也；汤武，身之也；五霸，假之也。"① 在孟子看来，尧舜行善完全依照自己本然的心性办事，自然而然，不带一点勉强，不存任何私念，于民功德无量，于己不以为功，这就是所谓"至尊"。其政治意义表现为：元首全心全意为了天下，而不是天下全心全意为了元首，所有至善而无善，复归于混沌，并且由此形成了他们的"内圣外王"之道。汤武革命结束了桀、纣之世的昏乱，当然也是一种善行。不过这种善以流血牺牲和建立家天下为代价，因此这种善不是完全出于本然的心性，只是身体力行而已。结果，功勋固然卓著，而索赔亦其多多，以致在政治上不能不出现这样的局面：汤武一时有恩于天下人，天下人则必须长期地、忍气吞声地替汤武家族还债！可见汤武之善未能超越世俗之善。五霸尊王攘夷，在当时也被视作一种善行，但是他们各逞其一国之威，以大欺小，倚强凌弱，为了树立自己的霸主地位，借助于行善之名实施其作恶之实。这显然是一种伪善！所以孟子说："五霸者，三王之罪人也。"② 正因为这样，五霸中的任何一霸都未能做到长期称雄，他们以力服人的霸道行径注定了他们风光之时的短暂。

中国士人向有"大济苍生"的抱负，而其立足点则为"天下兴亡，

---

① 《孟子·尽心上》。
② 《孟子·告子下》。

匹夫有责"。人的德行从善向"至善"的超越，只有在庄严的历史责任感中，只有在适时进退中方能实现。从庄严的历史责任感出发，竭尽全力大济苍生，不以个人的建功立业为终极目的，而个人的功业自在于天下人的心目中；掌握权力只能伴随着建功立业的过程，而决不能在功成名遂之后加以无限延续。功名与权力常常是矛盾的，倘不能正确地对待功名，而又一味恋权，则已成的功名就会由善转化为恶，中国道家的"功成、名遂、身退"之说，绝不仅仅限于消极的个人全身免祸，而是为了卸去已有功名的包袱以便再立新功。由此看来，建功立业是善，而"功成、名遂、身退"乃是"至善"。"至善"是超越世俗之善的终极之善。它伴随着人的一生，无有尽期，倘有尽期则不足以成其为"至善"。"至善"，实际上就是幸福，人对于"至善"的追求同时也就是对于幸福的追求，"福兮祸所伏"，幸福乃是一种无祸之福。

人生最大的苦恼在于难以摆脱两端现象的困惑，善恶、福祸相对而生、相互依存，人类要从两端困惑中解脱出来，唯有超越两端而归于"至善无恶"的混沌方能做到。《庄子·应帝王》中的"中央之帝混沌"，就是一种具象化的"至善"。《论语·泰伯篇》记载孔子极度推崇"尧之为君"能够法天行化，盛德巍巍荡荡，上下四方，无所不被，"民无能名"，有如混沌。关于善，老子《道德经》第二章意味深长地说道："天下皆知善之为善，斯不善矣。"发出这样的惊世骇俗之谈，正是为了提醒人们注意超越处于善恶两端关系中的世俗之善，尽力追求无善无恶，亦善亦恶的神圣的"至善"。将善区分为两个高低不同的层次，可以视为中国古代思想家共同的观点。被宋儒称为"入德之门"的"孔氏之遗书"——《大学》的第一句话就是："大学之道，在明明德，在新民，在止于至善。"

即便从真善美的关系来看，从善的内容及其层次来看，西方哲学中的真善美三大观念，也不宜作为中国传统美学的理论支架。

中国的道与西方的真理不能等同。

在西方哲学真善美三大关系中。真或真理居于主导地位，这一点，决定了真善美的科学主义性质。科学主义确认真理建立在两个假设的基础上：一是客观事物中存在着一个本质，而是这个本质可以被人们所认识。于是真理被定义为人的主观认识与客观事物的本质相一致。真理的价值就在于它是人们用以判断真和假、是与非的工具。从这里一望而知真或真理显然存在于两端关系之中，脱离两端关系，谁也不能独自存在。这就产生了令人头疼的相对性难题。生活在古代中国的老子看出了这个难题，并且揭示了它的普遍性，试观《道德经》第二章：

> 天下皆知美之为美，斯恶矣；皆知善之为善，斯不善矣。有无相生，难易相成，长短相形，高下相显，音声相和，前后相随，恒也。

所谓"天下皆知"，就是世俗之见，就是潜藏在世俗之见中的具有相对性的知识论。根据这种知识论所获得的知识是分别知、静态知、理性知、直线知。科学知识的优点产生在这里，而其局限性也从这里产生。

我们对于一个陌生的对象，不知其所以然，只能说不认识它的内在特性，这个特性又正是对象得以存在的原因，那么根据这个特性也就产生了我们对于对象的认识。如果把认识用恰当的语言加以宣布，并且得到别人的普遍认同，这就有了真理。《礼记·乐记》郑康成注云："理，分也。"一个混乱的对象，不加分析，则不能发现它和外部的别的事物的区别及其自身内部的条理，当然无法提出相应的概念（中国古代所谓"立名"）。在科学主义者看来，概念是人对于事物本质的理解，是认识完成的标志。概念是清晰的，这是科学主义知识论的优点。但是由于概念是通过分析获得的，因而概念本身常有以偏概全的缺点，从而妨碍着人们对于事物的整体把握，这就形成了分别知的局限性。

分析只能是静态的，变幻不定的事物无法对之进行分析。譬如我们要解剖一条蛇，就必须把它打死，任何人无法解剖一条运动中的活蛇。通过解剖一条死蛇所获得的知识，只能是对于蛇的静态的躯体的理解，很难洞察它的活泼泼的生命运动。因此，分别知同时又是静态知。静态知的优点是其精确性，而其局限性则表现为不可避免的僵化性。《礼记·中庸》："子曰：诗云'鸢飞戾天，鱼跃于渊，君子之言其上下察也。'""鸢飞鱼跃"所揭示的认识，是对于活泼泼的生命运动的省察，是中国式的区别于西方静态知的动态知。

在科学主义认知方式中，概念的获得是感性认识向理性认识飞跃的结果。换句话说，在认识过程中必须滤掉丰富的具体的感性印象，才能提炼出简约的抽象的理性化的概念，概念简明扼要，便于人们的记忆，便于知识的储存，这是它的优点。但是由于它失去了感性的光辉，变成了灰暗而冰冷的理性，因而又是干瘪的，而且具有不顾后果的危险性。教条主义的产生，心理上的原因就在于教条主义者过分崇拜理性。中国古代思想家从实际的社会生活中深刻地感受到了纯粹理性的弱点，主张在肯定理性的同时绝不驻足于理性，以便在更高的形态上回归到非理性。这是一个循环往复的否定之否定的过程。中国古代的礼乐文化就是运用这种思维方式创造出来的。"礼者，理也"，"礼别异"。礼制是通过礼仪制度为社会划分等级界限，并且要求人们在行动上切实遵守，以便维护既定的社会秩序。可见礼是对人们行为自由的约束。"乐者，乐也"，"乐和同"。乐教是通过音乐感化来模糊等级界限，并且缓和人们感情上的不平，从而接受既定的社会安排。可见乐是对人们行为约束的放松。合而言之，礼乐是社会价值，就是所谓"一张一弛，文武之道"。由此可见，中国之道与西方的真理不能等同，西方的真理是纯粹理性，中国之道则是非礼非情，亦理亦情的混沌；西方的真理的可接受性在于解说，在于灌输，中国之道的可接受性在于感化、在于不知不觉中陶养。《淮南子·缪称训》："圣人在上，民迁而化，情以先知也，动于上不应于下者，情与令殊也，故《易》曰：'亢龙有悔'。三月婴儿未知厉害也，而慈母之爱谕焉者，情也。"国家所发布的政令当然是理性化的法规，但是政令倘不与民情相通，那就影响到它的有效执行，所以中国人认为只有顺乎天理、合乎人情方为有道。道，有如婴儿的天真，好似无知，却又情真理切。

中国的"真"与西方的"真"也不是同一性质的概念。西方的"真"是一种冷静的理性的判断，中国的"真"则是一种情理交融的动人力量。试观《庄子·渔夫篇》：

> 孔子愀然曰："请问何谓真？"客曰："真者，精诚之至也。不精不诚，不能动人。故强哭者虽悲不哀，强怒者虽严不威，强亲者虽笑不和。真悲无声而哀，真怒未发而威，真亲未笑而和。真在内者神动于外，是所以贵真也。"

文中的"强哭""强怒""强亲"，都只是单纯理性驱遣下的行为表现，而"真悲""真怒""真亲"，则是天理人情不得不然的举动。前者显得做作，故效果与动机相悖；后者自然而然，故效果与动机一致。所谓"精诚之至"，是指情与理的融合无间，动机与效果的天然凑泊。这就是中国的"真"。

冷峻的真理如果不经热情的熔铸，则不能变为人的血肉，不能在人的内心生根，因其外在于人以致影响它的价值实现。有鉴于此，孔子说道："知之者，不如好之者；好之者，不如乐之者。"①"包曰：学问，知之者，不如好之者笃；好之者，不如乐之者深"。所谓"笃"和"深"，是说理性（知）须经感情的扶持，方能超越主客两端而中和为自我生命的一部分，方能成为人的不含任何勉强的"好"和"乐"，从而转化为人的高度自觉的心性。王阳明所说的"良知良能"，除了逻辑上无法证明的先验性而外，其逻辑上可以证明的后天获得性，正是长期的、不懈的情理相扶在人的心情中所强结的果实，而检验其存在不须玄想，只消看其直下真实，直下呈现。

西方的真理产生在主客关系之中，离开主客关系，真理无从说起，这是真理内部所包含的先天性两端困惑。长期的唯心唯物之争，正是从真理内部诱发出来的，只要我们尚未从两端困惑中解脱出来，此中的是非肯定生生不已、绵绵不绝。唯物，强调客体的是非；唯心，突出主体的创造。"彼亦一是非，此亦一是非"。彼此各执一端，谁也说服不了谁，就像"扬子为我""墨子兼爱"一样，儒家反对"执一"，主张"执两用中"，前者是因为看出了他们的片面性。后者则是为了纠正他们的片面性，"执两"是通过细察两端去其短而取其长，中者和也。"用中"，就是和合两端之长以形成一个行之有效的观念。这个观念是从两端优选、协调中产生的，自然显得"青出于蓝，而胜于蓝"。怎样才能做到和合呢？我们知道，两端性真理产生于同一个主客关系之中，具有明显的直线性，站在一条直线的同一个顺平面上，无法判断其真伪，于是产生了困惑，而要解除这种困惑，就必须找到一个更高明的参照，所以《淮南子·缪称训》说道："照惑者：以东为西，惑也，见日而寤矣。"

可见必须超越它们，才能和合它们。所谓超越，既可以是提高，也可

①《论语·雍也篇》。

以是拓深。《庄子·逍遥游》："天之苍苍，其正色邪？"这是鲲鹏展翅扶摇而上后发出的石破天惊的感叹，而且感叹声中传达出超越"小知"进于"大知"的自得之趣。《孟子·离娄下》："孟子曰：君子深造之以道，欲其自得之也。自得之，则居之安，居之安，则资之深，资之深，则取之左右逢其原。故君子欲其自得之也。"左右"即是两端"，深造"即是超越左右两端领会其本原"，而"左右逢原"，必须"以道""深造"方能"自得"。戴震《孟子字义疏证》于此引《易·系辞传》证之曰："夫易所以极深而研几也。唯深也，故能通天下之志；唯几也，故能成天下之务。""深造"，即"极深"也；"以道"，即"研几"也；"自得"，则"通天下之志"，"成天下之务"也。这里有两点值得我们深思，一是为什么要以道深造？二是深造以道的目的是什么？按之《孟子》下文可知，以道深造就是在"情学详说"中得其要领而归于至当，此即超越。深造以道的目的在于开物成务，在于治国平天下。换言之"深造之以道"就是依靠丰富的学养，依靠广阔的胸襟，依靠自身对宇宙人生之理的深层领悟，依靠时代的迫切需要所激起的不得不为的历史责任感，避免"以善服人"，尽力做到"以善养人"。中国古代圣贤几乎无一不是忧国忧民的人物，他们向以"禄蠹"为耻，从不做"百无一用"的书生，中华民族的智慧就是集中在这些历史人物的身上，中国之道不同于西方的真理，道是对于真理的超越，道是中国古代圣贤超时代的发明。看不到或者忽略这一点，中国美学，中国古代美学思想史的研究是难以突破的。

（二）道与真善美

关于道与理的关系，《荀子·解老篇》说得最为明确："万物各异理，而道尽稽万物之理，故不得不化。"这是中国思想史上最早的关于道和理的区分。我们从中可以领悟到，理为分理，道为总名，一切分理必须接受道的考问，道和理的关系有如君臣关系。理的作用在于使人获得死板的个别的知识，道的作用则能够使人对于个别的知识融会贯通并且在实践中运用自如。行理为"从其小体"，达道为"从其大体"[①]。而其结果，前者

[①] 《孟子·告子上》。

为"小补"，后者则为"大化"①。"小补"摆脱不了两端，有一利必生一弊，"大化"则超越了两端，有利而远害，由此可见，现性是认识论范围内的事，道化则超越了认识论范围，而表现为高级形态的非理性。

即使是十分精确的理性在实践中也常常会产生意外的误差，所有真理本身并不是实践的唯一尺度，只有实践的结果才是检验真理的唯一标准。不错，通过实践可以发现真理，但是已知的真理并不包括未知的实践。未知的实践是一个变数，而真理是恒定的，以不变应万变的实践从来不会产生预期的结果。以不变应万变就是孟子所批评的"执一""所恶执一者，为其贼道也，举一而废百也"。② 中国的道是在批评对于真理的食而不化、是在批评对于真理的迷信中产生的。

人们都说，道是中国哲学的最高范畴，那么道的含义又是什么呢？对于道，中外学者说得很多，但是学者说得愈多，问道者愈加难以把握。

外国在翻译中国的词汇时，习惯于在自己的文化中寻找其对应词。对于中国的道，"西方的神学家"（如希伯来教徒、基督教徒和伊斯兰教徒）把它称作"耶和华""上帝""真主"，印度教徒把它称作"梵"，柏拉图主义者把它当作"善的理念"，斯多葛主义者把它当作"逻各斯"，斯宾诺莎主义者把它当作"实体"，黑格尔主义者和其他绝对唯心主义者把它当作"绝对"，柏格森主义者把它当作"生命冲动"，爱默生主义者把它当作"超灵"，弗洛伊德主义者把它当作"宇宙里比多"，唯物主义者——假如他们有兴趣的话——会把它当作"物质""能量"。"道"被译成"原则"，"创化原则""真理"，不是抽象真理，而是"具体真理"，被译成"宇宙圣智"（林诺堂）③。

在我们中国人看来，所有这些译词都不贴切。根本原因倒不完全在于它们是否符合道的本义，而是在于外国人不完全了解中国的文化精神，以及作为这种精神特点的中国人的思维方式。

中国文化精神，是由儒道两家学说长期熏染而成的，探索中国的文化

---

① 《孟子·尽心上》。

② 《孟子·尽心上》。

③ ［美］阿契·巴姆：《释"道"》，胡辉华译，詹世友校，《江西社会科学》1993 年第 12 期。

精神要看儒道两家共同推崇着什么。对于天之高明、地之情厚，儒道两家无不以向往之，并且常常以此来比照历史上的伟大人物；由于天无不覆、地无不载，所以又常以法天、法地相号召。《庄子·田子方》中有一则老子与孔子讨论人的精神修养的故事，老子身教言传，孔子极为感佩，从而悟出了"大全"精神。从中国全部文化史看来，可以认为这就是中国的文化精神，人们常以华夏文明来称评中国文化，然而什么是华夏文明呢？华者美也，夏者大也，华夏文明的核心正是一种以大全为美的文化精神，于此又生一证。

中国的"道"，就是从中国文化精神中提炼出来的至高无上、至深无底的范畴。人类的语言只能表达有限的、可分割的事物。凡是人类的经验和想象力达不到的地方，语言就显得无能为力，于是产生了神秘。道家倡道，但是老子说："道可道非常道，名可名非常名。"一部《道德经》从不回答道的确切内涵到底是什么，所言多为道的作用、道的价值。因为从真理无法说明道的内涵，只有借助于价值论来勉强说明道的存在。扬雄《法言·问道篇》："或问道？曰：'道也者通也，无不通也。'""通"而后复赘以"无不通"，一再点明"道"和一般的真理有别。恐言之不足，《法言·君子篇》又进一步说明，"通天地人曰儒，通天地而不通人曰伎"。"伎（艺）"是一般的实用理性知识，"通天地而不通人"是指出它的不全。"天地人"才构成了宇宙的全体，"通天地人"是指彻悟宇宙人生的大全之理，这就是"道"。而"道也，进乎技矣"[1] 由此可见。所谓大全精神，也可以说是作为整体的天地人精神，或曰关于天地人的整体精神。

基于这种大全的文化精神，中国的认识在于追求"全真"[2]。中国的实践在于追求"至善"，中国的美学在于追求"大美"，而"全真"无真，"至善"无善，"大美"无美，总而言之，归于不可名言的道，归于不可思议的混沌，所谓混沌，就是"大智若愚"，所以说"无哲不愚"[3]。

在外国人的文化心理中，总觉得世界上存在着一个终极实在，于是他

---

① 《庄子·养生篇》。

② 参看《老子》52章王弼注。

③ 《淮南子·人间训》。

们就认为"道"是表达终极实在的概念，如果承认这种理解是正确的，那么试问，这个终极实在是现世的还是来世的？是此岸的还是彼岸的？是有限的还是无限的？在这里，逻辑的回答必然陷入两端困惑，陷入该死的相对性难题。"仁者不忧，智者不惑，勇者不畏"。中国得道之人不存在这样的困惑。那么，中国当代学者对于"道"的理解有没有问题呢？

高亨在《老子通说》中，将老子之道的主要性质分为十点，而将其含义结为"宇宙之母力"。其文曰：

> 细译《道德经》文，得道之主要性质十端：一曰道为宇宙之母，二曰道体虚无，三曰道体为一，四曰道体至大，五曰道体常存而不变，六曰道运循环而不息，七曰道施不穷，八曰道之体用是自然，九曰道无为而无不为，十曰道不可名不可说。综此十端，唯有释为宇宙之母，方始符其含义。

高氏十端之说，内容不限于《道德经》，实为道家书中之常谈，言之有据，真堪赞许。宇宙母力之说乃从老经"玄牝""天地之母"中生发出来，不为无理，但说来太玄，仍未能跳出玄学樊篱。中国古代玄学中存在许多不可思议的玄谈，对于这些玄谈，属于我们一时难以理解的部分，不妨存而勿论，切不可粗暴地斥之为荒谬，而属于我们可以领会的部分，又不可以玄说玄，只有通古人之玄心达今人之情理，方可算得上是一种益智开心的思想史研究。

詹剑锋先生认为"道是整个自然及其变化的总规律"，其中含有"道路""规律""法则"等意义，而且"道是自然的本质和自然的现象"①。哲学上的"道路""规律""法则"等概念都可以看作事物本质在人们观念中的反映。它们属于真理观范围，它们本身就是真理性概念。真理是可以探求，可以认识的，然而道家典籍中为什么屡言"道不可见""道不可闻""道不可知""道不可求"呢？可见"道"并不就是"道路""规律""法则"等等真理性概念，由这些概念概括出来的"道是自然及其变化的总规律"一说，当然难以成立。

---

① 参看《老子其人其出及其道论》。

高说和詹说的局限并非由于他们的知识和智慧，而是由于一个时代的哲学家的共同成见，他们观察事物、研究问题，离不开真理观和认识论，离不开西方传来的科学主义立场。但是他们都具有很好的国学修养，虽然在哲学思维过程中自觉地应用西方的科学主义方法，却又不自然地保持了中国的人文主义传统，他们考虑到了"道"中之"变化"，考虑到了"本质"和现象不可离而为二，只是对此未敢深究，以致铸成结论的不能尽如人意。

应该说明的是，研究中国的"道"，不能只据一家之言，必须综合诸家之同，至少必须找出儒道两家共同旨趣，然后才有可能得出较为全面的结论。

道家论道是从宇宙推论人生，儒家论道是从人生推论宇宙，逻辑次序有别而旨归都在于探求人的性命。所以中国的"道"，实质上是宇宙论和生命论的结合，是人类普遍关心而又没有尽头的性命论。性命是一个"怪圈"，由此孳生出"道"的神秘性，只有从性命的怪圈中解脱出来，并且真正领悟了宇宙人生的价值所在，才能快慰地一睹道的尊容。

试论道家关于道的常言。"道不可见""道不可闻"，是因为其中包含着抽象理性，即所谓"天理"。"道不可知"因其中包含着人情，所以超越了知识论。天理人情的融合，就是人之性。"道不可求"，是说其中包含着机遇，而机遇的出现带有很强的偶然性，不可胡乱投机。变化无方的机遇影响人的命运。命运又不是全然不可捉摸的，因为"道不可求"但"可遇"①。人的命运好坏要看他能不能相对而动、见机而作。所以命运决定于时机。我们剥去了道家之道的神秘外衣，其真实含义也就可以清晰地表述为：道就是天理人情加上带有偶然性的机遇，道就是必然性结合着偶然性的人之性命。

道有变化无方的特性，其运动轨迹不能不表现为无头无尾，"始率若环"。《庄子·齐物论》所谓"得其环中，以应无穷"，显然是从人的性命立论的。

孔子好学《周易》，《周易》与《老子》《庄子》并称三玄，而论道常常直指性命。《易·文言传》："乾道变化，各正性命。"《说卦传》：

---

① 《淮南子·说山训》。

"穷理尽性，以至于命"；又说："昔者圣人之作《易》也，将以顺性命之理。"道与性命导源于宇宙、人生，与人的幸福、国家的兴亡关系最为密切，既为圣贤，本应予明白晓畅的解说，但因其义理复杂精微，具体表现变幻莫测，不通过自身会心的体验，只靠语言传授绝难把握其精髓，所以说来总迷离恍惚。子贡曾经表示这样的遗憾："夫子之文章，可得而闻也，夫子之言性与天道，不可得而闻也。"① 由此不难看出，道与性命在儒家和道家的心目中都是混沌的呈现。而且对它的运动方式，儒道两家也抱有相通或相近的看法。《论语·子罕篇》记载颜渊慨叹孔子之首"瞻之在前，忽焉在后"，这与《道德经》中老子论道"迎之不见其首，随之不见其后"，说法简真如出一辙。它们都在说明道的运动轨迹是环状的。《论语·为政篇》说得更为有趣，"子曰：'为政以德，譬如北辰，居其所而众星共（拱）之'"。按《尔雅·释天》："北极谓之北辰。"孙炎注曰："北极，天之中，以正四时。"戴震注：屈原《天问》"天极，《论语》所谓北极，《周》所谓正北极，步算家所谓不动处，亦曰赤道极，是为左旋之躯"。这就清楚地说明，孔子的所谓"北辰"与庄子的所谓"环中"，义理相同，只是说法有异而已。

性为天理人情，命为偶然性机遇，两者的结合就是道。有道与无道，要看两者如何结合以及结合的效果。对此，《周易·系辞上》有云："一阴一阳之谓道，继之者善也，成之者性也。"这是说，顺道而行谓之善，但是顺道不是消极的待命，而是积极地把握天理、泄导人情，以便适时制变，关于这一点，说得最为通达的当推孟轲：

> 《孟子·尽心上》：孟子曰："尽其心者，如其性也，知其性，则知天矣。存其心，养其性，所以事天也，殀寿不贰，修身以俟之，所以立命也。"
>
> 《孟子·尽心下》：孟子曰："口之于味也，目之于色也，耳之于声也，鼻之于臭也，四支之于安逸也，性也，有名焉，君子不谓性也。仁之于父子也，义之于君臣也，礼之于宾主也，知之于贤者也，圣人之于天道也，命也，有性焉，君子不谓命也。"

---

① 《孟子·公冶长篇》。

　　关于道，关于性命，落实到人伦日用上，孟子认为就是尽人事以待天命，而其核心则在于人性修养。人性是人类文明的标志。阶级性也是人性的历史内容的一部分，但是阶级斗争倘不以总体的人类文明建设为目标，那就会向野蛮倒退，从而破坏文明。无论对哪一个阶级，情况都是这样。由此看来，道是人类性命的归宿，是人类文明历史发展的果实。简言之，道是人类文明的价值显现，同时也是对人类的终极关怀。正因为道是对人类的终极关怀，所以它高高地耸立在世俗的真善美之上，从而构成中国传统美学框架的二层建筑。

道与六大观念

　　真善美也是人类文明的标志，不过同"道"比较起来，那只是一种起码的标志。因为如前所述，它们各自不离该死的两端困惑，都有自己的对立面，谁也不能独自存在，《红楼梦》里的"风月宝鉴"所要说明的正是这一点；贾天祥由于不了解这一点，以至于一命呜呼！于是真善美必须加以超越，超越真善美关系着人类的性命，人类的生存空间越小，越需要超越，人类的生存空间越大，越容易超越。

　　真善美作为一种理念原则，是人类行为的规矩，是对行为的一种约束。不遵守这种规矩，不遵守这种约束，人类社会得不到安定，人类就会痛苦地踅回洪荒时代，倘若一味据守这种规矩，人类就会浑浑噩噩，寸步不前，社会因而得不到发展，而一潭死水的社会正是危机四伏的社会。

　　一个时代有一个时代的真善美，任何一个时代的真善美都有自己的局限。不同的时代具有不同时代的真善美，历史过程中包含着进步和发展，但这种变化并不在真善美本身，而是人的打破常规的创造，这种创造基于人的深层的精神自由。人类社会存在着两种形式的自由，一是相对的政治自由，一是绝对的精神自由。政治自由不可以绝对，绝对的政治自由破坏着精神自由，精神自由则必须绝对，绝对的精神自由是发挥人的最大创造力的内在条件。具体地说，真善美本身并不包含变化，只有自由的心灵才能与天地变化同流。汉儒董仲舒所说的"天不变,道亦不变",尽管历史观十分渺小,逻辑力量却十分强大,因为其中潜藏着"天变,道亦变"这样的反命题。当代学者对于古代哲学中的"天人合一"说很感兴趣,因为随着当代科学的发展,"天人感应"已经不是全然虚妄之说,而人与自然的和谐更是人类性命攸关的大课题。那么,怎样才能达到"天人合一"呢?关键在于人,在于人的心性。只要人的心性与天地同样高明情厚,并且能与天地同步变化,人就可以获得真正的精神自由。这样的人当然就是得道之人。

同是得道之人,儒家和道家在处世应物所采取途径方面有一个明显的分歧:儒家主张"大化",道家则主张"独化",两者都与美学密切相关。

"独化"的思想前提即《庄子·在宥篇》所谓一切事物的"自生""自化"。至于人,则确认人的性命取决于人自身,一切身外之物都无助、无碍于自己的性命,无助、无碍于自己的精神自由。这里的确突出了主体性,但这种主体性并不导向个人主义,因为它是双向的,既要保持自己的主体性,又要尊重别人的主体性,试观以下一节引文:

> 世俗之人,皆喜人之同乎己,而恶人之异于己也。同于己而欲之,异于己而不欲之,以出乎众为心也。夫以出乎众为心者,曷常出乎众哉?因众以宁所闻,不如众技众矣。……夫有土者,有大物也,有大物者,不可以物物,而不物故能物物。明乎物物者之是非物也,岂特治天下百姓而已哉!出入六合,游乎九州,独往和独来,是谓独有,独有之人,是谓至贵。

这里所说的"独往独来",主要指的是主体的精神自由,所谓"独有",是指主体的自我保护,所谓"至贵",是因其既能有效地保持自我,又能切实地容纳异己,所以"颂论形驱,合乎大同"——形容天与地无异,成就了"大美"。

"大美"就是"道",它超越了世俗的真善美,但两者并不构成对立,"道"或"大美"只是真善美的一种积极的转化。这种转化,既可以理解为向前的飞跃,又可以理解为向后的回归,也就是道家所说的"反"。对此,《庄子·天下篇》有一节形象化的描述:"独与天地精神往来,而不敖睨于万物，不遣是非，以与世俗处。"细味此文，我们不难领会，所谓"道"或"大美"，实际上就是脱俗而不离群的混沌。

混沌不是冥顽不灵的死物，而是变化有常的通人。"独化"的极境就是混沌，就是内涵极为丰富的儒家的"大化"。试观下引儒家经文，《论语·子张篇》："子夏曰：君子有三变：望之俨然，即之也温，听其言也厉。"《论语·述而篇》："子温而厉，威而不猛，恭而安。"儒家所称道的君子风度给予人们的实际感受乃是一种两端中和精神，而道家所赞评的混沌，《集释》引简文云："混沌以合和为貌。"可见儒家和道家所阐扬的文化精神，在最高点上殊途而同归。儒道在后世之所以能够合流，内在原因就是由于基本的文化精神方面的一致。

文化精神的一致产生了美学框架的一致。儒家设定人性善，故以善为核心构造自己的美学框架，其言见于《孟子·尽心下》：

> 浩生不害问曰："乐正子何人也？"孟子曰："善人也，信人也。""何谓善？何谓信？"曰："可欲之谓善，有诸己之谓信，充实之谓美，充实而有光辉之谓大，大而化之之谓圣，圣而不可如之谓神，乐正子二之中、四之下也。"

孟子在这里以性善论为基础将人分为六等，又从美学上将六等人分组为两个递进性层次，基层为善人、信人、美人，说的是个体人的自我完善。上层为大人、圣人、神人，说的是由个体的完善带动群体的完善，这就是所谓"化"，化而不觉其化就是所谓"大化"。一个具体的人倘能从基层美递进到上层的大化，它就完成了孔子所说的"下学而上达"的过程。如果我们将上述内容加以适当的简化，那就可以清晰地看到儒家美学的二层建筑，基层为善信美，与道家美学的世俗层相似，上层为大、圣、神，与道家美学的超世俗层相当。

我们说中国传统美学以善为核心，还因为善的内容最为宏富，"可欲之谓善"。"可欲"的指示性内容是什么呢？是孟子所说的"四端"。其言见于《孟子·告子上》：

> 恻隐之心，人皆有之，羞恶之心，人皆有之，恭敬之心，人皆有

之，是非之心，人皆有之。恻隐之心，仁也；羞恶之心，义也，恭敬之心，礼也，是非之心，智也，仁义礼智，非由外铄我也，我固有之也，弗思耳矣。故曰：求则得之，舍则失之。……

仁义礼智四端植根于人所固有的善性，善的主要内容包含着道德理性和道德感情。善作为道德感情，分解为"四心"，即"恻隐之心""羞恶之心""恭敬之心""是非之心"，善作为道德理性，乃是由"四心"升华而成的仁义礼智，可见善并不是一个西方式的抽象理念，而是由深沉的理性与动人的感情交融而成的中国式的具体名号。信就是诚，就是对于善的笃信无疑，善的丧失就是恶，信而不笃则生伪。美来源于善和信的充实，不存在无善无信的美，所以孔广森《经学卮言》说道："仁义礼智，得之则美，失之则丑"。这里所说的善信美近似于西方的真善美三大观念，它们都与假恶丑相比较而存在，它们都具有相对性，它们没有超脱两端，它们不足以构成"大全"之美。

于是产生了原有基础上的超越，而第一步超越就由"美人"进为"大人"，由充实进为广大，充实只能畅于四肢、限于个体，广大则能照临四方，影响到了群体。由"大人"进为"圣人"是第二步超越，圣者通也，德业照于四方，且能与时俱变，通融无碍，所在无不受其感化，就是所谓"大化"。但是"大化"只是因通变而充分发挥群体的积极性，尚未能使群体由被动变为完全的主动。完全的主动依赖于完全的自觉。只有当天下人都具有足够的知识和能力，都能独自充分地主宰自觉性命的时候，救世主才能悄然引退，关于仰赖救世主的观念才能自行消失。这就必须由大而化之进到神而化之，由圣人最后超越为神人，方能建立这样的殊勋。神人的特点是施而不求其报，而经神化了的天下人自得其乐，不需要向谁报恩，因为他们无所祈求。这就是所谓大同世界的出现。

大、圣、神之间的关系是同一范围内的程度上的递进关系，虽有高低之分，却无相反之别。这三大观念较之西方的自由、平等、正义在思想上更为彻底，它们具体地构成中国之道的外延，而大人、圣人、神人的境界就是最高层次的美的境界。写到这里，我们可以认为中国传统美学包括六大观念：善、信、美为基层的三大观念，大、圣、神为高层的三大观念，六大观念累进为有机的二层建筑。把握这六大观念，我们可以深入地理解中国传统美学，带着这显示中国文化特色的六大观念，我们可毫无愧色地进入世界文化之林！

六大观念是围绕着人的品德的不断升华而形成的，所以毫无疑问中国传统美学是以人为中心对象的美学。《礼记·礼运篇》："人者，天地之心也。"由此又不难领悟，中国传统美学也就是中国的人学。抛开人的本质的探索，脱离人的品德的教化，中国美学就失去了自己的特色。中国的道虽有天道、地道、人道之分，但归根结底仍以人道为其落脚点，天道、地道云云，只不过是古代圣贤"以神道设教"的经验化，关于这一点，子思、孟轲的言论颇能发人深省：

《礼记·中庸》：天命之谓性，率性之谓道，修道之谓教。
《孟子·公孙丑下》：孟子曰："天时不如地利，地利不如人和。"

人道就是关于人的性命之道，这正是中国人学的主要内容。在中国人学里，道与美合为一体名实同居，它们的含义都能指向人的价值的积极肯定，指向人的精神的自由境界，指向人的性命的终极关怀。这是一个极高的企盼，人类只能孜孜以求，绝不能随便降低它的标度。试观《孟子·尽心上》：

公孙丑曰："道则高矣、美矣、宜若登天然，似不可及也，何不使彼为可几及而日孳孳也？"孟子曰："大匠不为拙工改废绳墨，羿不为拙射变其彀？率；君子引而不发，跃如也，中道而立，能者从之。"

中国传统美学以人为对象，所以强调"人心"和"道心"，对于文学艺术则突出其教化作用，于是儒家有一套关于师教、礼教、乐教的理论，道家对于儒家的这一套理论经常持批判态度，因为它近乎世俗化。但是道家并不否定超世俗的礼乐文化。《庄子·天运篇》中皇帝阐述"咸池"之乐时有所谓"三奏""三听"之说，其思想仍然是以人的教化为中心："吾奏之以人，微之以天，行之以礼义，建之以太清（道）。"这就是所谓"至乐"的基本精神——从"人心"出发而归宿于"道心"。道心的具体显现，在道家为"独化"的混沌，在儒家则为"大化"的神圣。

以人为对象的中国传统美学是人文主义的美学，它同近代西方以文学艺术为主要对象的科学主义的美学存在着明显的差别，了解这种差别对我们深入研究中国传统美学至关重要。中国传统美学最主要、最基本的理念多半不在有关文学艺术的论说中，倒是常常在看似与文学艺术无关的文献里，在有关修身、齐家、治国、平天下的理论武库中，蓄积着丰富的、令人惊异的美学资源！

1995 年 3 月，北京鲁谷村

原载《江西社会科学》1995 年第 5 期

十六

人学、美学、道学述论

不了解中国的人学，对于中国的美学简直"不得其门而入"；理解了中国的美学，则对于中国神秘的道，"虽不中，不远矣"。

中国的人学、美学和道学蓄积着中华民族的文化精神，研究中国的人学、美学和道学，不能当作一般的学术运动，不是可有可无的学术论题，它关系着修身、齐家、治国、平天下的大道理。

人性与人学

中国的人学，最初是从天命论中解放出来的。它和"革命"联系在一起。所谓革命，包含着相反相成的两重意义：一是变革天命，以求破除迷信；二是保持人与人的正常关系，从而确立天地人议题而又以人为中心的人文主义精神。尽管这种古朴的人文主义精神与近代西方的人文主义比较起来，不可避免地存在着明显的历史局限性，但在这种精神的照耀下，中国思想史无疑地发生了根本性的转折：由天人相分逐步转向天人合一，由天性与人性的分离逐步转向天性与人性的一致，人由历史的被动者逐步转为历史的主动者。

从生成论方面看，中国人学认定天人之间根本上不是对立关系而是亲缘关系，作为这种亲缘关系的纽带就是所谓"气"。"气"是听之无声、视之无形的生命力。天有天气，上为列星；地有地气，下生五谷；人有人气，创造世界。天地人一气想通，彼此都不是对方的纯粹异在，彼此都不是一成不变、僵死不化的存在物。这是天人所以能够合一的原因。"气"

分阴阳，万事万物无不产生于阴阳交感。天气为阳，地气为阴；天气下降，地气上升，阴阳二气交感与天地之中，于是有万物与人类的诞生。人以天地为父母，这种思想始发于殷朝末年。据《尚书》记载，周武王伐殷，师渡孟津，作《泰誓》三篇。誓词的开头两句真是金声玉振："唯天地万物父母，唯人万物之灵！"在公元前 1000 多年前，在地球的东方，在华夏文明的摇篮——黄河之滨，炎黄子孙提出了天人合一、以人为贵的伟大思想，在世界史上是空前的，其光辉照亮了中华民族坎坷不平却又自强不息的历史行程。周武王于天人之际沉痛地批判了殷纣王的荒淫无道，庄严地表明了自己的历史责任，呼唤"同心同德"，反对"离心离德"，指出"民之所欲，天必从之""虽有周亲，不如仁人"，宣布"天视自我民视，天听自我民听，百姓有过，在予一人"。《泰誓》三篇在中国文明史上是划时代的文献，而在世界文明史上说它是第一篇人权宣言并不过分。

"唯天地万物父母"的中心思想是肯定万物（包括人）与天地的亲和关系，"唯人万物之灵"的要义是肯定人是万物中的最高价值存在；呼唤"同心同德"，意在提倡群落内部的团结以及群落之间的大联合；"民之所欲，天必从之"，肯定人民的愿望高于一切，谁也不能违背；"虽有周亲，不如仁人"，显然是在号召人们超越狭小的亲缘关系，以便确立更高级、更广泛的仁爱关系；"百姓有过，在予一人"，抒发了革命首脑人物的伟大情怀，明确宣布自己对于人民的命运负有全面的无可推卸的责任。如果说，周代以前许多圣君贤相的故事，不免夹杂着一些后人的理想，还多半带有传说的性质，那么周武王则是中国文明史上第一位实实在在的伟大的政治家和思想家。他所做的《泰誓》三篇，理所当然地成了中国人学的奠基之作。

历史从来不走笔直的路。周代经过几百年的安定和生息，出现了春秋动乱，战国纷争的局面。但是任何形式的动乱，任何形式的战争，可以毁坏物质建设，可以摧残人的躯体，无论如何消灭不了一个民族的源远流长的文化精神。为了消除诸侯国之间的对立，为了结束人与人之间的互相仇杀，为了结束分裂、谋求统一，孔子创立了他的人学，同时周游列国，到处宣传他的仁政思想。毫无疑问，他的思想一方面源于现实的需要，一方面源于"天人合一"和以人为贵的传统的信念。他的"当仁不让"的精神，他的"杀身成仁"的壮志，他的达观态度；他的删诗书、订礼乐、作《春秋》的文化成果；他所发出的"有教无类"的宣言，无一处不关系着中国的人学，以及与人学有着密切联系的华夏大一统思想。

到了汉代，华夏大一统的局面已经形成。为了巩固这种局面，思想家们进一步营造"天人合一"思想体系。董仲舒是其中最有代表性的人物。他在中国思想史上率先提出了"凡物必有合"这样一个影响深远的命题。"合"就是配合、融合，就是各种各样的两端的中和，而得其"合"就是"德道"。他在《春秋繁露·基义篇》中认为，"天人之际，合二为一，同而通理，动而相益，顺应相受，谓之德道"。这是说，在天人关系上，只有"合同"方能"通理"，只有"动顺"方能受益。它从汉语的文字结构上作出了一个别出心裁的论断，那就是有名的"王道通三"："古之造文者，三画而连其中，谓之王。三画者，天地与人也；而连其中者，通其道也。"在先秦时期的儒家经典中，"王道"和"霸道"对立，儒家推崇"王道"，反对"霸道"。因为王道"以德服人"，而霸道则是"以力服人"。"以德服人"，能够使人心服；"以力服人"，必将归于失败。汉代是中国历史上社会政治体制定型的时代，也是中华民族文化精神由博返约的时代。大一统的思想框架和大一统的政治局面一经牢固地形成，它就开始铸造并且长期培育着中华民族一代又一代的心灵，由此形成了中华民族历久不衰的凝聚力。

我们可以追问历史：天高难测，在科学技术处于萌芽状态的古代，人们根据什么去"谈天"？中国古代圣贤答曰：天地既是人之父母，天性与人性必然想通，根据人性去感知天性乃是顺理成章之事。对此，孟子说得最为明确："尽其心者，知其性也，知其性则知天矣"①。但是人性的社会本质是什么？孟子根据社会生活经验论定人的本性是"善"。善可以分解为"四端"：

> 无恻隐之心，非人也；无羞恶之心，非人也；无辞让之心，非人也；无是非之心，非人也。恻隐之心，仁之端也；修恶之心，义之端也；辞让之心，礼之端也；是非之心，智之端也。人之有四端也，尤

---

① 《孟子·尽心上》。

其有四体也，而自谓不能者，自贼者也。①

孟子在这里对人与非人划分了一个旷古未有的本质界限：为人皆有善性，无善性不能为人。善性不是抽象的，它具体地表现为仁义礼智四端。仁义礼智植根于人心，显现为行为的当下选择。人之行为的当下表现如果违背了仁义礼智，那就说明它失去了自己的本性和本心，轻则沦为乡愿，重则沦为杀人越货者，甚至堕落为独夫民贼。所谓尽心，就是在自己的心田上牢固地竖立起一个指路明灯，视听言动必须符合仁义礼智的要求。假如人的思想和行为不折不扣实现了"立诚"要求，那么，他的人性的光辉就会清晰地呈现在人们的面前。天性呢？天何言哉！光辉无所不照，雨露无所不润，四时代谢，阴阳无错无差。天心何在？以百姓之心为心；天理何在？以百姓之理为理；天德何在？以百姓之德为德。天性天心与人性人心，从其光明面上看来，真是本无二致。因此，从人性可以返观天性，从人心可以推知天心，所以王充说"天人同道，好恶均心"②。

人总是生活在各种各样的关系之中。这些关系的内容不管多么复杂，其形式都可以概括为"两端"。人的生命力随着两端运动而展开，人的命运则决定于两端运动的结果。在人的一生中最难避免的是这样几对两端运动：天人关系方面的两端运动如果处理不好，可以酿成天灾；人我关系方面的两端运动如果处理不好，可以形成人祸；自我身心关系方面的两端运动如果处理不好，可以产生自戕。可见天灾、人祸、自戕这些负面现象的产生，并不是命定的。身处其中的人类如能加以恰当调节，则可以变负面现象为正面价值，而要真正做到这一点，关键在于人的素质的提高，于是"修身"问题成了人生的根本问题。修身的内容主要是汲取知识和修养德性，以知识去守护德性，以德性去应用知识。这就是《礼记·大学》里所说的"致知在格物，物格而后知至，知至而后意诚，意诚而后心正，心正而后身修"。随着人的素质的全面提高，同时也就提高了人的潜在的社会价值。但是仅仅是一种潜在价值，是没有太大的社会意义的，修身的目的在于参与改造社会的实践活动，那就是"齐家、治国、平天下"。只

① 《孟子·公孙丑上》。
② 《论衡·超奇篇》。

有在"齐家、治国、平天下"的社会实践中，人的价值培养才能转换为价值实现，并且进一步发展为价值的再创造。由此可见，中国的文化传统总是和政教传统密切地联系在一起的。概括地说，就是学习为了治国，学成可以治国。这种文化传统和政教传统，年深日久地造就了中国人的爱祖国、爱家乡的性格，造就了中国人的"博学而后从政"的价值观。脱离这种广阔深厚的文化背景，那就很难理解：为什么中国人不管自己的命运如何坎坷，遭遇多么不幸，对于自己的祖国和家乡总是表现得无怨无悔？为什么中国知识分子尽管常常受到政治的牵累，但在实际工作中却又总是不能忘情于政治？北极（北辰）本是天文学上的一个星座，在孔子看来却是"为政以德"的最佳象征；天地无声无臭，在子思看来天之高明、地之博厚，正是人性修养的最佳样板。"鸟飞""狐死"本是动物界的寻常之事，然而深深地触动了屈原的爱国主义情怀！

中国人的性格，中国人的价值观，总是同"修身、齐家、治国、平天下"的理想和抱负联系在一起的。千条理万条理，无益于此不算理；千般善万般善，无益于此不称善；千种人万种人，无益于此不能成其为中国人！这就是中国人学中的美学精神。

人学与美学

中国古代人学是中国古代美学的母体。中国古代美学以人和人的价值为中心议题，文学艺术并不是美学研究的直接对象，其价值依据于它对人所起的作用才能得到有效的评估。这一点与近代西方美学存在着明显的区别。

"唯人万物之灵"是中国古代人学的中心议题，同时也是中国古代美学的思想纲领。抓住这个纲领，既可以发现它的承先，又可以看到它的启后。唐尧虞舜是传说中上古时代的两位明君，其政绩常为后人所称道。他们辉煌的原因主要在"知人""安民"两条："知人"为了任贤，任贤则能够"安民"。可见治国安邦乃是"知人"为先。"知人"的办法是通过其言行以察知其品性。而可取的品性概括起来就是《尚书·皋陶谟》中所说的"九德"："宽而栗、柔而立、愿而恭、乱（治）而敬、扰而毅、直而温、简而廉、刚而寒、强而义"。如果我们从语言学方面将"九德"加以解构，就会发现每项一分为二以后都是相对的两端。这九对两端，在常人品性中往往各执一端、不成其德，所以谲而不正。倘要造就贤人品性，则必须经过切磋琢磨，调适两端以成其德，方能正而不谲。调适就是"和"，通过"和"变两端相仇为两端相亲，从而别开生面合二而一成新质。"和"区别于同，"和"者以可去否，"同"者以否济否，所以说"和实生物，同则不继"。"君子和而不同，小人同而不和"。"和"能成德，所以说"德者，和也"。"和"能生美，所以说"同于不同之谓大"①。"和为贵，先王之道，斯为美"。

从《尚书·虞书》看来，虞舜的伟大主要表现为下述三点：首先是知人善任，故得皋陶陈其谋，大禹成其功；其次是善政养民，集中在管好"水、火、金、木、土、谷"六府，做好"正德、利用、厚生"三事；第三是重视教育，通过教育进行劝诫，正己律人，防邪防奸。以上三点在理论上可以归结为两条：一是以和成德，这是它的政治方略；二是以和为美，这是它的美学原则。两条互相制约形成了统一的政教关系：为政必须育人，育人通过诗教和乐教，而其精神一归于和。试观《尚书·舜典》：

> 帝曰：命汝典乐，教胄子：直而温、宽而栗、刚而无虐，简而无傲。诗言志，歌永言，声依永，律和声。八音克谐，无相夺伦，神人以和。夔曰："於！予击石拊石，百兽率舞。"

这是中国历史上最早的一则由帝王所宣布的文教方面的指令，加之出于虞舜之口，对后世影响自然更为远大。关于音乐，主要着眼于它的教化功能；虽然教化的对象专指贵族子弟，但其精神却是普遍的。直、宽、刚、简与温、栗、虐、傲构成四对两端，皆指向人的品性。为防止执其一端以致造成过与不及，所以要求通过乐教加以调节，使之无过无不及，以期养成中和品性，超越两端，归于一原。这就是正直而又温和，宽宏而又庄栗，刚毅而不苛虐，简易而不傲慢。对照"九德"之说，可以认为：在中国，自从有了成文的音乐理论，人们便开始把音乐的社会价值作为它

---

① 《庄子·天地篇》。

的社会存在的依据；而所谓社会价值，又主要集中在对于人的道德品性的教化方面。不言而喻，音乐美感在于两端的中和，失去了中和也就失去了音乐的美。多年以后，孔子论说《关雎》乐而不淫，哀而不伤，其思想渊源是显而易见的。对此，我们能够说些什么呢？从中国传统美学思想看来，美是人类文明的产物，离开了人，不必论美，也无从论美。"口之于味也，有同嗜焉；耳之于声也，有同听焉；目之于色也，有同美焉。"①人们承认这是孟子所说的共同美。我们可以设想，必须有人的参与才能产生共同美；但是不能推断，即使没有人参与仍然存在着共同美。山间的一点红，只有因人而存在才能产生美不美的问题，隔绝人类的纯粹自然存在，谁去讨论它的美与丑？

上述引文中的乐教和诗教是互相关联的。它们的社会功能，除了调适人的品性以端正人与人的关系而外，还负着调适人与各种异在力量之关系的使命，那就是"百兽率舞""神人以和"。在中国古代思想史上，对于中华民族文化精神最有影响的儒道两家，尽管门户森严，但在以和为美，强调两端中和方面却是完全一致的。试观下列两节文献资料：

《礼记·中庸》："中者，天下之大本也；和者，天下之达道也。致中和，天地位焉，万物育焉。"

《淮南子·说山训》："是故不同于和而可以成事者，天下无之矣。求美则不得美，不求美则美矣；求丑则不得丑，求不丑则又丑矣。不求美又不求丑，则无美无丑矣——是谓玄同。"

这是说美以善为准，所以在古代文献中"善恶"亦曰"美恶"。道家的"玄同"就是儒家的"中和"。中和与中庸同义，孔子称之为"至德"，当然就是"善"。在中国古代思想家看来，一切是非、善恶、美丑的划分最后应以是否合乎人性为界限：脱离人性的美就会走向反面而不成其为美；同样，一切真理、一切知识，脱离了人性就会变为邪恶。不错，科学的任务在于求真，但是科学一旦脱离了人性就会变成人类互相残杀的工具。道家认为人性无邪，儒家认为人性皆善，人的一切思想、情感、意

---

① 《孟子·告子上》。

志和行为都必须以人性为归趋才有正确性可言。由此不难看出，在真善美关系的认识和处理上，中国古代美学与近代西方美学存在着根本的区别：前者以善为核心，真和美服从于善；后者以真为核心，善和美服从于真。前者是人文主义的美学，后者是科学主义的美学。在艺术创作上，前者突出创造，主张表现；后者则突出模仿，主张再现。比较起来，两者虽然存在着互补之处，但人文主义美学更加符合文化的本性。

以善为中心的真善美三大观念只能算作世俗层次的理论框架，因为它们同假恶丑相比较而存在，依靠自身无法摆脱两端魔鬼的纠缠，因而只能具有相对的性质。鉴于世俗层次的真善美具有不全不粹的性质，人们有理由提出超越它的要求。那就是超越世俗的真善美，追求全真——无伪之真，追求至善——无恶之善，追求大美——无丑之美。通过什么途径达到这种要求呢？我们从儒家的"十六字真传"和道家的"八字诀"中可以探知这方面的信息。

《尚书·大禹谟》："人心唯危，道心唯微，唯精惟一，允执厥中。"

宋儒朱熹在《中庸·序》中将这一节文字定为儒家的"十六字真传"。文意明确：人心危殆难安，道心尤为难测，只有执两用中，方能臻于全粹。全粹之真，就是全真；全粹之善，就是至善；全粹之美，就是大美。总而言之就是大全。

> 《庄子·天道篇》：夫虚静恬淡、寂寞无为者，天地之平，而道德之至，故帝王圣人修焉。……夫虚静恬淡、寂寞无为者，万物之本也。明此以南向，尧之为君也；明此以北面，舜之为臣也；以此处上，帝王天子之德也，以此处下，玄圣素王之道也；以此退居而闲游江海，山林之士服；以此进为而抚世，则功大名显，而天下一也。

道家八字诀的义理可以阐释如下：虚静，就是精华精神；恬淡，就是不慕荣利；寂寞，就是不谋私欲；无为，就是不加粉饰。八字诀包含"四德"，"四德"异名而同实，要皆归之于"朴素"——"朴素而天下莫能与之争美"。八字诀在《庄子·刻意篇》中重出，并申其义曰："无不忘也，无不有也，淡然无极，而众美从之。此天地之道，圣人之德也"。这就进一步说明，具备"四德"的人，能够超越相对的世俗的真善美，不偏不倚，不无不有，因其"淡然无极"，方能成其大全。由此可见，儒家的"十六字真传"与道家的"八字诀"，义理明显相通：超越两端的中和之德乃是人间的至德，至德产生大美；大美超越了世俗的真善美而成大全，此即人之"大本大宗"。立于大全，则气度雍容，既能与天和而得天乐，又能与人和而得人乐。由此又可见，中国古代美学的理论框架乃是二层建筑：在世俗的真善美之上耸立着大全大美。这就是庄子所说的"本在于上，末在于下；要在于主，详在于臣"。

综上所述，我们可以将中国古代美学的特点粗陈于下：以人为中心，由人连通艺术，而不是相反；以善为核心的真善美关系，而不是以真伪核心的真善美模式；世俗的真善美与超世俗的大全，构成二层建筑的理论框架，而不是以单层的真善美于两端困惑之中。

美学与道学

中国古代美学的特点，最清楚不过地表现在孟子关于六种人的论说中。其言见于《孟子·尽心下》：

> 可欲之谓善，有诸己之谓信，充实之谓美，充实而有光辉之谓大，大而化之谓圣，圣而不可知之之谓神。乐正子二之中，四之下也。

孟子在这里所说的六种人显然都是社会上的正面角色。汉人赵岐认为六种人就是六个等级的人，此说庶几近之，但未及深思。窃以为六种人可以归纳为两个层次：善人、信人、美人实为贤人层次。善相对于恶，信相对于伪，美相对于丑。善、信、美约当于近代西方的真、善、美，区别在于前者善居第一位，后者真居第一位。善人、信人、美人，都是修身有素的人，但尚未彻底摆脱两端困惑；论其修己诚为可嘉，用以化人则难当重任。因此，它们只能算作"下学"的贤人，而不能称为"上达"的圣人；他们是世俗社会中的佼佼者，但尚未进入出神入化的超世俗的境界。为了深入领会孟子的思想，不妨参照《列子·仲尼篇》中的一节颇富启发性的文字：

> 子夏问孔子曰："颜回之为人奚若？"子曰："回之仁贤于丘也。"
> 曰："子贡之为人奚若？"子曰："赐之辨贤于丘也"。曰："子路之为
> 人奚若？"子曰："由之勇贤于丘也。"曰："子张之为人奚若也？"子
> 曰："师之庄贤于丘也。"子夏避席而问曰："然则四子者何为事夫
> 子？"曰："居！吾语汝。夫回能仁而不能反，赐能辨而不能讷，由
> 能勇而不能怯，师能庄而不能同。兼四子之有以易吾，吾弗许也，此
> 其所以事吾而不贰也。"

引文中的颜回、子贡、子路、子张，均为空门中的贤人，四子各自具
有仁辩勇庄四种美德。然而仁与反相对，辩与讷相对，勇于怯相对，庄与
同相对，仁反、辩讷、勇怯、庄同各自构成两端。四子虽具四德，仍有
"执一"之嫌，未能中和两端自然难以免俗；因其德不全，故须深造以
道。由此我们可以进一步领会，善、信、美实属德行层次，而未进至道化
层次；善人、信人、美人只能称为有德的贤人，却不能尊为有道的圣人，
贤人常常固守一偶，圣人每临大事则变通神化，以合时宜。

宋儒朱熹集"四书"，《大学》被列为"四书"之首，阐述《大学》
又有"三纲、八目"之说。关于"八目"，前文已经述及；至于"三
纲"，则是指《大学》开篇的一节名言，即"大学之道，在明明德，在亲
民，在止于至善"。这分明是说，"善"之上还有"至善"一层，而"止
于至善"，就是终极关怀，就是"道"。道的特点是求通、求变、求明、
求新。孟子所说的大人、圣人、神人，名称尽管不同，实质都可以归结为
圣人层次。在古文言中，圣与道均可训为"通"，所谓圣人也就是有道之
人。于是不难理解：大人有道，德性内充，才智形于外，有如日月星辰，
光辉无幽不烛，天下因之由黑暗变为光明；圣人有道，与时俱进，德性所
知，有如春风化雨，润物无声，万民因之由无序而变为有序；神人有道，
经天纬地，变化无方，功业巍巍荡荡，泽被万物，民无能名。

如果我们将两个层次再作归结，那就可以说：以善为核心的善信美，
属于"修身"层次，是基本修养；以至善为核心的大圣神，属于"齐家、
治国、平天下"层次，是伟大志向。对于人的精神来说，两个层次，两

种境界。儒家提出"三纲""八目"在于教人建立高尚的人生观，而要达到这个目的还须建立有序可循的知识论，于是在"三纲"的"止于至善"之后紧接着指明："知止而后有定，定而后能静，静而后能安，安而后能虑，虑而后能得。"这里已经涉及了人的认知活动，涉及了人的思维，但只是原则的说明，尚未做出关于认知形成的具体规定。相对于儒家而言，道家说得较为细致而明确。我们不妨将儒家的"三纲""八目"与道家的"三外""九重"对照起来加以研究。试观《庄子·大宗师》中闻道的女偶同问道的南伯子葵的一段对话：

> 南伯子葵曰："子独恶乎闻之？"
>
> 曰："闻诸副墨之子，副墨之子，闻诸洛诵之孙，洛诵之孙，闻之瞻明，瞻明闻之聂评，聂评闻之需役，需役闻之於讴，於讴闻之玄冥，玄冥闻之参寥，参寥闻之疑始。"

这就是庄子关于人的认识活动的"九重"之说。前六为受教明理，据理力行，行之有效，这种破愚为知、知行合一的过程，可以名之曰：一破。具体地说，就是：通过阅读和背诵文本以积累知识；待读诵精熟，功劳积久，渐明其理，于是产生自信，情不自禁地依理遵循，勤行不怠；因行之有效，遂使盛惠显彰、讴歌满路。细察一破的过程，虽能破我之愚、由不知到知，然而知识具有两重性格，它既能破我之愚，也能成我之迂。同时，所知之理具有时位性，不见得任何真理都能放诸四海皆准。所以孔子说"可与共学，未可与适道"。学习是为了求知明理，但所明之理倘不能适时制变，则固执不通，翻成"理障"。为了"适道"，又必须排除"理障"，即破我之迂，以求通变。这个过程，可以名之曰，二破。故前六重不可停步，必须继而跃进到后三重：由六重的德行内融、芳声外显转入七重的"玄冥"，一个名无而非无的"黑洞"。由"有"返"无"，是关键性的一步，但未达极境，仍须深造"参寥"。此乃"重玄"之境，《成疏》有极妙的解释："参，三也，寥，绝也。一者绝有，二者绝无，三者非有非无，故谓之三绝也。"细味"参寥"，成见虽已弃绝，但仍未彻底摆脱有无两端之累，故须更上一层楼，由"参寥"跻升到"疑始"。始者，即逻辑起点；疑始，放弃逻辑起点，无所依傍，独辟蹊径，从而达道通玄，进入众妙之门。"九重"之说，玄学味很重，必须参照"三外"之谈，方能领会其大要。

> ……参日，而后能外天下，已外天下矣，吾又守之七日，而后能外物，已外物矣，吾又守之九日，而后能外生，已外生矣，然后能超彻，超彻而后能见独，见独而后能无古今，无古今而后能入于不死不生。

"外"，就是遗忘。"忘记天下""忘记事物"是为了超越主客两端的对立，使"天下""外物"与我融为一体，变成我的生命的一部分。我既不为"天下""外物"所累，精神活动也就由不自由而渐趋自由。人的精神面对着成败得失、进退荣辱、祸福、寿夭等无数两端困惑，其中生死两端常常伴随人的一生最难解脱。"忘记生死"，则无所畏惧，精神无挂无碍，处于自在潇洒的最佳状态，于是眼光空前敏锐，捕捉机遇的能力空前增强，而且运用机遇、进行运作的胆识也远远超过常人。创造力得到了最大限度的发挥，所创业绩自然显得灿烂辉煌。"三外"之谈的大要，是主张一切认识活动，倘要获得创造性结果，那就必须摒弃成见、放下包袱、解放思想、轻装前往、方能充分发挥主观能动作用，从而有所发现、有所发明。这个过程，就是庄子所说的"三外"而后能"朝彻""见独"以至于"无古今"。通过这个过程所达到的境界就是自由的境界：彻底超越两端，身心处于中和状态，所以运运新新，无今无古；不去不来，无死无生。这正是活泼泼的生命存在，这正是鸢飞鱼跃的道的呈现。

如果我们将"三外""九重"中的两个层次根据道家思想特点加以归结，那就可以说：前六重为"德"的层次，后三重为"道"的层次，儒家的"善"对应着道家的"德"，儒家的"至善"对应着道家的"道"。它们在人生观上一气贯通，而在美学领域中则形成美学理论框架的二层建筑。

需要质疑的是："道"究竟是什么？在中国思想史上，几乎没有一个思想家不大谈其道。作为一个词汇和概念，在浩如烟海的古代文献里，道的出现次数简直多得不胜枚举；在纷纷扬扬的现实言语中，道的使用频率同样高到了难以测定。奇怪的是，尽管古代圣贤关于道所给出的定义愈

多，内涵却愈不明确。当代学者基于科学的要求，通过清理重新做出许多
界定，但仍然歧义迭出，莫衷一是。有两种说法比较具有代表性，即：道
是"宇宙的母力"，道是"自然和社会发展变化的总规律"。"母力"说，
是《老子》"玄牝门、天地根"的翻版，没有说明新意。"规律"说，倒
是取得了许多人的认同。但是"规律"属于认识论中的真理观领域，真
理总是可知、可求的，然而道家多次声明"道不可知""道不可求"。可
见现代化的"规律"说同样难以令人满意。外国学者不甘寂寞、不怕麻
烦，对中国的道怀有浓厚的兴趣，他们关于道做出的定义，据统计不下
17 种之多①。真是见仁见智，似是而非。说来说去还是道家祖师老子的
"道可道非常道"说得较为通达。

看来，我们很难回答"道究竟是什么"，却可以说明"道究竟是怎样
的？"道者，路也，这是道的字源学意义。路是人走出来的，没有人也就
无所谓路，可见道不离人、离人无道。虽说道有天道、地道、人道之分，
但天道、地道只不过是人道的延伸。路是道的初始意义，路有无数的分
叉，四通八达，走向无穷，很难预测，很难说定，全在乎人的当下选择。
可见，路是混沌，道属于混沌学，只是并非西方科学主义的混沌学，而是
东方人文主义的混沌学。

孔子慨叹过："朝问道，夕死可矣。"如此说来，它对于道在认识上
并不明确。可是他又做过这样的慨叹："道不行，乘桴桴于海，从我者，
其由与！"② 由此看来，它对于道在认识上又是明确的。这种既明确又不
明确的混沌性，表现出道作为中国古代文化思想的最高范畴，超越了一般
的认识论，同时突破了一般的思维框架。

道，并不就是真理，却又离不开真理，所以说"知道者必达于理"。
真理具有可分析性，未必同时具有善和美的性质；道是混沌的真善美全
体，而且具有不可分析性，所以说"万物殊理，道不私，故无名。无名
故无为，无为而无不为"。③ 所谓"无为"，并非消极观望，而是积极期
待，期待着有利于推行真理之时机的到来，以免因得理而贸然行事。《淮

① ［美］阿契·匹姆：《释道》，胡辉华译，詹世友校，《江西社会科学》1993 年第 12 期。
② 《论语·公冶长篇》。
③ 《庄子·则阳篇》。

南子·说山训》认为道在有无之间，"吾直有所遇之耳"。"遇"，就是时机，今之所谓机遇。任何人即使拥有真理，倘若缺乏相应的机遇，也决不会迎来好的命运。真理具有时位性，这就局限着一定之理不能随着时位的变化而自动变化；道则与化为体，自身本就包含着变化，故执道而行，有益而无害。在中国思想史上屡见"经权"之辩，而"反经合道"，已在暗示真理是"经"，见机而作为"权"，而道则是经权合一以后所产生的价值。以上所述，意在揭示两点：道，就是真理扣合机遇之后所产生的当然价值；西方科学主义的真理与中国人文主义的道理有关联，却又不是一回事。对此，《列子·说符篇》的有关论述对我们很富启发性："理无常是"，得时无功为是；"事无常非"，失时无效为非。事理的是非转化，以人的用智为中介。这里已经点出人的心智与道的关系至为密切。

人的心智活动主要是思维活动。真理是理性思维的结果，对于道来说，却又只能算作开端。因为依靠单纯的理性认识不能保证得时、见功。主体若要"得时"，除了带着真理而外，还必须具备敏锐的洞察力和判断力。这样才有可能于事物的千变万化中"逗机而悟""见机而作"。若要"见功"，还必须进一步借助于丰富的想象力和坚强的毅力，以便满腔热情地把事物的运动导向预定的目的地。"得时"，要依靠带着理性的"特觉"，"见功"，要依靠应用特觉以进行操作的能力，这个过程远远超过了一般的思维框架，不妨称之为后思维。后思维不像一般思维那样单纯，其中包含着天人、知行、情理三个合一，所以它表现为超理性的混沌。

原载《学术月刊》1986 年第 1 期

十七

学人的知识结构与中国古代文论研究

人们关注古代文论研究的转型，根源于时代的迫切需要。蓬蓬勃勃的经济发展，带动着社会生活各方面的变化，时代不允许文化建设长期滞后，不允许中国古代文论研究因循老套踽踽独行。理论的价值取决于它满足时代需要的程度，而要能够满足时代的需要，必须具备两个关键性条件：一是必须准确把握时代特点及其发展趋势，二是必须具有适应新时代以进行理论创造的多方面知识。前者表现为洞察时世的见识，后者表现为造就时世的能力，二者都同参与者的知识结构有关。

为了更好地研讨现实，我们有必要简要地回顾一下历史。我以为，近百年来的古代文论研究与近百年来的社会文化思潮息息相关。近百年来的文化思潮贯串着两个无法回避的基本点：其一，中国的社会文化建设要不要维护中华民族的尊严和独立？这里关系着强化民族的自信心和民族的凝聚力。其二，中国的社会文化建设主要是依靠自己还是依靠别人？这里关系着中华民族的主动性和创造力的发挥。我们常说要努力探索中国文化建设的规律，在我看来，规律就存在于这两个基本点之中。强调这两个基本点绝不意味着盲目排外，而只是要说明，唐僧上西天取经是重要的，但是假如没有慧能的《坛经》以及许多耐人寻味的"佛家公案"，所谓中国的佛学也就无从谈起。近代中国文化运动以及中国古代文论研究的历史经验清楚地证明了这一点。

近百年来的中国古代文论研究曾经有过两次转型：一次发生在旧民主主义革命时期，一次发生在新民主主义革命时期，两次转型都曾为中国古代文论研究带来某种新气象，但也都存在着严重的失误。第一次转型的失误是方向性的，其表现是主张"全盘西化"。第二次转型是端正了错误的方向，提出了正确的主张，但仅仅有了一个好的开端，不久便出现了两次曲折：第一次是解放初期毅然"向苏联一边倒"。其中存在着国际环境方面的原因，不得已的苦衷可以理解。第二次是"文化大革命"中的夜郎自大，既排外仇外，又忘祖骂祖，以致倒退为文化专制主义，造成斯文扫地，教训极为沉痛。第一次失误的思想根源是庸俗的社会进化论，第二次失误的思想根源是狭隘的阶级斗争论。上面所做的简要的历史回顾，如果放在具体的历史行程中，情况将会看得更为清楚。

作为一个学科，中国古代文论研究以波澜壮阔的近代史为背景，在复杂的、不断的革命运动中，经过几代人的努力，逐步酝酿、建设起来的。它带着浓重的社会学的特点，始终未能彻底摆脱它的内在矛盾性：本意是为了弘扬祖国文化，却又意外地裸露出半封建、半殖民地的伤痕。富饶却又衰弱的中国无法忍受西方列强的掠夺和宰割，中华民族要生存、要发展，当然要通过革命来强国强种。革命首先要寻根，以便明确自己的立足点，以便万众一心坚定前往的方向。中华民族有没有自己的根？根在哪里？今天，我们都承认自己是炎黄子孙，并为此感到骄傲；然而在20世纪初，人们对此讳莫如深。他们为了攀高，用心良苦地把自己的根从本土移到了西方，就连旧民主主义的斗士、国学大师、著名中国文论史家章太炎先生，竟然也数典忘祖，深信中国民族西来说，曾经异想天开地称中东的加尔特亚为"宗国"，并用古代传说的"葛天氏"的对音来加以附会（《书·序种性上》）。当时持这种观点的绝不限于章氏一人，它所表现的又不仅仅是脆弱文人的一时糊涂。它是在更深的层次上说明了这样一个事实，在近代史的开端，西方人扭曲了中国，随之中国人又扭曲了自己。正是这双重扭曲，决定了中国民主革命的曲折行程。

作为一个学科，中国古代文论是在近代中国所特有的中西文化的剧烈冲突中形成的。近代中国文化的建设，不是基于对本土文化的精神反省，以自动求新，而是面对强敌，不得已被迫求变；匆促上阵，缺少一个健康的渐变的启蒙过程。因此，热情超过冷静，破坏多于建设。它带着沉重的民族文化认同的危机，始终未能建起自己的理论框架，因而也就很难摆脱这样的尴尬局面：本意豪情满怀、救亡图存，结果却又不由自主地经过梳妆打扮摇摇摆摆地远嫁西方。从历史发展的曲折性来说，这也许是一件无可奈何的事。近代中国革命，既需要武器的批判，更需要批判的武器。这些武器从什么地方来？野蛮的洋枪洋炮轰醒了睡梦中的中国人；中国人睁开双眼，看到了土枪土炮的落后，发现了"土"和"洋"的差距。为了改变落后的面貌，为了缩小差距，中国既需要发展科学技术，又需要发扬人文精神；而为了尽快满足这种需要，中国人决心放下架子，路漫漫"向西方寻找真理"。这就不可避免地产生了以下的历史困惑：第一，西方的文明与西方的野蛮是怎样有机地结合在一起的？人们在扑面而来的时代烽烟中看不见西方文化的裂缝。也就是说，当时的中国人对于西方真理论与西方价值观的内在特点及其必然会导致的结果并未进行认真地思索。第二，近代中国诚然是落后了，但是传统中国文化是否一无是处？人们在水深火热中看不清中国文化的近代断裂，也就是说，当时的中国人对于中国固有的真理论与价值观及其必然会产生的历史导向也没有进行认真地清理。第三，世界上是否存在一种放之四海而皆准的真理？不同的人种、不同的民族是否存在注定不移的优劣之分？一个国家的革命和建设主要是借用别人的成果，还是依靠自己的创造；能不能用全然模仿别人的方式来代替自己的辛勤劳动？由于这些困惑在旧民主主义那里一直未能得到合情合理的解决，于是导致了旧民主主义的失败和新民主主义的兴起。

新民主主义是一种独特的思想体系，是半封建半殖民地国家用以进行革命和建设的有力武器，是以毛泽东同志为代表的中国共产党人创造的。在文化上，它绝不排斥西方的优秀成果，绝不否定东方的优秀传统，经过审慎的双向扬弃，既打破了欧洲中心论，又打破了中国所面临的历史僵局。1940年，在尖锐的民族矛盾和复杂的内部冲突的现实环境中，毛泽东同志及时写出了《新民主主义论》这一伟大著作。说它"伟大"，并不是说具有无边的普遍性，而是因为它是中国人根据自己的经验、知识和智慧写出来的具有中国特色的马克思主义的社会革命论。它运用马克思主义的真理，又使之切合中国的实际，因而超越了僵硬的教条，形成了活泼泼的中国之道；它说明了现实，照亮了前途，使得在黑暗中苦斗的中国人愁眉锁眼的姿态为之一扫。别的任何一个国家的伟大人物都不可能代替中国人写出这样的石破天惊的文章。关于文化运动，毛泽东同志在文中尖锐地批评了"全盘西化"和"公式的马克思主义"两种错误倾向，并且明确地指出，我们所要建设的新文化应是"民族的科学的大众的文化"。这就是说，中国文化首先必须"是我们这个民族的"，必须"带有我们这个民族的特性"，就像政治运动和经济建设一样，必须具有独立自主的精神，必须在事实上做到独立自主。一百多年来，正反两方面的经验十分清楚地证明了这个规定是英明的、果断的、正确的，具有纲领性的历史价值。怎样在实际的文化运动中贯彻这个纲领，从而保证它的实现呢？"事在人为"，关键在于人的素质，在于人的知识结构。为此，毛泽东同志决心整顿党的作风。在延安整风运动中，毛泽东同志发表的几篇指导性文章，经过半个世纪的历史考验，今天读来仍然使人感到熠熠生辉。在1941年发表的《改造我们的学习》一文中，毛泽东同志号召全党干部必须重视研究现状、研究历史、学习马克思列宁主义的普遍真理。这实际上就是从正面引导干部自觉改造自己的知识结构，以便更好地适应时代的需要。所谓干部素质，最基本的内容就是干部的知识结构及其运用能力。毛泽东同志号召建立这样系统的知识结构所针对的反面现象是：在研究现状方面，是"缺乏调查研究客观实际情况的浓厚空气"，因而"粗枝大叶，夸夸其谈，满足于一知半解……"在研究历史方面，最突出的问题是"许多马克思列宁主义的学者也是言必称希腊，对于自己的祖宗，则对不住，忘记了"。在学习理论方面，表现为对马克思列宁主义的著作，"虽然读了，但是消化不了"，只会片面地吟咏他们的个别词句，"而不会运用他们的立场、观点和方法，来具体地研究中国的现状和中国的历史，具体地分析中国革命问题和解决中国革命问题"。我们可以平心静气地想一想：50年前的延安存在这样的问题，50年后的中华大地是否仍然存在类似的问题？如果类似的问题在今天根本不存在，那么我们今天的文化学术界提出"转型"问题岂非无的放矢、多此一举？如果的确存在着类似的问题而又不加以认真对待，那么我们今天的文化学术又怎样才能"转型"？

从人类社会史方面看，每一个转折的时代都会向人们提出一个相应的转型的问题。从文化学术史方面看，每一次转型都要求文化学术工作者及时调整自己原有的知识结构。脱离了人，还谈什么转型？但是，有人而没有满足时代需要的知识结构，所谓转型，也就不可能有条不紊地沿着正确的轨道向前推进。先秦时期的百家争鸣、魏晋时期的清议玄谈、明清之际的经世致用，都有一个调整知识结构的问题贯串于其间。

毛泽东同志当年所倡导的由现状、历史、理论三要素所组成的知识结构，对我们今天的中国古代文论研究者又有些什么启示呢？表面看来，中国古代文论研究属于史学范围，而且似乎只着眼于古代文艺理论的历史，现状研究当然更与我们无关。在我们的观念中倘有这样的误会，所谓"转型"势必成为一句空话。我常想，古代文论研究的转型必须建立在研究者博古通今的基础上。博古通今的程度要看个人的努力，但是，博古通今的要求谁也不应该放弃。死抱住古代的文论资料，不注意吸取广泛的历史知识，不注意体验具体生动的历史情境，我们就无法深入领会古代文论的精神，无法正确判断古代文献的价值，自然也就没有能力驾驭古代文论的历史演化过程。有些文章之所以显得内容单薄、思想贫乏、语言无味、漏洞不少，同作者的历史知识面过于狭窄存在着不可否认的联系。不错，文章应该力求精练，但是，只有由博返约的精炼才是真正的精炼。只博古而不通今，行不行呢？更不行。古代文论研究同任何一种史学研究一样，只有联系两种实际才能出现生机勃勃的局面：一是基础性的历史实际，二是导向性的现状实际。与现状无缘的古代文论研究，只是一种假古董，既无观赏价值，更不值得收藏。"人世有代谢，往来成古今。""转型"，正是一种古今代谢，历史可供参照，当代才是标准。有时会出现"复古"浪潮，但那不过是穿着古人的服饰，以便演出历史的新场面。孔子声称自己"述而不作，信而好古"，但他又为什么苦心孤诣地"删诗书、订礼乐"呢？根据考古界的论证，中国历史上的礼乐文化作为一种社会制度并不创始于周代，已经发掘出的地下文物足以证明殷商时期早已成型。孔子的"删"和"订"，显然是根据当代的需要，结合着两个实际，目的在于推动礼乐文化的转型。"删"的工作同时包含否定和保持两方面，就是去掉不合时宜的东西，保持尚未过时的内容。"订"的工作也是扬弃的过程，就是修正错误的东西，建设新的礼乐文化。由此可见，所谓"述而不作，信而好古"，只是一种掩饰之辞，"周监于二代，郁郁乎文哉！吾从周。"这才是孔子发自内心的表白。由此又可见，中国古代第一等圣人孔夫子是一个真正的博古通今的人。也正是因为这样，直到今天，凡是研究中国古代文论的人，谁也无法抛开孔夫子。

　　中国古代文论的转型需要提供新观点、新思想为之引路。而新观点、新思想又从何而来呢？是依靠外国人的馈赠吗？是依靠祖宗的余荫吗？都不是。我们既不是排外主义者，也不是民族虚无主义者；我们需要吸收外国的东西，我们需要继承祖国的遗产，我们更需要对现实进行主动的探索，在辛勤的探索中做到有所发现、有所发明，从而努力创造新观点、新思想。只有这样，古代文论研究才能开拓出新的局面。谈起理论，我们不能不重视马克思主义的学习，但是学了马克思主义是不是就以为具备了解决中国问题的能力呢？我看未必。王明、博古学习马克思主义用功不可谓不勤，又为什么终于犯了大错误呢？关键在于他们坚持"本本主义"，又过分依赖当代的莫斯科，因而失去了自己的创造力。全盘否定西方文明是不对的，但是，胡适读了那么多西方书籍，又得了那么多博士头衔，为什么他开拓不了中国文化的新局面呢？关键在于他迷信洋老师，又主张"全盘西化"，因而失去了自己的创造力。从"全盘西化"到迷信苏联，形式不同，实际上都陷入了片面地"向西方寻找真理"的误区。毛泽东同志为了引导国人走出误区，批判了他们的错误，提出了符合中国实际的文化转型的纲领。为了贯彻这个纲领，毛泽东同志又号召人们进行知识结构的改造，并为这种改造规定了具体的内容，这才是真正的理论创造。只是由于新中国成立前残酷的战争环境和解放初期复杂的国际关系，出现了"向苏联一边倒"这样的曲折，因而束缚了人们的创造力，毛泽东同志的理论并没有完全付诸实践，文化转型的问题，自然也就不可能得到根本的解决。

我们回顾历史，并不是要做事后诸葛亮，却又不能不发出这样的感叹：历史是无情的，但历史并不总是包青天，它也有糊涂的时候，包括我们自己在内。

讨论古代文论的转型，首先要检查如今仍在支撑着我们研究古代文论的基本的理论支架是否合适。提到文艺理论，学界必谈真善美，然而它并不是我们的国产，而是我们的前辈在近代中国"向西方寻找真理"的过程中移植过来的。它可以帮助我们部分地说明中国文艺问题，却不足以说明中国文艺的全部问题。作为理论支架，它只是部分地对应着中国文艺理论传统，而且也不完全符合中华民族传统的文化精神。我做出这样的判断，有什么根据呢？

第一，真善美作为西方美学的三大观念，以真为核心，善和美服从于真。西方的真以两个假设为前提：客观世界存在着一个本质的真实，人们能够认识这个本质的真实。因此，所谓真就是人的主观认识与客观世界的符合。可见，真的问题，是一个纯粹的知识论问题，它控制着美和善。中国的真善美以善为核心，真和美服从于善。中国的善基于先天的人性，并不等于外在的道德规范；它是一种人性的当下真实、当下呈现。中国古代哲学也讲真，但它超越了主客观两端冲突，超越了纯粹理性，理性中饱含着动人的感情。"真"和人的心性的"诚"是两个同质概念，因而超越了一般的知识论，具有超理性或非理性的特点。中国诗歌中的"神韵"，散文中的"情境"，小说中的"微言"，戏剧中的"戏魂"，创作方法上的"有法无法之间"，按照理性要求，运用西方科学主义方法，通过逻辑分析无法探知其中的奥妙。中国的文学艺术是在为人生的教化中确定自己的价值。它在创作过程中所要处理的关系不仅仅是心和物的关系，即：既要做到心物交融，还必须考虑到作品与千差万别的读者的交流。而表现在理论原则上，就是强调动机与效果的统一，强调真理必须体现为价值。这种价值，就是从古到今我们中国人一致谈论着的"道"。这里显现出中西哲学的分野，西方哲学津津于求真，中国哲学则孜孜不倦地求道。

第二，比较地说，西方的"真善美"近似于中国的"善信美"，但作为完整的理论支架，它只是第一层，还有第二层，大、圣、神（见《孟子·尽心篇》）。第一层是世俗型的，特点在其对称性：善相对于恶，信相对于伪，美相对于丑。它们都没有摆脱人生的两端困惑，必须加以超越，于是产生了高超于"善信美"之上的"大圣神"。大圣神三者之间只有微殊而不迥别，它们都打破了对称关系，进入了不对称的"独化"，归结起来就是所谓"至善"，就是中国的"道"，就是大全大美，一种特立独行的超世俗的人生境界。由此不难看出，中国传统的美学从而也使中国传统的文艺理论支架是由世俗与超世俗构成的台阶式的二层建筑。作为一种自由的人生境界，用《庄子·天下篇》中的一段话来表述，就是"独与天地精神往来，而不敖倪于万物，不遣是非，以与世俗处"。我们不可误会这是在抹杀是非，因为其实质在于强调"有所不为"，强调人的行为不可随波逐流，必须有所选择。比较儒家所肯定的"狷"的精神，与庄子所赞扬的"同于不同"，目的都是为了导向"中行"或中和。它就是源远流长的统一的中华民族文化精神。不了解这种精神，就很难理解中华民族的行为选择。

如果学界承认以上两点，我们就可以说，中西文艺理论的基本支架既有相通处，又有不同处。相通处说明人类文明存在统一性，因而中西文化可以而且应该交流；不同处说明人类文明存在着差异性，因而中西文化绝不能互相替代。交流应是平等的，不存在主奴之分；而要保持这种平等，任何一方都不可以固步自封，妄自尊大。只有这样，才能保持和促进世界文明的多样性发展。

于此我们要问：百年来的中国文论以西方的理论支架作为自己的支撑点，学界又为什么信而不疑呢？最明显的原因来自两个方面：一方面由于百年来的中国内忧不断，外患频仍，迫于救亡图存，自力更生的信心又显得不足，面对西方的强盛，捷径只能是仿效唐僧到西方取经。所取之经也的确曾为中国的思想文化界吹起一股清新的风；人们在风中摇曳，不无惬意之感，久而久之，习以为常，也就见怪不怪了。另一方面由于有一些重视国学的先生，深受乾嘉学派的影响，他们对于国学用功甚勤，但是死守章句，终年伏案，磨钝了对于新鲜事物的感觉，不可能开拓新局面，只能沦为守旧的国粹主义者。乾嘉学派在中国学术史上的地位自然不可否定，但是由于当时文禁森严，学者们对于国故的整理一般只重文辞训诂，尽量避开义理的开掘，这就很难掀起振聋发聩的历史波澜。对于他们的处境我们完全可以体谅，作为一种学风，却不可无批判地在今天加以提倡。学术史上的汉学、宋学之争，多半出于补偏救弊，而结果难免流于执其一端。今天看来，汉学的求实，宋学的务虚，任何时代都不可偏废。求实可以出学问，务虚可以出思想，在出学问的基础上出思想，正是我们今天讨论古代文论转型时应该提出的要求。而为了实现这个要求，除了改造我们的学习以调整我们的知识结构而外，看来别无他途。

当前，我们的知识结构究竟存在哪些问题呢？从总体上看，西学根底比较好的人国学功底差，国学根底比较好的人西学根底不足，而更需要重视的则在于要努力开拓我们的国学资源。由于新中国成立后分科太细，我们研究古代文化的人，在基础知识准备上常常局限在文学概念、文学史和古代文论知识三方面。其中的文学概论知识主要来自西方，文学史知识主要来自几本中国古代文学史教材书。这就形成了这样的局面：借助于别人的论和史来研究自己的古文论。举例来说，我们中国是世界上的诗歌大国，如果对中国古代的诗歌缺乏独特的感受和独立的思考，不知道它的底细，那么我们对于异常丰富的诗话、词话的研究只能是隔靴搔痒。文学概论对于我们很重要，但是只凭那一点知识显然无力驾驭庞大而又沉重的中国古代文论。单就古代文论而言，似乎一直存在着这样的误会，以为古代文论的资源仅在于论文谈艺，其他方面，而且是更重要的方面并未引起普遍的注意。总而言之，我们现有的知识结构既不能适应现实的需要，更不符合中国人文学科的传统。

中国人文学科传统的特点是文史哲不分家，这是公认的事实。根据这个事实，我们不得不说：单单抱住古代文论本身不放，而忽视哲学、史学方面应有的修养，一味借助别人的研究成果，要想把古代文论研究引向深入，从而推动古代文论转型问题的解决，为中国文论新面貌的出现贡献出自己的力量，这一切都将徒托空言。明确了这一点，我们方可以进一步谈论具体的操作方法。中国人文学科研究的操作方法，历来强调"出入经史，流连百家"。从我们的现状来看，研究者在诗话、词话方面付出的精力过多，而在远较诗话、词话更为重要的经学、史学、子学方面所花的精力相对地显得很少。这就是说，研究者在研读经、史、子的过程中注意力过于功利化，一见到论文谈艺的资料，心中如获至宝，马上便作出判断。在知识的运用上表现出读了子书，忘记史书，读了子书和史书又忘记了经书；思想显得直线化，尚不能形成一种融会贯通的网络，判断自然难免出现误差。

古代文论研究之所以要重视"出入经史、流连百家"这个传统方法，不仅仅是为了丰富我们的知识，强化我们的资源意识，而且是为了更深入地探索古文论的源头，探索中华民族统一的文化精神。不了解它的源头，我们就无法理解它后来的走向；不把握统一的文化精神，我们无处寻求它和时代的契合点；找不到这个至关重要的契合点，所谓转型便失去了最根本的依据。从古典文献中，我们可以体察到，在中国古代文艺思想的起点上，被直接关注的对象是人而不是文艺，因此，人们提出的中心议题并不是人应该培育什么样的文艺，而是文艺应该培育什么样的人。这从《尚书·舜典》舜命夔典乐一节文字可以分明看出，虞舜作为氏族社会的元首，他最关心的当然是社会秩序的稳定，而创造或保持一种稳定的社会秩序，必须切实致力于人与自身、人与自然以及人与神这三种关系的及时调适，调适到理想状态就会出现令人产生幸福感的和谐。值得我们注意的是三种关系都离不开人，人是三种关系中最主动、最积极的方面。因此，三种关系能不能及时调适到最佳状态，关键在于参与调适的人是否具备一种最佳的品性，那就是"直而温，宽而栗，刚而无虐，简而无傲"。文学艺术只有培育人们具有这种最佳品性时，其价值才能得到充分的肯定。

从中国古代文艺思想的源头处，我们不难看出：以人为中心是中国古代文论的逻辑起点，而逻辑的展开就是由人的精神决定艺术精神，艺术精神又反过来影响着人的精神世界的塑造。如果我们把这种精神同《尚书·皋陶谟》中的"九德"加以对照，那就可以进一步看出统一的中华民族文化精神，正是一种通过调节两端而使之归于无过无不及的中和精神。由此，我们略加引申，还可以得出这样一些看法：人学是中国古代文学的生命线，当然也是中国古代文论的生命线。这是我国古代文化的特点和优点，从而也是中国古代文论的特点和优点。人学是人类文明之历久常新的课题，它的意义与社会文明的演进相伴相随、生生不息。如果我们考虑问题能够突破专业的局限，能够放宽自己的眼界，那就可以说，中国古代人学既是中国古代文论研究的入口处，又是中国古代文论研究的出口处。在中国文学史上，人学的内容极为丰富。从人学入口，中国古代文论的资源可以得到深入而广泛的开掘；从人学出口，中国古代文论的优良传统可以同中国当代文论建设有机地连接起来。当代文论建设，正如当代经济建设一样，既需要热情吸引外资，更需要艰苦地开发本国固有的资源。光实行拿来主义是不行的，必须把拿来主义建立在自力更生的基础上，我们才可能建设起具有中国特色的当代文论。研究中国古代文论，目的不是为了复古，而是为了翻新。翻新，又不是简单地将古代文论加以现代化，而是着力从丰富复杂的文化遗产中探寻一条连接古代文学和当代文学、古代文论和当代文论的管道。只要真正地发现了这条管道，我们就会同时看到中国古代文论活泼泼的历史生命的流动。在我看来，这条管道正是中国的人学，不知学界的有关专家们对此以为然否？如果学界在这方面能够取得共识，那我们就可以放心大胆地说，不了解中国的人学便无从理解中国的文学；不从人学出发，又有什么东西可以用来作为我们古代文论研究的逻辑起点呢？

讨论古代文论的转型，不仅要看它是否合乎逻辑，而且还要看它是否合乎历史。换句话说，要看合理的逻辑是否与恰当的历史契机适逢其会。

毛泽东同志在50年代曾经将现代中国的特点概括为一穷二白；而为了改变这一穷二白的面貌，他着意开发和利用中国丰富的人力资源，认为

"人多好办事"，于是发起了一场以人海战术为驱动力的大跃进。结果浪费了许多人力，一穷二白的面貌并未得到明显的改变。经过几十年的曲折，邓小平同志总结了历史经验，为我们指出了一条以经济建设为中心的改革开放的道路，目的同样是为了改变中国一穷二白的面貌。以经济建设为中心的改革开放，当然必须充分利用丰富的人力资源，但是只着眼于利用而不重视开发，不重视对人的素质的加工改造，那么有利的"人多"同时也会产生"人多"的不利。也就是说，倘使缺乏从事现代化建设的素质，"人多"未必"好办事"。毋庸置疑，随着经济建设的深入发展，人学的意义对于我们必将与日俱增。可不可以借鉴西方的人学？可以。西方的人学重视知识，有力地推动了西方科学技术的发展从而在创造物质财富方面取得了举世瞩目的成就。然而，其局限性也是很明显的，因为单纯的知识在运用过程中具有很难避免的掠夺性。西方的现实正在提醒人们，在尊重知识的同时必须大力提倡涵养德性。中国的人学主张"尊德性、导问学"。德性与学问在提高人的素质的过程中不可偏废，正如科学与民主，二者不可偏废一样。它们的正确关系应该是：以知识养护德性，以德性监护知识，只有二者相互为用才能造成健康的人性。宋、明理学经常谈到"尊德性、导问学"，但在实际上过于偏重"尊德性"，并没有切实继承中国人学的传统，因而越明、清两代，终于影响了近代中国科学技术的发展；近代西方的科学主义在提倡"知识就是力量"的同时并没有完全忘记德性，但在实际上过于偏重"导问学"，因而促成了现代西方社会所出现的种种弊端。改革开放以来，中央号召尊重知识、尊重人才，又及时提出物质文明和精神文明一起抓，这不仅完全符合现实的需要，而且内在地连接着中国优秀的文化传统，因而理所当然地得到了全国人民的拥护和支持。可见传统并非总是表现为一种历史的惰力，当着健康的现实运动激活了优秀传统的时候，传统就会成为推动历史前进的积极力量。无论从历史或现状来看，中国古代文论的转型，都必须从中国古代人学中汲取自己的内容，特别是其中宽广而又深厚的中和之道。只要我们做出成绩，那就能以一个方面军的姿态浩浩荡荡地参与壮丽的当代文明的建设。

面对两个文明建设，近年来，人们乐于谈论中国文化传统中"天人合一"的思想。正确清理和发扬这种思想，其意义当不限于产生它的故土。《周易·贲卦·象辞》上明确地说过："观乎天文，以察时变；观乎人文，以化成天下。"中国古代哲人把观察天象与研究人事结合起来，不把它们分作截然不同的两回事，并依据这种综合所得出的结论来建立合情合理的人事、社会制度，以便更好地适应时世的变化。这种有机的宇宙观和方法论，虽然还不免显得粗糙，但它有利于促使人们从人与自然的对立中解脱出来，逐步把对立变为和合，逐步从野蛮走向文明，逐步从动乱走向安定。从文化精神方面来思忖，它的核心显然就是中和之道。从知识论方面来探讨，文明从这种鲜明的人文精神中还可以洞察到同样鲜明的科学意识。如果我们由此再作沉思，那就不难得出这样的结论：中华民族传统的知识结构，除了文史哲不分家这个特点之外，还存在着第二个特点，那就是社会科学与自然科学的若即若离，自然界与人类社会是有区别的，但又不是彼此绝缘的。我们切不可以将自然界与人类社会断然地离而为二，宇宙学与生命学本来就是统一的。今天，当我们考虑调整自己知识结构的时候，应该把这第二个特点不容分说地纳入我们的视线之内。中华民族长于整体思维，这已经成为近年来学界引以自豪的常谈，但是如果不具备整体的知识结构，那么，所谓整体思维，岂非海市蜃楼？

知识结构同思维认知关系的密切，在我们的阅读经验中可以体会得十分真切：假如我们懒得查阅历史地理和天文历算方面的书籍，那就很难读懂《诗经》和《楚辞》；假如我们对于数学和物理学全然无知，那就休想深入领会经书、史书、子书中的有关资料。我们知道，西方学者一般都具有较强的抽象思维能力，这种能力多半得力于他们的数理修养。中国的"三玄"（《老》《庄》《周易》）中蕴藏着丰富而又深邃的哲学—美学—文学思想，可是阅读起来很不轻松；而一旦具有了必备的数理知识，我们就能饶有兴味地领悟那些充满智慧的玄谈。《老子》中的玄牝、《庄子》中的混沌、《周易》中的太极，若不借助于现代的数理知识，我们就会昏昏沉沉，如堕五里雾中。以玄说玄，只能助于神秘化；只有说来玄而不玄，玄学的资源才可望得到合理的开发。儒家提倡"絜矩之道"，道家赞扬应变不穷的"环中"，前辈学者以玄说玄，终未得其要领，其实它们都是中和之道的数学表达。它们的内容关系着中华民族的文化精神，关系着中国美学和文学的传统思想，岂能不求甚解，轻轻放过！

中国传统认知方式是越过明显的概念运动，在全方位观察的基础上，通过丰富的联想和卓越的想象把握认知对象的整体，这就是所谓"体悟"。体悟方式的优点在于它的全面性和灵活性，而由此产生的模糊性则又分明显示出它的不足。意识到了这一点，我们就该自觉地学习西方思维方式善于通过概念运动对事物进行分析归纳的长处，以便在发挥我们固有的体悟能力的同时强化我们抽象思维的能力。我们如果在把握世界的方式上也作了一番结构性转换，倘能由此做到具体体悟和抽象思维递进式地融合一体，那就有可能使我们在把握世界的能力方面跃进到一个空前的阶段，从而推动我们的社会主义文明建设走向全面的繁荣，从而推动东方文明的风采在更高层次上得到新的历史的再现。

改革开放和安定团结的社会政治局面，使我们能够正确地吸收西方文化的长处，使我们能够正确地继承祖国多彩多姿的文化传统。为了适应时代的需要，我们认真研讨古代文论的转型，为了古代文论的转型，必须及时调整研究者的知识结构。我提出这个问题，主要是针对自己，并非好为人师。

1996 年 10 月上旬北京鲁谷村

原载《文学评论》1997 年第 1 期

十八

文化与文化传统

　　文化是文明时代的特征，野蛮时代无所谓文化，重视文化是社会进步的表现，斯文扫地常常标志着社会的黑暗。文化的本质是理智和情感的和谐。它的载体是人，它的作用对象主要还是人。只有情感而无理智的人是粗暴的，只有理智而无情感的人是冷酷的，他们都缺乏健全的人生。一个人的总体素质决定于他的文化教养，多数人的文化素质决定着他们的民族性格，决定着一个民族求生存求发展的方式。从人类文明来看，过去是这样，现在是这样，将来更是这样。

　　人的存在总是社会的，孤立于社会之外的个人绝难存在。一部中国文化史真是丰富多彩，而最精彩的地方则在于讲述"修身、齐家、治国、平天下"的道理。这里显现着文明社会对于人和社会关系之全面期待，贯串着人对于自身、对于广阔的社会运动的历史责任感。今天看来，这种历史责任感，正是人类全部历史自觉的基础。中国历史上长期受到人们尊重的圣人和贤人，就是那些历史责任感很强、具有高度历史自觉的人。他们在复杂多变的社会运动中，博学、审问、慎思、明辨、笃行，取得了经验，吸取了教训，推动了社会的进步。为了整饬当时的社会生活，或者为了垂范于后世，他们将自己的经验和教训、心得和体会，运用自己的技艺物化为某种形象，或者运用语言文字加以提炼和概括，总结为系统的思想，这就是我们所说的"文化"文化者以文化人之谓也。观念形态的文化，是人们启蒙益智的教科书。人们通过文化学习，取得了知识，增长了智慧，行为得到了规范，实践产生了成绩，也就不言而喻地提高了生活质量。文化的普遍有效性，产生了普遍的文化认同（其中最重要的是真理观和价值论），文化认同的历久不衰，代代相传，甚至莫之知而知之，莫之为而为之，这就是人们常说的"文化传统"。由于地理环境、生产方式和语言文字的不同，人类有了不同民族的区分，不同的民族具有不同的文化传统。

"文化传统"不同于一般文化。一般文化是庞杂的，它的历史遗存可以形成"传统文化"，然而"传统文化"并不就是"文化传统"。"文化传统"是经过历史过滤过的、择善而从的结果。它是文化中之精髓，是人之灵魂的组成部分。一个人的文化水平可能很低，然而这种情况并不妨碍他的精神世界内部浸润着深厚的文化传统；一个人的物质生活可能很贫困，然而深厚的文化传统却可以支撑他的丰富的精神世界。由此可见，文化传统的核心部分，乃是一种无形而又有力的文化精神。当我们谈论一种文化传统的时候，首先应该着力追问的是：它的文化精神空间是什么？

中华民族在求生存、求发展的途中，应当转折关头，人们在面对现实、展望未来的同时，总是要细心地回顾过去。这是人们的所思所想、所作所为，除了现实的需要、理想的升华而外，还需要具备坚实的历史根据。只有把修身、齐家、治国、平天下的空间观念连成一体，只有把过去、现在、未来的时间观念贯通一气，人们才会心胸开阔、目光远大，因而才有可能创造出不朽的业绩。把空间整体和时间整体结合起来，纳入自己的思维框架，从而作出有机的、统一的判断，这就是中华民族源远流长的整体思维特征，同时也是中国人的真理观和价值论的心理的、逻辑的基础。由此出发形成了中国人特有的"执两用中"的方法。

中国的古圣先贤们认为，凡事皆有两端，所以事物又可以叫作"东西"，时间又可以叫作"光阴"。空间和时间都是两端存在，而其运动则在冲撞和互补中展开。人的作用在于调节两端，以促其相反相成；调节到恰如其分、恰到好处，就是最佳的中和境界。所谓"不平则鸣"，就是事物向一端倾斜；所谓"孤掌难鸣"，就是一端主宰不了世界。只有承认两端，调节两端运动，促其相反相成，最后趋于中和，才会有正常的事物运动，才会出现健康的世界秩序。

由此可见，认识上的整体思维，实践上的"执两用中"，构成了中国人特有的文化精神，它是中华民族文化传统中的核心内容。如果将这种文化精神加以形象化的描述，那就是百川归海、激浊扬清！从中国历史上的辉煌时代，我们很清楚地看到这种文化精神的高扬，从中国历史上的黑暗时代，我们也会很清楚地看到这种文化精神的低落。值得我们欣慰的是，改革开放以来，我们重又看到了这种文化精神在中华大地上的发扬光大。西方有些学者并不真正了解我们中国人的文化精神，因而在未来东西方文化关系方面作出了一些耸人听闻的判断，那无异于杞人忧天。

外国学者的误会，不管他们的动机如何，我们都可以谅解；难辞其咎的倒是我们自己在一个相当长的时期内出于各种不同的原因，对于本民族的文化精神开掘不够、把握不准，因而无法着力宣传。我们重视自己的文化精神，并非出于习惯上的敝帚自珍；我们宣传自己的文化精神，因为它在和平与发展的时代仍然具有毋庸置疑的强大的生命力。

我们研究文化史，绝不能为文化而文化，为历史而历史。重大的文化史课题应当到生动的现实生活中去寻找。这是历史研究的一个悖论，它产生于现实与历史的关系之中。人类文明的进步，人类社会的发展，第一推动力总是基于现实的需要，而以理想的追求和文化传统的助动为其腾飞的两翼。一个民族的文化传统是这个民族每一个成员精神世界的一部分。人们采取的每一个重大历史步骤，都必须重视文化传统的作用。重视文化传统，传统可以成为一种动力；忽视文化传统，传统也可以成为一种堕力。秦始皇焚书坑儒之所以铸成大错，就在于他从根本上背离了中华民族的文化精神文明，晚清时期的统治者对内高压，对外排斥，由闭关锁国最终导致丧权辱国，也与背离中华民族的文化传统密切相关。

历史经验是明显的，道理也并不深奥，但是每当文化建设的课题被提到议事日程上来的时候，文化界总要进行一番关于传统与现实关系问题的讨论。重复性的讨论，说明现实到底需要什么，传统文化中的哪些部分可以满足现实的需要，人们并没有做到心中有数。考其原因，一方面是由于人们并没有将历史的考察与现实的思量自觉地结合起来，另一方面又由于人们并没有在观念上将"传统文化"与"文化传统"两个概念自觉地区分开来。传统文化包罗万象，三教九流、百家众技尽在其中。中国文化史上"百家争鸣"的热闹场面经常引起后世学者的赞叹和神往。然而百家众技皆有所长，又各有所偏；文化传统则取其所长，去其所偏。这种现象类似于生物学上"物竞天择"的结果。传统文化是历史上形成的不变之物；文化传统既形成于历史，又随着历史运动而不断丰富和变形，它有如日月之行，看起来终古如斯，实质上光景常新。"百花齐放"的繁荣景象，的确能够令人赏心悦目，但作为传统文化，它们是花而不是蜜；只有经过不同时代群蜂的采撷和酝酿，它们才由花变成了蜜，变成了活生生的文化传统，变成了活泼泼的文化精神。

民族文化总是对立统一的，但是文化传统侧重于统一，传统文化却充满了对立。有统一才有稳定，有对立才有发展，二者相反相成。

在中国传统文化中，千百年来学派林立、流派纷呈。它们各以己之所长从不同方面为丰富人们的科学认识和提高人们的艺术想象能力做出了自己的贡献。学派林立、流派纷呈，是民族文化繁荣的表现，应该得到社会的珍视和保护。有学派就有论争，有流派就有争竞，这本来是可以理解的。值得注意的是：相争还须相容。相争而不能相容是偏狭的，相容而不能相争是庸俗的，它们都不利于文化的发展。在中国传统文化中，最有生命力的学派正是那些开放型的学派。儒道佛三家看起来门户森严，实际上都是开放型的：尽管"三教所唱，各有所尚：道家唱情，佛家唱性，儒家唱理"，但是这情、性、理并不彼此绝缘，而都是互相包容，可以随缘贯通的。儒家的"和而不同"，道家的"同于不同"，佛家的"二道相因"，都从内在逻辑上自觉地导向融合，其融合点就是不偏不倚的"中道"，就是贯串真善美而又提挈和超越真善美的中和境界。说明这一点，是为了提请我们的学者尽快地摆脱那种有害的思维定式：对于具体的历史人物的研究，再不要满足于机械地为他们划定阶级成分，简单地为他们划分学术派别了。董仲舒提倡"罢黜百家，独尊儒术"，然而他自己并没有信守这种主张，假如他真的信守这种主张，也就没有作为思想家的董仲舒了。韩愈竭力维护和宣扬儒家道统，大声疾呼地攘斥佛老，假如他果真处处攘斥佛老，也就没有"文起八代之衰"的韩愈了。学者必须多念书，然而真正的学者绝不是书生；书生是可爱的，然而可爱的书生绝不是合格的学者。李白和杜甫是唐代诗国中的双星，他们两人之间友情甚笃，他们的作品同是中华民族文化中的瑰宝，然而中国文学发展史上却反复出现扬杜抑李或扬李抑杜的喧嚣。那种怪诞的书生意气，用应有的杂念冲击着应该具有的公心！

公心就是关注国家的前途和人类的命运。尤其在全球经济趋向一体化的时代，两者的关系更为密切，这种关注也就显得更为重要。不是说经济基础决定上层建筑吗，文化是上层建筑的一部分，那么什么样的文化内容才能适应新经济基础呢？不是说文化总是闪耀着鲜明的时代精神吗，那么我们的时代精神到底包含哪些内容呢？这些根本的现实问题如果不清楚，我们要想开拓文化史研究的新局面那真是难乎其难。

1998 年 5 月北京

本文为首发

十九

试论《关雎》

——《诗经》美学思想札记

《关雎》为"国风"之始，也是整个"诗三百"的第一首诗。著名的影响深远的所谓"诗大序"，正是系在它的题下。由此看来，不论在编订者的心里，还是在评论者的眼中，它的地位无疑是十分重要的。

在"诗三百"产生和编订的时代及其以后的一段时期内，诗和乐是结合在一起的。它们的共同职能在于从思想感情上对人们发挥教育作用。由于人们的精神世界可以划分为许多方面，因而诗和乐的具体作用面也就不能不有所侧重。传统的理论是《尚书·尧典》中所阐明的原则："诗言志，歌永言，声依永，律和声。"而舜命令夔主持乐官时，对音乐教育所规定的任务是："教胄子，直而温，宽而栗，刚而无虐，简而无傲。"用现代的语言来表述就是：应用音乐把青年人教导得正直而又温和，宽厚而又谨慎，刚正而又不显得暴虐，简约而又不表现为傲慢。这些效果，明显地发生在人的精神世界内部的情感方面，即使是作风也依然指的是情感在行为上的直接表现。音乐能够对人的情感教育方面取得这样的效果，正在于它自身的和谐（"八音克谐"）、有秩序（"无相夺伦"）。和谐而有秩序的音乐，无论是"神"还是人，听来都感到快乐和谐（"神人以和"）。这就是说，音乐的社会作用在于陶冶和调节人的性情，使之合乎一定的理性要求。

与乐相联系的诗呢？诗是"言志"的。所谓"言志"并不排斥情感，但是它确实侧重于表达作者的思想。诗同样担负着社会教育的任务，不过相对于乐说来，它的作用侧重在于人的精神世界内部的理智方面。孔子对于"诗三百"的评论,具体地证明了上述论断。孔子说过:"'诗三百',一言以蔽之,曰:'思无邪'。"(《论语·为政》)从思想方面论定"诗三百"的成就,无疑地透露了他对于诗的本质的认识。在他的心目中,诗的本质就是表达思想。对于诗的社会教育作用,他也曾经说过:"不学《诗》,无以言。"(《论语·季氏》)表面上说的是学《诗》为了长于辞令,但实际上仍然是主张读者要从诗中接受思想教育,因为语言不是别的,乃是思想的直接现实。

由此可见,在先秦时期,诗和乐的本质区分,一在于"言志",一在于"缘情",这个区分是片面的。造成这种片面性认识的原因可能是由于当时在实际运用上,特别是上流社会,诗常见用于庄严的场合,例如"献诗陈志""赋诗言志"多属此类。而乐则往往用之于神、人的娱乐,所谓"乐者乐也",便是逻辑的说明。庄严偏重于理智,娱乐则侧重于情感,这在一般认识中是可以理解的,却不一定是全然正确的。因为诗是可歌的,国风多是民歌,而雅、颂是配乐的;诗与乐往往结合在一起,因而互相补充、互相渗透。诗乐结合,情志两畅,所以季札观乐才能在思想感情上引起那么大的激动,引起那么深沉的思索。

由于诗和乐的关系密切,又由于它们的具体作用确有不同,再加上人们在理论认识上对它们的本质作了片面的区分,因而孔子作为《关雎》的最早的评论者,他是从乐和诗两个方面对《关雎》分别进行评价的。

《论语·秦伯》:"子曰:'师挚之始,《关雎》之乱,洋洋乎盈耳哉!'""乱"是"合乐",有如今天的合唱。当合奏的时候,乐工们奏起《关雎》的乐章,孔子听来感到满耳朵都是动听的音乐,从而陶醉在悦耳赏心的美感享受之中。可见当作音乐的《关雎》,孔子是十分赞赏的。只是这种赞赏仅仅是审美态度,还不是明确的审美判断。当着孔子从诗的方面评价《关雎》时,他的观点就显得十分清晰了。

前面提到的"思无邪",一方面透露了孔子对于诗的本质的认识,同时也是他在衡量"诗三百"的社会价值时所规定的思想标准。应用这个标准来评价《关雎》,他就很自然地得出了这样的审美判断:

《论语·八佾》:子曰:"《关雎》,乐而不淫,哀而不伤。"

用现代语言来表述就是："《关雎》这首诗，快乐而不放荡，悲哀而不痛苦。"（据杨伯峻《论语译注》译文）很明显，孔子肯定《关雎》这首诗，正是由于它在思想内容上符合一定的理性要求。所谓"不淫""不伤"，就是指《关雎》的内容包含着有益于社会的道德原则，体现了有益于社会的思想风范。概括地说：诗中的情感为一定的思想所指引、所制约。

孔子所依据的道德原则、思想风范，自然存在着历史的、阶级的局限，这是必须注意的。但是把道德原则、思想风范作为人类的精神文明来考察，它们在历史发展的过程中既有被扬弃的方面，也有被保持的部分；既有应加否定的方面，也有应予肯定的部分。这也是必须注意的。那么，孔子对于《关雎》的评论有没有值得我们肯定的地方呢？这就必须结合《关雎》这首诗的实际内容来加以评判了。

《关雎》是一首男子倾慕女子的恋歌，也就是说，它是一首爱情诗。诗中的"窈窕淑女"，是一个从外形到内心都很美好的姑娘。施山《姜露盦杂记》卷六称"窈窕淑女"句为"善于形容。盖'窈窕'虑其佻也，而以'淑'字镇之；'淑'字虑其腐也，而以'窈窕'扬之"。[①] 如果我们撇开诗人的修辞技巧而就诗中的美学思想进行思索，那么外形美而不显得轻佻，内心美又不显得严峻，这正是诗人心目中的理想的女性美。一个青年女子具有这种理想的女性美，正是青年男子对之产生倾慕之情的合理根据，从而曲折地说明了诗中的男主人公在物色对象时所坚持的美学标准是全面的。一个青年男子遇上了符合自己美学要求的青年女子，并从而产生爱悦之情是正常的；由爱悦而思念，因思念而心神不安，也很符合青年人的心理；加上夜长人远，因"求之不得"而有"辗转反侧"之忧，也是可以理解的。但是感情上的折磨，并没有使青年男子产生不理智的行动，情绪也没有由此陷入消极，相反在极度苦恼中，他仍然怀有积极的愿望："窈窕淑女，琴瑟友之"；"窈窕淑女，钟鼓乐之"。爱情是人类生活的重要内容之一，通过爱情关系的处理，能够反映一个人的精神境界、道德风貌和人生态度。诗中的青年男子在爱情问题的对待上，做到了既不矫情，也不违理，因而保全了一种健全的人格。诗人肯定了他的人格，肯定

---

① 参见钱锺书先生的《管锥编》第 1 册，中华书局 1979 年版，第 66 页。

了他对待爱情的理性主义态度，同时也就肯定了"君子"和"淑女"是理想的配偶。从这里，我们看到了那一时期在男女婚姻问题上美学理想与社会理想的一致。青年男子在物色对象时必须坚持健全的美学标准，如果感情与理智在爱情关系上发生矛盾，必须使感情服从于理智。只有用理性主义态度来对待爱情和婚姻，才能使青年男女结成理想的配偶关系；也只有理想的配偶，才能形成美满而幸福的家庭；由这样的家庭组成的社会才有利于自身秩序的稳定。

作为《周南》之首的《关雎》，研究者们多半认为它产生于西周的初年。那正是大乱之后人心思治的年代，社会的发展也确实需要一个和平安定的环境。《关雎》一诗歌颂理性主义的爱情关系，正是那一时期的民情世态在文学艺术中的真实反映。孔子生活在大乱方兴的春秋战国之交，有感于当时男女关系的缺乏理性，他曾经叹息道："吾未见好德如好色者也。"（《论语·子罕》）可见他一再肯定《关雎》，并非不病而呻、无的放矢。孔子的学说，在总的方面诚然趋向于保守，但是我们却不可因此忽视他在局部性问题上所发表的某些可取的思想。他对于《关雎》的评论较之他的后世门徒简直不可同日而语。"君子""淑女"，诚然是当时有教养的贵族男女的称呼，但是文学作品中概括化的人物形象具有普遍性，绝不可以坐实专指，然而《诗序》却武断地说道："《关雎》，后妃之德也。""窈窕淑女"分明是诗中的艺术形象，竟被确指为最高统治者的后妃，仿佛只有后妃才能称得上"窈窕淑女"！人间的一切美德似乎都应该归之于最高统治者，正如人间的一切恶德都与最高统治者丝毫没有关系一样。迂腐的汉代经生是一批儒学教条主义者，他们把文学作品当成了政治教科书，然后随心所欲地改铸既定的艺术形象的本质，以便钓誉沽名、取媚于当世。刘勰在《文心雕龙·比兴》中曾经批评过汉代的"辞人"（作家）："炎汉虽盛，而辞人夸毗（阿谀），诗刺道丧，故兴义销亡。"汉代确实因"辞人夸毗"损害了当时的文学创作，但是刘勰却忽视了汉代的经生也多为"夸毗"之士。"夸毗"的经生间接地影响了当时的文学创作，同时直接地损害了文学史的研究，特别是对《诗经》，他们的许多胡言乱语曾经流毒一千多年！人们只知道咒骂秦始皇焚书坑儒，然而却很少注意到没有被"坑"掉的儒也可以通过自己的刀笔对没有被焚掉的书起"焚"的作用。文章可以杀人，一点不假；文章可以焚书，也同样是确实的。

《关雎》一诗，不仅具有值得肯定的思想内容，而且还有值得探索的艺术价值。

《诗经》中的爱情诗很多，有的是两心契合，双双爱恋；有的是一方倾慕，单恋不已。在所有的抒写单恋之情的诗章中，我以为《关雎》一篇最为上乘。抒情诗篇制短小，不容铺张。在一首短小的抒情诗中，倘能写出某种清新动人的情思，已是难能可贵的了，很难要求它写出鲜明的人物性格。然而同样是篇制短小的《关雎》却有它的独特的高妙之处：在起伏跌宕的情思中，人物的性格活灵活现。青年男子爱悦美丽的姑娘，乃是一种终古如斯的普遍现象。对此，《诗经》中有着多方面的反映。《郑风·野有蔓草》：

> 野有蔓草，零露漙兮。有美一人，清扬婉兮。邂逅相遇，适我愿兮。
>
> 野有蔓草，零露瀼瀼。有美一人，婉如清扬。邂逅相遇，与子偕臧。

这首诗造语清新，情思婉约，自然是《诗》中之佳品。一个青年男子在野外偶然遇到一个眉目清秀的女子，立即动起情来，先是感到"适我愿兮"，接着便要求"与子偕臧"。我们可以认为他的性格是粗犷而直率的，然而却缺乏一种具体可感的鲜明性。造成这种印象的艺术上的原因在于它全靠直白，没有曲折而又真实的细节描写。《关雎》则不然。它写一个"君子"对"淑女"的倾慕，第一步简括地交代了"君子"对"淑女"的美好印象；第二步叙述了他的执意追求；第三步曲折生波，由"求之不得"而转入长夜难眠、相思不断的心理刻画；第四步由激动不安的心理刻画，推进为"辗转反侧"的动作描写。表现人物的相思之苦到这里已经达到顶点，如果沿着同一个方向继续写下去，文情势必难于生发。于是回波逆折，于低沉中忽起高昂之调，宕开去写他的美好愿望。文章看似山穷水尽，写来又见柳暗花明。妙在这一切写得真实可信，绝非为文而造情。我们在一片文情起伏变幻之中，亲切地感受到了男主人公既有热烈的情感又有清醒的理智，而且是一个充满美好愿望的乐观主义者。当他的情感与理智发生冲突时，理性制约了情感；而在极度痛苦中激发起来的美好愿望有力地反映了他的积极人生态度。这一切聚合在一起，构成了他的坚强性格。

人物性格常常凸现在具体的精神状态之中，因此文学艺术中的性格描写必须着眼于人物精神状态的表现。顾恺之论画强调"以形写神"，其实一切文艺作品不写人则已，倘要写人，都必须处理好形与神的关系。在这一点上，诗和画的原理是相通的。所谓"以形写神"，就是通过可感的外形显现具体的内心。而要做到这一点，诗人和画家应该尽量避免对人物外形作静态描绘，因为静态的外形往往伴随着相对平衡的心灵；而人物性格的凸现很少是在心灵平衡之际，多半是在心灵的激荡之时。达·芬奇的著名肖像画《蒙娜丽莎》描绘了一个新兴的资产阶级妇女的典型。画面虽然宁静、端庄，但那一瞬间微笑的表情，表露了人物微妙的心理活动，蕴含着她对新时代生活的喜悦，直至今天，看来仍然觉得栩栩如生。人体的动态表情和心理描写是绘画艺术的一个要素，也是诗歌用以揭示人物内心世界的一个重要手段。这个手段在《诗经》中有着广泛的运用。《卫风·硕人》为了表现庄姜的美丽，细致地描绘了她的外貌："手如柔荑，肤如凝脂，领如蝤蛴，齿如瓠犀，螓首蛾眉。"假如只作这样的静态描写，则诗中的庄姜只能具有某些现象美，而本质上却是僵死的、模糊的。诗人意识到了这一点，于是画龙点睛地写道："巧笑倩分，美目盼分。"[①]增加了这两句神来之笔，庄姜的外貌美就显得生气泱泱，而美丽华贵的风韵、顾盼传神的情致，同时得到了恰到好处的体现。《关雎》中的"窈窕淑女"，表面看来，诗人并没有对她着意经营，但是读者对她的美丝毫没有怀疑之感。这种表现力从何而来呢？我看至少来源于两个方面。

1. 对"淑女"的"窈窕"作下面的勾画，省下笔墨，迂回到侧面，集中从美的效果方面来证明美。"窈窕淑女"的美是男主人公初见时的印象，作者没有去写形成这种印象的原因，而是着力深化这个印象，使之发展为"寤寐求之""寤寐思服""辗转反侧"等等不可遏制的心理的、生

---

① 余冠英先生《诗经选》译文是："她的手像茅草的嫩芽，皮肤像凝冻的脂膏，嫩白的颈子像蝤蛴一条，她的牙齿像瓠瓜的子儿，方正的前额弯弯的眉毛，轻巧的笑流动的嘴角，那眼儿黑白分明多么美好。"

理的活动，而这些活动正是对方美的魅力所造成的。作者显然有意避开了对"淑女"的外形美作细节描绘，从诗里我们看不到她的美目红颜，但是我们从倾慕者的着迷方面体会到了她的美。在上文我们说过，诗中男子步步深入的活动展示了自己的性格，在这里我们又领略到了这些活动有力地暗示出了女子的美。人们称赞一箭双雕的射手，因为他有一支神箭，我们在此应该称赞一笔双美的诗人，因为他有一支妙笔。诗歌讲究精炼，精炼就是用最经济的语言表现尽量多的内容。这也是《关雎》艺术上的成功之处。

2. 用最能显示美的动作代替直接的肖像美的描绘。从美的效果方面写美，的确能够使人体会到美，但是它带有相当的间接性和抽象性。为了弥补这方面的不足，诗人简括地描写了女子采集水荇菜的动作。可以把"左右流之""左右采之""左右芼之"想象为一系列的舞蹈动作。这些动作最能体现"淑女"的风姿体态的美。《陈风·月出》写了一个月光下的美人。作者写她的容色之美也是简括的，而对于她的行动姿态之美却于反复咏叹之中给人以突出的美感享受。所谓"舒窈纠兮""舒忧受兮""舒夭绍兮"① 都是写月光下美人缓步悠游时的曲线美。《正义》云："'窈纠'，行动之貌也。……即《洛神赋》所谓'婉若游龙'者也。"同样，我们也可以把"左右流之""左右采之"、"左右芼之"视作"婉若游龙"的具体化。不过"婉若游龙"是一种巧妙的比譬，只能唤起我们曲折的想象；而"流之""采之""芼之"却是一串具体动作，它们为读者的心灵提供了直接的观照。效果可以一致，但是达到这种效果的途径很不相同。这就是艺术表现上的殊途同归。

在刻画人物性格时，应该着力从动态中表现，这是诗和画在艺术方法上的共同点，但是诗和画又各有独到之处，比较起来诗歌的表现更为广阔。绘画只能抓住一个包孕最丰富的片刻，挑选那集中前因和后果在一点里的景象加以描绘；但是诗歌却能够表达整个事件或情节的发展步骤（参看钱锺书先生著《旧文四篇·读〈拉奥孔〉》）。《诗经》中有很多篇章都很成功地运用了这个长处，《关雎》在这方面不愧为一篇带头之作。

---

① 余冠英先生《诗经选》译文是："安闲的步儿苗条的影啊""安闲的步儿灵活的腰啊""妥身柔软脚步儿闲啊。"

"窈窕淑女"的"左右流之""左右采之""左右芼之",是一连串前后相承、作用于同一对象却又不尽相同的动作,通过这些动作带动了"君子"对于她的倾慕、追求和希望的递进过程。《毛传》:"流,求也",就是寻求。《陈疏》:"采,取也",就是采集。《毛传》:"芼,择也";《陈疏》:"择者,去其根茎也"。由寻求荇菜到采集荇菜,再到"去其根茎",直接地标志着采集荇菜这件事在时空中的进展,同时也间接地诱发了"君子"对"淑女"的相思不断的过程。诗歌贵有激情,思维不免跳跃;诗歌须有乐感,语言的色调不可相距太远;诗歌更须提炼,文字切忌重复,但又不妨有意重叠。所有这些,构成了诗歌艺术表现上的矛盾,而"参差荇菜"等六句似乎为我们提供了克服这些矛盾的经验。这六句共二十四字,其中大半雷同,只有三个动词在声音和意义上有差异。雷同,使人于吟咏中感受到了回环往复的悦耳之声,又于悦耳之声中领略到了一种欢快缠绵的情调。差异,使人读来感到诗句所反映的内容不粘不滞,流动婉转,前后相因。这样,思维尽管跳跃,内容却很连贯;语文貌似重复,激情仍在流转;文字间或差异,色调仍极和谐。艺术的困难在于怎样解决于杂多求统一的过程中不断出现的矛盾。从《关雎》的艺术经验看来,诗人善于炼字遣词虽则已属常谈,而实际大有巧妙不同。譬如兵家作战,布阵高防诚然费心费力,而如何设置自己的火力点却往往更须三思而定。古人说诗,恒言诗眼,而诗眼即于诗章中的节骨处见之。诗中之眼,有如战阵中的火力点。

描写或叙述事件时,于相同的句式、相似的语言中安排不同的字眼,以显示事件的流动性,可以说是《诗经》在艺术表现方面常用的手法。《关雎》是这样,《陈风·东门之池》也是这样。

《东门之池》也是一首情歌,诗的内容也是表达男子对女方的爱慕之情。"彼美叔姬,可以晤歌","彼美叔姬,可以晤语","彼美叔姬,可以晤言"。《毛传》:"晤,遇也。"《陈疏》:"遇与偶通",也就是"相对"之意。"晤歌""晤语""晤言",即对歌、对语、对言。对歌是男女间情感上的试探,对语是由试探发展为当面交谈,对言则是由谈话进一步发展为畅叙衷曲。《陈疏》解释"言"字,引《大雅·公刘传》:"直言曰言";并一步申之曰:"言易晓耳"。这是不错的,但对于"语"字却释义模糊。其实《公刘传》说得也很清楚:"论难曰语"。《说文》于言、语二字，解释与《毛传》全同。所谓"论难"，就是有难题需要讨论。这样，我们从"晤歌""晤语""晤言"的递进关系中，可以看出诗中所描写的男女爱情从诱发到商讨、再到最后确定的过程。"歌""语""言"正如"流""采""芼"一样，都是诗中之眼，抓住诗眼，全诗含义立刻豁然贯通。推而广之，紧扣诗眼，也许正是读诗之一法。

　　《诗经》是我国最早的诗歌总集，其中包含着丰富的社会思想和美学思想值得我们认真地进行探索。文学史家在整理和研究方面成绩卓著，然而美学史家对之似乎尚未引起足够的重视。本文是一篇尝试之作，故题之曰：试论《关雎》。

1981 年 12 月 16 日深夜

原载《美学评林》1982 年第 1 辑

读书笔记选编

（彭亚非整理并注）

读书笔记手稿一页

《礼记·礼运》：

关于中国的礼仪文化

《荀子·乐论》：

礼：（禮）

1. 字源：

2. 定义：
① 《礼记·乐记》：
② 《礼记·曲礼》：
③ 《礼记·仲尼燕居》：
④ 《管子·心术上》：
⑤ 宋代朱熹：

"礼即理"

注意：

一
关于"中"(中和、中道、中节、中正……)

1. 《尚书·虞夏书·皋陶谟》①：

论具有九德之人可以担任官职，例：

禹曰："何？"

皋陶曰："宽而栗，柔而立，愿而恭，乱而敬，扰而毅，直而温，简而廉，刚而塞，强而义。彰厥有常吉哉！……"

〈译文〉宽宏大量却又谨小慎微，性格温和却又独立不迁，老实忠厚却又严肃庄重，富有才干却又办事认真，柔和驯服却又刚毅果断，为人耿直却又待人和气，志向远大却又注重小节，刚正不阿却又实事求是，坚强不屈却又符合道义（应当明显地任用具有九德的好人啊！）。

〈按〉此即两端中和之德也。《舜典》"教胄子"已有明确的中和之德的教谕，其文曰：

帝曰："夔！命汝典乐，教胄子。直而温，宽而栗，刚而无虐，简而无傲。诗言志，歌永言，声依咏，律和声。八音克谐，无相夺伦，神人以和。"

〈译文〉舜帝说："夔！任命你主持乐官，教导年轻人，使他们正直而温和，宽大而谨慎，刚毅而不粗暴，简约而不傲慢。……"②

---

① 这里的序号，原文中在"论具有九德之人可以担任官职，例"之前。为与下面的体例一致，移到此处。所有注释都是整理者所加，并非笔记手稿所有。

② 笔记中资料的译文和按语的译文集中在按语之后，现因录入和阅读方便，分别附于资料和按语之后。

［补充］①

《尚书·大禹谟》：

（1）帝（舜）曰："……期于予治，刑期于无刑，民协于中，时乃功，懋哉。"

〈注〉"协"，服从。"中"，中正之道。

（2）宋儒所采16字真言："人心唯危，道心唯微，唯精唯一，允执厥中。"

〈译文〉"现在人心动荡不安，道心幽昧难明，只有精诚专一，实实在在地实行中正之道。"

注意："九德"之说后来成了君主教导和期待臣下的标准德行。参看《周书·立政》："古之人迪唯有夏，乃有室大竞，颙俊尊上帝迪，知忱恂于九德之行。"凡是具备九德的官员，就是所谓"成德之彦"。

2.《尚书·商书·盘庚》：

"汝分猷念以相从，各设中于乃心。"

〈注〉"中"，《说文》："和也"，和衷共济的意思。

〈译文〉"你们应当考虑互相依从，各人心里都要想到和衷共济。"

3.《尚书·商书·仲虺之诰》：

"王懋昭大德，建中于民，以义制事，以礼制心，垂裕后昆。"

〈注〉"中"，中道，不偏不倚，无过无不及的中庸之道。

〈译文〉"君主要努力显示出大德，在百姓中显示出大中之道，用义去裁夺事务，用礼去控制内心，把治理之道流传给子孙后代。"

4.《尚书·周书·立政》：

"兹式有慎，以列（例，用中罚。）"

〈注〉《周礼》："刑，平国用中典。"〈郑注〉："平国，承平守成之国。用中典者，常行之法。"

5.《尚书·周书·君牙》：

"尔身克正，罔敢弗正，民心罔中，唯尔之中。"

〈按〉注意"正中"。

---

① 笔记每页分两栏，左页左侧和右页右侧、页眉和页脚是后来补充的一些资料和按语、感想。现录于原小节内容的后面。

〈注〉"中"，公平中正。〈蔡传〉："中，以心言，欲其所存无邪思也。"

"唯"，表希望，副词。"之"，表现，《说文》："之，出也。"

〈译文〉"如果你自己能够端正，没有人敢不端正，民心不知道中正，希望你表现出中正。"

6.《尚书·周书·吕刑》：

A."罔不中听狱之两辞。"

〈注〉"中"，公正。

"明清于单辞，民之乱，罔不中听狱之两辞，无或私家于狱之两辞！"

〈注〉"明清"，明察。"单辞"，一面之辞。"乱"，治也。"中听"，以公正的态度审理案件。"两辞"，就是两造之辞，原告和被告两方面的讼辞。

〈译文〉"应当明察一面之辞，不可偏信。老百姓得到治理，没有不在于公正审理双方的讼辞。不要对诉讼双方的诉词贪图私利啊！"

B."……观乎五刑之中，……"

〈注〉"中"，适中，公正。

〈译文〉"考察五刑是否用得适当公平。"

C."非天不中，唯人在命。"

〈注〉"中"，公平。"在"，终止。"命"，指天命。

〈译文〉"不是天道不公平，只是他们自己拒绝天命。"

［补充］

D."非佞折狱，唯良折狱，罔非在中。"

E."哀敬折狱，明启刑书胥占，咸庶中正。"

〈按〉此为"中正"一词实具。

F."哲人惟刑，无疆之辞，属于五极，咸中有庆。"

〈注〉"中"，公正适当。

（曾运乾）《尚书正读》："中字为正篇主旨。""凡八用中字。得此中道，守而弗失，庶几其祥刑矣。""庆"，指祥刑。

张伯驹以混沌论论京剧，张伯驹论"中正平和"即"圆"、即混沌①

观蒋锡武主编《艺坛》（第一卷），马明捷：《张伯驹先生论剧》，叙述张伯驹最推崇京剧大师杨小楼、余叔岩、梅兰芳三人，而不同意说他们有什么特点。其言曰：

"你怎么老问特点什么的，我听了一辈子戏，也不知道什么叫特点。"张说，并且进一步认为人们所说的特点，其实"都是毛病"。又说："凡事以中正平和为上，不中则偏，不正则邪，不平则险，不和则怪。唱戏也同此理。你也知道唱戏的最讲究一个圆字，唱念要字正腔圆，使身段、打把子也看的是圆，圆就是中正平和。什么戏有什么戏的规矩、尺寸，照着规矩、尺寸唱，就没有什么'特点'。不照规矩、尺寸唱，才叫人家看出'特点'来。……唱戏的最讲规矩的三个人是杨小楼、余叔岩、梅兰芳，要说特点，中正平和就是他们的特点。你说他们的戏哪儿好？哪儿都好，你说他们的戏哪儿不好，没哪儿不好。听戏的人有的爱听这一派，有的不爱听那一派，我没听说有不爱听杨小楼、余叔岩、梅兰芳的。"

栾按：

关于"中"，有"中正平和"之中，而"中正平和"在美学上即"圆"，即"大全"；在哲学上即"集大成"，融会了一切，贯通了一切，无具体特点，而混沌一片。混沌之美大矣哉！

7.《尚书·周书·酒诰》：

"丕唯曰尔克承观省，作稽中德，尔尚克羞馈祀。"

〈按〉"中德"一词，于此初见。

［补充］

《尚书·周书·立政》：

"兹式其慎，以列（例）用中罚。"

〈按〉"中刑""中罚""中听""中德"，都贯穿着中庸精神。

8.《尚书·周书·召诰》：

"王来绍上帝，自服于土中。"

〈注〉"土中"，指洛邑。洛邑在九州的中心。

---

① 手稿中，常常出现就某一专题的论述，或者来源于他处与该专题相关的材料，原文没有标序。录入时用居中加粗的方式表示区别。

《白虎通义》中《京训篇》云："《尚书》王者必即土中何？所以均教道，平往来，使善易以闻，恶易以闻，明当惧慎。"

〈按〉同篇有"其自时中乂"句，"时中"这个中心，指洛邑。"乂"，治。

［补问］

首都为什么要居中？

"过"与"不及"的最早出典雏形：

9.《尚书·夏书·胤征》（征羲和）①：

政典曰："先时者杀无赦，不及时者杀无赦。"

〈注〉"先时"，在时令节气之前，比时令节气早。"不及时"，没有赶上时令节气。

〈按〉胤侯奉命征伐荒于职守的羲氏（主管天地四时历数）。所谓《政典》云者，乃当时对主管历数之官的要求。"先"与"不及"，即后来孔子所谓"过"与"不及"也。反对"先"与"不及"，意在求"中"。

10.《尚书·商书·太甲》"阿衡"之官！

唯嗣王不惠（顺）于阿衡，伊尹作书曰："先王顾諟天之明命，以承上下神祇。"

〈注〉"阿衡"，商代官名，指伊尹。

郑玄说："阿，倚；衡，平也。伊尹，汤倚而取平，故以为官名。"

《诗·商颂·长发》："实维阿衡，实左右商王。"

孔颖达说："伊尹名挚，汤以为阿衡，至太甲改曰保衡。阿衡、保衡皆公官。"

注意：商代贤臣伊尹，汤任之为"阿衡"，太甲任之为"保衡"，皆示中正也。

11.《尚书·盘庚中》②：

"汝分猷念以相从，各设中于乃心。"

---

① 这里的序号原文在"'过'与'不及'的最早出典雏形"之前，为体例之便，移动至此。

② 第10节以后没有序号，只有同一篇中的不同句子标有序号。录入时添加并调整了序号。

〈注〉"中",《说文》:"和也。"和衷共济的意思。

〈按〉关于"节":《吕览·重己》:"节乎性也。"注:"节,犹和也。"

调节即调和也——调整而使之和也。

中,和也;节,和也。调节＝调和!《尚书·召诰》:"节性唯日其迈。"(和谐的性情)

12.《尚书·周书·洪范》

(1)"无偏无陂,遵王之义;无有作好,遵王之道;无有作恶,遵王之路。无偏无党,王道荡荡;无党无偏,王道平平;无反无侧,王道正直。"

〈按〉此要求立中也。

(2)"三德:一曰正直,二曰刚克,三曰柔克。平康正直,强弗友刚克,燮友柔克。沉潜刚克,高明柔克。"

〈按〉此提倡正直(中正),调节刚柔也。

(3)"庶征:曰雨,曰旸,曰燠,曰寒,曰风。曰时五者来备,各以其叙,庶草蕃庑。一极备,凶;一极无,凶。"

〈按〉此论两端中和也。

注意:①"一极备""一极无",此一极偏盛,凶兆也。提倡多极备具。

②"五者来备",多极共存共荣也。

③"各以其叙",多极各以自身的特点,处于有叙关系中,则世界和平。

[补充]

《尚书·周书·毕命》:

王曰:"呜呼!父师,邦之安危,唯兹殷士,不刚不柔,厥德永修。"

13.《尚书·周书·酒诰》"中德":

"丕唯曰尔克承观省,作稽中德,尔尚克羞馈祀。"

〈注〉"中德",中正的美德。"观省",检点。"馈祀",助祭于君。

[补充]

《荀子·儒效篇》:"先王之道,仁之隆也,比中而行之;曷谓中?

曰：礼义是也。道者，非天之道，非地之道，人之所以道也。君子之所
道也。"

〈注〉"比"，顺从。"中"，中正适当。"道"，行。

14.《尚书·周书·君陈》"中和"：

"无依势作威，无倚法以削。宽而有制，从容以和。殷民在辟（罪），
予曰辟，尔唯勿辟；予曰宥，尔唯勿宥；唯厥中。"

〈按〉一端有节制，曰："和"；两端调适，曰："中"。

又曰："必有忍，其乃有济；有容，德乃大。"

[补充]

〈按〉《战国策·鲁仲连义不帝秦》（《赵策三》）："世以鲍焦无从容
而死者，皆非也。"

〈注〉"从容"，指胸襟宽大，有度量。

15.《尚书·周书·君牙》"中正"：

"尔身克正，罔敢弗正，民心罔中，唯尔之中。"

16.《尚书·周书·毕命》：

"不刚不柔，厥德允修。"

17.《尚书·周书·召诰》：

（1）"王来绍上帝，自服于土中。"

〈注〉"土中"，指洛邑。洛邑在九州的中心。

《白虎通义·京师篇》："《尚书》王者必即土中何？所以均教道，平
往来，使善易以闻，恶易以闻，明当惧慎。"

〈按〉此善恶的闻，皆双向的。

"环中"，"北辰"。

（2）"旦曰：'其作大邑，其自时配皇天，毖祀于上下，其自时中
乂……'"

〈注〉"时中"这个中心，指洛邑。"乂"，治。

18.《尚书·周书·蔡仲之命》：

成王教训蔡仲之辞："率自中，无作聪明乱旧章。详乃视听，罔以侧
言改厥度。"

〈注〉"中"，中道，不偏不倚的正道。"率"，依循，遵循。"侧言"，
一偏之言。

19.《尚书·周书·周官》（成王时）：

成王："庶政唯和，万国咸宁。"

"明王立政，不唯其官，唯其人。"

"官不必备，唯其人。"

20.《尚书·周书·君陈》：

"无依势作威，无倚法以削。宽而有制，从容以和。"

〈注〉"从容"，举止行动。《楚辞·九章》："孰知余之从容。"王逸注："从容，举动也。"

"和"，和协。

二

关于中国的"道"①

《中庸》部分

1. 《中庸》第一章

(1) "天命之谓性,率性之谓道,修道之谓教。"

〈朱集注〉:"命,犹令也。性,即理也。"

天以阴阳五行化生万物,气以成形,而理亦赋焉,犹命令也。于是人物之生,因各得其形赋之理,以为健顺五常之德,所谓性也。

率,循也。道,犹路也。

人物各循其性之自然,则其日用事物之间,莫不各有当行之路,是则所谓道也。

修,品节之也。

〈按〉性与道不同;人性与道同一:性,性之理。道,乃以性之理在日常事物间通过运动而得到恰当实现的价值。所以,道即价值实现,道即价值。

"时","所遇"!

[补充]"道":包"常"与"变":"常",理也,不易;"变",时也,易;抽象概括,简约(易简)。所以,"道"体有三特点:不易、易、简易。

《荀子·解蔽篇》:"夫道者,体常尽变,一隅不足以举之。"

《老子》:"道可道,非常道。"

---

① 关于"道",包括读《中庸》《大学》《论语》《孟子》的笔记,各部分中的条目之间有序号,但各部分并没有明确标题,为阅读方便,录入时添加。

　　二说可以互参。荀子认为，"体常"，全也，"尽变"，不定也。一般的"道"，既不能穷尽事物内容，又不能随物变化而变化，故非"常道"。真正的常道是"体常"而又"尽变"的，故很难说定。所谓"尽变"，就是随时而化。所谓"时"，古人有言曰："当其可之谓时，前圣后圣，其以一也，故所遇皆尽善。"（《孟子·离娄下》"禹稷当平世"章〈朱集注〉引"尹氏曰"云云）

关于"时""遇"

　　《孟子·万章下》："孔子，圣之时者也。"
　　〈朱注〉："愚谓孔子仕、止、久、速，各当其可，盖兼三子（伯夷、伊尹、柳下惠）之所以圣者而时出之，非各三子之可以一德名也。"（智与力皆备）。
　　左边页①《孟子》〈朱注〉："当其可之谓时。"《荀子·解蔽》："不慕往，不闵来，无邑怜之心，当时则动，物至而应，事起而辨，治乱可否，昭德明矣。"
　　〈按〉"不慕往，不闵来"二句，过去、未来均不实在，重视现实。
　　"无邑怜之心"，不为主观情志左右。
　　"当时则动，物至而应，事起而辨"，三句合指机遇到来。手中有真理，又临实现真理的机遇，行之必得。
　　"遇"，《孟子正义·离娄下》："夫章子，子父责善而不相遇也。"
　　〈注〉遇，得也。〈正义〉"隐公九年夏，公及宋公遇于清。《谷梁传》云：遇者，志相得也。……"
　　（2）同上："道也者，不可须臾离也，可离非道也。……"
　　〈朱集注〉："道者，日用事物当行之理，皆性之德而具于心，无物不有，无时不然，所以不可须臾离也；若可离，则为外物而非道也。"
　　2.《中庸》第四章
　　子曰："道之不行也，我知之矣：知者过之，愚者不及也；道之不明

_____

　　①　即上面"二说可以互参"段。

也，我知之矣，贤者过之，不肖者不及也。"

〈朱集注〉："道者，天理之当然，中而已矣。"

〈按〉道即中也。失中则无道。（道即无过无不及）

〈按〉注意：

第一，道，包含两方面：即"明"和"行"。明者，明其理也；行者，行其理之所当行也。由此可见，道，包含着知、行，即知和行的合一。知行合一，才能产生价值。道者，价值也。

第二，天理包含着理性和机遇。道者，天理昭彰也。

第三，"中"，恰当其时，恰当其地，恰到好处。道者，适中也。中，即中道。

［补充］

〈按〉"道"乃知行合一（并不仅只是观念形态）。"知"，有见仁见智情况，所以不一定；"行"，有各行其是情况，所以不一定。总之，凡深到人的心理、实际行为的事，都很难说定，因而理论存在先天的缺陷，只有生活之树常青。

道＝混沌（不精确）（天理、中）

《论语·雍也》："中庸之为德也，其至矣乎！民鲜久矣。"

〈朱集注〉："中者，无过无不及之名也。庸，平常也。"……程子曰："不偏之谓中，不易之谓庸。中者，天下之正道；庸者，天下之定理。……"

《论语·先进》：

第一，子贡问师与商也孰贤。子曰："师也过，商也不及。"曰："然则师愈与？"子曰："过犹不及。"

〈朱集注〉："道以中庸为至。……圣人之教，抑其过引其不及，归于中道而已。"

第二，……子曰："求也退，故进之；由也兼人，故退之。"（兼人，胜人也。）

3.《中庸》第十三章

（1）子曰："道不远人，人之为道而远人，不可以为道。"

〈朱集注〉："道者，率性而已，固众人之所能知、能行者也，故常不远于人。"

（2）"君子之道四，丘未能一焉：所求乎子以事父，未能也……"

〈朱集注〉："凡己之所以责人者，皆道之所当然也，而反之以自责而自修焉。……张子所谓以责人之心责己，则尽道是也。"

4.《中庸》第二十五章

"诚者自成也，而道自道（守）也。"

〈朱集注〉："诚以心言，本也；道以理言，用也。"

〈按〉道，离不开用。它与理不同。〈朱注〉："言诚者，物之所以自成，而道者，人之所当自行也。"

5.《中庸》第二十七章

"……故君子尊德性而道问学，致广大而尽精微，极高明而道中庸，温故而知新，敦厚以崇礼。"

〈朱集注〉："学者，恭敬奉持之谓；德性者，吾所受于天之正理；道，由也。"

《大学》部分

1.《大学》传之三章

"如切如磋者，道学也；如琢如磨者，自修也。……"

〈朱集注〉："道，言也。"（〈按〉犹今之所谓"谈的是……"）

[补充]

《论语·宪问》："……子贡曰：'夫子自道也。'"

〈朱注〉："道，言也。自道犹云谦辞也。

2.《大学》传之十章

第一，"《康诰》（《尚书》）曰：'唯命不于常'。道善则得之，不善则失之矣。"

〈朱集注〉："道，言也。"

第二，"是故君子有大道：必忠信以得之，骄泰以失之。"

〈朱集注〉："君子，以位言之。道，谓居其位而修己治人之术。发己自尽为忠，循物无违谓信；骄者，矜高；泰者，侈肆。"

《论语》部分

1. 《论语·学而》

第一，子曰："道千乘之国，敬事而信，节用而爱人，使民以时。"

〈朱集注〉："道，治也。"（〈按〉道为导）

第二，子曰："君子食无求饱，居无求安，敏于事而慎于言，就有道而正焉。可谓好学也已。"

〈朱集注〉："凡言道者，皆谓事物当然之理，众之所共由者也。"

2. 《论语·为政》

子曰："道之以政，齐之以刑，民免而无耻。道之以德，齐之以礼，有耻且格。"

〈朱集注〉："道（导），犹引导，谓先之也。政谓法制禁令也。齐，所以一之也。……礼，谓制度品节也；格，至也，又：格，正也。"

［补充］

《论语·子张》："……立之其言，道之斯行。"

〈朱注〉："道，引也，谓教之也。"

3. 《论语·里仁》

子曰："朝闻道，夕死可矣。"

〈朱集注〉："道者，事物当然之理。苟得闻之，则生顺死安，无复遗恨矣。"

4. 《论语·述而》

子曰："志于道，据于德，依于仁，游于艺。"

〈朱集注〉："志者，心之所之之谓。道则人伦日用之间所当行者是也。据者，执守之意。德者得也。得其道于心而不失之谓也。依者，不违之谓；仁则私欲尽去而心德之全也。游者，玩物适情之谓；艺则礼乐之文。射御书数之法，皆至理所寓，而日用之不可缺者也。"

〈按〉道，第一，事物当然之理，人所共由。

第二，天理之当然，中而已矣。

第三，日用事物当行之路。

第四，日用事物当行之理。

第五，居其位而修己治人之术。

总而言之，即当然之理，道即当行之路，道即适中，道即术。

《孟子》部分①

1. 《孟子·告子下》：

"夫道，若大路然，岂难知哉？人病不求耳。……"

《中庸章句》第1章〈朱集注〉："道，犹路也。人物各循其性之自然，则其日用事物之间，莫不各有当行之路，是则所谓道也。"

〈按〉朱注显然暗用了孟子关于道的解释。道即路，至今仍活在北京人的口语中。

[补充]

汉·董仲舒《春秋繁露·天道无二》（第五十一）："……春俱南，秋俱北，夏交于前，冬交于后，并行而不同路，交会而各代理。"

〈按〉五十、五十一对勘：道＝路。

汉·董仲舒《春秋繁露·阴阳出入》（第五十）："是故春俱南、秋俱北，而不同道；夏交于前，冬交于后，而不同理。"

〈按〉道＝路。

〈按〉"道"字最早见于金文《貉子卣》《曾伯簠》，本指道路，故《说文》释以"所修道也，一达谓之道"；衍指天体运行有常为"天道"，人类行为有所依恃谓之"人道"。《左·昭十六年》子产曰："天道远，人道迩"，即是。

2. 《孟子·告子下》（道即理）：

"君子之事君也，务引其君以当道，志于仁而已。"

---

① 这部分有几节有序号，有的没有。录入时整体编号并保留了原有序号。而且左右两侧的墨迹与中间相同、内容相接，不像是后来补充。好像是沿着总结出的道的五个含义进一步阐发推衍。顺序按内容和思路处理。

〈朱注〉："当道，谓要合于理。志仁，谓心存于仁。

3.（1）《孟子·告子下》（道即性）：

"禹之治水也，水之道也。"

〈朱注〉："顺水之性也。"

（2）同上（道即方法）：

孟子曰："子之道，貉道也。"

〈按〉此道即方法。

4.（3）《孟子·尽心上》：

"居恶在？仁是也；路恶在？义是也。居仁由义，大人之事备矣。"

5.《孟子·离娄上》：

"仁，人之安宅也。义，人之正路也。"（孟子语）

〈朱注〉："义者，宜也，乃天理之所当行，无人俗之私曲，故曰正路。"

〈按〉义者事之宜。道，路也，亦即事之宜也。

6.（4）《孟子·离娄上》：

"上无道揆也。"

〈朱注〉："道，义理也。"

7.（5）《孟子·离娄上》论君臣之道：

孟子曰："圣人，人伦之至也。……孔子曰：'道二，仁与不仁而已矣。'……"

同上："顺天者存，逆天者亡。"

〈朱注〉："天者，理势之当然也。"

〈按〉"天"与"道"同等概念。

8.《孟子·告子上》：

"禹之治水也，水之道也。"

〈朱注〉："顺水之性也。"

〈按〉道即事物之性。所以，天道与天性、人道与人性，其义一也。

9.《孟子·尽心下》：

孟子曰："仁也者，人也。全而言之，道也。"

〈朱注〉："仁者，人之所以为人之理也。然仁，理也；人，物也。以仁之理，合于人之身而言之，乃所谓道者也。"

　　〈按〉道，不仅是"知"（理），而且也是"行"（义）。理是事物之当然，义是事物所处之环境宜不宜行理（机遇当否），故"道"乃知行、理义合一。乃价值也。

三

关于《中庸》

〈按〉中庸之道源自《尚书》。

1. 朱熹《中庸章句序》（朱大序）

（1）论《中庸》的道统

中庸"……道统之传有自来矣。其见于《经》，则'允执厥中'者，尧之所以授舜也。'人心唯危，道心唯微，唯精唯一，允执厥中'者，舜之所以授禹也。尧之一言，至矣尽矣，而舜复益之以三言者，则所以明夫尧之一言，必如是而后可庶几也。盖尝论之，心之虚灵知觉，一而已矣；而以为有人心、道心之异者，则以其或生于形气之私，或原于性命之正，而所以为知觉者不同；是以或危殆而不安，或微妙而难见耳。……"

〈按〉朱序在这里指明《中庸》一书的中庸之道，从道统讲，最早源于尧舜二圣；朱氏又从今传《尚书·大禹谟》中所引四句，定为儒家道统之"十六字真经"。

朱氏认为，人心、道心本为一体，但又一分为二者，由于人心之知觉功能之来源不同：若源于形气之私，则人欲存而天理灭；若源于性命之正，则人欲灭而天理存，前者动荡不安，后者幽昧难明。

〈注意〉"虚灵"一词，形容知觉。一见于此，又见于《大学》"明明德"注。

"虚灵"到明代演化为"空灵"成为文学理论用语了。

［补充］

关于思孟学派的心性之学，心性解：

《孟子·尽心上》：

"尽其心者，知其性也。知其性者，则知天矣。存其心，养其性，所以事天也。"

〈朱注〉："心者，人之神明，所以具众理而就万事者也。性则心之所具之理，而天又理之所从出者也。人有是心，莫非全体。然不穷理，则有所蔽而无以尽乎此心之量。……存，谓操而不舍。养，谓顺而不害。事，则奉承不违也。……程子：'心也，性也，天也，一理也。自理而言谓之天，自禀受而言谓之性，自存诸人而言谓之心。'张子曰：'由太虚有天之名，由气化有道之名，合虚与气有性之名，合性与知觉有心之名。'"

（2）"中庸"道统之次序

尧、舜、禹以后，"圣圣相承，若成汤、文、武之为君，皋陶、伊（尹）、傅（说）、周（公）、召（公）之为臣，既皆以此而接夫道统之传，若吾夫子（孔子），则虽不得其位，而所以继往圣、开来学者，其功反有贤于尧、舜者。"此后就是颜回、曾参（《大学》）、子思（孔伋）（《中庸》）、孟轲。

儒家道统！

〈按〉第一，尧舜禹、成汤、文武（为君）皋陶、伊、傅、周、召（为君）皆掌理天下大权者；孔子、颜回、曾参、子思、孟轲，皆不得其位者，然皆道统中的圣人。

第二，圣人无权，以著作行世，是皆教育家、思想家也。

2. 子思《中庸》与"十六字真传"

朱曰：

其曰"天命率性"，则"道心"之谓也；其曰"执善固执"，则"精一"之谓也；其曰"君子时中"，则"执中"之谓也。……自是而又再传以得孟氏，为能推明是书，以承先圣之统，及其没而遂失其传焉。……（按：朱氏认为下接二程及朱氏本人。）

思孟学派！

〈按〉朱氏所说有二：

第一，思孟学派的揭示，即现代学者所说的心性之学也。

第二，《中庸》与"十六字真传"一脉相承。

［补充］

《孟子·万章上》："莫之为而为者，天也；莫之致而至者，命也。"

〈朱注〉："盖以理言之谓之天，自人言之谓之命，其实则一而已。"

〈按〉理学家认为"天命"即理。又认为人性即天理,性即理。

3. 朱熹《中庸》章句（朱小序）

（1）《中庸章句》

〈朱注〉:"中者,不偏不倚、无过无不及之名;庸,平常也。"

（2）正文:

子程子曰:"不偏之谓中,不易之谓庸。中者天下之正道,庸者天下之定理。"此篇乃孔门传授心法,子思恐其久而差也,故笔之于书,以授孟子。

4.《中庸》

（1）"喜怒哀乐之未发,谓之中,发而皆中节,谓之和。中也者,天下之大本也;和也者,天下之达道也。致中和,天地位焉,万物育焉。"（第1章）

〈朱注〉:"大本"者,……道之体也。"大道"者,……道之用也。

致,推而极之也;位者,安其所也;育者,遂共生也。

〈朱氏按曰〉:子思"首明道之本原出于天而不可易,其实体备于己而不可离;次言存养省察之要;终言圣神功化之极。盖欲学者于此反求诸身而自得之,以去夫外诱之私,而充其本然之善。杨氏（时）所谓一篇之体要是也。"

[补充]

〈按〉"过与不及"之说最早见于《尚书·夏书·胤征》（见前《尚书》笔记）,孔子《论语·先进》继之。宋代理学家又继之。

关于"中",《尚书》从《大禹谟》开始,有多篇阐述过中庸思想,如《洪范》《吕刑》更集中,《吕刑》连用八个"中"字以阐其中正思想。

《召诰》首言"土中",《白虎通·京师》篇论京师即云"土中"。

关于"中":先秦典籍中,时有以"中"为国都者。例:《韩非子·外储说左上》:"齐景公游少海（渤海）,传骑从中来谒曰:'婴疾甚,且死,恐公后之。'景公遽起。"

〈注〉"中,指国都。"

〈按〉国都常处中央也。

"中道":第一,《孟子·尽心上》:"君子引而不发,跃如也;中道而

立，能者从之。"（孟子）

第二，《孟子·尽心下》："孔子不得中道而与之，必也狂狷乎！……"

<h3 style="text-align:center">"中和"与"中庸"</h3>

〈朱注〉"右第二章"：释二中：

Ⓐ"变'和'言'庸'者，游氏曰：'以性情言之，则曰中和；以德行言之，则曰中庸。'是也。然'中庸'之'中'，实兼'中和'之义。"

Ⓑ以下至 11 章，皆论中庸以释首章之义，文虽不属，而意实相承也。

中和：皎然谈做诗的取境，反对走极端，一切以适中为美：要苦思，"至苦而无迹"；要高，"高而不怒"；要逸，"逸而不迁"；要险，"至险而不僻"；要新，"新而不诡"，这是他"偏下得其中"的总的审美要求。（见古风：《意境探微》P68）

近人罗庸：《鸭池十讲·诗的意境》（1943 年版）：诗的"境界就是意象构成的一组联系"，"是一切艺术生命的核心"。诗境有不同的类型：物境最低，"无意味之可言"；"略高一筹的是事境"；"比事境再高一筹的是情境"；"驾于情境之上，而求超出，便是理境"；"最后是无言之境"。总之，"诗的境界，下不落于单纯的事境，上不及于单纯的理境，其本身必须是情景不二的中和"。

（2）仲尼曰："君子中庸，小人反中庸。君子之中庸也，君子而时中；小人之中庸也，小人而无忌惮也。"（第二章）

〈朱注〉：

Ⓐ中庸者，不偏不倚、无过不及而平常之理，乃天命所当然，精微之极致也。唯君子为能体之，小人反是。

Ⓑ君子之所以为中庸者，以其有君子之德，而又能随时以处中也。小人之所以反中庸者，以其有小人之心，而又无所忌惮也。盖中无定体，随时而在，是乃平常之理也。君子知其在我，故能戒谨不睹、恐惧不闻，而无时不中。小人不知有此，则肆欲妄行，而无所忌惮矣。

〈按〉中庸乃当然之天理，一在"德"（公正无私），一在"时"。变动不拘，以中和为极功。合而言之为"道"。获得这个"道"，一在修养道德理性；二在时时处处守中不变，以此不变而应万变；三在把握机遇，适时一跃，而收极致之功。关键在守中、通变、识时。只知坚守，则固而不通；只知通变，则失其操守。识时通变而又能守能攻，是为大、圣、神。

学者所以要能通变，因为事物变动不拘。通变而又不随波逐流，所以要有一定的操守（原则），这个操守，就是中庸。所以心态是戒谨不睹，恐惧不闻。事物的变动在由不平而平，应对"不平"而寻找"平"，全赖当下选择。当下选择正确，就是"及时""走运"。

所以能攻、能守又识时，是智慧、能力、德性的综合体现。比如足球运动的取胜之道向有全攻、全守、中场逼抢种种模式，其实都有片面性，如能三者综合体现，则虽弱犹强，强而更强。中国国家青年队的主教练沈祥福深知其理，所以他取得了成就：吸取巴西人的前场"攻"，意大利人的后场"守"，荷兰人的中场"逼"，而综合为一体。

［补充］

经权论

"中"，"中之所贵者权"。

关于"中庸"之道说得最好的是《孟子·尽心上》与〈朱集注〉：

孟子曰：

"杨子取为我，拔一毛而利天下，不为也。墨子兼爱，摩顶放踵利天下，为之。子莫执中，执中为近之。执中无权，犹执一也。所恶执一者，为其贼道也，举一而废百也。"

〈朱集注〉：

第一，"子莫，鲁之贤人也。知杨、墨之失中也，故度于二者之间而执其中。近，近道也。权，称锤也，所以称物之轻重而取中也。执中而无权，则胶于一定之中而不知变，是亦执一而已矣。程子曰："'中'字最难识，须是默识心通。且试言一厅，则中央为中；一家，则厅非中而堂为中；一国，则堂非中，而国之中为中。推此类可见矣。"又曰："中不可执也。识得则事事物物皆有自然之中，不得安排，安排著则不中矣。"（按：安排则不能随时。）

第二，贼，害也。"为我"害仁，"兼爱"害义，"执中"者害于时中，皆举一而废百者也。此章言道之所贵者中，中之所贵者权。

〈按〉孟子及程朱将"中庸"之道推进了许多。最重要的贡献是将原来机械"执中"纳入了"权变"，从而由静态平衡变成了动态平衡。亦即爱因斯坦所谓在两极间滑动以寻找平衡点。

《孟子·离娄上》：

孟子曰："不孝有三，无后为大。舜不告而娶，为无后也，君子以为犹告也。"

〈朱注〉：

"舜告焉，则不得娶而终于无后矣。告者礼也，不告者权也。……盖权而得中，则不离于正矣。范氏曰：'天下之道，有正有权。正者万世之常，权者一时之用。常道人皆可守，权非体道者不能用也。盖权出于不得已者也。若父非瞽瞍，子非大舜，而欲不告而娶，则天下之罪人也。'"

时！

〈按〉孔子的"道"含有经常不变之意，所以他将先圣之言奉为典常；老子的"道"纳入了变化，所以视常道为变数而不可言定。孟子发现了孔子的不足，突出了孔子的"权"，经权论。儒道两家"道"有异：儒分经权，道以权为经。

〈按〉老子"道可道，非常道"：常道纳入权变，混沌不定，此道家之道也。

《论语·子罕》：论学、道、立、权两对两端关系：

子曰："可与共学，未可与适道；可与适道，未可与立；可与立，未可与权。"

〈按〉程子解：学，求知也；道，所往也；立者，笃志固执而不变也；权，称锤也，所以称物而知轻重者也。可与权，谓能权轻重使合义也。知时措之宜，然后可与权[1]。洪氏曰："《易》：九卦，终于《巽》以行权。权者，圣人之大用，未能立而言权，犹人未能立而欲行，鲜不仆矣。"程子曰："汉儒以反经合道为权，故有权变、权术之论，皆非也。权，只是经也。自汉以下，无人识权字。"愚按：先儒误以此章属下文"偏其反而"为一章，故有"反经合道"之说。程子非之，是矣。然以

---

[1]　该句前应有"杨氏曰"。见《四书集注》，中华书局 1983 年版，第 116 页。

《孟子》"嫂溺，援之以手"之义推之，则权与经亦当有辨①。

〈栾按〉经，常也，不变之道也，原则；权变也，知而时而措之宜，灵活性。

〈栾按〉经权论即今之原则性与灵活性的问题。

论经与权！

"时"！

焦循著《孟子正义》《尽心上》同文注曰：

"圣人之道，盖与人同，执两端以用其中，故执中而非执一。……道在变通神化，故距杨墨之执一不知变通则距之；距之者，距其悖乎尧舜孔子之道也。不然，杨朱屏虚名，齐生死，固高旷绝俗之士，……"

焦氏在"所恶执一者……"下注："所恶执一者，为其不知权，以一知而废百道也。"又在章末总评："章指：言杨、墨放荡，子莫执一，圣人量时，不取此术，孔子行止，唯义所在。"

焦氏引入"时"的概念。尹洙曰："当其可之谓时。"（《孟子·离娄下》"禹、稷当平世，……"下〈朱注〉引"尹氏曰"。）

焦循同上注："执中至变也！"

〈正义〉曰：

《白虎通·五行篇》云："中央者，中和也。"

《说文丨部》云："中，中和也。"

"寒往则暑来，暑往则寒来，是为时。执中者，但取不寒不暑也。圣人之道，以是为中。趋时则能变通，知变通则权也。"

《孟子·公孙丑上》：

孟子曰："……齐人有言曰：'当其可之谓时。虽有智慧，不如乘势。虽有镃基，不如待时。'"

"可"者，理也。"当其可"者，机也。

《孟子·离娄上》论"男女授受不亲"的经与经：

孟子曰："嫂溺不援，是豺狼也。男女授受不亲，礼也。嫂溺，援之以手者，权也。"（变通）

〈朱注〉："权，称锤也，称物轻重而往来以取中者也。权而得中，是

---

① 这一段是朱子注，笔记中有一定的改动。

乃礼也。"

〈按〉〈朱注〉与爱因斯坦两极论相同。

〈按〉儒家认为"经"（常道）为万世不变之理；道家认为道变动不拘，故不同。

宋儒言"守经行权"：

《孟子·万章下》"齐宣王问卿"。孟子论有"贵戚之卿""异姓之卿"下〈朱注〉："君臣义合，不合则去。此章言大臣之义，亲疏不同，守经行权，各有其分。……"

《孟子·离娄下》有两处同异论：

①禹、稷和颜子所处之世不同，其道同，故"易地则皆然"。

②曾子、子思所处之地不同，其道同，故"易地则皆然"。

关于①："此章言圣贤心无不同，事则所遭或异，然处之各当其理，是乃所以为同也。尹氏曰：'当其可之谓时，前圣后圣，其心一也，故所遇皆尽善。'"

关于②：尹氏曰："或远害，或死难，其事不同者，所处之地不同也。君子之心不系于利害，唯其是而已，故易地则皆能为二。"孔氏曰："古之圣贤，言行不同，事业亦异，而其道未始不同也。学者知此，则因所遇而应之，若权衡之称物，低昂屡变，而不害其为同也。"前笔记论经权《孟子·离娄上》〈朱注〉："权，称锤也，称物轻重而往来以取中者也。权而得中，是乃礼也。"〈朱注〉与〈朱注〉引孔氏所云："称物轻重而往来以取中""权衡之称物，低昂屡变"，与爱因斯坦两极论所谓在两极间自由移动，思理相同。

"经权论"的要旨在于能够应对任何变化，其具体形迹则为"龙"图腾。"龙"：身为蛇，头为虎，角为羊，鳞为鱼，爪为鹰，在天上地下水中都能运行自如，贯串金木水火土五行，充满了活力和创造力，而且变化无穷。

（3）子曰："中庸其至矣乎！民鲜能久矣！"（第三章）

《吕氏春秋·察今篇》："时不与法俱在，法虽今在，犹若不可法。"

（4）子曰："道之不行也，我知之矣：知者过之，愚者不及也；道之不明也，我知之矣：贤者过之，不肖者不及也。人莫不能饮食也，鲜能知味也。"（第四章）

〈按〉"道"分知、行两项，即包含认识和实践也。知行合一论。

〈朱注〉：知者知之过，……愚者不及知，（所以道常不行）；……贤者行之过，……不肖者不及行（所以道常不明）。

〈按〉孔子认为"道之不明"的原因在于知行两方面都违背中庸（过与不及）。

（5）子曰："道其不行矣夫！"（第五章）（中国知行观）①

〈朱注〉："由不明，故不行。"

〈按〉孔子更忧虑的是"道之不行"，所以他要周游列国，以推动"行"；朱氏更忧虑的是"道之不明"，所以他潜心于理论研究。明代王阳明发现了这一点，所以提倡知行合一论。三人的时代特点不同，所以在知行关系上各有侧重。

（6）子曰："舜其大知也与！舜好问而好察迩言，隐恶而扬善，执其两端，用其中于民，其斯以为舜乎！"（第六章）

〈按〉舜之所以为"大知"者，有三：以虚心求知；以德性择善；以精审度量而"执两用中"。

朱氏论两端：〈朱注〉："'两端'，谓众论不同之极致。盖凡物皆有两端，如小大厚薄之类。于善之中又执其两端而量度以取中，然后用之，则其择之审而行之至矣。……"

［补充］

这里集中颂扬舜的"大智"，在于他不仅能"成己"，进一步又能"成物"。此之谓"能化"也。

《中庸》第二十五章："成己，仁也；成物，知也。性之德也，合外内之道也，故时措之宜也。"

〈朱注〉："仁者体之存，知者用之发，是皆吾性之固有，而无内外之殊。既得于己，则见于事者，以时措之，而皆得其宜也。"

（7）第七章论"知"："知祸而不知辟（避），以况能择而不能守，皆不得为'知'也。"②

〈按〉智慧包括"能择""能守""能化"① 三条，"能择"指分辨善恶，"能守"指守善（趋福避祸）。"能行"，行之有效也。

（8）第八章赞扬颜回"能择"亦"能守"。

［补充］

能择、能守、能化！（化境最佳）

变与化：变：过程；化：结果。（质量互变）

〈按〉颜回对于"中庸"之德"能择""能守"，所以能做到"不迁怒，不贰过"，成为贤人；但尚未由此进入"化"，所以只是贤人而非圣人。

《论语·雍也》："哀公问：'弟子孰为好学？'"下〈朱集注〉引程子曰："学之道奈何？……故学者约其情使合于中，正其心养其性而已。然必先明诸心，知所往，然后力行以求至焉。若颜子之非礼勿视听言动、不迁怒贰过者，则其好之笃而学之得其道也。然其未至于圣人者，守之也，非化之也。假之以年，则不日而化矣。"

〈按〉修身三阶：择之、守之、化之！（做人与作文）后之文艺理论所谓"化境"者出此。

关于知行观：朱氏认为知（明）为前提，所以要博学、审问、慎思、明辨。行为知的当然延伸、开展。行包括：择善、守善、化善！即能择、能守、能化。能择、能守可为贤人，能化则成为圣人。《论语·阳货》论"六言六蔽"。《中庸》第二十三章："唯至诚为能化"；《中庸》第二十四章："故至诚为神"。可见，圣人、神人的概念无根本区别。

〈按〉前言中国之所谓"变化"，古代须分言之：变指量变，化指质变；变，随时随地皆然；化，目的明确，效果明显，但其何以能然，一般人难知难觉，故曰："其为物不贰（诚），其生物不测（如神）。"（《中庸》第二十六章）然则，"化"，须待圣人、神人而现也，并非随时随地皆然。于此可见，老子所谓"道可道"之道，乃一般人所见"道"中之"变"也；"非常道"之"常道"乃"道"中之"化"也。圣人之"常道"，具有混沌性、神秘性，一般人不知其所以然而然，故"不可道"也。"不可道"，并非故弄玄虚。（圣人与天地同体）按之曰："……如此

---

① 原为"能行"，圈改为"能化"。

者，不见而章，不动而变，无为而成。"（同上）"化"，指化育之功。

2001 年 4 月 11 日

〈按〉（接上页边）论"化"与"神"义近。

《孟子·尽心上》："……夫君子所过者化，志存者神，上下与天地同流，岂曰小补之哉！"

大人、圣人、神人义近：

《孟子·尽心上》："有大人者，正己而物正者也。"〈朱注〉："大人即圣人。"

《孟子·尽心下》："无礼义，则上下乱。"〈朱注〉："礼义，所以辨上下，定民志。"

《孟子·离娄上》："舜尽事亲之道，而瞽瞍厎豫。瞽瞍厎豫，而天下化。瞽瞍厎豫，而天下之为父子者定。此之谓大孝。"〈朱注〉认为舜王尽事亲之道，为民作则，于是天下之为子者莫不勉而为孝，天子之为父者亦莫不慈，"所谓'化'也。子孝父慈，各止其所而无不安其位，所谓'定'也。"〈按〉"化"，即普遍受到教育而避恶趋善，"定"，从而安于所处也。

〈按〉："节"节文"仁义"者，调节仁义使归于混沌（自然合度）也。盖仁者柔性，义者刚性，二者互补，中介为"礼"。

《孟子·梁惠王上》〈朱集注〉："仁者，心之德，爱之理。义者，心之制，事之宜也。"（节文，分寸得当，表现文明）归纳起来：礼是仁义在人的行为上的具体化，即礼是以仁义为原则而制定的人的具体行为规范。参考下边页孟子言。

关于"节"：《孟子·离娄下》"禹稷当平世"章〈章指〉："……时行则行，时止则止，失其节则惑矣。"〈正义〉引《易杂卦传》："节，止也。失节，谓不知止。"

《孟子·离娄上》：

第一，论"自暴自弃"：孟子曰："仁，人之安宅也。义，人之正路也。旷安宅而弗居，舍正路而不由，哀哉！"

〈朱注〉："义者，宜也。乃天理之当行，无人欲之邪曲，故曰正路。"

〈按〉"义"，人的行为的正当性，犹谓走正路。"道"，内容与"义"相仿，故"道义"可连成一词。

第二，论仁义礼智乐：孟子曰："仁之实，事亲是也。义之实，从兄是也。智之实，知斯二者弗去是也。礼之实，节文斯二者是也。乐之实，乐斯二者，乐则生矣；生则恶可已也？恶可已，则不知足之蹈之、手之舞之。"

〈朱注〉："节文，谓品节文章。"

〈按〉礼之主守而节也。

（9）论达到中庸的难度很大。（第九章）

（10）子路问强。子曰："南方之强与？北方之强与？抑而强与？……"（第十章）

〈按〉这里有三强：南、北、中。

（11）子曰："素（索）隐行怪，后世有述焉，吾弗为之矣。君子遵道而行，半途而废，吾弗能已矣。君子依乎中庸，遁世不见知而不悔，唯圣者能之。"

〈朱注〉："索隐行怪，言深求隐僻之理，而过为诡异之行也。然以其足以欺世而盗名，故后世或有称述之者。此知之过而不择平善，行之过而不用其中，不当强而强者也，圣人岂为之哉！"

〈按〉由二章至十一章共十章，皆释首章之义。首章为《中庸》一书之要旨，二章至十一章为大旨之诠释，围绕"知仁勇三达德为入道之门，故于篇首即以大舜、颜渊、子路之事明之。舜，知也；颜渊，仁也；子路，勇也。三者废其一，则无以造道而成德矣。"〈朱注〉详论是《中庸》二十章——集中在修身与治国，而以"哀公问政"为由头。

第二十章（集中论政治）：

哀公问政。子曰："文武之政，布在方策。其人存则其政举；其人亡，则其政息。人道敏政，地道敏树。夫政也者，蒲卢也。故为政在人，取人以身，修身以道，修道以仁。仁者人也，亲亲为大；义者宜也，尊贤为大。亲亲之杀，尊贤之等，礼所生也。故君子不可以不修身；思修身，不可以不事亲；思事亲，不可以不知人；思知人，不可以不知天。"

〈注〉〈朱注〉：亲亲指"恻怛慈爱之意"。"宜者，分别事理，各有所宜也。礼，则节文斯二者而已。"（〈按〉节文，节度文理）此言仁、义、礼之所生：仁，生于人性之天然之理；义，分别事理，使之不乱。所以，仁，无区别，义有区别，礼，生于无区别而又有区别，有区别而又无区别，使仁义归于混沌。其作用在调节仁、义本身可能产生的弊端，而使之归于中和。

礼，实际就是"天理"。天理是浑然一体的。其中包含万事万理，又都"并行不悖"，因此，统一而不专断，和谐而不紊乱，光辉而不耀眼，所以"暗然而日章。"

〈按〉仁、义、礼、智、信所谓五常，就理念而言，可以分论之，然就"道"和"人性""天理"而言，乃混沌一体，不可彼此隔绝分行，分行则有"蔽"，可参考《论语·阳货》孔子论"六言六蔽"。所以，五常混沌为体，综合为用。其间调节、调和之功不可缺少。将体用、调节这些环节归纳为"道"，成了中国哲学的最高范畴。但是"道"既是混沌，所以不可将其说得太精确，说精确了，就不是混沌了。混沌是丰富的，精确是贫乏的；混沌是生动的，精确是僵硬的。老子倡"道"，他明言"道"说不清楚；孔子重"道"，但他苦于"道"搞不清楚。但老子认为"道"是生动的（逝、远、反），孔子认为"道"是活泼泼的（鸢飞鱼跃）：这就要人们在行道时应该与"化"为体。

2001 年 4 月 4 日上午 10：35

四

儒家论"道"

1. 《论语·学而》①

"君子务本，本立而道生。孝弟也者，其为仁之本与！"（〈按〉：此为有子语，《说苑》引为孔子语，误。）

〈正义〉道者，人所由行之路。事物之理，皆人所由行。故亦曰道。《汉书·董仲舒传》："道者，所由通于治之路也。"是也。……《大戴礼·保傅》云："正其本，万事理。"

2. 《论语·里仁》

子曰："朝闻道，夕死可矣。"

（闻道，谓已闻道，而非闻世间有道。）

子曰："士志于道，而耻恶衣恶食者，未足与议也。"

子曰："参乎！吾道一以贯之。"曾子曰："唯。"子出。门人问曰："何谓也？"曾子曰："夫子之道，忠恕而已矣。"

[补充]

对勘：

论"中"！

《论语·里仁》：

子曰："以约失之者鲜矣。"

〈注〉孔曰："俱不得中，奢则骄佚招祸，俭约无忧患。"

〈正义〉曰："君子损益盈谦，与消息。……《曲礼》曰：'敖不可长，俗不可从，志不可满，乐不可极'，皆言约之道也。"

---

① 手稿原文这部分都没有标序号。是读［清］刘宝楠《论语正义》的笔记。

（"道"主中行、变通！）①

《论语·述而》：

子曰："加我数年，五十以学《易》，可以无大过矣。"

〈注〉《易》，穷理尽性以至于命，年五十而知天命，以知命之年，读至命之书，故可以无大过。

〈正义〉："案：学易可以无大过者，易之道，皆主中行，主变通，故学之而可与适道，可与立权也。"

〈正义〉曰："《易·说卦·文言》：'穷理者，致知格物之学；尽性者，成己成物之学；至命，则所以尽人事而过达道也。'"

〈按〉"道"的内容包括穷理、尽性、至命。（理性、情感、机遇。）"道"（混沌）的特点是："易有三名"，"道无所不在"，"道在屎溺"。

《左哀十一年传》：

孔子曰："君子之行也，度于礼：施取其厚，事举其中，敛从其薄。如是，则以丘亦足矣。"

《孟子·离娄下》：

孟子曰："中也养不中，才也养不才，故人乐有贤父兄也。"

〈正义〉中、才，皆得谓之贤。

栾按：

"道"作为中国哲学的最高范畴，中外阐释甚多，然多不确实：西方对"道"共有16种解释，中国对道有7种解释，真是见仁见智，各有其根据，然皆擦边球也。窃以为，中国的"道"，是平凡的、含义丰富的、普遍的，谁都可以理解它，又谁都难以准确地把握它（"易"（道）有三名之说），② 此其一。其二，"道"包含着"变化"，所以讲"应用之妙，存乎一心"。决定于主体的如何驾驭。其三，"道"是有生命的，宋儒所谓活泼泼的，所以不能僵化。中国医学之不重解剖，就由于死尸与活人有质的不同。其四，"道"是整体，不可分析也。所以，"道"为何存在或以什么方式存在，超过了我们的认识范围，认识论不能解决。这里有三个

---

①　这部分笔记中有大量书写在正文左侧、竖向的文字，用来概括某段正文的内容。录入时加括号放在该段的前面。

②　原来在这段文字旁边，用红笔指向这句话。

合一:"天人合一""知行合一""情理合一"。

　　3. 《论语·子罕》

　　颜渊喟然叹曰:"仰之弥高,钻之弥坚,瞻之在前,忽焉在后。夫子循循然善诱人,博我以文,约我以礼。欲罢不能,既竭吾才,如有所立卓尔。虽欲从之,末由也已。"

　　〈正义〉引《韩诗外传》云:

　　孔子与子夏论书云:"丘尝悉心尽志,已入其中,前有高岸,后有深谷,泠泠然如此,既立而已矣,不能见其里。"盖谓精微者也。

　　《韩诗》所云"既立",与此文所言"立"同。

　　《孟子·尽心》所言"中道而立",亦此意。(见前笔记)

　　(所谓"变化",由乎"两端"也。)

　　《春秋繁露·二端》云:

　　"《春秋》至意有二端,不本二端之所从起,亦未可与论灾异也。小大微着之分也,夫览求微细于无端之处,诚知小之将为大也,微之将为着也,吉凶未形,圣人所独立也,'虽欲从之,末由也已',此之谓也。"

　　(论道!)("两端"运动形成"变化"!"道"有经、权两端!)

　　姚氏配中《一经庐文钞》:

　　"道也者,万物之奥,所以变化而终成万物,使保终其性命者也。是以仁者见之谓之仁,知者见之谓之知,百姓日用而不知,其为道也,屡屡变动而不拘,周流六虚,上下无常,刚柔相易,不可为典要,唯变所适,此则道之权也。知变化之道者,知神之所为,其唯圣人乎!故孔子曰:'可与立,未可与权',神而明之,存乎其人,苟非其人,道不虚行,唯圣人则巽以行权。巽,入也,精义入神以致用;巽伏也,寂然不动,感而遂通天下之故,所谓龙蛇之蛰以存身。至精者也,至变化者也,至神者也,圣人之所以极深而研几也。

　　("大化、圣、神")

　　案姚氏之论圣道精矣。夫子"七十从心所欲,不逾矩";"从心所欲",即变动不拘之谓。孟子言"大化"、"圣"、"神",皆是其旨。意颜子此言,所以窥圣道者,在此时矣。《庄子·田子方篇》:"颜渊曰:'夫子步亦步,夫子趋亦趋,夫子驰亦驰。夫子既奔逸绝尘,而回瞠若乎后矣。'""奔逸绝尘"则夫子之"所立卓尔"也;回瞠若后,则欲从未由也。……

〈注〉姚氏所论甚是！道分经权两种样态：一为常，有一定之规也；一为权，无一定之规，唯变所适，即所谓无常也。圣人的特点：第一，知变化之道在乎两端运动；第二，在两端运动中不失其正：正者，中也，和也，中和也；第三，主观能动性："神而明之，存乎其人"。

[补充]

〈栾按〉道"不可见，不可闻"者，因其为抽象理性也。"不可知"者，超越知识论也。"不可求"者，须时机也。"不可言"者，言其变化也。

论"不可求"，谓时机未到。

《论语·述而》：

"用之则行，舍之则藏。"

〈正义〉曰："欲易无道为有道也，此唯时中之圣能之。"

又：子曰："富而可求也，虽执鞭之士，吾亦为之；如不可求，从吾所好。"

〈正义〉宋翔凤《发微》云：《周官·太宰》"禄以驭其富"。三代以下，未有不仕而富者，故官愈高，则禄愈厚。求富，即干禄也。富而可求，谓其时可仕，则出而求禄。……不可求，为时不可仕。……

〈按〉儒、道乃"两端一致"之学也。

4. 《论语·述而》

子曰："志于道，据于德，依于仁，游于艺。"

〈注〉志，慕也。道不可体，故志之而已。据，杖也。德有成形，故可据。依，倚也。仁者，功施于人，故可倚。艺，六艺也，不足据依，故曰游。

（论"三德"）

〈正义〉曰：道者，明明德、亲（新）民，大学之道也。《礼·少仪》云："士依于德。"郑注：德，三德也。一曰至德，二曰敏德，三曰孝德。此本《周官·师氏》之文，郑彼注云："至德，中和之德，覆焘持载、含容者也。敏德，仁义顺时者也。孝德，尊祖爱亲。三德可以教国子。……

（论学须兴趣，言乐其学也。）

"游于艺"者，《礼·学记》云："不兴其艺，不能乐学。"又云："故君子之于学也，藏焉、修焉、习焉、游焉。"郑注："兴之言者，歆也。游，谓闲暇无事之游。"然则，游者，不迫遽之意。《少仪》言"士游于艺"。郑彼注云："艺，六艺也。……"

5.《论语·雍也》

子曰："中庸之为德也，其至矣乎！民鲜久矣。"

（"中庸"，言中和之用也！）

〈注〉庸，常也。中和可常行之德。

〈正义〉引洪氏震煊《中庸说·郑君目录》云："名曰中庸者，以其记中和之为用也。"庸，用也，注"君子中庸"云：庸，常也，用中为常道也。二说相辅而成。

6.《论语·述而》

子曰："加我数年，五十以学易，可以无大过矣。"

（〈注〉"易，穷理尽性以至于命……"）

（两端、中行、变通可以适道。）

〈正义〉：案学易"可以无大过"者，易之道，皆主中行，主变通，故学之而可以"适道"，可与立权也。

《易·说卦》文："穷理"者，致知格物之学；"尽性"者，成己成物之学。"至命"，则所以尽人事而达天道也。

［补充］

《孟子·尽心上》：

"子莫执中，执中为近之。执中无权，犹执一也。所恶执一者，为其贼道也，举一而废百也。"

〈注〉"子莫执中"，子莫，鲁之贤人也，其性中和专一者也。

〈正义〉："孔子称尧咨舜执中，孟子称汤执中。"

〈注〉"执中无权，犹执一也"，执中和，近圣人之道，然不权。圣人之重权，执中而不知权，犹执一之人，不得时变也。

〈正义〉引《白虎通·五行篇》："中央者，中和也。"《说文丨部》云："中，中和也。"寒往则暑来，暑往则寒来，是为时。执中者，但取不寒不暑也。圣人之道，以时为中。趋时则能变通，知变通则权也。

〈注〉"所恶执一者，为其贼道也，举一而废百也"，所以恶执一者，为其不知权，以一知而废百道也。

《孟子·尽心上》：

孟子曰："杨子取为我，拔一毛而利天下，不为也。墨子兼爱，摩顶放踵利天下，为之。"

三种人皆不合道：杨朱、墨翟、子莫三人不知趋时之人也。

7.《论语·雍也》

子曰："齐一变，至于鲁；鲁一变，至于道。"

8.《论语·公冶长》

子贡曰："夫子之文章，可得而闻也，夫子之言性与天道，不可得而闻也。"

（《史记·世家》："夫子之言天道与性命。"）

〈按〉注家多谓"文章"者，指诗书礼乐也；"性与天道"，其精微，诸注家以《易》《春秋》为"性与天道"之书。宋氏翔凤《发微》云："易明天道以通人事，故本隐以之显；《春秋》纪人事以成天道，故推见至隐。……"

今以《易义》略徵之：

《系辞上传》："一阴一阳之谓道，继之者善也，成之者性也。"

《文言传》："乾道变化，各有性命。"又曰："利贞者，性情也。"

《说卦传》："穷理尽性，以至于命。"又曰："昔者，圣人之作易也，将以明性命之理"，此言性也。

（天命、天道、天行，一义也！）

《系辞传》言，天道尤多，凡阴阳刚柔，法象变化，健顺易简，皆天道之说。

第一，《临彖传》："大亨以正，天之道也。"

第二，《无妄彖传》："大亨以正，天之命也。"

合观第一第二相同，"则天命即天道也"。

又《乾彖传》《蛊彖传》《剥彖传》《复彖传》，所言"天行"，亦即"天道"，是并言天道也。郑注此云："性谓人受血气以生，有贤愚。"〈按〉受血气，则有形质，此性字最初之谊。

（论"中"！论"性"！）

包氏河翼《中庸说》："天道阴阳，地道柔刚，阴阳合而柔刚济，则曰中。中者，天地之交也。天地交而人生焉，古文曰：'人者，天地之心也。'天以动辟，地以静翕，一辟一翕，氤氲相成，交气流行，于是寒暑风雨晦明，人秉其气以生，而喜怒哀乐具焉。赤子无知，而有笑有啼，有舞蹈奋张，人之生也，莫此为先，所谓性也。性也者，天地之交气也。天气下降，地气上升，交在于中。故《传》曰："人受天地之中以生。"性之于字，从心从生。人生肖天地，而心其最中者也。

案包说，即郑注人受血气以生之旨。血气受之父母，父母亦天地之相也。

郑注"天道"云："七政动变之占。"（动亦作通）

郑注："七政"，日月五星也。五星，谓金木水火土之星。变动，若飞伏进退之类。

《说文》云：占，视兆问也。从卜从口。

《周官·占人》注：占蓍龟之卦兆吉凶。是占合龟筮言之。人君见天道之变而占之，以观其吉凶，反之人事，加修者焉。此占问之意也。

钱氏大昕《潜研堂文集》：一说"性与天道"，犹言性与天合也。宋翔凤《发微》，亦本钱氏而小异云：圣人言性合乎天道。与，犹言合也。后言"利与命、与仁"，亦是合义。刘宝楠否定了钱、宋之说。

［补充］

关于"义利之辩"：

《论语·子罕》：

"子罕言利与命与仁。"

〈注〉罕，希也。利者，义之和也。命者，天之命也。仁者，行之盛也。寡能及之，故希言也。

〈正义〉曰：《左襄元年传》：穆姜曰："利，义之和也，利物足以和义。"《易·文言传》同，此相传古训，故此注本之。……利所以为义之和者，和犹言调适也。义以方外，若但言义不言利，则方外而不能和，故利为义之和。《周语》曰："言义必及利。"韦昭曰："能利人物，然后为义。"此即利物足以和义之谊。君子明于义利，当趋而趋，当避而避。其趋者利也，即义也；其避者不利，即不义也。……

《论语·子罕篇》"子罕言利"文下〈皇疏〉："命，天命，穷通夭寿之目也。"是命为禄命。《书·召诰》云："今天命吉凶命历年。"《论语·颜渊》：子夏曰："死生有命，富贵在天。"有命、在天，互文见义，此天命亦指禄命而言。

《论语·宪问》：子曰："今之成人者何必然？见利思义，见危授命，久要不忘平生之言，亦可以为成人矣。"

《论语·里仁》：子曰："君子喻于义，小人喻于利。"

〈正义〉引皇侃义疏曰：范宁曰："弃货利而晓仁义，则为君子；晓货利而弃仁义，则为小人。"

《论语·先进》："赐不受命，而货殖焉，亿则屡中。"王充《论衡·知实篇》："……意贵贱之期，数（屡）得其时，故货殖多富比陶朱。"盖《论衡》以贵贱之期解亿字，数得其时，数解屡字，得其时解中字。

《论语·子罕篇》："子绝四：毋意，毋必，毋固，毋我。"

〈注〉以道为度，故不任意。用之则行，舍之则生，故无专必。无可无不可，故无固行。述古而不自作，处群萃而不自异，唯道是从，故不有其身。

庄氏存与说："智毋意，先觉也；义毋必，义之与比也；礼毋固，时中也；仁毋我，与人为善也，善则称亲，让善于天也。"

《论语·宪问》：

第一，子曰："君子道者三，我无能焉：仁者不忧，知者不惑，勇者不惧。"子贡曰："夫子自道也。"

第二，子曰："莫我知也夫。"子贡曰："何为其莫知子也？"子曰："不怨天，不尤人。下学而上达。知我者其天乎！"

〈注〉"下学而上达"，孔曰：下学人事，上知天命。

"知我者其天乎"，圣人与天地合其德，故曰唯天知己。

第三，子曰："道之将行也？命也。道之将废也与？命也。"

张尔岐《蒿庵闲话》云："人道之当然而不可违者，义也；天道之本然而不可争者，命也。……命不可知，君子当以义知命。"

《论语·里仁》：

子曰："能以礼让为国乎？何有？不能以礼让为国，如礼何？"

〈正义〉曰：让者，礼之实；礼者，让之文。先王虑民之有争也，故制为礼以治之。礼者，所以整壹人之心志，而抑制基血气，使之咸就于中和也。又引《管子·五辅篇》："夫人必知礼……"《礼记·礼运篇》论治七情、修十义，谓"讲信修睦，尚辞让，去争夺，舍礼何以治之。"又引《左襄十三年传》："让，礼之至也"云言。

关于"性与天道"的注释：

〈注〉"性者，人之所受以生也；天道者，元亨日新之道。深微，故不可得而闻也。"

〈正义〉"性为人之所受以生"，即郑君"人受血气以生"之义。"天道，元亨日新之道"者，元始也；亨，通也。《易象传》："大哉乾元，万物资始"，此元为始也。通则运行不穷，故日月往来以成昼夜，寒暑往来以成四时也。乾有四德，元亨利贞，此不言利贞者，略也。天道不已，故有日新之象。《礼记·哀公问》云："敢问君子何贵乎天道也。"孔子对曰："贵其不已，如日月东西相从而不已也，是天道也。不闭其久，是天道也。"《中庸》言天道为至诚无息，圣人法天，夫子赞《易》曰："天行健，君子以自强不息。"又曰："刚健笃实辉光，日新其德。"皆"不已"之学也，皆法乎天也。性与天道，其理精微，中人以下，不可语上，故不可得闻。其后子思作《中庸》，以性为天命，以天道为至诚。孟子私渊诸人，谓人性皆善，谓尽心则能知性，知性则能知天，皆夫子性与天道之言，得所未闻者也。

天道的特点——

第一，"元"也，万物之始基也，混沌也。第二，"亨"，通而不塞也。第三，"日新"，开放性、运动性、无穷性。变化中之发展，所谓"应变不穷"也。

［补充］

《论语·卫灵公》：

子曰："人能弘道，非道弘人。"

〈注〉王曰："才大者，道随大；才小者，道随小。"

《中庸》："苟不至德，至道不凝焉。"即此意也。

《论语·里仁》：

子曰："君子之于天下也，无适也，无莫也，义之与比。"

〈正义〉引皇疏，皇疏引范宁曰："适、莫，犹厚薄也；比，亲也。君子与人无有偏颇厚薄，唯仁义是亲也。"

《后汉书·刘梁传》：梁著"和同论"云："夫事有违而得道，有顺而失义；有爱而为害，恶而为美者，其故何乎？盖明知之所得，暗伪之所失也。是以君子之于事也。无适无莫，必考之以义焉。"

〈按〉此"环中"之道也。

《孟子·公孙丑上》：

齐人有言曰："虽有智慧，不如乘势；虽有镃基，不如待时。"今时则易然也。

论"两端"

《说苑·修文篇》："孔子曰'可也简'。简者，易野也，易野者，无礼文也。孔子见子桑伯子，子桑伯子不衣冠而处，弟子曰：'夫子何为见此人乎？'曰：'其质美而无文，吾欲说而文之。'孔子去，子桑伯子门人不说，曰：'何为见孔子乎？'曰：'其质美而文繁，吾欲说而去其文。'故曰，文质修者，谓之君子；有质而无文，谓之易野。"子桑伯子易野，欲同人道于牛马，仲弓曰太简，此即孔子所指为简之事。当时隐者多是如此。仲弓正言曰："居敬而行简，以临其民。"居敬则有礼文，礼毋不敬也。"居敬"，即大舜之"共己"，"行简临民"，即大舜之"无为而治"。此足见仲弓成己成物之学，与隐士有异。《说苑》所谓仲弓通于化术，孔子明于王道，而无以加仲弓之言者是也。

（文质论！）

〈按〉《说苑》所谓孔子与子桑伯子故事，实为当时两派也：儒与道、在朝与在野、入世与出世者也。各有所偏，未达中和。孔子质美而文繁，两端未达中和也；子桑伯子质美而无文，亦两端未达中和也。此引起儒道互补之证。

可参看《论语·雍也》：子曰："质胜文则野，文胜质则史。文质彬彬，然后君子。"

〈注〉包曰：野如野人，言鄙略也。史者，文多而质少；彬彬，文质相半之貌。

（论"中"！）

〈正义〉曰：礼有质有文。质者，本也。礼无本不立；无文不行。能立能行，斯所谓之中；失其中则偏，偏则争，争则相胜。君子者，所以用中而达之天下者也。

又《论语·雍也》：子曰："君子博学于文，约之以礼，亦可以弗畔矣夫！"

〈注〉郑曰："弗畔"，不违逆。

《孟子·离娄下》：孟子曰："非礼之礼，非义之义，大人弗为。"赵岐章指曰："言礼义之所以折中，是以大人不行疑礼。"

［补充］

《论语·八佾》："林放问礼之本。子曰：'大哉问！礼，与其奢也，宁俭。丧，与其易也，宁戚。'"

〈注〉"易，和易也。"

〈正义〉引《礼·礼器》云："孔子曰：'礼不同，不丰、不杀'，盖言称也。又曰：'先王之礼制也，不可多也，不可寡也，唯其称也。'不同者，礼之差等，礼贵得中，凡丰、杀，即为过中、不及中也。过中不及中，俱是失礼。然过中失大，不及中失小，是故文家多失在过中，质家多失在不及中。""文质均有所蔽，然二者相较，则宁从其失小者取之，所谓权时为进退也。

《论语·为政》"子张问十世"下〈正义〉引《礼·礼器》云："礼有以文为贵者，有以素为贵者。"素即质也。

9. 《论语·卫灵公》论"直"

子曰："直哉史鱼！邦有道，如矢；邦无道，如矢。君子哉蘧伯玉！邦有道，则仕；邦无道，则可卷而怀之。"

〈注〉孔曰："卫大夫史鳅，有道无道，行直如矢，言不曲。"包曰："卷而怀，谓不与时政，顺不忤于人。"

〈正义〉曰：《韩诗外传》："正直者顺道而行，顺理而言，公平无私，不为安肆志，不为危激行。……"

（"道理"与"真理"）

〈按〉"顺道而行，顺理而言"，则"道理"包括言行两端而中和也。故"道理"绝非西方之所谓"真理"。

［补充］

《孟子·滕文公上》"当尧之时，天下犹未平……"

〈正义〉曰：理、治二字转注。《毛诗·小雅》"我疆我理"，传云："理，分地里也。"《礼记·乐记》："乐者，通伦理者也。"注云："理，分也。"理之训分，则治之义亦为分。

〈按〉理，训分！道则全。

（"外圆内方"！）

《韩诗外传》又云："外宽而内直，自设于隐括之中，直己不直人，善废而不悒悒，蘧伯玉亦守直道，但不似史鱼之直人，不问有道无道……"

〈按〉"外宽而内直，自设于隐括之中"，是说外圆内方（如孔方兄），既有原则而又灵活也。

10.《论语·述而》："子温而厉，威而不猛，恭而安。"

〈正义〉曰：凡人生质，皆由受天地五行之气，刚柔厚薄，各有不同，故唯备中和为难也。《书·皋陶谟》言九德之事云："宽而栗，柔而立，愿而恭，乱而敬，扰而毅，直而温，简而廉，刚而塞，强而义。"〈郑注〉"凡人之性有异，有其上者，不必有下，有其下者，不必有上，上下相协，乃成其德。"即此义也。"恭而安"者，恭而有礼，故安也。

11.《论语·子路篇》论"直"：以圆行方！

叶公语孔子曰："吾党有直躬者，其父攘羊，而子证之。"孔子曰："吾党之直者异于是。父为子隐，子为父隐，直在其中矣。"〈按〉"直"为人之品德，乃道德理性也。父攘子证理也，理无情而僵固，故不取。此即在乎强调"情理合一"。

刘宝楠引程瑶田《论学小说》云："……孔子之言直躬也，曰：'子为父隐，父为子隐，直在其中。'（按：圆中有方）皆方以私行其公，是天理人情之至，自然之施为等级界限，无意必固我于其中者也；如其不私，则无所谓公者，必不出于心之诚，然不诚，则私焉而已矣。"

〈又按〉《庄子·天运》论"相濡以沫，不若相忘于江湖"一节，则是说有情而未得理，亦无济于事："相濡以沫"，情之美也；不得江湖，鱼无生理，故情必待理而后光大。

［补充］

《论语·为政》："举枉错诸直，则民不服。"

〈正义〉引《易·系辞》韩康伯注：直，刚正也。《左襄七年传》："正曲为直"。是直为正也。《说文》："枉，邪曲也。"枉，即省。……是枉为邪也。

［补充］

《孟子·万章下》："孔子圣之时者也。"

（时中论！）

《论语·宪问》：

子问公叔文子于公明贾，曰："信乎？夫子不言、不笑、不取乎？"公明贾对曰："以告者过也。夫子时然后言，人不厌其言；乐然后笑，人不厌其笑；义然后取，人不厌其取。"子曰："其然，岂其然乎？"

〈注〉马曰："美其得道，嫌不得悉然。"

〈按〉"时谓时当然也。"道与时的关系。时谓得其时，走运也。运，就是在变化中出现有利于主体的机缘。

〈按〉《周官·师氏》："二曰敏德。"〈注〉云："敏德，仁义顺时者也。"焦循疏："当其可之谓时，非时则审当之谓也。"

"时有否泰"："否，塞也；泰，通也！""常境""变境"皆通，此所谓泰也，得时运也①。

《孟子·公孙丑下》章指："言圣贤兴作，与时消息。天非人不固，人非天不成。"

［补充］

论"变"：

《论语·子张》：

子夏曰："君子有三变：望之严然，即之也温，听其言也厉。"

〈注〉俨与严通，敬也。厉，严正。

《论语·为政》论损益（变革）："子张问：'十世可知也？'子曰：'殷因于夏礼，所损益，可知也，周因于殷礼，所损益，可知也。其或继周者，虽百世可知也。'"

〈注〉"十世可知也"，孔曰：文质礼变。

"殷因于夏礼，所损益，可知也，周因于殷礼，所损益，可知也"，所因，谓三纲五常；所损益，谓文质三统。

〈正义〉曰："故凡有所损益，皆是变易之道。三王为损益之极，极则思反。"

"变革即是损益，非只一事。"

---

① 这段话写在页眉上，应该是自己的按语。

12.《论语·子罕篇》论道之经权

子曰："可与共学，未可与适道；可与适道，未可与立；可与立，未可与权。""唐棣之华，偏其反而。岂不尔思，室是远而。"子曰："未之思也。夫何远之有！"

〈正义〉引戴震《孟子字义疏证》："……此引诗，言华之反而后合，喻权之反经而合道也。"《法言·问道篇》："或问道？曰：道也者，通也，无不通也。"或曰：可以适他与？曰："适尧舜文王者为正道，非尧舜文王者为他道。"《孟子·离娄上》"嫂溺，援之以手者，权也。"〈注〉"权者，反以而善也。"《玉篇》："权称锤也。"《孟子·梁惠王》："权，然后知轻重。"焦氏循说权曰："权之于称也，随物之轻重以转移之，得其平而止。物增损而称则长平，转移之力也。不转移，则随物为低昂而不得其平，变而不失常，权而后经正。"皇疏引王弼曰："权者，道之变，变无常体，神而明之，存乎其人。不可豫设，尤至难者也。"

[补充]

高诱注《淮南子》云："权因事制宜，权量轻重，无常形势，能合丑反善，合于时适义，是由反而至大顺，亦用权之道，所谓无常形势也。"《公羊桓十一年传》："权者何？反乎经，然后有善者也。"

《春秋繁露·竹林篇》："……《春秋》无通辞，从变而移。……不义之中有义，义之中有不义，辞不能及，皆在于指，非精心达思者，其孰能知之？"

刘勰《新论·明权篇》："权者反于经而合于道，反于善而后有善。"

王符《潜夫论》："夫长短大小，清浊疾徐，必相应也。然攻玉以石，洗金以盐，洒锦以鱼，浣布以灰，夫物固有以贱理贵，以丑化好者矣。……此正心贵贱好丑长短清浊，相反而实相成，见思反之意。"

13.《论语·卫灵公》

颜渊问为邦。子曰："行夏之时，乘殷之辂，服周之冕，乐则《韶》舞。放郑声，远佞人。郑声淫，佞人殆。"

〈注〉（1）"行夏之时"，据见，万物之生，以为四时之始，取其易知。〈正义〉引《吕氏春秋·察今篇》：故治国，无法则乱，守法而弗变则悖，悖乱不可以持国。世易时移，变法宜矣。譬之若良医，病万变，药亦万变，病变而药弗变，向之寿子，今为殇子矣。故凡举事必循法，以动变法者，因时而化。若此论，则无过务矣。夫不敢议法者，众庶也；以死守（法）者，有司也；因时变法者，贤主也。

（2）"服周之冕"，包曰："冕，礼冠。周之礼，文而备，取其垂旒蔽明，黈纩塞耳，不任视听。"

《大戴礼·子张问入官篇》："古今冕而前旒，所以蔽明也；黈纩塞耳，所以弇聪也。"卢辩注《礼纬含文嘉》："以悬纩垂旒，为蔽奸声，弇乱色，令不惑视听，则琐瑱之设，兼此二事也。"

〈按〉孔子此论有二义：第一，局部择善而从，整体合彩成章，此有文章。第二，夏时重生，殷辂尚质，周冕尚文。合而言之，生长之文质彬彬之中也。

（3）"郑声淫，佞人殆"，孔曰：郑声、佞人，亦俱能惑人心，与雅乐、贤人同，而使人淫乱危殆，故当放远之。

〈正义〉引《乐记》云："郑音，好滥淫志；宋音，燕女溺志；卫音，趋数烦志；齐音，敖辟乔志。此四者，皆淫于色而害于德，是以祭祀弗用也。是四国皆有淫声，此独云郑卫者，亦举甚言之。

《白虎通·礼乐篇》："乐尚雅何？雅者古正也，所以远郑声也。……"

《汉书·礼乐志》云："桑间濮上，郑卫宋赵之声并出，内则致疾损寿，外则乱政伤民。……"

《乐记》云："世乱则礼慝而乐淫，是故其声哀而不庄，乐而不安，慢易以犯节，流湎而忘本，广则容奸，狭则思欲，感条畅之气，而灭平和之德，是以君子贱之也。"

《周官·大司乐》："凡建国禁其淫声，过声，凶声，慢声。"（注：淫声，若郑卫也。）

［补充］

《论语·子张》：子贡曰："文、武之道，未坠于地，在人。贤者识其大者，不贤者识其小者，莫不有文、武之道焉。夫子焉不学？而亦何常师之有？"

〈正义〉"书传言夫子问礼老聃，访乐长弘，问官郯子，学琴师襄，其人苟有善言善行足取，皆为我师，此所以为集大成也与！"

《礼记·仲尼燕居》：子曰："制度在礼，文为在礼。行之其在人乎！"

又曰："言而履之，礼也。行而乐之，乐也。君子力此二者，以南面而立，夫是以天下太平也。"

《礼·大传》云："圣人南面而治天下，必自人道始矣。"

《论语·八佾》"子语鲁太师乐"下〈正义〉引《礼·周官》："太师，下大夫二人；小师，上士四人。"〈注〉云："凡乐之歌，必使瞽矇为焉，命其贤智者为太师、小师。"〈疏〉云："以其无目，无所睹见，则心不移于音声，故不使有目者为之也。"

注意：

《乐记》所云郑、宋、卫、齐的声乐特点，乃就四国音乐美学风尚而言。盖中国古哲论人论文，常重风貌。论人重风度，论社会重风教也。重风俗，一由自然条件而成，"南方之强，北方之强"云云，此所谓风水也。风水滋养人体，影响人的气质于无形。一由社会环境而成，所以有尚直尚曲之别。圣人就两端而"均齐"之。可参汉·应劭《风俗通义·序》。如《史记·货殖列传》《汉书·地理志》所云风俗：一是地域不同风；二是"人的风俗"。

14.《论语·子罕篇》

子曰："吾自卫反鲁，然后乐正，《雅》《颂》各得其所。"

〈正义〉引包慎言《敏甫文钞》，以雅颂为音。其言曰："其中正和平者，则俱曰雅颂焉云尔。"

扬雄《法言》："中正为雅，多哇为郑。"

（注意：雅颂乃中正和平之乐的通名，不但"诗"中之雅颂也。）

《淮南子·泰族训》："言不合乎先王者，不可以为道；音不调乎雅颂者，不可以为乐。""雅颂之声，皆发于辞，本于情，故君臣以睦，父子以亲，故韶夏之乐也，声乎金石，润乎草木。"然则韶夏亦云雅颂岂雅、三颂之谓哉！

〈正义〉引太史公《乐书》言乐"所以养仁义、防淫佚也。夫淫佚生于无礼，故圣人使耳闻雅颂之音，目视威仪之礼"。由是言之，乐之雅颂，犹礼之威仪；威仪以养身，雅颂以养心。声应相保，细大不踰，使人听之而志意得广，心气和平者，皆雅颂也。

（文明之义！）

《淮南子·泰族训》："先王之制法也，因民之所欲，而为之节事者也；因其好色而制婚姻之礼，故男女有别；因其好音而正雅颂之声，故风不流。《关雎》《葛覃》《卷耳》，正所谓节而不使流也。然使以郑声弦之歌之，则乐者淫，哀者伤矣。"

［补充］

风尚的重要！

《论语·颜渊》：

季康子问政于孔子，曰："如杀无道，以就有道，何如？"孔子对曰："子为政，焉用杀？子欲善，而民善矣。君子之德风，小人之德草。草上之风，必偃。"

〈注〉"……加草以风无不仆者，犹民之化于上。""民化于上，不从其令，从其所好。"

风俗！

《孟子·滕文公》：

孟子曰："……上有好者，下必有甚焉者矣。君子之德，风也。小人之德，草也。草尚之风必偃，是在世子。"

〈注〉上之所欲，下以为俗，尚，加也。以风加草，莫不偃伏也。是在世子，以身帅之也。

关于"风俗"与社会安定发展：

《礼记·乐记》："移风易俗，天下皆宁。"

《史记·李斯列传》："孝公用商鞅之法，移风易俗，民以殷盛，国以富强。"

顾炎武《日知录》（卷13）："风俗者，天下之大事。"

《诗·周南·关雎序》："美教化，移风俗。"

《礼记·王制》："命太师陈诗，以观民风俗。"

顾炎武《日知录》（卷13）："天下无不可变之风俗。"

关于"风尚"，《论语·颜渊》：季康子问政一节：

"季康子患盗，问于孔子。孔子对曰：'苟子之不欲，虽赏之不窃。'"

〈注〉孔曰："……言民化于上，不从其令，从其所好。"

〈正义〉引《说苑·贵德篇》："……故天子好利，则诸侯贪；诸侯贪，则大夫鄙；大夫鄙，则庶人盗。上之变下，犹风之靡草也。"

《说苑·君道篇》："夫上之化下，犹风靡草：东风则草靡而西，西风则草靡而东。”

又引《荀子·君子篇》……

又引《邢疏》云：

《大学》曰：“尧舜帅天下以仁，而民从之。桀纣帅天下以暴，而民从之；其所令，反其所好，而民不从。”

注云：言民化君行也。……《礼·缁衣》云：“下之事上也，不从其所令，从其所行，上好是物，下必有甚者矣。”

《孟子·尽心下》：

孟子曰：“圣人百世之师也，伯夷、柳下惠是也。故闻伯夷之风者，顽夫廉，懦夫有立志；闻柳下惠之风者，薄夫敦，鄙夫宽。奋乎百世之上，百世之下，闻者莫不兴起也。非圣人而能若是乎？而况于亲炙之者乎？”

15.《论语·里仁》

（“至德无德”。）

子曰：“德不孤，必有邻。”

〈正义〉曰：案《说苑·复恩篇》：“孔子曰：‘德不孤，必有邻’。夫施德者贵不德，受恩者尚必报。”是以邻为报，亦汉人旧谊。

《论语·里仁》：子曰：“君子怀德，小人怀土。……”

〈正义〉引《管子·心术篇》：“化育万物谓之德。”

又《正篇》云：“爱之生之，养之成之，利民不德，天下亲之曰德。”此德为君子所怀也。

又《论语·里仁》：子曰：“人之过也，各于其党。观过，斯知仁矣。”

〈正义〉引《礼·表记》：子曰：“仁有三，与仁同功而异情。与仁同功，其仁未可知也；与仁同过，然后其仁可知也。仁者安仁，知者利仁，畏罪者强仁。”注云：“三谓安仁也，利仁也，强仁也。利仁、强仁，功虽与安仁者同，本情则异。功者，人所贪也；过者，人所辞也。在过之中，非其本情者，或有悔者焉。”

〈按〉中国人文科学重人、重人之心术，是非善恶以心术定夺。《论语·里仁》：子曰：“苟志于仁矣，无恶也。”

［补充］

"真善美"："真理"的实现中须加上动机的"诚"，方为"真"，此"真"为精诚也。善美亦然。

〈栾按〉德与功不同，功可以称美，而不可以称善。观《论语·八佾》孔子论韶乐尽善尽美，武乐尽美未尽善，焦循《补疏》："善，德之建也。"《乐记注》："乐以文德为备。"武王"天下未宁而崩"，未尽善，未致太平也。

《春秋繁露·玉英篇》："难者曰：'为贤者讳，皆言之，为宣缪讳，独弗言，何也？'曰：'不成于贤也，其为善不法，不可取，亦不可弃，弃之则弃善志也，取之则害王法，故不弃亦不载，以意见之而已。苟志于仁，无恶。此之谓也。'"

《盐铁论·刑德篇》："故'春秋'之治狱，论以定罪，志善而违于法者免，志恶而合于法者诛"，亦是此义。

［补充］

注意成贤然后为善方可取。意见、观音！

［补充］

《论语·里仁》：

子曰："不仁者不可以久处约，不可以长处乐。仁者安仁，知者利仁。"

〈注〉包曰："唯性仁者自然体之，故谓安仁。"王曰："知仁为美，故利而行之。"

〈正义〉曰："安仁者，以安于仁也。利仁者，知仁为利而行之也。二者必有所守，则可久处约、长处乐。"引《表记》文后云："安仁是自然体合，功过皆所不计，此其仁可知，故直许之曰仁者。若利仁强仁，是与仁同功也，其仁未可知，故利仁，但称为知也。（三仁，实为仁、智、勇）

《大戴礼·曾子立事》云："仁者乐道，智者利道。"义同。（注："唯性仁者，自然体之。"）

〈按〉以功论之，三仁不以诚伪苛求；以心性论，则有三仁之分。

16.《论语·里仁》

子曰："里仁为美。择不处仁，焉得知？"

（论环境美！）

〈注〉郑曰："里者仁之所居，居于仁者之里，是为美，求居而不处仁者之里，不得为有知。"

《大戴礼·王言》："昔者明王之治民有法，必别地以州之，分属而治之，然后贤民无所隐，暴民无所伏，使有司日省，如时考之，岁诱贤焉，则贤者亲，不肖者惧。"是古有别地居民之法，故居于仁里，即己亦有荣名，是为美也。"求居而不处仁者之里，不得为有知"者。

《荀子·劝学篇》："故君子居必择乡，游必就士，所以防邪辟而近中正也。"

《孟子·公孙丑上》

孟子曰："矢人岂不仁于函人哉？矢人唯恐不伤人，函人唯恐伤人。巫匠亦然。故术不可不慎也。"

（科技与德行）

〈按〉孟子所云乃科学主义与人文主义之区别也。科学而无民主，此科学未必有利于人民也。科学主义重纯粹真理；纯粹真理不与人性善结合，可能会走向反面。

《论语·八佾》：子曰："居上不宽，为礼不敬，……"下〈正义〉引《诗·昊天有成命》笺："宽仁，所以止苛刻也。"

（"仁造人，义造我。"）

《春秋繁露·仁义法篇》："君子攻其恶，不攻人之恶。不攻人之恶，非仁之宽与！自攻其恶，非义之全与！此之谓仁造人，义造我，何以异乎！[①]是故以自治之节治人，是居上不宽也，以治人之度自治，是为礼不敬也。为礼不敬，则伤行而民弗尊；居上不宽，则伤厚而民弗亲。"此先汉遗义，以宽为仁德，敬为义德也。

17.《孟子·滕文公上》

"人之有道也，饱食暖衣，逸居而无教，则近于禽兽。圣人有忧之，使契为司徒，教以人伦：父子有亲，君臣有义，夫妇有别，长幼有序，朋友有信。"

戴震《孟子字义疏证》云：

人道，人伦日用，身之所行皆是也。在天地，则气化流行，生生不

---

① 这里有省略。

息，是谓道。在人物，则凡生生所有事，亦各气化之不可已，是谓道。《易》曰：一阴一阳之谓道，继之者善也，成之者性也。即有天道，以有人物也。《大戴礼记》曰："分于道谓之命，形于一谓之性。"言人物分于天道，是以不齐也。……

（"仁义礼……"道德理性也，纯粹中正之名；"性"与"道"，理性通行无阻，见于实体实事之名。）

曰性曰道，指其实体实事之名；曰仁曰礼曰义，称其纯粹中正之名。人道本于性，而性原于天道。天地之气化，流行不已，生生不息，然而生于陆者，入水而死；生于水者，离水而死。……此资之以为界者，彼受之以害生。天地之大德曰生。物之不以生而以杀者，岂天地之失德哉！故语道于天地，举其实体实事而道自见：一阴一阳之谓道；立天之道曰阴与阳，立地之道曰柔与刚，是也。人之心知有明暗，当其明则不失，当其暗则有差谬之失，故语道于人，人伦日用，咸道之实也。"率性之谓道"，"修道以道"，"天下之达道五"是也。此所谓道不可不修者也，修道以仁，及圣人修之以为教是也。其纯粹中正，则所谓立人之道，曰仁与义，所谓中节之为达道是也。中节之为达道，纯粹中正推之天下而准也。君臣父子、夫妇昆弟、朋友之交，五者为达道，但举实事而已；智仁勇以行之，而后纯粹中正，然而即谓之达道者，达诸天下而不可废也。《易》言天道而下及人物，不徒曰"成之者性"，而先曰"继之者善"，继谓人物于天地，其善固继承不隔者也。善者，称其纯粹中正之名；性者，指其实体实事之名，一事之善，则一事合于天，成性虽殊，而其善也则一。善其必然也，性其自然也，归于必然，适定其自然。此之谓自然之极致，天地人物之道，于是乎尽。在天道，不分言，而在人道分言之始明。《易》又曰："仁者见之谓之仁，智者见之谓之智，百姓日用而不知，故君子之道鲜矣。"言限于成性而后不能尽斯道者众也。（天道不分言，人道分言始明。）

佛教中的顿渐之说与艺术灵感

佛教认识论之于悟道成佛有"渐""顿"之说。"渐"，早期佛教认识论中偏指"渐悟"，即一级一级、一部分一部分地领悟。"顿悟"说出现之后，"渐"偏指参究学习，即"渐参"。"顿"则不包括参究，仅相对于"悟"而为言，指刹那间领悟佛道。佛教认为，悟之"顿"本自参之"渐",作为心理现象,与艺术创造中之灵感相似。

一　"渐顿"说和道生之前的"小顿悟"说

渐顿之说与菩萨修行的十个阶位相联系。十个阶位又称"十地"或住于十地的"十住"。

大乘佛教以觉悟成佛为最高修行目标。早期翻译的佛经都主张渐悟,西晋竺法护所译《渐备一切智德经》、后秦鸠摩罗什所译《十住经》《大知度论·发趣品》、东晋佛陀跋陀罗所译《华严经·十地品》等都说菩萨成佛必须经过从"欢喜地"到"法云地"十地。

南北朝道生中国之前的中国佛僧,如支道林、僧肇、道安、慧远、法瑶等均持旧说。他们认为,七住之悟为"顿悟",但与后来道生所说的"顿悟",含义不同,因此称为"小顿悟"。《世说·文学篇注》引《支法师(道林)传》说:"法师研十地,则知顿悟于七住"。南齐刘虬《无量义经序》:"寻得旨之匠,起自支(道林)、安(道安)。支公之论无生,以七住为道慧阴足,古住则群方与能。在迹斯异,语照则一。"明确提出"小顿悟"一词是陈慧达《肇论疏》:"'小顿悟'者,支道林师云:七地始见无生。……"

二　道生的"大顿悟"说和禅宗的"顿不废渐"说

创立名副其实的"顿悟"学说的是晋宋之间的竺道生。为区别以往的"小顿悟",则称"大顿悟"。

道生曾著《顿悟成佛论》,今已不存,只可见一些不完整的资料。他认为,"寂鉴微妙,不容阶级"(谢灵运:《辨宗论》引)。"在十住之内无悟道的可能,必须到十住之后最后一念'金刚道心',有一种像金刚一样坚固和锋利的能力,一次将一切惑断得干干净净,由此得到正觉,这就是所谓顿悟"(吕澂:《中国佛学源流略讲》第112—113页)。吉藏《二谛义》卷下:"大顿悟义,此是竺道生所辨。彼云:果报是变谢之场,生死是大梦之境,从生死至金刚心,皆是梦。金刚心后豁然大悟,无复所见也。"隋硕法师《三论游意义》引道生大顿悟义:"金刚以还皆是大梦,金刚以后乃是大觉也。"吉藏《大乘玄论》卷四："生公用大顿悟义。唯佛断惑，尔前未断；故佛名为觉，尔前未觉。"这种"断惑""悟道"，何以是一时的、一下子（顿）的呢？道生的推理过程是："夫称'顿'者，明理不可分，'悟'语照极。以不二之悟，符不分之理，理智忘释，谓之顿悟"（慧达：《肇论疏》引）。佛道作为一个浑圆的、空寂的整体，是不可分割的，因而对于佛道的观照和领悟也是"不容阶级"的，要悟则悟，不悟则不悟；只有以"不二之悟"，才能照"不分之理"。《涅槃经集解》卷一载道生序文说："真则无差""悟亦冥符"，也是说明同一道理。按道生观点，"顿悟"是一时间全部悟理，在此之前是得有小悟或部分悟的。这种"顿悟"并非易事，它必须假之以长期的"渐修"。道生说："兴言立语，必有其渐""说法以渐，必先小而后大"（《法华经疏》卷上）。又说："悟不自生，必借信渐"（慧达：《肇论疏》引）。"渐"是"渐修"，"信"是"闻解"，即听闻教法的学习活动。道生认为，"明寂""见解"的"顿悟"必须建立在"信渐"的基础上："见解名悟，闻解名信。信解非真，悟发信谢，理数自然，如果熟自零。……用信伏惑，悟以断结"（同上）。

"圣道虽远，积学能至，累尽鉴生，不应渐悟"（谢灵运《辨宗论》，谢是道生顿悟说支持者的代表人物）。谢氏《辨宗论》论"顿悟"与"渐悟"之关系："将除其累，要须傍教。在有之时，学而非悟。悟在有表，托尔以至。但阶级，教愚之谈；一悟，得意之论矣。"（《中国佛教思想资料选编》第一卷第221页）

三　"悟"的心理特征

佛教的"顿悟"不离"熟参"、本自"渐修"的学说，其心理特征为：

1. 瞬时性与长期性的统一。无论是第七地时的"小顿悟"还是到达第十地时的"大顿悟"，对道的领悟都是瞬时性（"顿"）的、一次性的。明代禅师元贤的一段自述：一破、三破后忽遇机缘，"豁然扑破疑团，始知无己非经，无经非己。……呜呼！遇之于锐志湛思之日，得之于精殚力竭之顷，谈经（悟道）岂容易哉？"（《永觉元贤禅师广录》卷一二《法

华私记序》)

2. 偶然性与必然性的统一（参《五灯》）。

3. 自然性与人工性的统一（不可强求，但勤奋中必有得）。

4. 无意识性与意识性的统一。佛僧悟道总离不开外界机缘的触发，或是听无关难解的话头而悟，或是由目触所见、触耳所闻之不相关的事物而悟，这便是悟的客观性。但受机缘触发的主体是平日有深思、沉郁者，否则疑团不生、情绪无有，断无顿悟之缘。

"参禅""妙悟"

"参禅"，参究禅机（机锋）、参究禅教（言教）；"妙悟"，绝妙地悟、灵活地悟、创造性地悟。"参"是"悟"的途径，"悟"是"参"的目的。禅宗强调，"参"要"熟参""活参""离心意参"。

禅宗的"参"有三大特点：

1. "正参"，即"假教而参""借言津道"（玄极禅师："佛教……必有机缘语句（师之言教）与夫印证偈颂。……"）明代高僧袾宏指出："离教而参，是邪参也，离教而悟，是邪悟也"（《竹窗随笔·经教》，《云栖法汇·手著》）。

2. "熟参"，即反复、仔细地参，因为禅教传道扑朔迷离、冥旨句中，不为此，不得其门而入。禅宗早期说法用的是常语、平实语，后来改用反常的话以便在破除常见时产生斩钉截铁的作用。这些不可思议的"机锋""公案""话头"，逐步代替了说法常语。如《五灯会元》卷三："僧问：如何是佛法大意？师（大善禅师）曰：春日鸡鸣。学人不会。师曰：中秋犬吠。"

3. "治参"，即不按常规思路、不主故常、灵活万变地去参，故又叫"离心意识参"。为什么？因为佛意不可说，所说非佛意。如果照问而答，则"有解可参之言乃是死句"，不高明的弟子会由此迷而忘返，高明的弟子则发现其中漏洞反而不满、怀疑，此所谓"宗门无义路，讲之则反晦。……我若与汝说破。汝向后骂我在"（袾宏：《竹窗随笔·讲字》，《云栖法汇·手著》）。所以高明的禅师对待弟子穷追不舍的问话总是"任从沧海变，终不为君通"（同上）。此即禅教导弟子"杜塞思量分别之用，扫荡知解、参究无意味语"，只有"无解之语""才是活句"，以"无解之语去参"，才是"活参"（吕澂：《中国佛学源流略讲》第260页）。

附　录

想起他心中便升起莫名的悲哀

董乃斌

日前，汤学智兄来电，说北京的朋友准备给栾勋出文集，以资纪念。我猛地想起，栾勋逝世已经四年多，时光真是快啊！学智说，文集除汇聚栾勋著作外，还拟收入一些纪念文章，朋友们认为其中应该有我一篇。是的，我应该写一篇。在文学所我的诸位兄长中，栾勋是与我关系较为特殊的一位。他去世突然，我未能亲临吊唁，一直引以为憾。我把栾勋的噩耗告诉我的弟妹——他们都是认识栾勋的，无不感到惊愕，更不要说曾为同事的程蔷了。我们都为栾勋一生的艰辛和奋斗，为他的赍志而殁深感痛心。感谢学智给我这个机会，让我一吐积愫。

在文学所，我有好多位难忘的兄长，其中栾勋的确是与我关系比较特殊的一位。

他虽比我年长七岁，但却是于 1963 年同年到所，他从北大，我从复旦。到所后，都住在学部的六号楼宿舍，寝室挨着寝室，自然来往频密。我们曾互数各自的大学课程，也比较过两校的师资。叙起家常，原来我们是同乡，严格说来还是小同乡。我生长于上海，对原籍并不熟悉，但对乡音仍感亲切，而且也能说上几句。听他提到仙女庙、张网沟、大（读如代）桥等地名，也还不算茫然，因为我从小听父母讲述他们的早年生活，这些地名已颇为耳熟。我们还曾详细地互说家史，因此对各自的家庭有相当深入的了解。栾勋对父亲的描述给我印象很深。他的父亲是农村的匠人，但才智不凡，长年在外打工，养成一身豪气。栾勋是家里的独子，没有兄弟姊妹，这在从前的农村是不多的。父母和祖辈对他极为宠惯，一心供他读书，期望甚殷。他的童年在农村度过，家境虽不富裕，但早就上了私塾。幼时的生活在他记忆中是有趣而美好的，每每谈起，不胜怀恋。栾勋从小聪明要强，既继承了父亲的才能智慧，又继承了父亲刻苦自励、立志奋发的精神。而且他也学他父亲的仗义豪气，同情弱者，轻财好施，爱打抱不平。当他穷困时，他也会坦然接受好友的资助而无惭色，因为在他看来情义远重于钱财，英雄难免落魄遭困，而吝啬聚敛是他最为不屑的。他自信绝不会穷困一辈子，一旦条件允许，他定会厚报诸友，对需要帮助的人也将倾其所有而毫无难色。

初到文学所，我是年方弱冠，栾勋亦尚不到而立之年。但他已经历过一些世事。他在上北大之前，是著名的省扬中（省立扬州中学的简称）的高才生，后来参军，当过海军航空兵。按农村的规矩，他结婚较早。妻子是好友的姐妹，在淮阴的工厂工作，极为贤惠，与其育有一子。可就在栾勋大学即将毕业之际，她竟因工作触电去世。我第一次见到栾勋，就是他回家奔丧之后到文学所来报到。当时他臂戴黑纱，身挎背包，风尘仆仆，身心交瘁，但仍难掩其勃勃英气。栾勋各方面比我成熟得多，在相处中他不免常常笑话我的幼稚和"上海人习气"，但也就自然地视我为弟，而我则由衷地视他为兄，从此结下莫逆的友谊。

刚到文学所，学部安排一年的劳动实习，大队人马去了山东黄县。栾勋因有当兵经历，同时也因所里工作需要，免去下乡，马上分到《文学评论》编辑部工作。等我们实习归来，发现他在编辑部已是独当一面，工作得胜任愉快，游刃有余，让我钦佩不已。

使我对栾勋有进一步了解并深为叹服的，是在安徽"四清"的经历。当时我们同在何其芳为总团长的寿县四清工作团，我们分配在九里公社。我、栾勋、劳洪三人和安徽的两位同志组成一个小组，被派驻在一个劳改农场的管理段上，由栾勋任组长。劳洪是老同志，我是刚出道的"三门干部"，安徽来的两位女同志年轻无经验，工作的重担主要落在栾勋肩上。比如算账，这在"四清"中是一项重要工作。生产队历年账本要看懂就不容易，要算清楚，更是十分繁难。我一向不喜算数，那时更被稻草窠里的跳蚤咬得奇痒难熬、浑身过敏，服了抗过敏药则整天昏昏沉沉，所以每次夜晚算账（以及后来分配救济粮）只能装模作样地陪着，挣扎着想睁开眼睛，但还是忍不住睡去。遇到这种情况，栾勋总是宽容地对我，只顾和社员们打算盘理账，让我在一旁时睡时醒地坐着，直到深夜人散。

那时，栾勋的胃溃疡已很严重，经常呕吐，有时看他捧着肚子一口一口地吐酸水，我帮不了忙，只能在一旁干着急。但他仍然按规定与农民同吃同劳动，我们在农民家里和他们一起吃过米粒很少的红薯粥，最困难的春荒时节也吃过清水熬辣菜（新鲜未腌的雪里蕻）和"茅草胡"（一种草根）。我没有胃病，吃后尚直泛酸水，栾勋有胃溃疡，其苦自然更甚。但他顽强地坚持着，从不叫苦，常常是喝几口热水，就继续干活或主持开会。

最令我感动的是有一次，深夜大雨导致河水陡涨，社员来报警，说是村外的堤坝岌岌可危。栾勋和我立刻冒雨出发。那时是工作组领导一切，栾勋在堤坝上指挥抗洪，幸亏他出身农村，懂得对付这种突发情况。但是堤坝还是被冲开一个缺口，河水直往村里泄去，如不及时把缺口堵死，后果将十分严重。只见栾勋大喊一声带头跳进水中，我和众社员纷纷跟着跳下去组成人墙，大家合力总算把堤坝保住。待到社员们把栾勋拉上岸时，他早已浑身发抖，呕成一团，蹲在地上半天站不起来。社员们无不对老栾翘大拇指，感到工作组确是自己的亲人。我扶着栾勋瘦弱的身躯往回走，内心深深佩服他是一个关键时刻冲得上顶得住的汉子。

开会是"四清"的重要内容。无论是发动群众，让社员背靠背揭发干部的多吃多占，让队干部交代"四不清"问题，组织运动骨干查账，把社员和干部召集到一起进行"面对面斗争"，还是后来闹春荒，分配数量有限的救济粮，或者是工作组的内部讨论，都得开会。记得当时正是贯彻"桃园经验"、"后十条"，即后来被批为"形左实右"倾向的时期，对农村基层干部的所谓"四不清"问题真是挖得又深又细，生产队陈年老账都翻出来重新算过，本来没账的，则要凭回忆建账。运动后期传达了"二十三条"，搞法才有所不同。其实那个年月的农村，尤其是大饥荒后的安徽农村，其贫穷状况是今天城里年轻人绝难想象的。社员们不用说，就是那些所谓"四不清"干部，家里住的也往往是可见星光的土屋，屋里也是一团漆黑、灶冷锅空，一个生产小队又能有多少产值？对于我们亲身参与的这场堪称"文革"伏笔和前奏的运动，究竟该作怎样的历史评价，这里无法细谈。我只知道，我们当时都是认真投入的，比我社会经验丰富的栾勋也不例外。那一阶段的栾勋，还很年轻，虽胃病严重，身体瘦弱，但精神振奋，充分表现出坚强的意志和吃苦耐劳的品格。尤令我钦佩的是他对农村人情世故的熟悉和驾驭能力。每次社员大会，他的讲话总因深入浅出、生动有趣而能充分吸引他们的注意力。与干部，特别是那些被审查的"四不清"干部谈话，他总能够宽猛相济，既晓之以理，又动之以情，有时甚至说得他们痛哭流涕，从而心甘情愿地交代问题。有时，栾勋也发威训人，别看他个子不高，人又瘦小，一旦声色俱厉却极有威慑力，连我在旁看着都感凛然肃然。我非常羡慕栾勋驾驭会议和与人谈话的本领，也想学着做。但在整个"四清"过程中都未成功。栾勋曾让我主持社员大会，结果群众或在黑暗中打瞌睡或交头接耳自顾说笑。有一次栾勋让我和生产队一个干部谈话，明明我们材料在握，他就是不老实，我不免学习栾勋提高嗓门训斥起来。谁知此人并不卖账，竟和我对吵，弄得我下不了台。还是栾勋出场才把他镇了下去。事后，栾勋笑话我："老弟，还得好好锻炼才行啊！"我在事实面前也只能服气。

60 年代是没完没了的运动，光四清，文学所就派出过三批人马。寿县是第一次，何其芳带队，几乎倾所出动。紧接着是去江西。江西的同志尚未回所，准备去门头沟四清的工作队已经组成并已开始集训。然而，这一切都被高层酝酿已久、民间突然爆发的"文化大革命"打断了。从此我们的生涯便进入"文化大革命"时代。

从毛泽东对文艺界的两个批示下达，《文学评论》就处于艰难应付的状态。到《文汇报》发表姚文元批判吴晗剧作《海瑞罢官》的文章，《文学评论》就简直不知所措了。勉强紧跟了几期，到"文化大革命"全面铺开，终于宣告停刊，文学所的业务也全部停止。于是我们便一律赋闲投入运动。"文化大革命"十年波谲云诡、事绪纷杂，但一个根本特点是生活的政治化。那时一切都是政治，一切都会变成政治，无论是挨别人斗，还是奉命斗别人，即便是逍遥旁观，全都是政治，更不用说一度斗得你死我活的派性组织之争。现在反思，我们这些被运动的群众当时所做的事究竟有什么意义，是需要打个大大问号的。但应该承认，我们当时又都是认真投入的，栾勋比我社会经验丰富，却也不例外。不过，这次运动也有它的奇妙之处，那就是打破常规，提供特殊的、相对自由宽松的条件，逼迫每个人自觉不自觉地表现出各自的素质和本性。结果是，通过这场运动，无论同派战友，抑或一度的对手，相互之间都更为了解了。

　　栾勋给我留下的印象是性格坚定，不畏强势，经得起巨大压力，是条响当当的汉子。这在我们一派被打垮时表现得最充分。与此同等重要的，是他善于思考，富于谋略，具有较高的政治才能。他对历史相当熟悉，分析问题常常引经据典，从而鞭辟入里。那时，我们都还年轻而富有热情，每遇事情，总爱发表意见，往来争论。但往往激辩之下，以及后来的事实证明，栾勋的意见总是较为有效和可行。而我的高论却多属书生之见，呆气十足。栾勋，还有公认的智者许志英兄，有时忍不住笑话我。我知道他们并无恶意，同时不得不承认他们的确高明。

　　"文化大革命"后期，我们下了干校，辗转于河南信阳地区的罗山、息县、明港等地，我和栾勋常常被分配住在一起，同办一个学习班，我们之间的了解更深了。明港的坦克团兵营是我们在河南的最后一个落脚点。那时，运动已经很懈怠，学习班只靠惯性在维持，会开得不多，需要干的活儿也很少了，大家都在盼着早日回京。在这个空当里，积习油然抬头，很多人拿起了书卷。栾勋是觉悟较早的一个。他一面认真地从头读杜诗，一面常和钱锺书先生交谈。那时的宿舍是兵营的一个大屋，跨度很大，长约数十米，从这头到那头，放得下几十张单人床，当中还有不小的空地和过道。我的床位和钱锺书先生靠近，栾勋也不远。钱先生每天除细细阅读钱瑗成捆寄来的外文报纸，有时也和我们谈天。一天，我们几个照例和钱先生闲聊，具体内容已不复记忆，但钱先生的一句话和当时的情景，我至今未忘。当聊到一个段落，片刻的静场之后，钱先生忽然指着栾勋说："老栾一肚皮牢骚，写出几部书来就好了！"我对此话之所以印象深，是因为由此感到钱先生对栾勋的深知和器重。干校后期，栾勋确是与钱先生比较接近的一个。在我们后来的交往中，他常以"钱老夫子"称先生，流露出真诚的尊崇，而在文学所一群年轻人中，钱先生对栾勋也是特赐青睐。下"五七"干校造成了我们在近三年时间内零距离接触许多老先生、老领导的机缘，老先生除钱锺书先生，还有蔡仪、余冠英、俞平伯、吴世昌、吴晓铃、陈友琴等，老领导则像何其芳、毛星、朱寨等。我们各人因条件不同，而与他们建立了程度不同的关系，这是平日在文学所同事多年也办不到的。这不能不说是"文化大革命"的一个意外收获。

　　从离开干校回到北京至"文化大革命"结束，其间有好几年时间，高层的斗争越演越烈，群众虽不得不跟着运动，但大抵已很疲劳，注意力转向了别处。记得有一段时间，学部大院里曾兴起过自打家具的热潮，锯刨锛凿不亦乐乎，连我这个毫无手艺的人，也不免心痒难熬，蠢蠢欲动。栾勋当时是岿然不动的一个。他从那时就开始系统读书了，除了古典文学，他钟爱的是哲学和理论，当时规定要读的"六本书"外，黑格尔的《小逻辑》和列宁的《哲学笔记》，他读过不止一遍，并且认真地写有笔记。他后来在古文论和美学研究上写出那些极具创见的宏文，绝非偶然。

　　"文化大革命"后，文学所重开业务，栾勋离开《文学评论》到了理论室，集中精力读书科研。他对先秦诸子狠下功夫，尤其是老庄道家思想，更是钻得很深，且能融会贯通。他曾向我谈过著述计划，给我看过他的读书笔记，好多个硬面抄，密密麻麻、整整齐齐地写着他的心得和预拟的论题。当时我就觉得这是一笔珍贵的财富，从中必将产生若干精彩的论著。当我辈很多人的所谓研究还徘徊于对文学的审美鉴赏或考证细枝末节的层次时，他已经跨入了把握思想、探索规律的高度。他所做的研究，立意和志趣显然更为高远。后来果然便有《现象环与中国古代美学思想》《说"环中"》《道与真善美》等震撼学林的论文发表，有"中国古代混沌论"思想体系的构建，有"思想环—宇宙环—现象环"等概念的创造，俨然在中国美学和思想史研究中独张一帜。一时间，他被朋友们戏称为"三环先生"，可见其影响之大。我和朋友们都非常兴奋，也非常期待，相信一颗学术巨星正在冉冉升起。我们为中国学术高兴，也为栾勋高兴，他的宏大志向终于有望实现了。

　　然而生活对栾勋实在有点残酷。他的身体本来瘦弱多病，家庭的重负又比一般人沉重。为了追回多年虚掷的光阴，超强度的读和写又极大地损害了他的健康。更令他雪上加霜的，是当时评职称的规定，要求标准数量远重于质量。如果按照现在某些单位开始实行的代表作制度，栾勋凭那几篇使之声誉鹊起的论文早该评上研究员而绰绰有余了。但在八九十年代不行。到他该评正高时，左算右算，副研以来新成果的字数竟然未能达标，而这却是参评的第一道门槛。由于多年积压，当时评职称的状况曾有"千军万马过独木桥"之喻，然而随着数年的疏解，和栾勋同辈的许多人，包括我这样的后进者毕竟都已逐步晋升，偏他还是解决不了职称问题。这无论如何是不公平的，对他的精神无疑是一种打击。我明知他的学术水平，也曾在有机会发言时为他力争。不单是我，还有更权威的同志为他申诉，但最终还是不成。这使我深感无奈与内疚，甚至觉得愧对于他。对此，栾勋自然并非无所谓，只是他一向自尊要强，视名利为身外物，所以既不肯为此采取任何措施，也终不肯向不合理的游戏规则低头。他把忧愤埋在心底，变得愈益清高傲岸，更加认真地读写。他刻意拒绝粗制滥造地凑字数，也拒绝写作那些收益较快的一般性文章，要写，就一定写有独见、有分量的学术论文。他格外认真勤奋地工作，照常参加学术会议，热情指导年轻学者。先期离开文学所到南京大学任教的老友许志英兄，深知栾勋的实力，为南大延揽人才和为栾勋改善处境计，曾为他谋得教职，建议他南下工作。但他谢绝了，执拗地坚守在文学所的岗位上，直到他生命的最后一息。

2001 年 5 月，我离开文学所，临别前曾专门去看他，我们依依惜别，互道珍重。此后，我从文学所的朋友处仍常听到他的消息，知道他在艰困的条件下一如既往地坚持和努力。在我的心里，那情景是一幅堪称"悲壮"的图画。我们很少通信或打电话，因为觉得一定后会有期，见面并不难，且唯有如当年那样彻夜长谈才能过瘾。我离京后，思京情结不解，最难以忘怀的就是包括栾勋在内的文学所许多老朋友。谁知栾勋竟遽然羽化，从此仙凡两隔，我便是再到北京，再到文学所，也见不到他了。

栾勋的逝世使我震惊哀痛。想到他虽享寿 74，但真正能安稳舒心从事研究的日子究竟有过几天？心中便升起莫名的悲哀。从这个意义上说，他是一个在苦难中奋斗而远未能尽其才智的早逝者，他的早逝是中国美学和古文论研究界的重大损失。晚唐崔珏悼诗人李商隐，有句曰"虚负凌云万丈才，一生襟抱未曾开"，今天用来吊祭栾勋也完全合适。栾勋悲苦的一生，难道是历代才人共同命运的再现吗?!

呜呼，斯人已去，音容在焉。生逢明时，命何其蹇？精思卓学，尽付于天。宏文伟笔，万世可传。托体青山，承嗣其安。唯望二子，善体父志。乐业有成，以慰遥念！

他给予这个世界一笔宝贵的精神财富

吴予敏

栾勋老师离开我们快五年了。自从听到他患病去世以后，我自己总是不由自主地想起他。他不属于这个变化迅速而又异常物质化的时代。他的困厄，他的理想，他的人格追求，他的悲剧命运，就像是在极度喧嚣的节奏中骤然绷断的生命的琴弦。有时候，我想，在他身后，如果我们过多地感叹他的人生，也许对他是一种不敬。他内心的崇高期许以及他多年的潜心积累，是应当给予这个世界一笔宝贵的精神财富的。

26年前，我考取了中国社会科学院文学研究所蔡仪先生的博士研究生。蔡仪先生是开创我国马克思主义认识论美学的奠基者。蔡老招我们到他门下，是为了培养年轻的学者，使文学所的美学队伍在年龄结构、知识结构和研究方向上更趋完整。蔡老根据我的兴趣和学科需要，确定我重点研究中国美学思想。那时候正值美学热的后期。蔡老以他深远的思考，将学术研究和人才培养的重点结合起来，将着力点从激烈的学术论争转向基础性理论建设。对于中国美学思想遗产的系统总结是这个宏大工程的重要组成部分。蔡老以非常谦逊和务实的态度来进行学科布局。他对我说："我自己现在主要的工作是要抓紧重写《新美学》三卷本。关于中国美学的系统性研究，你们要多向栾勋老师请教。"这实际上是安排栾勋老师担任了我和苏志宏师兄的副导师。在蔡老家举办的文学所理论室美学组的聚会上，我第一次认识了栾勋老师。在这之前，我还只是在书面上知道栾勋老师，他在1984年出版了《中国古代美学概观》，这是我国第一部系统论述古典美学思想脉络的专著，奠定了他在中国美学研究领域的开拓者的地位。有这样一位老师来指导我研读中国美学经典真是幸运。我当时能够有机会来到文学研究所读书，在很大程度上也得益于何文轩（何西来）老师的鼎力推荐。何老师听说蔡老安排栾勋老师做我的副导师，非常高兴，跟我说："你要好好向栾老师学习，有什么话都可以跟他说，论学问，论为人，他都是没得说的。"这让我这个初入文学所学术殿堂的外乡小子顿时感到无比亲切和温暖！

在我的印象里，栾勋老师和我们在一起的时候，从来不以导师自居，而是像兄长对待小弟那样，平和、宽厚、坦诚、幽默。我每次从东直门外的研究生院骑自行车到他家里请教学问，在那斗室里，他都是天文地理、内外政治、学术论争、人文掌故，海阔天空，旁征博引，无所不谈的。可惜的是，当时我始终沉浸在畅谈的快乐里，没有留意将这些言谈记录下来。有一次，栾勋老师跟我说："你晓得吗，我在家乡的时候，是练过功夫的！"我现在还记得他讲这话的样子，眼睛里闪烁着兴奋的光芒，晃动着两个拳头。在那一刻，我真切地感到栾勋老师的侠义肝胆和古道柔肠。他曾经是那样动情地讲述他的家乡，讲述与古书上记载相关的他家乡里的志士仁人的故事，讲述北大求学岁月，讲述文学所的"文革"趣闻和文坛逸事，却从来不谈论柴米油盐之类的俗事。他也多次向我比较所里其他几位著名学者的治学特点，包括钱锺书、吴世昌、何其芳和俞平伯，谈到他们的趣闻和学术风范。他对我也曾不由自主地感叹说，非常羡慕钱先生他们学贯中西，年轻的时候就打下了极好的学问根底，天资非凡绝顶聪明又勤奋刻苦，不同于我们这些被耽误的一代人。我知道在栾老师那个瘦弱的身躯里蕴含着极为饱满的知识能量。在这个中国最高的学术殿堂里，学术泰斗们的境界无形中化成了他追求的视野。对于学术圈任何肤浅的炫耀，他都是以一种善意的揶揄而一笔带过，似乎从来也没有对此烦恼过。

我记得自己当时在学习和研究中遇到的首要困惑就是如何运用马克思主义认识论哲学的理论方法研究中国美学的问题。蔡老给我们三个博士生开设的课程主要是两门，一门是马克思主义认识论，一门是美学原理。这两门课并没有专门论及中国美学问题。蔡老独创的认识论美学理论体系已经趋于完成，其中许多重要范畴和命题都做了内涵界定，形成了严密的逻辑框架。而关于中国美学的发展规律应该如何认识，是不是要用认识论原理去贯穿和解释中国美学史呢？我带着这个困惑请教栾勋老师。栾勋以非常通达的口吻轻松地解释了这个难题。他告诉我，马克思主义认识论原理最重要的思想是实事求是，这也是蔡老反复向我们强调的。既然要实事求是，就要坚持从历史发展的实际出发，从历史文献的事实出发。关于"六经注我"，还是"我注六经"的争论，都不能简单地一概而论。如果"六经注我"是从既定的概念出发曲解历史文献，那就是沙上筑塔，总会坍塌的。而"我注六经"也不是唯古人马首是瞻。历史总归是今人的历史，是被理解被阐释的历史，僵化的历史对于后人也毫无意义。在进行学术探讨的时候，你不要被既成的理论体系束缚了，包括自己导师的理论。事实上蔡老对于中国美学这一块，一直保持着研究和探索的开放性。他对于自己已经出版的《中国古代美学概观》这部著作几乎很少提到，总是谦逊地说，那是急就章，初步拉出的一个框架的论述，他的真正有心得的论著还在酝酿中。言外之意并不希望他自己的论著成为进一步探索的模板。这种极为谦逊、通达而又宽厚、务实的学风深深感动了我，让我心胸顿时开朗很多。这是栾老师给我上的最宝贵的第一课。

当时尽管中国古代文论的研究已经蔚然成风，而中国古典美学思想的研究还是处在起步阶段。归纳起来说，形成了三个不同的研究取向。一个是以施昌东先生为代表的概念诠释学的取向，主要是从经典文献出发，试图阐释中国古典美学的核心范畴的形成与内涵。这个取向和现代美学研究的路径很相似，就是以界定核心范畴达成完整的脉络和体系建构。第二个取向是以李泽厚先生为代表的，按照人类学本体论的逻辑，以著名的"历史积淀说"为基础来把握中国美学的基本精神。这个取向集中表现在他的《美的历程》中，形成了很大的影响。第三个取向是先由宗白华先生在 20 世纪 60 年代尝试（例如他对于《考工记》的研究和对于诗歌意境的研究），后来由于民等学者继承的，从文献器物研究角度介入，结合中国艺术乃至工艺经验来阐发中国美学观念。这三个取向，即文献范畴研究、精神风貌研究和物化观念的研究。所有这些研究，都大大拓展了古典文论的研究格局。栾勋老师对于这些研究都有精到的评说。他告诉我，中国美学的研究，关键是要抓住两个基础，一个是哲学的基础，一个是文化的基础。这两点基础的要求都和古典文论不大一样。古典文论，实际上是古人的诗文评，是附着于诗文的创作经验，并不是作为独立的理论体系存在的。而中国美学的范畴要更加复杂和广阔。美学是外来词，中国可以不用美学这个概念，但是确有中国人特有的美的意识和审美文化。要了解中国美学思想的发展，既要深入研究中国哲学，也要深入研究中国文化。中国哲学，包含儒道释百家学说，中国文化包括本土文化、外来文化、雅文化、俗文化、制度文化和日常生活文化等多个层面。只有全面深入地把握这些东西，中国美学的研究才算是有了坚实的基础。他说自己的兴趣比较集中在中国哲学方面，尤其是中国政治哲学和道德哲学方面。他建议我可以延续在硕士阶段的起点（我的硕士学位论文是《刘勰文学通变观的历史文化考察》，曾经在博士生报考阶段经何文轩、杨汉池老师推荐给蔡老审阅获得肯定），侧重于从文化角度介入美学研究。栾勋老师的这个指导，指明了我在博士阶段乃至后来长期的研究方向。

80 年代中期的北京学术界，正处在启蒙思想高涨、意识形态论争激烈的氛围中。每次理论室美学组聚会，谈论得最热烈的就是学术论争。栾勋老师在这个思想碰撞的漩涡中，谈锋犀利却又非常超脱，显示了他在思想上的特立独行和兼容并包的特点。他的深厚广博的学养在美学组内得到大家的高度尊重。私下里，他对我说，经过"文化大革命"的悲剧，不能再简单地将学术论争归并到政治和意识形态的斗争，维护好学术的百家争鸣局面是很宝贵的。要善于从不同的学派那里汲取优长。他本人并不完全赞同李泽厚关于中国美学的观点和研究路径，但是他对我说，李泽厚和刘再复的理论研究非常善于提炼新的核心概念，不是简单地重复和诠释旧的概念，所以能够形成创新效应。这是值得借鉴的。后来我看到他陆续发表的关于的"两端论""中和论""现象环"论著，才回想起他的那些精到的论述。栾勋老师的新的概念提炼，不是从外部硬性贴到古典文献上边去的，更不是对于古典文化的粗暴肢解和拼装，而是深入其中再超脱其外而获得的真知灼见。

我按照栾勋老师的指点，开始从文化角度介入研究对象。但是深感美学和文艺理论的方法论基础相对单薄，开始沿着文化研究的路径，大量研读社会学和人类学的理论成果。不久，《文学评论》杂志上开辟了关于文学新观念的讨论专栏。我不揣简陋贸然写了一篇《从文化角度看文学》的文章投给杂志，得到副主编何文轩老师的扶持，藐乎小子，竟忝列名家之侧发表出来。栾勋老师看了也给予我很大的鼓励。不过，他也很委婉地跟我说，他自己不大轻易发表论文的。过去文学所的不成文的传统风气，年轻人大多是跟着老先生作研究助手多年，整理资料，研读文献，很少独立发表论文。读书破万卷，下笔仍踌躇。如果不是蔡老的规划和督促，他说自己的那本《概观》也还是不轻易出手的。现在形成了这种习惯，总觉得书读得还不够多，想得还不够成熟，于是文章写起来就反反复复。他这种严格到近乎洁癖的自我要求，是当时严谨的学风的典型表现，和后来愈演愈烈的追求发表数量、规模效应的学术评价体系是多么的不协调啊！栾勋老师就是在这种悲剧般的坚守中逐渐陷入困厄局面的。在他内心深处，是拒绝屈从任何违背他本心的东西的。

　　在我进入博士论文选题阶段的时候，我跟栾老师进行过多次的讨论。记得当时我有几个选题方向，一个是从近代文论介入探讨从传统美学向现代美学转换的节点，一个是阐释魏晋南北朝的美学思潮及其文化特质，还有一个感觉更难的是研究礼乐文化传统和审美精神的形成及其理论化建构。栾勋老师认为，还是第三个选题更有价值。我当时觉得这个问题很复杂，而我打算采取的研究思路，并不是从先秦诸子的论著开始切入，而是要从人类的礼仪文化结构入手，结合中国古代的礼仪文明的制度性发展来逐步梳理美学观念的孕育和理性化过程。栾勋老师当时很兴奋地肯定这个思路，他说，这是中国文化主体的根基所在，也是中国审美观念的社会根基所在。虽然研究这个问题非常繁难，要搜集不同于以往的文献资料，但是从未来的学术发展来说是更有前途的。中国文化的道德精神与审美精神的结合首先是在礼乐文明的基础上形成，本来就是一体，不可分割的。他告诉我，研究礼乐观念，不要仅仅看儒家怎么说，还要看道家、墨家、阴阳家怎么说，有些地方他们是冲突的，有些地方他们是互补的。为此他还向我介绍过他所知道的民间存留下来的一些礼仪生活传统，说我们可以从这些活化石当中有所领悟。

　　那个时候栾勋老师身体已经不大好，据他讲呼吸道系统一到冬天就发生问题。有一次我去看望他，他正在打着点滴，手里还捧着龚自珍的文集。大概是读到会心之处，连连说，龚自珍的东西好看啊，入木三分。你不光要读经史子，还要读集部的著作，集部的著作非常浩繁，但是，里面有更加鲜活的个性和灵魂。历史的东西读得多了，看现实社会，有时候就会觉得是重演和翻烧饼。中国哲学的很多概念写得很玄，其实都是由生命体验的领悟得来的。如果还原到生命体验过程中，一些概念解释起来就比较清晰。有些东西是虚假的，为了某种正统性造出来故弄玄虚的。例如

《三国演义》里面的诸葛亮，就是充满妖气的人物。在中国，妖气的东西时不时地被神圣化，而只有妖气的东西才能俘获人们的灵魂。这一点是不是和礼乐文化来源于巫术有关系呢？栾勋在他后来发表的文章中写道："中国古代美学是一个丰富的矿藏。但是系统的美学专著甚少，大部分思想资料作为哲学的共生体散乱地沉积于经、史、子、集之中。丰富性给人们带来喜悦，散乱性则又给人们带来许多麻烦。研究者怎样通过麻烦的工作从散乱中见出它的条理，从丰富中见出它的价值呢？在我看来，必须要求自身具有自甘寂寞的忍性和致力于总体探索的苦心。"（见他的论文《现象环与中国古代美学思想》）这些话是他从自己的学术生涯中体验提炼出来的，我在和他交往向他请教的经历中真切地感受到这些文字背后的艰辛和分量！在他逝世以后，我再次读到这些文字，内心里可谓百感交集。在深切怀念栾勋老师的同时，我也自己叩问，这样的忍性和苦心，自己具备吗？这是不是比某种聪明的领悟力更重要的学术主体条件呢？

1988 年底，我完成了博士论文。栾勋老师作为我的论文评阅人和答辩委员出席了我的论文答辩会。当时作为我的论文答辩评审委员的还有叶朗、侯敏泽、何文轩、吕德申、杨汉池等著名学者。我提交答辩的论文其实只是我计划完成的论著的三分之一。但是，由于主客观的各种原因，我还是申请在 1989 年春天进行毕业答辩。由于蔡老和栾勋老师的宽容，准许我以已经完成的 20 万字论文答辩，会上专家们对于我的研究给予了充分肯定，答辩顺利通过。我当时已经准备到深圳大学任教，答辩过后特地到栾勋老师家里向他辞行。那天他执意要送我到汽车站，神情有些感伤。他对我说："你家里有现实困难，孩子有病，如果留在北京，家庭户口、住房一时都难以得到解决。像我这样，夫妻分居两地七八年，很多基本的生活条件都达不到，有时候我是深感屈辱的。没有必要重复这样的生活。你们是新一代的年轻人，想法和我们不大一样。你的决定我能够理解。你这一走，我也感觉有些失落。有的地方大学想邀请我到海边去，我也一直在犹豫着。"后来我知道他仍然选择了在北京作学术上的坚守。对于物质生活和精神追求两者来说，如果暂时不能求得平衡，他是宁愿选择后者的。

我最后一次和栾老师相聚是在 2004 年 3、4 月间。那时候他已经从文学所退休。我惦记着他的生活、学术和身体。趁着在深圳大学举办《文心雕龙》国际学术研讨会期间，我特地请他到南方来住一段时间。那时候他蛰居在淮阴师范学院，特意避开了北京的物质生活的烦嚣，紧锣密鼓地撰写自己想写的论文。我见到他分外亲切，朝夕相处了半个来月。在《文心雕龙》学术研讨会上，他依然谈锋甚健，特别对于"古代文论的现代转换"命题发表了独到的见解。会后，我请他为深圳大学文艺学专业研究生开设了系列讲座。他将自己多年的研究成果，特别是"三论"（两端论、中和论和神秘论）、"三环"（思想环、宇宙环和现象环）作了系统讲授。我和研究生们都获益甚多。这些都是我在北京求学期间没有系统听过的，是他一生学术探索的精心总结，自成一家之言。"三论"与"三环"互为表里，互为发明，形成有机整体。

　　如果要概括栾勋对于中国美学的独到的贡献，我个人体会大约是以下几点。第一，他以"两端论"取代了"矛盾论"。他打通儒道两家学说，从儒家的"物生有两""相摩""相荡"到道家的"相照、相盖（害）、相治"，他看出中国哲学智慧的精要在于肯定事物的两端运动的自调节机制。任何统一体都分为相互关联的两端，按照其内部机制进行自我调节和相互推动，互为否定又互为保持，经过扬弃而不断自我完善。这既是儒家所说的"中庸""中和""中正"，又是道家所说的"天和""天倪""天钧"。既是贯穿于人类社会的生活和道德法则，也是贯穿于天人之际的宇宙法则；既是理性的哲学概括，也是人生的感性经验。第二，他试图用"环论"体系概括中国美学的结构法则，取代了"循环论"。应当说"环论"模式是他的发明。两端论、中和论和神秘论都共同指向一个首尾圆合的"思想环"的存在。这个思想环的特点不是封闭的循环的，而是"未始有封""不闭其久"的开放体系，是"放之则弥六合，卷之则退藏于密"的可以伸缩的逻辑运动模态，更是"可循而无穷"的审美结构。第三，他提出了"以人为中轴"的生命本体哲学，将"人"的存在提升到与"道"相合的境界，而取代了过去人道分离的解释，以及对道之本体作片面的物质化或精神化的解释。他认为在中国古典哲学和美学里面最宝贵的精华就是形成了光辉的人文主义思想，但是专制主义和蒙昧主义的结合所形成的天命论和君权论，彻底压抑了中国古典人文主义精神的成长。在专制制度的僵化的躯壳内，人文主义的内核不能得到合理发展。中国美学研究的重要使命在于在新的时代释放这些合理内核，将生命学、宇宙学和道德学加以改造和重建，由此才有未来中国美学的境界的复活。我还清晰地记得，我陪着他在深圳大学的文山湖畔散步，讲起他的"三论""三环"，甚至联想到中国社会的民主进程和台海两岸的统一。他说，我对中国文化的智慧是有充分信心的。中国社会发展的历史证明了任何事物都不可能长久地定于一尊，都是多元文化要素的互相激荡、互相渗透的过程。我们现在就是要通过学术研究阐发这一智慧，逐渐让国人建立起开放的理性的心态，准备迎接中华民族和文化的伟大复兴。

　　栾勋老师虽然离开了我们，他的这一追求还会由更年轻的学人们继续下去，他的文化理想也终有实现的一天！

写于 2012 年 8 月 4 日

苦难才子的光辉

阎纯德

　　钱林森教授从南京打来电话说，中国社会科学院文学所汤学智先生正在为我们北大同窗栾勋研究员编辑一部文集，嘱我写篇短文纪念他。当时，我正被"三座大山"压得喘不过气来，颇感为难。夜里躺在床上想栾勋，竟然想得流泪。我们北大58级三班二十多个同学，从一年级寒假在上海罹难的何湘生细细数来，朱光楣、郑玉阶、马友超、魏玉良、赵永魁、栾勋、刘社会、胡会浪，加上刚在珠海去世的叶昌，竟然走了十个。想到这里，泪水就像窗外无法停下来的雨水，湿透了我的心。我放下背上的"大山"，半夜爬起来，坐在电脑桌前发呆，然后从未名湖畔到建国门里遍寻栾勋的"影子"。

　　说起栾勋，自然会记忆起北大五年并不浪漫的"青春"岁月。那时我们都很年轻，纯洁而天真！我们班二十多位同学，多数是拿着工资来自最后一届工农速中的调干生，有的甚至已是十六级干部了，而我属于来自"高中"的小字辈，栾勋年龄则居中。栾勋是在中文系分专业时转到我们班的。此前，据说曾批过他的"白专"道路，拔过他的"白旗"。那时我和李观鼎等住32斋322室，栾勋与钱林森等同室，住在错对门的325室。我与他除了上课、开会之外，生活里接触不算多。我听说他来自海军，曾半开玩笑地对他说："你是海军，北大不是海，在这里能开船吗？"他的回答却非常认真："嗨，小阎，你说错了，北大是海，是比海还大的海……"这是我记忆里第一次与栾勋的对话。但是，他给我最深的印象是：孤傲而"沉闷"！偶尔见他下象棋，平时好像总是少言寡语，只有班上开会，或是说起《文心雕龙》，才见他出语不凡，所言尽是独抒己见。

有时候我也半真半假地跟他开个小玩笑，称他"老夫子"或是"思想家"；这时，他则以苏南温柔的语调对我说："小阎，你是否在讽刺我呀？"我便说："岂敢，岂敢！小弟不敢……"

20世纪五六十年代是一个政治狂热而虚妄的时代，我们都经历了浮夸和假大空的洗礼，自己身上也受到过不同程度的污染。那时我爱写诗，北大校刊常发表我的小诗，有时《北京晚报》和《北京日报》也有我的诗。有一次，在他宿舍里，他叼着一支烟，桌面上有一张北大校刊，"红湖"副刊上有我几首诗。他看着我的诗，议论起诗歌写作，说诗歌是一种艺术，当然艺术也有思想，但是思想不能代替艺术；好诗一定要有好的意境，意境乃诗之灵魂。他的话不多，但至今仍令我记忆犹新。

我们是怎样告别北大的，已经记不太清了。我知道，58级的许多同学都报名抢着要到祖国最艰苦的地方去。我和钱林森、程裕祯等作为国家汉语出国师资到北外进修法语，栾勋、裴效维、张宝坤、王大鹏去了文科学生最为向往的中国社会科学院文学所。虽然大家都想到"老少边"贡献自己，但是最羡慕的大概莫过于能到社科院了。之后不久，我们都坐在伟大"导演"的身边，既当"演员"，又作"观众"，都亲历了"文化大革命"这台旷古悲剧的演出。那时，我们没有联系，后来他去了"五七"干校。1977年我从法国巴黎执教回到北京，开始组织并主编《中国文学家辞典》，从此与社科院文学所结缘，先后认识了许觉民、刘再复、马良春、杨义、徐廼翔、张大明、卓如、杨匡汉、陈骏涛、古继堂、赵园、刘福春等许多朋友。若是星期二，我会顺便看看老同学，但是很少见到栾勋。

我有写日记的习惯，在"文化大革命"后的日记里有四处关于栾勋的记载：一次是1994年11月，见到了张宝坤大姐和裴效维，没有见到栾勋。第二次是1998年的10月，在建国门内大街5号那座聚集中华人文精英的大楼里，终于见到了栾勋，除了问安，便直奔主题——为我主编的《中国文化研究》向他约稿："只要是你尚未发表的学术文章，可以给我，多长都行，我们的杂志最长可以发三四万字，再长可以连载……"但是，没有得到他的回应。我想，他可能是看不上我们这本"中文核心期刊"。接下来的"日记"是——"2008年1月5日（星期六）晴"："下午，与谢孟和吴宗蕙联络，为了去看望住在301医院的同班同学栾勋，他得了矽肺。我们约定，在下周三前去看望他。"但是，是否去看了他？没有日记记载，大概是因所住医院不明而未能去成。不久，2008 年 3 月 9 日，栾勋溘然长逝。"2008 年 3 月 13 日（星期四）晴"的日记这样写着："天气晴朗，但是我心上的阴霾沉重得无法承受。我们的同窗好友、一位因袭了中国传统文化的才子栾勋走了。早上起来，乘地铁到八宝山参加追悼会。前来为栾勋送行的有我北大的同班同学李炬、吴宗蕙、裴孝维和刘锦云。文学所来了不少人，钱中文、杨义、杜书瀛、陶文鹏等二十多人。他在社科院文学所里，其学术成果不算多，但是，他是中国古典文论与美学史领域有着独特贡献的专家。讣告中称"'他精读古代文献，烂熟于心，厚积薄发，所写论著深得中国古典美学之精髓，又能结合现实提出新思想、新观点，发前人之所未发。他的'混沌论'思想的精到阐发，开辟了中国美学史研究的一个新视野，他的《中国古代美学概观》一书和《"现象环"与中国古代美学思想》一文，提出十分重要的学术思想，一时成为古代文论研究中的学术亮点，发生了重大影响；尤其是他撰写的论文《说"环中"》，见解独特、深刻，受到学界广泛好评，获得我院优秀科研成果奖……他的奉献，是别人所难以替代的。他的逝世，是我国古代美学界的一个重要损失……"

栾勋病逝不久，我便读到他的挚友汤学智先生为他写的纪念文章，称栾勋"一身傲骨，满腹经纶，命运坎坷"，是一位不幸的才子。他虽身居陋室，生活艰难，活得悲苦，但"他的精神始终遨游在思想和学术的极处"，在"他神往的心灵家园，一旦融入，神采飞扬，思如泉涌，揭往圣之真谛，辨天下之大势，谈古论今，妙语连珠，判若两人"。还说他身上有两个生命：一是贫弱瘦小的肉体生命，一是"充盈强大、穷天究地、锐不可当"的精神生命。我虽与栾勋大学同窗，而对这位"真正的自由解放的心灵"之伟大的了解，却在他仙逝之后。

栾勋虽是"文人之气"十足，但他绝没有"老夫子"的迂腐之气。他在意人生"养气"，"养气""就是涵养正气，涤除邪气；就是开阔胸襟，放开眼界；就是关心祖国的前途和人类的命运；就是培养自己具有强烈的历史责任感；不为一己的私利所动，不为一时的邪气所侵"；这样才能凝聚良知良能，成为有"人气"而无"鬼气"的真人。栾勋作为"精神力量超出了常人的智慧与境界"的学者，他对古代文论与美学史的研究既立足于历史，又把握现代，将古代与现代科学"接轨"，以新的思维与灵感激活古代的生命，并使其焕发青春。他耕耘"处女地"，在别人遗弃的荒野发现宝藏；他笔下的文章，总是别开生面，总是道前人之未道，发当代人之未发。在学术研究多是大同小异或"炒剩饭"的时代，栾勋勤苦的创造性研究给学界树立了一个榜样，他的学术成长之路与成功之路都是中国学子应该深思和效法的。他那篇被称为叩响思维之门的《现象环与中国古代美学思想》，因其宏论第一次对古人思维路线（由"两端论"而"中和论"而"神秘论"）和古代哲学—美学思想总体结构（由"思想环""宇宙环""现象环"连环交错构成）做出独到的揭示而成为社科院三十年来重大的研究成果。他的《人学、美学、道学》的高度在于以"人学"为中心，立足哲学，将中国传统的人学、美学、道学之价值提高到严谨的科学层面。栾勋的高度、深度、厚度、浓度和精彩，仅举《道与真善美——中国古代混沌论之三》的开篇即可窥豹："研究国学，研究中国古代文化，经过历史的反复浪淘，在治学方法上，以回归到"出入经史，流连百家"的传统为宜。只要坚持这个传统，而又目光四射、不存排外之思，且能含英咀华，持之以恒，玩索有得，日积月累，那么，我们的面前就会呈现出这样的发人深省的画面：古代中国，光华夺目，近代中国，曲折暗淡，当代中国，几经磨难重又崛起在世界的东方！这是一个否定之否定的历史哲学过程。虽然近代史上的悲歌余音未绝，但是谁也不能否认，义勇军进行曲的泱泱之声正在激浊扬清，响遏行云！处在这个庄严的历史哲学过程第三环节上的中国人，既不应盲目悲观，也不应妄自尊大。中华民族的文化精神是源远流长的中和精神。用这样的精神来审视和建设中国社会主义的新文化，我们肩负着沉重的历史任务。回顾过去，我们必须有所损益；面对当前，我们必须正确取舍；只有这样，方能稳健地走向未来。这就是说，对于古代文化，必须大力开掘其丰富宝藏；对于近代文化，必须大力清理其利弊得失；对于当代文化，必须怀抱中华民族的文化精神，顺应民心，勇敢地融入世界历史的潮流。"这就是这位爱国学者的辉煌胸怀和他高瞻远瞩的学术视野！

中国社会科学院的工资低全国有名，但却不知竟然低到如此程度！读了汤学智的文章，不禁令人唏嘘！"1995 年，他按期退休，退休金仅有650 余元，直到病逝仍不足 2 700 元。"这真是令人难以置信！想一想，我们有个"国有"老总年薪可以高达数千万,且不说那些卑鄙的逍遥国外和隐身国内的"窃国大盗"!还有,他的"老伴是一位退休多年的癌症病人,长期需要治疗和保养,儿子也因病无法就业。两个人一月退休金,除去医疗及各种杂费,维持基本生活都有困难,常常弄得焦头烂额。面对此境,他只好病人优先,自己尽量节衣缩食,一般病能忍则忍,决不轻易就医……"读到这里,我心里发酸,直想痛哭。20世纪五六十年代那"一大批"甘为国家奉献青春与忠诚的知识分子,现在大多"擢升"为"温饱"阶级;但是,中华才子多苦难,而这"一小批"在沦落中靠精神在中华大地发光的才子们,栾勋肯定是悲剧人生的一个代表!

2012年6月27日北京半亩春

栾勋先生二三事

杜书瀛

从对立到朋友

我与老栾（我们都这么称呼栾勋）熟悉起来并成为朋友，是"文化大革命"后期的事情。之前十来年，同在一个所，又都是单身，在一个大食堂吃饭，却没有说过几句话。在那场"史无前例"的"文化大革命"中，开始我们分属对立的两派。1967年起，群众被那场"革命"，"运动"了十年，愚弄了十年。开头不到一年的时间，我们这派得势，曾经趾高气扬，而他们那派受压，日子不舒畅；在之后的九年，我们这派大部分人被打成"五一六"反革命分子，被整得死去活来，他们那派"翻身"，初始一段着实"轻松愉快"……可以想见，在那种氛围中，两派之间，相处时的情绪会是怎样的状态。所以我虽然知道他叫栾勋，据说有点自负高傲，看上去矮小瘦弱，却步健神旺，走个对面或许礼貌地点头（总是有文化的人，保持一点儿知识分子的文明风度），但从不交谈，相互敬而远之。

而我们落难后没有太长时间，他们那派也被怀疑，继而部分人被打成"五一六"的"二套班子"。中国的"革命运动"真是神秘莫测、不可预料，我从来没有想到（连做梦也不会梦到）自己会和"反革命"挨上边儿，老栾大概也不会想到他们那派被打进"二套班子"的臭水沟，也绝不情愿与我们"同流合污"。到了1975年左右，被"革命"所"运动"的两派对立的群众，苦头尝尽了，已经被搞得很疲惫、很厌烦了，一些人的生命被"运动"掉了（全"学部"有数十人被整得无法忍受而自杀，还有人被活活打死），还有一些人（包括我在内），生命几乎被"运动"掉而侥幸活下来，逐渐看破这场运动的红尘……于是两派群众，自发地在扑克牌中间，在乒乓球台旁，在大食堂的饭桌上，开始相互接近、相互理解，慢慢成了朋友——于不知不觉之中，被"革命运动"的引领者、操纵者"打成"了朋友。群众作为某些人玩于股掌之上的工具，在整人和挨整的变换中产生迷惑，于是在生死痛苦中，也必有所觉悟。特别是到了1976年初，越来越多的人觉得许多事情"不大对劲儿"，这场"革命"好像"不是那么回事儿"，无意间从思想立场对立，变成思想立场一致：都对这场"革命运动"反感，对引领和操纵运动的某些人讨厌。开始时是腹诽，后来胆子大了一点儿，就悄悄议论，最后在1976年"四五"运动中，自发而主动地抬着花圈到天安门悼念周总理，并借此对某些人表达我们的愤怒和抗议。我们原来对立的许多群众，无形中成了一派。自然，当时这一派既无领导，也无组织，更无名称，也许可以称为"腹诽"派或"议论"派或"四五悼念"派或"四五抗议"派？但是，好像都不恰切；现在似乎可以给它一个比较贴谱的名字，叫作自发的反"四人帮"派，或者反"文革"派。我和老栾都属于这一派的成员，也就成了"哥们儿"，见了面有话说了，有共同语言了，也可以常常互相取笑了。尤其是知道我家在青岛，而他曾在青岛当兵，一股浓浓的"乡情"立即使得我们亲密无间。他时常对我说几句青岛土话："勒过（二哥），吃了木有（没有）？"我回一句："木有。"相对哈哈大笑。他虽然依旧自负，在我面前却一点儿也不高傲，令我觉得很亲切。走在路上，或者在宿舍，他会突然唱上几口京剧《借东风》："我正在城楼观山景，忽听得……"乍一听，还真有点儿唬人，一旁有人对老栾说："这是马派，继续唱！"可是，老栾接不下去了——他大概就会那么几句，无以为继。

"我给你当助教"

1976年前后，我们的老所长何其芳同志被"有限"地解放了，他以学术为生命的本性不改，在没有获得任何任命的尴尬境地中，"自发"地领导所里部分研究人员恢复和开展业务活动，但是没有一个"合法"的名义和组织形式。正巧毛泽东的两首诗《水调歌头·重上井冈山》和《念奴娇·鸟儿问答》，在1976年第1期《诗刊》发表，全国各界依"文化大革命"惯例掀起学习热潮。何其芳以此为缘由，组织部分同志成立"毛主席诗词学习组"，要大家把生了锈的脑筋运转起来，恢复写文章的能力。我也被其芳同志挑中，成了"学习组"一员，并在其芳同志指导下写了一篇小文章寄到《广西文艺》（这是当时全国范围极少的几个公开发行的文艺刊物之一）发表。一天，北京光华针织厂工会来请文学研究所的同志去做毛主席诗词学习辅导报告，总支书记朱寨请其芳同志从他领导的"学习组"派人前往，于是其芳同志把任务派到我头上。起初我不敢应。找老栾商量。老栾说："你去，我给你当助教。"这"当助教"的意思其实就是说天塌下来他给我"托着"，或者说我上场"打球"，他给我当"教练"，给我做后盾。于是我在老栾的鼓励和支持下，备课，准备讲稿。他的古典文学底子比我强，许多难解的字、词，都是与老栾商量后定稿的。

那天我们俩骑着两辆破自行车，如约到了光华针织厂大礼堂。一走上讲台，下面哗的一下，响起了热烈掌声，把我吓了一跳。我往台下一看，黑压压一片，足有千把人。我哪见过这等阵势？腿有点发软。而老栾却显得泰然自若。工会主席指着我们对听众作了介绍，说了感谢文学研究所的两位"研究专家"辅导学习之类的许多客气话。我只得战战兢兢走到扩音器前，向大家鞠了一个躬，又是一阵掌声。面对台下，千双目光直射过来，我冒了一头汗，回视了一下老栾，他对我点了点头。我心一横，按照准备好的稿子开讲。爹妈给了我一副洪亮的嗓音，大概不用扩音器后面也能听见。说出了头几句话之后，反而不紧张了，居然没有怎么看稿子，顺顺当当地讲了一个半小时。每讲到一些关键词，譬如《水调歌头·重上井冈山》中的"黄洋界""弹指一挥间""九天揽月""五洋捉鳖"，《念奴娇·鸟儿问答》中的"鲲鹏展翅""扶摇羊角""仙山琼阁"等等，老栾就在旁边的黑板上，用粉笔写出来，字体很大，尽量让后面看得见。

我真有福分，有老栾这样高水平的"助教"给我"托着"。

"你小子还算清醒"

1976 年 10 月，"四人帮"倒台了，普天欢庆，几乎地动山摇。解放了！北京各界自发游行三天，老栾和我都参加了。我们所的游行队伍里，还有拄着拐杖的何其芳。这几年有一块大石头压在我心头，有一股恶气憋在胸中。今天，一下子感到透过气来了。游行路上，我和杨志杰、朱兵突然间动了一个念头：写一篇有关电影《创业》的文章，揭露和批判"四人帮"反总理的罪行。我要将窝在心中的激愤喷发出来，一吐为快！杨志杰、朱兵，以及所里包括老栾在内的其他同事，还有千千万万的知识分子和普通百姓，和我一样。人同此心，心同此理。那一天晚饭时，我们三个人在大食堂买了几个馒头和北京辣丝儿（咸菜），晚上 7 点来钟，来到六号楼文艺理论组（即后来的文艺理论研究室）的办公室——那里平时只有我一个人，也是我晚上睡觉的地方。根据在文化部、电影局、戏剧学院和电影学院等单位搜集到的材料，先拟出文章的大纲，确定主攻方向，然后就开始动笔。我们的分工是：朱兵写第一遍稿，之后杨志杰写第二遍稿，最后由我来统第三遍稿。饿了，以馒头夹辣丝儿作夜宵。从晚上 7 点到第二天早上 7 点我们定稿，整整 12 个小时，得一万一千言，题目就叫《围绕〈创业〉展开的一场严重斗争》。吃了早饭，我们三人携稿，乘103 路电车匆匆赶往阜外西口的《解放军报》社。

1976 年 11 月 5 日，《解放军报》以整版篇幅、通栏大字标题发表此文。几天后《人民日报》加"编者按"全文转载，接着全国各大报刊跟着转载，当时也算一件轰动的事。其间，《解放军报》专门派了该报理论部主任等三位同志来到文学研究所，郑重其事地向当时主持工作的总支书记朱寨同志以及文章作者，传达华国锋主席指示，说华主席看了《解放军报》这篇文章后，十分肯定，在当天的政治局会议上说"这篇文章好就好在写得很细，写这类文章就要细一点"。送走了《解放军报》的客人，朱寨同志把我留下，说："你可不要飘啊！"回来我把前前后后的情况告诉老栾和一些朋友。老栾特别看重朱寨同志的话，说"你记住朱寨的话就是"；许多朋友也都赞同老栾的意见。之后一段时间，报纸刊物约稿者，某些单位请做报告者，许多不认识的人慕名拜访者，不知有多少拨，穷于应付；甚至有一位比我年纪还大许多、"文化大革命"前已发表过不少文章的同志，请熟人带信，要来"取经"，弄得我十分惶恐……我谨记朱寨同志以及老栾和朋友们的嘱咐，一律谢绝，没有迈出文学研究所一步。有一次，老栾很认真地对我说了一句话："你小子还算清醒。"

又过了一段时间，由耿飚同志领导的中央"宣传口"（当时还没有建立新的中宣部）筹备召开全国宣传工作会议，胡乔木同志任会议文件"起草组"组长，指名调我到该组参加文件起草工作，"起草组"的其他成员还有王若水、王树人（原《解放日报》总编辑）、郑惠、李曙光。这个"起草组"存在了很久，我在那里混了差不多一年；后来王春元也借调到"宣传口"办公室。后来，新的中宣部一成立，要正式调我和王春元去工作，据说调令已到文学研究所人事科。我听到这个消息，感到是一件大事，就找朋友们商量，有说应该去的，也有说不要去的。何西来和老栾的意见是不要去。老栾有一句关键性的话起了很大作用："中宣部是党政机关，是搞政治的人待的地方；你不是搞政治的料。"我听从了这个意见，没有离开文学研究所，王春元也没有。

"干吗那么急于写文章"

文学研究所真正恢复研究工作以后，原来的人员重新作了调配、组合。文艺理论组改名为文艺理论研究室，老栾也从《文学评论》编辑部调来，专搞古典美学和古代文论研究。由于在同一个研究室，我们接触更多了。而且有一段时间我们俩家都住劲松，有时在街上也能碰见。

然而这时的接触与交往，跟"文化大革命"期间大不相同。因为文学研究所是个穷单位，穷得一个研究室一二十个人（理论室最盛的时候有二十六个成员）只有一个二十多平方米的房间。所以，平时每人在家闷头搞自己业务上"那摊事儿"，只有每个星期二才到所里"上班"，人挨人挤在一起。人们戏称：星期二是文学研究所"赶大集"的日子，有事儿"集"上见。这一天，会客、开会、传达文件、布置工作、借书、还书、报账、领钱……好不热闹；没事儿就互相交流信息，请教问题，间或谈点儿奇闻逸事，聊天开个玩笑什么的。老栾谈锋最旺，见解老辣，语言尖利，入木三分，有他在，往往成为话语中心。年轻人，研究生们，特别爱往老栾那里凑，围在他周围，因为他说话尖新有趣，常常言人所未言，道人所未道，在他那里总能长学问、长见识，又不枯燥。

每星期二"上班"，对我，对老栾，对我们所有同事来说，是一件很快乐的事情。有人说，你们文学研究所真轻松愉快，每周只星期二上一天班，其余六天全都休息。其实，这位老兄差矣。我们比其他单位都紧张、辛苦。因为我们"上班"时间在单位"休息"（除了开会和业务交流），"下班"时间在家工作，而且工作起来没个准点儿，常常"夜班"到子夜一点、两点。这样算起来，我们一周六天工作，一天休息，比一般单位工作时间更长、更辛苦。

老栾是古典美学研究的真正专家，古代文论研究的真正专家，他没有虚名，是"货真价实"。有一次，我文章中有一条有关老庄的注释，请老栾帮忙。到了老栾在劲松三区的斗室。他把一摞笔记本搬出来放在桌上。那是大小约相当于十六开的硬皮本子，他翻开相关的那一本，字体清秀，条理分明，一条竖线把一页纸分成两部分，靠里面是古代文献原文择录，靠外边是他的阅读心得、批语。啊，看着这些笔记本，我惊呆了。数十本，全是手写的蝇头小字，一笔一画，写得如此认真，如此执着，如此整洁，一丝不苟。他翻着笔记，给我讲了半个多小时。而他的有关心得，竟是在任何书籍中见不到的。最后他说，你如此这般注释即可。后来他又专门写了一页纸，星期二带给我。

那天我曾建议他把有关心得写成论文发表。他说："干吗那么急于写文章发表？一些问题我还没有完全考虑成熟。"过了一会儿他又说："要写，就必须真正有独到见解，有真知灼见。像现在刊物上那些注水文章，人云亦云，无益即有害，我才不写呢！我劝你也不要写。"

的确，他绝不写那些注水的狗屁文章。他的文章不多，却都是提炼了又提炼、浓缩了又浓缩的"干货"，如《现象环与中国古代美学思想》《说"环中"》《道与真善美》等，篇篇是精品，一发表即引起学界关注，影响甚大。它们"密度"很大，就像紫檀木、老酸枝，放在水里也会沉底，不会轻飘飘地浮在水面。它们见解独特、新颖，叫人看了眼睛一亮，受到启迪。所以他的那篇发表在《淮阴师专学报》（1994 年第 2 期）上的论文《说"环中"》，以其创造性的深刻见解而在 1996 年第二届中国社会科学院优秀科研成果评选中获得大奖。

他是这样还债的

　　文学研究所很穷，研究人员很穷（同北京和全国各地的高等学校教师比，我们的工资、收入少得可怜），老栾尤其穷。他工资不高，稿费也很少，而家庭负担却很重，平时常常举债度日，遇上家里有什么大事，就更显窘迫。20 世纪 80 年代（忘记具体是哪一年）某一天，老栾找到我："在老家的大儿子要结婚，总得给他买个电视机吧。所以请借些钱给我救急。"那时我正好为女儿到青岛海洋大学上学准备了一个学期的学习费用 500 元，就立即交给了老栾。

　　十来年之后，一个星期二上班时间，老栾拿着一个信封给我，说很不好意思，借你的钱现在才还。我已经忘记借钱这回事了。他一说，我才想起曾经借给他 500 元钱为他儿子结婚用。我当初借钱给他，就没有打算让他还。他现在还钱，我本能地推托，不要；而他非还不可。打开信封一看，是 1 000 元。我有点发急：这哪里使得！他说，拿十几年前与现在比，还你 1 000 元也不算多。而且他向我解释之所以现在还钱的理由："我现在有钱了，我的论文在院里得了 5 000 元奖金。"5 000 元，对有钱人可能是不起眼的小钱；对一贫如洗如老栾者，那可是他平时工资的好多倍啊！而他再穷、再困难，拿到奖金，首先想到的是还债。这天在办公室门外，我们俩站在那里推推搡搡，动静有点儿大。他执意要还（而且双倍），我执意不要，来来回回，再三再四，引起别人注意，以为发生了什么事。我只好先把信封收下。

　　快过春节了，我正好有一本新书要送给老栾，于是写了几句话，说是春节不去看你，也不给你买礼物，几百块钱，你自己买点年货吧。我把短信连同 500 元钱夹在书中塞给了他。

2013 年 7 月 20 日

战友·棋友·老乡

徐兆淮

我一向不大赞成，把未经战火和生死考验的同事称作"战友"。然而，倘若容许把"文化大革命"称为"内战"和"内乱"，那么，称"文化大革命"中同派群众组织的同志为战友，似乎也未尝不可。可惜的是，随着年华飞逝，白驹过隙，当我们年过七旬之后，有些战友却已陆续离世。先是许公（志英）遽尔仙逝，不久又传来栾勋兄病逝的讯息。近几年来，我已陆续写了些关于"文化大革命"和我所接触过的作家、名人的忆旧文字，当忆及那些往事时，便不免时常思念起与栾勋结识相处的那段艰难岁月。

如今矗立于北京建内大街五号社科院内的中青年学者，大约是怎么也想象不到，三四十年前在学部文学所六号楼里，"文化大革命"运动是怎样如火如荼地进行的，那些老中青人文知识精英们是怎样如痴如狂地参与其中的，当然也绝想象不到，当时的学部大院内，曾经是大字报的海洋，大批判的战场，甚至是牵动着首都"文化大革命"动向的敏感单位。

"文化大革命"中激烈的两派斗争同样也存在于文学所内。文学所里的两派对立的群众组织，在1966—1968年前后，大批判大辩论的激烈程度，一点也不逊于院内其他单位。说当时的文学所内，充满了内战、动乱和火药味，一点也不过分。那时节，我和大我二三岁的栾勋同属红卫兵总队，之后又共同参与"大渡河"战斗队的造反活动，说是同一战壕内的战友，大约并不为过。我们曾一同参加大辩论，一同贴大字报，一道被打成反动组织，又一道品过受压挨批的滋味。所不同的是，比我大二三岁的栾勋，遇事比我成熟得多也坚硬得多。因而，我一向在内心里把他当作是兄长来看待的。

特别是 1966 年下半年，学部"文化大革命"战火几乎燃遍了首都各界。当红卫兵总队因怀疑中央文革小组重要成员王（力）关（锋）戚（本禹）的言论而被打成反动组织时，加之后来进驻学部工（军）宣队专案组亦欲追查莫须有的"5·16"二套班子成员，一时间，某些涉世不深的青年学子不免有些惊慌。而此时，栾勋与许志英显示出临危不惧的大将风度。他们鼓励、劝说本派头：千万要咬牙挺住！不能胡乱招认，你若乱招乱供，我们就先咬你！身临覆巢险境之际，正是由于栾、许的坚持沉着，这才稳住了阵脚，避免了一场灾难的蔓延。

记得在学部复杂多变的"文化大革命"运动中，常流传着一句顺口溜：贴不完的大字报，站不完的队；写不完的检讨，流不完的泪。而许公和栾兄则常被视为摇羽毛扇的军师和出谋划策的谋士。事实上，直到"文化大革命"后半期，干校生活结束，我等回到北京之后，一些暂住于文学所内的单身汉们，出于对家国之事的关心，常三五成堆地聚在一起清谈、议论时政大局，后有人称之为文学所的"清谈组"。而"清谈组"的"常委"，恐怕也只有许公与栾兄当之无愧了。总之，无论是在两派争斗中，或是在清谈时局中，栾兄的头脑清晰，能言善辩，坚硬如铁，都使他在我辈青年学子的眼中，俨然是值得尊敬的兄长。

当然，对我而言，栾兄不只是战友与师兄，亦是不可多得的棋友。学部的十年"文化大革命"从总体上说，固然可称作是动荡不安，斗争激烈的战场，但在总队被打成反动组织之后的一段时期内，我们便陷入了短暂的逍遥时期。尤其是在干校后期，即 1971 年"九·一三"林彪事件之后，干校的田间劳动减少，清查"5·16"运动停摆，整个学部的老中青知识分子，都沉浸到思想困惑精神郁闷的混沌状态，整日处于无所事事，令人窒息又让人痛苦的"休闲"岁月里，我等青年学子只好以钓鱼捉虾、下棋打扑克，打发那无聊时光。

十年"文化大革命"中，文学所对立的两派群众组织关系甚为紧张，自是各有是非观点，互有伤害之时。清查"5·16"运动更是加剧了这种矛盾对立情绪。而在 1971 年前后，当人们从"文化大革命"的疯狂状态中逐渐有所醒悟时，尤其是清查运动后期，又是栾兄、许公和大何（何文轩）等人最先提出"5·16"一案未必能靠谱坐实；即使有"5·16"

也未必是敌我矛盾的观点。在当时对立情绪甚为激烈的情况下，持有这种观点，立即被有些人视为右倾机会主义的"鸡头"，但实际却在很大程度上，缓解了两派组织的对立情绪。以致后来王春元、杜某等被清查者，都与我们成了"不打不相识"的好朋友。足见栾兄许公的大局观念和策略观念，确实高人一筹。

在那难得的"休闲"岁月里，我曾与许志英下田钓鳝鱼，与董乃斌、杨志伟打过羽毛球，而与我下棋打扑克最久的，则是栾兄。栾兄身体瘦弱单薄，一向不喜体育运动，唯爱下中国象棋。记得 1964 年我刚到文学所报到之后，即与单身留京的栾兄在棋盘上展开角逐。他棋上功夫深厚，布局缜密。我在校读书期间，虽未研习过棋谱和经典战局，但亦有几手绝招，故常与他杀得兴起，几乎忘却了食宿时间，只好以馒头、饼干充饥。虽然，栾兄棋力高我一筹，常能胜我几盘，但我的"盘头马"与车炮联合作战，有时却也能让他中招上当，防卫失策，以至败下阵来。那时候，我们两个快乐的单身汉，就是这样在下棋中打发假日时光的。

我与栾兄不仅是"文化大革命"战友和棋友，更是流落京都的老乡。记得 1964 年 8 月下旬，我大学毕业被分配到文学研究所，刚到位于建内大街学部大院六号楼报到时，最先遇到《文学评论》的两位工作人员，便是濮良沛（林非）和栾勋。那时的栾勋年近三十，身材单薄黑瘦，个子很小，但精气神很足，而濮良沛当年三十多岁，身材高挑，胖瘦适中，皮肤白净，俨然一副书生模样。作为刚来所报到的后生，我是带着十分羡慕、庆幸的眼光，来仰望这两位编辑老师的。

来所不久，我即知道，文学所百十号人员里江苏籍老乡还真不少。除了栾、濮两位，还有许多江苏籍学术精英，长辈学者如钱锺书、王伯祥、俞冠英等人，中年学者如蒋和森、邓结荣等人，青年如许志英、蔡恒茂、彭韵情等人。而 1963 年北大中文系毕业，刚来所不久的栾兄，则是我的同乡，淮（安）扬（州）人。我与栾兄，既是同乡，又是战友、棋友，学历相同，为人个性也颇为投缘，故而很自然地就走到了一起。"文化大革命"中更是共同度过艰难时光。至今我还记得，他看我形影孤单，曾想托人在淮安为我找对象一事。可见老乡之情弥深。

"文化大革命"后期，1974 年底，我为家庭原因要求调回南京之后，先是劝说许志英调来南京大学中文系，而后又劝说栾兄也调来南京相聚，可惜他因种种原因未能来宁。但即使分离两地，彼此思念之情依旧难断。我只要有机会去北京出差，总要拜访他，而栾兄来南大讲中国古代美学课时，我与许志英亦曾特地陪他去中山陵风景区观赏游览，畅谈京中往事，亦不免说及当前时政，而只要谈古论今，他总是滔滔不绝，高论迭出。

时光飞逝，岁月无情。仿佛就在转瞬之间，四五年前是许公遽尔离世，记得当初获知许公仙逝时，栾兄曾来电托我转赠他专为此撰写的挽联，不想时过不久，栾兄也驾鹤西去了。因分居两地，相隔千里，得知讯息稍迟，我竟未能及时撰文悼念。复念及此，心中不胜欷歔，无限遗憾。现特撰此文诚表怀念之情，尚祈栾兄在天之灵，能见谅小弟一二。

写完以上文字，翻阅手头仅存的一本栾兄撰写的《中国古代美学概观》，眼前不禁又浮现起他精瘦黧黑的面容，心中不免再次为他才智未及伸展即遽尔离世而发出深深的叹息和遗憾。凭借我对他的认识与理解，我相信，倘若不是"文化大革命"战火的摧折和家室所累，他一定会有更多的著作问世。此刻，我脑际突然浮现出一幅幅让人难忘的影像：斗室之中，他心无旁骛，聚精会神，攻读着一本本专业著作，记下一册册密密麻麻的读书笔记……每念及此，便深为栾兄惋惜，亦为一代人文知识分子惋惜！但愿那场摧残文化和文化人的灾难再也不要重演。

草于 2012 年 6 月 4 日

他走了，但文章还在

王保生

栾勋离开我们已经有五年了吧，但老友聚谈中，还不时会提到他，他的音容笑貌还时时浮上我们的脑海。

1964年9月初我分配到文学研究所，我们刚分配来的一批大学生就临时住在当时学部（中国科学院哲学社会科学部）六号楼（文学所办公楼）顶楼一面朝南的大房子里。我们床挨着床住下了。刚到工作岗位，又是第一次来到首都，人生地不熟，对一切都感到新奇，显得拘谨和不安。这时候，栾勋出现了。他比我们早来文学所一年，北京大学中文系毕业。当时他也住在集体宿舍，因而就能经常碰面，巧的是他是我的江苏同乡，彼此间就更接近了。除了所里人事部门给我们介绍的一些情况外，对文学所的一些掌故，以及一些不成文的规矩，我们都是从栾勋那儿听来的。他当过兵，又年长我们几岁，谈吐显得老练而自信，不仅学向之道说起来有声有色，就是一般的社会知识，他也能言我们不能言，因此短短几天，就使我们对这位外表精瘦的小个子兄长生出了敬意。

那时他是《文学评论》编辑部古代文学方面的编辑，每天晚上，我们在一起聊上几句，或者打一会儿乒乓球，他就赶忙回办公室挑灯夜读。当时没有电视，也没有形成议论时政的胆量和风气，晚上苦读是文学所人的习惯功课，不到深夜，没有人回去休息。栾勋告诉我们，他的办公室里白天有好几位同事在办公，编辑部主任张白山坐在后面，大家埋头处理来稿，十分专心。可以说，栾勋给我们这些新来者上了文学所行为准则的第一课。

可惜的是我们进文学所还不到一个月，就奉命随大队人马奔赴安徽省寿县参加"四清"运动去了。初到北京，连国庆节也没有过，心中自然有些遗憾，但谁也不愿或不敢表露。那一期栾勋没有轮到，在家编刊物，我们就有一年半的时间没有见面。

与栾勋有更多的时间在一起，并更深地了解他，是在"文化大革命"中。我们从安徽回来的路上，听到姚文元的《评新编历史剧〈海瑞罢官〉》发表的消息。回到学部不久，轰轰烈烈的运动就开展起来了。一切正常的研究工作停止了，《文学评论》也停办了，参加运动成了我们唯一的工作。学部和所内的群众组织分成了两派，栾勋成了我们一方群众组织的一员。当时都认为自己一派是革命派，认为自己是忠于毛主席的革命路线的。写大字报，参加各种各样的批斗会，三天两头上街游行，只要一听到《人民日报》《红旗》杂志发表新社论，特别是听到毛主席发表最新指示，立即敲锣打鼓，排着队向《红旗》杂志社所在地沙滩进发，呼口号、表决心，唯恐对立派占了先机。那时候，即使是寒冬腊月，我们也会拎着糨糊桶，扛着刷子，到大街上去贴大字报、大标语。但是这些活动中不会见到栾勋的身影，一来他身体单薄，有胃病，二来他更愿意做一些分析斗争形势的工作，这些地方更能显示他的冷静、智谋。每当战斗队内部开会，研究对策时，栾勋是不可或缺的主角。大到全国形势，下至北京乃至学部的各种动态，他都能做出清晰的分析，眼一瞪，手一挥，斩钉截铁，有一种不容怀疑的姿态，使我们听来颇为佩服。

但是形势比人强，1966年9月底，陶铸代表中央宣布的"四点指示"一下来，我们一边的群众组织还是一下子垮了。对方立即压了过来，我们这边群众组织的大小骨干，不是遭遇抄家，就是在大小会议上遭受批斗，栾勋在对方眼中是本派群众组织中摇羽毛扇的"黑高参"，自然免不了被批判的命运。

对立派得势了，我们一些刚来不久的年轻人，被认为是误入"歧途"，属于可以教育的一帮人，因此被安排到北京新华印刷厂劳动，接受工人阶级的再教育，像栾勋这样的角色，就被罚到大街上卖报。当时学部得势一派的群众组织在北京影响很大，他们办的《进军报》十分红火，为了扩大宣传力度，就让栾勋、何文轩这些"犯有错误"的同志上街卖报。栾勋他们正感到在学部大院闷得难受，有机会到大街上遛遛，自然乐以承担报贩的工作。这样，当年的王府井大街、前门大街等繁华的马路边上，就出现了这样一幅景象：栾勋的胸前挂着一个收钱的小书包，一边走，一边吆喝："卖报喽，卖报喽，新出的《进军报》！"叫声显出无奈，而又夹杂着一种戏谑的成分。

"文化大革命"中群众组织之间的争斗，受制于当时的"中央文革小组"，受制于上层斗争，群众其实是无能为力的。对立派的群众组织也没有得意多久，似乎突然之间就垮台了，谁也弄不清这其间的是非曲直。此后，学部的混乱争斗与全国一样，经历了工军宣队进驻，经历连锅端，全部下放河南省息县"五七"干校，我们的身份，一下子就由科研人员变成了需要重新改造思想的"五七"战士。

栾勋由于身体欠佳，一般的体力活不会派他去干，有相当一段时间，他参加了审查"五·一六"的群众小组，三五个人陪着一个审查对象一起背毛主席语录，念毛泽东的《敦促杜聿明投降书》，日复一日，月复一月，大家就这样耗着，几个人等于是在陪"太子"读书。栾勋他们的审查对象有王春元，但审查来审查去二年多过去后，栾勋与王春元竟成了朋友。王春元是中国人民大学文艺理论研究班的毕业生，老练沉着，很有智慧，与栾勋可谓棋逢对手，他们攻防交锋了一阵，都发现这场运动本身就莫名其妙，两个聪明人，对时局、世事有了大体一致的看法，冤家对头不仅仅是相逢一笑泯恩怨，而是思相同，心相通。

"四人帮"垮台，"文化大革命"结束，学术研究的春天终于来到了。栾勋这时已经是四十多岁的中年人了，但他还是雄心勃勃。他有比较扎实的古代文学基础，特别是有比较强的理论思维能力，完全可以在自己钟爱的古代文学、古代文论研究方面作出引人注目的成绩。对此他深信不疑。平时闲谈中，他的神情他的语气，不仅仅是信心满满，有时候甚至有些顾盼自雄，睥睨当时一些学术专家的意思。他不是一个谨小慎微的谦谦君子，他从不讳言自己的志向和抱负。在所里组织的一些高等进修班上，他的讲课是最受学员欢迎的，我不止一次听到那些如今已经当上领导、院长的学员讲，栾老师的讲课精彩动人，受益匪浅。学术进步要依靠个性的发扬和思维的不断创新，因此我认为我们至少对一个有个性有能力的学者应采取一种理解的态度。

栾勋可以在新时期的学术研究中大展宏图，但是他的一些固守的为人之道和为学之道，似乎又与新时期的某些显在的或隐性的规则不相符合。

在学术观念上，他抱着"板凳要坐十年冷，文章不作一句空"，信守一种传统的实学功夫，认为学问之道，在于求实，对于那些穿靴戴帽的赶时髦文章，以及充斥虚言浮词的所谓科研成果，不屑一顾。他讲究独出机杼，追求卓越。但是时当商品经济大潮滚涌之际，学界的浮躁之气也趁势而上，在这种形势下，栾勋的学术追求，反而显得有些"过时"，似乎有些"赶不上趟"。单位里的学术评价机制，也是偏重科研成果的数量，这就挫伤了像他这样一些有追求的学者的积极性和创造性。

栾勋是有一股傲气的，尽管他家里经济困难，同志都劝他写一些来钱快的文章，或者编一些行销好的书，甚至来一点古籍校对点评之类的东西，这对他来说一点也不困难，但他总是头一摇，手一摆，拒绝去做这些他认为"不上档次"的活，尽管大家承认他的几篇文章质量很高，在文学所学术评奖中获得一等奖，也获得《文学评论》优秀论文奖，但是所里的职称评委会仍然以一种"数量不够"的标准把他拦了下来。他成了这种不科学的评价标准的牺牲品。栾勋是耿直的，有傲骨的，他不会走门子，更不会弄虚作假，他保持了自己。

栾勋在病贫中度过了他最后的时光，想到这里，我总感到一种彻骨的寒气从心底升起。他不该有这种遭遇，他壮志未酬。当然，人无完人，栾勋自然也有他的不足，有他的偏颇之处，但是现在我们想到的是他的那种学术创造的激情，那些亮点闪耀的锦绣文章。对于一位学者来说，这是比一百个虚衔更为值得骄傲的东西。

栾勋走了，但他的文章还在，而且我相信，今后相当一段时间里，莘莘学子在做某一方面的古代文论研究时，还会从栾勋的文章中受到启发。这就够了。栾勋也就不枉在人世上走这么一遭。

思维辩证的学者栾勋

包明德

栾勋先生离开几年了，但他的音容笑貌依然萦回在脑际。特别是他在中国古代文论研究方面的见解，给我的印象殊深。

栾勋先生对中国古代文论的研究方法问题，考察和阐释得充溢辩证精神与超前意识。他的一些观点在当下看来，仍很鲜活，仍有启迪意义。他坚定地认为，任何文艺理论或美学思想，都是建立在哲学基础上的。他在通观与梳理古今中外文论的前提下，对历史和现代的关系，对唯物主义和唯心主义的关系，对通和变的关系，都进行了有理有据令人信服的论证。他认为，从区别性来看历史在当代之外，而从有序性来看历史又在当代之中。因此，研究古代文献，必须用溯源、考证等方法，搞清楚它的本来意义，知道它的真实面貌。同时，又必须以当代的眼光明其是非，知其得失，以实现历史和当代的对接转换，达到创新发展的目的。

对于唯物主义和唯心主义的关系，栾勋先生从孔子的兴、观、群、怨说，孟子的知人论世说，荀子的客观对主观的影响说以及道家对主观的探索，论述到马克思主义的唯物辩证学说。他的一个结论是，一个人的思想即使总的倾向上是唯物主义的，在局部问题上也可能存在唯心主义的偏颇。另一方面，一个唯心主义者，也可能在个别情况下表达唯物主义的看法。特别是古代的学者，对于感性和理性，存在和意识的关系问题，存在相当的模糊性，并不是很自觉和清晰的。所以，我们应该正视这种情况，对古代文论及文化思想的研究，不能简单地采取给古人画脸谱、贴标签的方法，而应该进行艰苦细致的实事求是的辨析，克服某种二元对立的思维倾向。

　　当下，如何提振民族文化自信，增强理论自信和道路自信，如何在世界各种文明的冲突和交流中，以本国的文化为依托，积极吸纳各国文化的优秀元素，来发展自己的文化，扩大中国文化在世界的影响，等等，是个突出的话题。1997 年，栾勋先生在《文学评论》第 1 期发表的论文《学人的知识结构与中国古代文论研究》很值得一读，读来应觉新鲜。在这篇文章中，他总结了近百年以来中国古代文论研究的曲折历程，放眼世界文艺理论的纷纭状貌，指出研究中国古代文论，目的不是为了复古，而是为了翻新。而翻新，又不是简单地将古代文论加以现代化，而是要着力从丰富复杂的文化遗产中探寻一条连接古代文学和当代文学、古代文论和当代文论的管道。对于西方文论，他认为中西文艺理论的基本支架，既有相通处，又有不同处。相通性决定中西文化可以而且应该交流；差异性又决定中西文化不能互相替代。交流应该是平等的，应该是有利于发展自己，继承和弘扬祖国多姿多彩的文化。只有这样，才能保持和促进世界文明的多样性。他的结论是，为了适应时代的需要，我们须认真研讨古代文论的转型；为了古代文论的转型，必须及时调整研究者自身的知识结构。

我最钦敬的师长

许明

昨天晚上还在与汤学智先生通电话：人生真快啊！一晃 30 多年过去了！1978 年秋季入中国社会科学院文学研究所的一幕幕仍历历在目，而现在，我所熟悉的师友或是逝去，或是进入老年。生命之火是那么容易燃尽和熄灭，令人不胜感慨欷歔。栾勋先生是我最钦敬的师长之一，他的不幸故去早逝世，使我萌生了一种想多会会我生命历程中最重要的朋友的想法，哪怕他们在天南海北。

栾勋，扬州人，当过兵，北大中文系 1958 年级的才子。言谈锋利，机敏过人，古文底子极好。毕业后，在中国社科院文学所度过了他所有的年华，直到逝世。这样一位才气横溢的学者，令人遗憾的是，到退休，仍然是副研究员，而他的学生，则不少成了博导、二级教授、著名学者了。在他的学生中，没有一个人不是对自己的老师佩服得五体投地的。

人生自有轨迹。栾勋的生命历程，可以折射出中国社会发展中的许许多多的场景来。

栾勋一生只发表过不足二十篇论文，其中最著名的、也是最重要的是"三论""三环"的文章。其中影响最大的是《现象环与中国古代美学思想》和《说"环中"》两文。前者 1988 年发表于《文学评论》第 6 期。后者 1994 年发表于《淮阴师专学报》第 2 期。按现行的标准，是发表在"非核心期刊"上，拿不到什么考核分，但中国社科院当时的传统很好，根本不在乎谁的什么"核心期刊"之类的规定，文学所的传统也很好，所里照样向院里推荐评奖，院里照样给评上"一等奖"。在当今论文、著作汗牛充栋的情况下，已经很少有人记得栾勋这些论述中国思维特征的大作了。没有好的科学研究遴选制度，当今优秀的科研成果很难在历史上留下印记，大部头著作也会稍纵即逝，遑论一篇发表在小小师专学报上的论文了。但它在，就会发光。在朋友们的心中知晓它、了解它。知音在，自会露出它的峥嵘来，只要给它以时间。

这些论文表明栾勋的恃才傲物是有理由的。记得有一次午餐时，从社科院科研大楼走出来，栾勋见到某领导人的获奖巨著在张榜公示，他不屑一顾地说："×××的水平算什么？他只到我这里！"他用手比画着肚子的底下这一段。言辞锋利，旁若无人。众人见他在大庭广众之中臧否要人，先是吃惊，后是哈哈一笑。大家理解，这就是栾勋。

栾勋有才，但命不好。最记得栾勋家事的特征：多事。栾勋的家，先住在劲松，后在八宝山地区鲁谷小区，三房一厅的普通居室，按社科院的条件，是相当可以了。但就是家徒四壁，别无他样。什么奢侈的摆设、什么多余的家具，都没有。相反，他和夫人还经常在文学所吃补助。这是有点令人费解，但事实的确如此。这与他要补贴自己因病无正常职业的儿子有关，也与他的夫人身患癌症有关。总之，朋友们经常调解他们的家事，又三百五百地经常伸手相助。有一次我拿了稿费，送去五千。虽生活拮据，但苦中作乐的精神栾勋是毫不缺少的。每次我去，他总是侧身端坐在那只老式的漆上红漆的白木写字台前，感慨坐在朝南的书桌前是多么惬意的事情。这个时候，他忘记了生活中的不快与痛苦，枯瘦的脸上容光焕发，从三皇五帝到四书五经，到"三论三环"，到文学所的人情故事……我倾听、爱听，时不时插话、对谈，我也得到了极大的智慧的满足。到栾勋家去成了我在京生活二十二年的一道必吃大餐。是的，他欣赏我，我也喜欢他，喜欢他的锐利、直率、痛畅、智慧。

在栾勋口中，经常听到文学所的奇闻逸事。从 50 年代文学所由北大分出来归于"学部"（中国科学院哲学社会科学部），到"文化大革命"中派系林立，到改革开放年代的重整旗鼓，无所不谈。我不时地萌发出这个念头：相比这一代人，我们在所里仿佛是个听故事的旁观者，是个局外人，但同时，又与他们这一代人一起参与了当代中国的文化重建。这是很奇怪的现象，大概是中国文化发展中，学术体制中，仅有的现象。文学所近三十年来，大部分时间是以北大、复旦等全国重点文科大学的 20 世纪五六十年代毕业的一代学人为主体的。自 80 年代以来我们这一代新的学人开始参与其中，就此也可以说，是几代人携手合作建设了文学所。

从 1978 年全国恢复高考和招收研究生起，文学所就进入了一个苏醒复生的时期。仍然活跃在现今文坛上与栾勋同辈的刘世德、濮良沛、张炯、钱中文等人，当年也就 40 岁上下。他们的先生辈，是钱锺书、俞平伯、余冠英、吴世昌、唐弢、蔡仪等人。还有一批 50 年代从全国最早调入文学所的长辈学者，他们活跃到 80 年代中后期。80 年代后期到九十年代开始，一批中生代学人开始发飙，成为文学所各个领域的领军人物，并且至今仍是各自专业领域的权威学者。1978 年以来新考入文学所当研究生的"中青年"群体，大都是这些中生代的老师辈的"徒弟门生"，与他们亦师亦友，共同支撑了文学所这三十年，造就了文学所的新时期的辉煌。栾勋，是其中当之无愧的一位弄潮儿。

栾勋写得少，但有数百万字的笔记。他看得透。他敏感，历史感好，大局观好，说什么都入木三分，常常感叹提笔难落。这一代人，有这种心态，是何等难得！

三十多年前，1978 年中国大陆首次招收研究生，是积累了十几年后的首次全国人才选拔。特别是文科方面，积累的人才日后在推动中国社会的作用方面，是十分有用的，而且是十分难得的。文科的社会积累是一种资本，并不是负担，但文科的创造又是与知识的积累相关的。这一社会历史特点，决定了 20 世纪中国文科的历史演进的悖论和特点。"五四"这一代人在中国古文化的大海中游泳上岸，恰遇西学东渐之潮，19 世纪古典主义的西学大师的创造，像陈寅恪这一辈人都领略过了。风云际会的历史机遇，让他们这代人兼通中西。在相对自由的环境下，遭遇到了真问题。上个世纪中叶开始独领中国学术风骚的一批人，以原创性的新儒家学说为标志，牢牢占领了当今中国的学术顶级舞台，影响穿透 80 年代直至今日。

80 年代伊始，我们这一代人，从新老红卫兵的历史阴影中脱胎出来步入学术行列。新的历史特点又决定了新一代学人遭遇到了同样的问题，对问题的认识深度及对问题的紧迫性的感受，比"五四"这一代人毫不逊色，但是解决问题的可能性上，我们以及我们的上辈栾勋等人遭到了同样的瓶颈式问题：历次政治运动、社会动乱，打乱了正常的知识传承的规律，使 80 年代起来的一代学人宿命地具有知识缺陷的历史特点。我曾和栾勋先生一起感慨：我们看到了，但我们无法完成！

其实，蔡仪一代，栾勋一代，与我们共同相会于 80 年代，是一种特殊的历史机缘。"五四"以来的中国文化的重建责任，在经历了新文化运动的洗礼之后，再一次历史地落到这个时代的人的肩上。朱光潜、蔡仪等人，艰难地、尽可能地在世纪三四十年代完成了他们的历史使命后，在 80 年代又重新站立在创建新文化的历史潮头。这三代人，第一代以深厚的学养和积淀的历史意识，在 80 年代的十年中独领风骚，而栾勋这一代中的佼佼者在 90 年代脱颖而出，与学术底蕴尚欠缺而思想动力十足的第三代，一起构成了中国 20 世纪下半叶魅力四射的独特风景。

21 世纪是彻底的消费主义横行的时代。这个时代非常巧妙地嘲讽了 80 年代激情四射的理想主义、90 年代的务实的理性主义，使 80 年代以来三代人的精神苦行消解为令人发噱的空想主义。蔡仪在 80 年代后期去世，栾勋走完了 20 世纪，没有切身地体验到今日的空浮、躁动、实惠和肉欲。先生们走了，带着些许遗憾和对未竟事业的怀恋，已经无法体会到任何痛苦和不快。而我们还活着，特别是经历了刻骨铭心的 80 年代，经历了 90 年代炼狱般的精神升华，今天不得不吞嚼着利己主义的苦涩之果，并忍受着自己打开的潘多拉宝盒造成的后果，我们既是幸运的，又是不幸的、分裂的。我们今天的精神状态就像栾勋的生活状态那样，物质的和精神的是相悖的、撕裂的。栾勋有一套《鲁迅全集》，其中《呐喊》和《彷徨》看了无数遍。栾勋那枯瘦和干瘪的躯体上镶嵌着的一对炯炯有神的锐利的眼睛，仿佛仍在叩问：21 世纪中国人，你怎么啦?！

2012 年 7 月 26 日于沪上晓竹园

他是那种让人永远留在记忆深处的人

党圣元

    时光流逝的真快，不知不觉间，栾勋先生离世已经五年有余了。五年的时间，说长不长，然而却足以使人忘怀世间的许多事情。不过对于栾勋先生而言，则不然，他是属于那种即便时间再为久远，也是可以留在记忆深处而难以让人淡忘的人物。五年来，每当思及、念及栾勋先生，他那个性鲜明的音容形貌仍旧历历在目：瘦弱而精神，清贫而达观，落魄而自守，爽直而真挚；雄辩爱宏论，饱学常逞才，出语每惊人，叙学有思致。

    初见栾勋先生是在 1983 年秋天，其时我从秦地考入文学研究所理论室，跟随敏泽先生读研究生。在见到栾勋先生之前，我已经拜读过他的《中国古代美学概观》一书，以及几篇论析道家美学思想的论文，因此即便是初次见面，也没有太多的陌生感。从 1983 年到 2008 年，先是师生，后是同一个研究室的同事，我在文学所理论室和栾勋先生共处的时间有 25 年之久，其间虽说私交甚少，但是每到星期二返所时，在研究室里总能见到他，或者听他神采奕奕地讲说，领略他的高见宏论；或者就读书时遇上的有关古代文论中的问题，自己的一些浅识向他求教，每每总有获益之处。

    20 世纪 80 年代、90 年代初中期的文学所理论室，人员兴盛，名家林立，专业领域齐全，加之又处于思想观念活跃时期，因此每个周二上午的理论室，老少们凑在一起，除了一些社会见闻观感方面的叙谈而外，更多的是学术见解和研究心得方面的思想对话与观念碰撞，往往无异于一场小型学术研讨会。理论室每个周二的清谈，栾勋先生往往是发起者，并且扮演着手执拂尘的"主家"这一角色。这种清谈，话题往往不局限于文学理论范围，而是扩展到整个文史哲领域，在谈论中，栾勋先生常有尖新之见和妙言隽语，无不令人折服。我曾经数次向他请教和讨论过老子道论与传统文论的关系，以及古代文论中的"神思"概念、儒家"时中"观念、传统思想中的经权论和复变论等等问题，这些都是他的研究长项，因此每当谈到这些，他便会兴奋起来，仔细地阐述自己对这些问题的看法，而且讲述时神情专注，很认真、很投入，无不体现出他对学术、理论的一种执着。这种讨论，也印证了我来文学所读书之前在西安读他的《中国古代美学概观》和他分析老子道论美学的几篇论文时所形成的印象，就是他对于先秦典籍相当熟悉，对先秦思想文化思考得很深；他对先秦美学中的一些重要问题，往往可以置于传统经学、域外哲学的思想、学术谱系中来认识，而黑格尔的哲学理念和方法论，尤其是黑格尔的"绝对理念"说，深深地影响了他对老子道论美学的解读和阐述。作为一个有思想者，栾勋先生虽身处困顿（家庭和个人性格两方面所导致的），但是一直极力想把自己对于传统思想文化和文论美学的学术见解著文传世，他的引起较大反响的论析中国古代混沌思想、环中说、经权论等文章，便是他的这种努力结果。栾勋先生在学术上相当有自信，一直想将自己对于中国传统思想文化以及传统美学、文论的见解书写出来，完成一部对于传统美学进行整体性建构和阐述的专著，惜乎未能如愿。记得他病重时在301医院住院治疗，我曾代表所里去病房看望他，在病榻前，他还颇有精神、颇有信心地谈到自己的研究计划，当时听了，心中唯有酸楚而已。

栾勋先生性情爽直，颇有义气，臧否人物，评点天下，可以淋漓而尽致，对于不合自己脾胃的事情，甚至往往会疾恶如仇。每当这时，他性格中使气任性的一面，便全部显现而出，这一点实与传统耿介文人声气相通。但是，栾勋先生对于晚辈后学，始终是爱护、鼓励有加的。记得1985年秋天，中国社会科学院研究生院文学系、外文系与复旦大学中文系联合在杭州举办"文学与时代"学术讨论会，唱主角的是主办双方的83、84级在读研究生。当时正处文学"新方法""新观念"热的峰值时期，而我所撰写的参会论文则是一篇充分体现着文化保守主义观念的文章。我的主要观点是站在通变的文化立场上，阐述人文观念演变不是划火柴，观念演变的结果不可能是一堆排列成行的划过了、燃烧过了的火柴梗，所谓新与旧之间，是一种相承相续、前后相勾连、相缠绕的结构关系，新的产生了，旧的也不应该成为废物。我并没有加入当时的意识形态之争，也没有作启蒙者或被启蒙者的意念，只是就平时研读传统思想典籍中得到的一些启发，在文中表达一下而已。文章写成之后，遵敏泽先生之命，送栾勋先生审阅斧正，为此我两次到栾勋先生位于劲松东区的家中聆教。在当时，栾勋先生应该是新方法、新观念的热情拥抱者，而我在文中的文化保守主义立场肯定不合他意，但是栾勋先生对我的论文表示了充分的宽容，给的评语是"观点平实，可以提交"。此事至今忆及，尚觉温馨。1996 年冬天在陕西师范大学举行的"古代文论现代转化"学术会议，栾勋先生也参会了，并且在会上宣读了论文，即发表于 1997 年《文学评论》第 1 期的《学人的知识结构与中国古代文化研究》的宏论。我提交那次会议的论文主题是分析传统文论的范畴体系及其特点，在会议期间，我就相关问题向他请教和讨论，这对会议之后我修改、定稿这篇论文启发很大。后来，我们参加那次会议的论文一同发表于《文学评论》1997 年第 1 期，这无不是一种缘分。

我经常思索，栾勋先生这个年龄的一代学人，经历了太多的曲折与波折、磨炼与苦难，时代的赐予和个体心性的追求，磨难了他们一生，无不令人叹惋。比之于他们，我们应该是非常幸运的。栾勋先生晚年，生活得非常不幸，妻子罹患重病，儿子无业，等等，最后竟然把坚强如他的这么一个人，也生生拖垮了，于是罹患重病，不治而去。在栾勋先生处于困顿之时，我虽曾有过些微的帮助，但是比之于许明兄以及何西来、汤学智两位师长对于栾勋先生的关爱呵护，我是非常惭愧的，至今追悔不已。

记忆中的栾勋先生仍然鲜活

高建平

汤学智老师多次来电话，催我为即将出版的栾勋先生的纪念集写几句。我也屡次提笔，觉得沉重，就放下了，一直拖到今天。

栾勋先生离世已经几年了，关于他的一些事，在我的记忆中仍然鲜活。记得1997年我刚到文学所，那时栾先生已经接近退休，但常到研究室来。他是扬州人，说一口浓厚的扬州方言，我也是扬州人，听来特别亲切。不仅如此，我们还有一些共同的话题。我在扬州中学、扬州师范学院读过书，他在两个学校都有熟悉的老朋友。

当然，更多的话题是谈学术。文学所每周二上班，常常是室里的同事聊天日。上午先在室里聊，然后移师附近的某个小饭店接着聊。理论室里，有几位学术狂，由于他们的原因，所聊的内容，都与学术、学术人物、学术政治有关。对学术人物的议论，主要是帮助我们这些当年的年轻人解构一些位于神坛上的学术大人物，使他们从神变成人。学术政治，涉及一些学术运作方式，有牢骚，也有一些改进的思路。谈得更多的，还是学术本身，什么样的流派重要，什么流派已经过时，等等。这种聊天，是一周研究生活的调剂，也常常能迸发出思想的火花。最近，有时到一些专业QQ群里看看，美学群根本不谈美学，文艺学群里的话题与文艺学毫无关系。由此联系到文学所理论室的每周一谈，学术味要浓得多。在这个每周一谈中，栾勋先生是主要的参谈者。在一段时间里，他引领了理论室的谈话方向，也用他那浓浓的方音，给理论室的同事"扫盲"，为他们熟悉我的方音作铺垫。

能够在每周一谈时相见无杂言，三句话不离老本行，归结到学术上来，是由于心中只有学术。这也是栾先生他们那一代人的一个重要特点。这些年在学界，接触的人多了，也常常对人进行分类。大体上说，学者有这样三类：以学术为挣钱工具者；以学术为升官阶梯者；为学术而学术，从中寻找乐趣者。对于前两类人，我还是取一个纯学术的态度，只要你学问本身做得好，只论学问不论人，同样尊敬。但是，我从内心里讲，还是更敬重第三类人。这样的人可以为一个学术问题与朋友争得面红耳赤，可以争得发誓不再来往却又不离不弃，这样的人特别可爱。栾先生应属于这一类。

后来，栾勋先生身体不太好，不常到所里来了。但是，每年春节前理论室的老中青三代聚会，他都出席，仍然那么健谈。再到后来，常常听说他生病住院治疗。每逢他病了，我总是与几位同事一道，到医院看望。

记得最后一次，我与靳大成去医院看望他。那一次见到他，我的心情很沉重，知道他的病已很危险。他看到我，坚持要人把他从床上扶起来，对我说，他要写三篇文章，并给我一篇一篇地分述文章的中心思想。我怕他累着，多次说，我知道了，希望他好好养病，等身体好一点，我请两位学生来协助他，把文章写出来。病成那个样子，想的还是自己的文章，真是学者本色。对于一位学者来说，人生最大的遗憾，是未尽才。自知来日无多，心中想的还是学问。有了好的想法，却没有能写出来，这是比什么都痛苦的事。

栾先生逝世后，所人事处拟了一个讣告，请我改。我想了想，此事还是请杜书瀛先生动笔为好，故把原稿发过去。杜先生改得很好，对栾先生的一生和学术成就作了很准确的评价。但是，杜先生在一个地方卡住了。原稿中写道，文学所"资深副研究员"，看了怎么也不舒服。杜先生打电话问我，能否把"副"字去掉？我说，得向领导请示。当然，请示后，这个字是去掉了，这算是做了一件事。不过，这么做有多少意义？对谁有意义？我也不知道。由此，我想到一个话题：现代学术转型。

从文人，到思想者，到学者，这是一个痛苦的时代转型。从述而不作，到以诗文遣兴，到进入到对时代和社会问题的思考之中，再到围绕着一些专门的课题进行研究，这是一个不可避免的发展过程。今天，我们常常见到一些慨叹，说当今之世，没有思想，只有学术。某某是中国最后一位思想家，后来的人，都只是学问家了。我不赞成这种把思想与学术对立起来的说法。我甚至觉得，说这种话的人，大都是故作深沉的浅薄之徒。原因在于，时代在改变，思想也需要用学术的方式来研究。但话又说回来，这绝不是对思想的否定。

思想的价值，不一定要从职称一类的外在的东西来肯定。或者，即使肯定了，也不等于真正学术界的认可。但是，发表却很重要。述而不作的时代已经过去了，当今之世，还是要"作"，要书写、创造，对于学者来说，还是要把文字留下来。这是我推动本书出版的一个重要理由。我读栾先生的东西不多，希望有人把他所写的文字整理、发表出来。这些文字能有价值，对年轻人有启发，对社会有益，得到读者的肯定，这才是最重要的，比其他一切外在的东西都更加重要。

不复梦周公

——追忆栾勋老师

靳大成

我不是佛教徒,却也喜欢读读佛经,看看高僧传,揣摩揣摩坛经故事,如何一花开五叶之类,也和学佛的高人们经常过往。经是好文字,道理也高深服人。唯俺根器太劣,对其因果与宇宙论,下学无法上达,有点不信,有点怀疑,故读虽读,也练功持咒,但不能彻底,不能皈依。

但我对于"缘分",是信的。至少,和文学所诸位老师的相遇,真的是缘分。剪不断,理还乱,永远,永远的缘分。和栾勋老师,更是一种缘分。

前三年曾听建平兄叹气,某个他下大气力引进的人才,在美国读博的优秀女生,来所几年突然要调走,事前完全没有任何招呼。那天该生手里拿着一张表走到他面前,语气不容商量,毫无回旋余地,说请签字。签完字转身要走,一脸决绝,他问了声,能不能走前稍微坐下谈两句话?某生不好意思了,回来坐下,虚应故事,五分钟不到,就说,那没什么事我就走了。一去再也不回头。我懂,对年轻人来说,这里待遇低,机会少,清水衙门不说,关键是文学所当年的辉煌风光早已不再,和高校比已不具任何优势。这里顶多只是个临时落脚处罢了。我则异于是。自1987年留所26年了,虽然一向身处边缘,却也乐得自由自在,单位里任何主流的事都与俺无关,但对于文学所这个单位,种种人事往还,友情,师生情,刻骨铭心般地在意。

20世纪80年代思想氛围之一瞥

我们84届研究生，有那么一点儿说不清楚的"特殊"，与他们83届老大哥相比（他们这辈出局级领导，我们这辈出江湖散仙），根本没有他们的中规中矩。我们是"玩闹"的一代人。行为上似乎就像今日的"80后"一样轻佻，别看只隔一届，却似有代沟。我们是自我独立的一代，狂放不羁的一代，是新时期不戴红卫兵袖章的造反派，是继续革命批判传统文化并盲目推动且直接参与了引进西风二度的一代。

看我们高头讲章，看我们口吐莲花、白沫四溅，看我们出尽风头危言耸听，看我们无知可笑却随时指点江山。语言在说我们呀。自以为凸显的个性其实不过是上一轮反传统的更为粗暴的复制，只不过比前贤的错误主张多了些无知可笑的轻慢。于是我们在80年代的高歌猛进中，过早地弄潮，在古汉语说不好的条件下强说着更不通的外语，在历史的必要需求中，制造了无数相当个人性的文化事件。别说，这个大趋势和话语强势，真的唬人，借助其势，再加上历史的真实需求，种种我们的滑稽可笑的随心所欲的经不起推敲的狗屁文字，都变成了堂堂正正的命题被传播与讨论。那种虚骄肤浅狂躁，惹得老先生不断地叹气：切莫把聋人听闻当成振聋发聩呦！还是钱锺书先生话说得透，在新时期十年的学术会上，他专门给所长刘再复的信中说，请转告年轻学人注意，不实之名，犹如不义之财！

栾勋先生术业专攻中国古代文论，用他常说的话，叫出入经史。但恰逢此世道，他也不能免俗，也抵抗不住。他也和我的所有前辈老师们一样，在学术会议上或者私下讨论中，常常是静静地坐在一旁，认真地听着我们的胡说八道，以为我们口中的"语言在说我"是真正的西方宝典。出于一种前辈对后辈的本能的照顾和爱护，由着我们信口开河，并在所谓新的一定就是未来就是好的之天真信念下，很少当面出来校正我们的错误。与之接语，会听到他出自内心深处的巨大的期待，和虔诚认真地批判自己，承担历史责任，却因满怀希望而非批判地看待我们年轻一辈所以才有的口吻：我们这代人如何如何不行了，而且完全不懂西学，你们外语好，懂得新东西，就看你们的了！在上他的中国古代文论课的时候，他经常讲着讲着先秦文论，话锋一转，就变成了时下最流行的新潮理论的讨论，他愿意听我们讲一讲。其实当时我们也并不真正了解多少，也是二道贩子，说的无非是转手货，往往还是水货。但栾老师仍表现出极大的求知欲，极其认真地听我们讲。能看得出来，他非常关注 20 世纪新批评以后的西方文学批评理论。也许可以说，这背后隐藏了某种危机感吧？

坦率地说，整个 80 年代文学界的学术，我们和师长们一起主宰了潮头，甚至似乎有后来居上的势头，其实无非是吐了几个卷舌音，说了些欧美原创听不懂、我们自己也不懂的"R AND B"。真诚的老先生们就以为我们是从小喝牛奶吃面包长大的，以为我们得了洋人的真传。其实不然。看着年轻人一个一个冒出来，谠言高论，语惊四座，老师辈们显得很谦虚，我们却在老师们面前表现得很猖狂。我还记得 80 年代中期某个文学黑马出来批评李泽厚先生，一时风头甚健，很博人眼球。栾老师曾私下问我的看法。我说了对此公的印象：他表面上说的似乎是尼采，其实是以自己的黑格尔主义意识形态，驴唇不对马嘴地批判李泽厚的思想，还以为是在批判黑格尔主义。包括他思想与行文的混乱，我再不济，他玩的这套路数和毛病也能看得出来。栾老师的反应，仍是出于对晚辈的爱护，像鲁迅早期出于进化论观点对年轻人的看法，凡年轻的、后来的、晚出的就一定是新的、好的，充满善意地对其错误作了一些解释。这意味着，在我们80 年代学术生长期中，栾老师他们这代人，也是刚刚从"文化大革命"的梦魇中挣脱出来，他们身上也仍残留着旧的精神镣铐，他们也是第一次面临着如何面对晚辈、学生咄咄逼人的场面，他们当时还没有从容应对的自信和经验。这并不是他们个人的事情，而是 50 年代发展中断、再经"文化大革命"浩劫、被摧毁扭曲的一种精神、思想和知识系统，面临新的形势如何自处、如何应对、如何变形、成熟的问题。有些做西方研究专业的师长转身很快，似乎如鱼得水。但做传统文化历史研究的人，这个转弯可就不那么简单容易了。在趋新蹈虚的风气下，他们扎实笃学的脚步让他们远远落在了风头人物的后面。

为人谋忠为己谋拙：不会生活的老先生

　　栾老师的生活也是几十年一贯制，没有任何新变化。他特殊的家庭情况让他日子过得紧巴巴的。有一年，我们去南方参加一个学术会。我们坐在火车上一直聊天，到了饭点儿，我们几个年轻人，邀请栾老师一起去餐车吃晚饭。真是造孽呀。80年代中期，我估计当时他的工资收入，也就是百余元吧。可我是当过七年工人，"文化大革命"后第二批涨工资，带着三级工的工薪读的大学，而且没有子女，没有负担，一向"豪放"惯了。而且也不知道栾老师的家庭负担，就点了四个菜，加啤酒。点菜前，面对我们这几个学生，栾老师说，今天我请客。语气很硬，不容置疑。我也完全不了解他的情况，按照常理想当然地以为应该没事。印象中，这顿饭大概花了三十六七块吧。只见栾老师面无表情地付了费。事后我才知道，这大概是他身上带的全部钱款。

　　栾先生的家境后来是越来越窘迫。他自奉甚俭，可仍然堵不住家中那个巨大的窟窿。钱，他借遍了，乃至于在一定范围影响了信誉。现在，我也早就做了父亲，我完全能够理解他的心情。我后悔，当初为什么没有对他的身世处境有更深的了解，给予更多的帮助？在我的师友中，关心他帮助他的人非常多，人人皆伸手。可是，仍然改变不了他的命运。行文至此，我得对我的老兄许明，真诚地说句谢谢。他这二十多年，真正做到了对栾先生的尊敬和帮助，远远超过了其他人，包括他调离单位去了上海，每次返京时，也仍不忘记去看望栾老师，并没有一次是空着手去的。

　　就是这样的不幸，就是这样的憋屈生活，栾老师仍然有他自己的天地，有他的坚韧。回想起来，90年代初的某一天，他把我和陈燕谷召集来商量，认为到时候了，必须有一个对传统经典的再认识，而这一点需要从学术上细致地梳理。因此，他想做一本书，再论先秦文化，不需要更多的考古发现和新材料，就是从现有文本出发，凭借你们熟悉的西方现代主义文论，重新阐述中国传统的精神命脉。我还记得当时的反应，一是感觉有点突然，二是我们缺少学术准备。我和陈燕谷商量了一下，回复说，这个项目工程太大，需要大动干戈，不是三五年能完成的。或者我们暂且先放一放，等到合适的机缘再说？这一放，就是十年二十年过去了。现在想来，也许当初真的应该答应栾先生，一起把这本书做出来，哪怕是开个头，拉个大纲，深入地听一听他的想法也好！

前清人仍继承着传统，知道给老师、教席、乡老、家长、前辈、尊长，每年就是夏天的冰敬，冬天的碳敬，或者节敬。我虽不知礼，但最后十几年，遵守了这个规矩，至少每年的腊月或者节日中，必去栾老师府上看望一次。每次去，坐聊有长有短，但几句话，就能听到平时听不到的声音。栾老师心里有我，一直挂怀，所以见着我以后，说的话，从学术到人生，大到天下，小到职称和个人生活，都是一一点到，看着他日渐苍老的面孔，听着他一次又一次重复的话，心中只有感动。他这个人，是为人谋忠，为己谋拙呀。

栾老师去世后的告别仪式上，碰见了陶文鹏老师，他非常感慨地讲了栾老师的一件小事，我听了相当震惊。那是80年代初，他和栾老师出差去了新疆。在乌鲁木齐的一个大巴札（市场），他们正从那里穿行，忽然身后传来追逐喊打的声音，只见一群人手舞棍棒、刀具，在追一个年轻人，大约是为什么原因发生了冲突，双方动了手。此时周围的路人纷纷避让、躲闪，更无人敢出头。当年轻人从栾老师身边跑过去后，他突然横跨几步，站在马路当中，拦住了那几个持械狂追的人。他手里拿着自己的社科院的工作证，大声地用一口淮阴腔普通话劝阻这几个手持棍棒刀具的追赶者，非常真诚急切地说：我是北京来的，我不认识那个人，但你们千万不要冲动，如果这样下去，要出人命，可千万使不得！栾老师身材矮小，清癯瘦硬，平日文质彬彬，如果不是陶文鹏老师亲口对我说，我是想象不到他能有这么大的勇气出头来制止这种街头暴力冲突的。别看我习拳练武快四十年，说实话，如果我遇见了这种事情，敢不敢出面干预还真不好说。但栾老师当时并无丝毫犹豫，挺身而出，硬是果断地拦住了这伙追兵。可能他的正气、勇敢、真诚起了作用，那伙人就真的没有再追下去，终于使一场危险的惨祸消于无形。

80年代有一回在苏州开会，晚宴后，我们都喝了点酒，就问主办方，晚上有没有安排舞会？这里我必须说明一下，当时的舞会，是真正的交际舞会，非常"素"，绝对没有邪的歪的。主办方果然已经准备了。于是，我们三三两两来到舞厅。要是按今天的眼光看，整个舞厅的布局和设置简单到了不能再简单。可在当时，音乐一响，仍然弥漫着一种缥缈迷离的气氛。我们其实也不会跳舞，无非就是年轻胆大，敢搭着女生的肩走路，拍子是全谈不上的。中间一次休息时，我回到墙边座位，正好挨着栾老师。他不跳舞，只自己坐在角落里欣赏，眼前的桌上放着两瓶打开了的汽水，两眼炯炯，喃喃地说，（淮阴腔）青春啊，人生啊！我能体会出在这灯红酒绿，乐音袅袅中，有一种深深的中年人的感叹。在回京的火车上，我在车站买了只烧鸡，一瓶白酒，几个师长同学围坐着，一起喝酒，啃鸡，谈人生，谈学术。一讲到学术，他就变了一个人，一一考问，你有什么根底，读过什么书，对某某问题如何评价？我还记得，当时是外文所的一位老先生问何西来老师，到底60年代，蔡仪、李泽厚、朱光潜等等，他们争论什么？何西来老师娓娓道来，谁谁谁什么观点，主张什么，论点何在，有谁质疑，真正精彩！于是话题又聊到了何其芳，杜书瀛老师就详细解释了何其芳的共名说，内容何在，理据是什么。酒快喝完之时，栾老师突然说了一段话，大概意思是，不了解传统经典文化，就不可能建立新的现代文化。反传统的意思是重新开始，绝对不是要抛弃传统。说实话，在当时，我听了这话，根本不以为然。现在一晃二十多年过去了，今天我才理解这话的意思。真乃颠扑不破的真理！回身四顾看看我自己的子侄辈、学生辈，"70后"、"80后"们，常常表现出无知无礼，包括根本不了解不知道不清楚就敢对传统文化与历史大胆开口，从简单的道德判断出发轻下断言，既不能进入复杂的历史过程与细节，也无法理解前人的复杂心境，此时此刻，也只余一丝无奈微笑，这是语言在说他们，不是他们说语言。而他们根本不知道自己在被谁说。其实，夫子所谓四十不惑，不就是不被流俗卷着走，开始了我说语言吗？可惜啊，俺已奔六之人，才刚刚开始尝试我说语言。呵呵，此乃人生必经，历史必然，叹无可叹，唯希望后来学人，能醒悟得稍早一点儿。比我们少走一点弯路，少一点无知的主观固执，就能多一分对自己对人生对历史对世界的深刻理解和认识。

最后的叮嘱："执两用中乃常道"

栾老师精于思考，亦擅著文。他写的文章，不论长短，也不论发在什么地方，比如，发在他的家乡淮阴师专的学报上，都会被反复转载，被人大复印资料刊发。但种种因素制约着他，很少能够把当初的势头持续下去。但他的思考从未停止，只要你和他聊天，就会感受到他的执着，长年累月，坚持不懈，始终在追问中国传统古典文化的那个究竟。但他的确不是那种追着赶着发表著作的人。淡于名利，内心沉稳，他只是慢慢思考，慢慢整理，一篇一篇地发表。特别是他以副高职称退休以后，开始每年发表一两篇非常有分量的文章，像说"环中"，论絜矩之道，论神思，等等，虽文章不长，但很有内容，相当深入，有自己的独立思考和发现。从他晚年的这一批文章中，也能看出他有关中国传统文化特别是先秦诸子的思想，已经形成了有体系的相当成熟的想法了。所以，在他最后一次因病入院，我和高建平去看他时，他好像是在交代后事，又像是吐露心声，拉着我的手对我说，我们现在必须把"矛盾论"改过来，用"两端论"来代替它。对我们中国人来说，需要坚持的不是矛盾论，是两端论，执两用中才是常道呀。这个，要做一篇大文章！我知道，他这已不是在说古代美学思想了，他是结合了自己一生的经历与思考，站在历史的高度，为中国文化当下的症状开出了自己的药方。听了他的这番话，我和建平当场答应，等过了年，开了春，天暖和了，带几个学生过去，专门听他讲，并录下来，好好整理，形成正式文字后再深入讨论。可是我们都没有想到，栾老师竟然没能挺过去，那次探病竟然是永别。

这里我略有一丝迟疑之感。

以栾老师一生的追求，以他的眼光、才性，以他的学识，在今天时下的潮流风评中，他会怎么看待自己呢？他此生成功吗？他完成了自己吗？他对自己的生命历程感到满意吗？或者说，师辈们一生的努力成就，能够为我们留下什么？能够对前人后人有所交代吗？他们该给自己打多少分呢？

看着网络上、微博上年轻子辈对我们"50后"的指责、批评、谩骂，颇有"文化大革命"再来之感，无非是无限上纲，胡批乱斗，一竿子打翻一船人，似乎我们是可怜的什么也没做的愚昧无知上当的一代。面对这样的喧嚣，栾先生他们这代人会当如何呢？某种意义上，当年我们不也是这么看待师辈尊长的吗？

一个人所遭逢的历史条件、时代环境，无法选择，不由你个人说了算。你是被抛入漫漫人生的。因此，师长前辈所经历的社会生活之变迁、动荡，经历的"文化大革命"浩劫，思想专制，精神压抑，对传统文化前所未有的破坏，知识信息贫乏闭塞，也属历代仅见，显然，仍能从中坚持正见并挣脱而出者，殊为不易。同时，80年代改革开放西风二度时，清末民初儒门淡泊收拾不住的场景，似乎又在重现。在道德、文化价值方面，坚持古典传统的立场，我想，有些人还是能够做到的。能够同时再坚持一种学术上的贯通，和当下对话，和西学对勘，并落实到具体的身体力行中来，几十年如一日地持守，可就不那么容易了。法华转，转法华，栾勋老师，您做到了吗？要是从世俗眼光来看，他著作不多，名气不大，似乎不算一个"成功"的学者。个人家庭生活情况亦如前述，也不会让他感到安逸，更不会开心。国事家事，匆匆一生，略显落魄，心理负担相当沉重。但即使在生命最后时刻，仍不忘把几十年的心得与信念，明明白白地告诉来探视的后学晚辈，只那一句以两端论取代矛盾论，执两用中是常道，透露出的信息，说明他的人生境界思想水平已经达到了一个高度。在这个意义上，不也是求仁得仁，完成了使命了吗？夫子晚年子丧徒死，心境悲凉，感叹久不复梦见周公矣。然而，从心所欲不逾矩，一眼看清百世，言语道断，欲仁斯仁，在他身后而起的儒学，不就像是已听到了暴风雨前的滚滚惊雷了吗？

此时此刻，栾老师，我想对你说几句话。我知道你对我，对我们"年轻人"（如今已奔六，不再年轻了）有期许。我可以告诉你的是，届近耳顺之年，也是在我58年的动荡、摇摆、浮沉、徘徊、曲折中，近些年来真正坚定了对于中国传统文化的信心。孔子思想及以他命名的先秦儒家学说，包括道学，不再是外在于我的"客观"研究对象，而是活泼泼的，能够上身的，必须践履的，坚定笃行的精神信仰，思想指针。在您这代人和我们这代人经历的风风雨雨中，中国文化屡受重创，惨遭浩劫，在一轮又一轮的逆风苦雨中，摇摇晃晃，步履蹒跚。但中国文化的精神，并未断绝。它通过你们，通过我们，活在我们的身上，而焕发出无限的生机与活力。新的历史语境，危机与挑战，更是激发了它的伟大创造力。在写这几行字的时候，我感到充满了自信。德不孤，必有邻。不必向外寻找圣贤哲人，不必抱怨什么当代中国没有传统文化大师，我们自己就要做无恒产而有恒心的有恒者。念兹在兹，守中用中。造次必于是，颠沛必于是，慎思而笃行，一以贯之。我想，即便起夫子于地下，看到今日的社会历史情境，也只有发扬直道而行的躬行精神吧？那伟大的仁学思想与中道观，必将融会于人类普世通行之道而放射光芒。对于这一点，正像两千五百年前夫子曾无比自信地说的：其虽百世可知也！

听老师讲先秦美学

陈晋

1983 年，我和张筱强、党圣元、张德祥四位同学，考入中国社会科学院文学研究所当研究生。若干年后，一次相聚中，说起在文学所上课的情况，均不约而同地谈到栾勋老师为我们讲先秦美学的事。

那时，栾老师将近 50 岁，正值盛年。在我们的印象中，他是为我们讲课时间最长的老师，地点在文学所理论室的会议室。大家围坐一起，栾老师面前放有稿子，但他似乎从不翻阅，也不拿腔拿调，眼睛看着我们，很随意地聊天的样子，而且常有问答。在大学，都是上大课，老师在黑板上常有一二三之类的板书归纳，而栾老师的这种讲法，我觉得很新鲜，有一种传统师授的感觉。更重要的是，这种讲法，恐怕要有两个条件，一是肚子里真有货，一是对学生有坦诚交流的君子之风。

栾老师精读古代文献，烂熟于心。他讲课，常常是从一个古典概念切入，旁征博引，又加以个人的发挥，有时候，一个概念要讲好几节课，诸如老子的"道"，孔子的"里仁为美"，孟子的"养气"，我记得都讲了好几个上午。不知不觉中，我们对这些古代美学中的重要概念，也烂熟于胸了。这大概要比单纯地讲几条内容，更有益于学生了解古代美学的真谛要妙。讲古代美学，有一个陷阱，即容易讲得虚玄，听多了，会觉得枯燥。栾老师的讲法，常常妙趣横生。比如，有一次他从字源上讲到汉字的"美"，说，直观看来，就是"羊大为美"，与功利的食欲有关。有更多的肉吃，当然会觉得日子很美，对象很美。接着，栾老师说到自己，如果一两天没有肉吃，就感觉不行，不自在，对生活也不会觉得太美。我们听后禁不住会心一笑。不料，他话锋一转说，光是满足食欲，那还不是美的真谛，孔夫子既有三月不知肉味的痛苦经历，一旦有肉了，比如学生们送的充作学费的干腊肉，他还要求切得方方正正做好才下咽，这就从食欲上升到形式上的美感了。还有一次，讲到古代琴棋书画各种艺术有内在相通的东西，但一个艺术家，毕竟有自己最为擅长的一样。由此，他提到了齐白石，说齐白石的画非常好，印也刻得好，不过世人看齐白石，主要还是画家，但齐老先生不满足，便四处讲，自己的印比画好。这是因为，他在国画上的成就已有定评，无非是要让世人注意他的印而已。这样的讲法，真正是古人说的"知人论世"了。

我们断断续续听了栾勋老师一年多的课，最直接的感受是，他属于厚积薄发的学者，虽然健谈，真正发表论著，却异常认真。记得他出版的第一本书，是《中国古代美学概观》，是很薄的小册子，但都是个人的真知创见。最近搬家，整理藏书，还发现这本小书。睹物思人，想起老话：学人之风，山高水长。

先生指给我学问正途

张家濂

1986 年 5 月，我从合肥考入中国社会科学院研究生院文学系中国古代文论专业硕士研究生，文学研究所指派理论室栾勋先生为我的导师。

多少年以后，我才懂得，这是我的幸运。因为栾先生指引的是学问正途，他教我"出入经史，流连百家"。几千年来，中国的一切知识学问皆从经史中来，譬如江上清风，山间明月，取之不尽，用之不竭，是造物之无尽藏也。

当年的夏天，我去北京复试，在建国门内大街五号社科院大楼文学所的过道里见到栾先生。因为我是栾先生带的第一个研究生（也是最后一个，我们师徒情同父子，常笑谑"独子"），他非常高兴，把当时室内外一共 13 位声名已盛的学者请来考问我，如今我不能一一尽述当时所有的问题，但感受知识从四面八方打来，无力招架，心力有所不逮，想着有朝一日能够从容应对所有的问题，不禁油然而生发愤图强之志。

栾先生告诉我，读书犹如练武，要懂得各门各派的武功，"入其垒，袭其辎，捣其帜"（船山语），如此方能集大成。

记得复试的时候，有位先生问阿成小说《棋王》里道家思想，我虽喜爱《庄子》，但要回答先生的问题，显然是不够的，事后，我转问栾先生，他只淡淡地说："以后再说。"当时，我还没有看到栾先生论老庄、论孔孟荀、论韩非、诸子美学思想，这样极漂亮的文章。老师不以为意，完全是"人不知而不愠"的做派。

9 月入学后，老师约定的是一周一次讲论。可惜的是，当时我不能达到老师的要求，因为许多书根本未读。旧式的书院，是师弟子相聚一处，讲论经义，没有考试，没有积分指标，完成论文字数要求等等。即纯粹读书，全无功利的。这应是求学的本义，现代教育制度改革，彻底废弃了这一传统，讲求速效，要求实用，强调出成果。我记得 20 世纪 30 年代马一浮先生不愿去北大，就是因为在办学方针上与蔡元培先生不合，所以，马先生终未成北大之行。（在我看来，这不是马先生的遗憾，而是北大的遗憾。）当然，现在的教育沿用的是蔡先生北大的那一套方法，马先生的思想早被遗忘，甚至根本不为人知，是耶非耶？

在栾先生，大约是矛盾的：一方面，他说，依我们这一代人的底子，刻苦用功 30 年，能有一两篇文章，后人能看，还有点价值，就不错了。另一方面，迫于情势，又要求我早日发表文章，尽快成名。我体会老师的用心，是要我不荒废时光，勤于学业，做自己力所能及的事。

20 世纪 80 年代，我们国家刚刚从"文化大革命"的浩劫中挣脱出来，百业待举，百废待兴，学术界同样是蹒跚学步，步履维艰。

虽然是日常讲论，如同聊天，但耳闻之际亦有惊雷之声。有一位名满天下的学者，讲春秋之际，用"礼崩乐坏"来形容，被众人常引用，先生指出，他根本未熟原文，"三年不为礼，礼必坏，三年不为乐，乐必崩。"

有研究古代文论的人，讲《诗经·七月》"七月流火"，说是夏天热得如同火燎一般。先生说："他不懂这是旧历七月，已是现在八九月份，火星下降，天气转凉。"后来我看戴震《尚书义考》讲"乃命羲和"一段，批评学者不识恒星七政运行，不可能懂得古人真意，方悟古代天文、历数久已失传，《史记·天官书》已成绝学。

有研究孟子的学者，发表文章时常引"食色，性也"，说是圣人说的话。先生说，此"耳食之言"，孟子何尝这样说，这是告子说的。

有研究鲁迅的学者，不知"如坐春风"的出处，有人说可能出自《左传》，又不识原文。不知《二程集》里谢公谈从大程子那里回来，对人说："如在春风里坐了一个月"。

我有一次糊里糊涂说了一句"朝闻道，夕可死矣"，被狠狠纠正为"夕死可矣"，先生当时的语气、神态，至今如在目前，不敢淡忘。

至于"春秋繁露"的念法，恐怕现在没有几个人能念得对。

当时的学术界，界域已划分得较为细密了。这是现代学术的必然趋势，但由此导致的根底不固，缺乏通才也是事所必然。我们的专业是中国古代文学理论研究，方向是中国古典美学思想。但鉴于当时文论界研究的状况，我们几乎不参与他们的问题。也就是说，在栾先生看来，一般研究者所注重的某某"美学思想"这样的东西，价值不大。即使从先秦、西汉经隋唐，至宋明一直到清代、近代，弄厚厚的书出来，分章叙述，这样的书也只是吓唬人。

那么，栾先生考虑的是什么问题呢？

譬如孟子，研究美学的人讲他"充实之为美，充实而有光辉之谓大，大而化之之谓圣，圣而不可知之之谓神"。

研究哲学的人讲他"万物皆备于我"，"尽性知天"。

研究政治学的人讲他"民为贵，社稷次之，君为轻"。

研究教育学的人讲他"君子中道而立，能者从之"，"大匠不为拙工改废绳墨"。

研究伦理学的人讲他"嫂溺援之以手"。

孟子被肢解了，但孟子毕竟只是一个孟子，他的内核在哪里呢？这种分解的方法能得到吗？"七窍凿而混沌死"此其一。其二，研究文学理论的，一般只知在文学著作里面生活。孰不知中国古代第一流的文章乃是大臣的奏章，更不知天地间第一等文字乃是《六经》《语》《孟》。世人浅薄，普通只识读《古文观止》，不知有桐城姚鼐《古文辞类纂》，不知有湘乡曾氏《经史百家杂钞》。

在我读书求学的时代，学界盛称儒家与道家是中国古代思想的两大渊源或称两大支柱，并行而不悖，有的喜欢引申。更说是道家沉淀在艺术的、哲学的领域为多，儒家沉淀在政治的、伦理的领域多，所谓互补之说。这一点，栾勋先生最早领悟到，到晚年有精深透彻的见解。他有两篇文章我没有看到，只知道题目，应该是"经权论"与"两端论"，前者应是从儒家来的，"经"为常道，"权"为变通之道，经与权讲的应当是原则与变通，后者自是从道家而来。

《庄子》"枢始得其环中，以应无穷"。两端是指从圆心到圆周上任意一点均等距离。我曾问过儒家、道家哪一个更厉害？当时年少心性胜负之心萦怀，不免要探个究竟，就如诗分唐宋，钩划李杜。譬言关公与秦琼，李元霸与孙悟空，此两人若战在一处，孰胜孰负？

老师一口答道：当然是儒家，更博大的是儒家。浅薄的人以为道家论战争、论艺术、论哲学、论人生便以为沉淀的多。儒家以为"善战者服上刑"，诗赋与棋艺、书画一样属于"雕虫小技"。程颐说"'穿花蛱蝶深深见，点水蜻蜓款款飞'如此闲言语，道它作甚？"但真正打起仗来，真正无敌的是"仁义之师"。此即"魏之武卒不敌齐之技击，齐之技击不敌秦之锐士，秦之锐士不敌桓文之节制，桓文之节制不敌汤武之仁义。"这个道理当时并不能懂。

我的毕业论文做的是"庄子"，纯粹是喜好，我记得先生当时说："可以呀！"如果重新来过，我选"孟子"。而今，服膺儒学，尊儒门乃中国文化的正统，自奉为儒门信徒，全是出于当日受教，虽然他自己并不偏向哪一家，他身上学者、思想家气味浓些。

虽然，犹有疑问，当日儒家已分为八（墨分为三），今日所传，全是思孟一派。而仅这一派又分出程朱、陆王两派。现代新儒家尊陆王，称朱子是"别子为宗"，易间功夫与支离事业孰为久大？既如此说，又置横渠、船山一派于何地？

此间纠结甚多，如果栾先生尚在，他会怎么回答我。我渐渐觉得，胜负心不可取，一有胜负，便有高下、是非之心。所以即使朋友相处，对弈不如聆乐，谈史不如谈诗。但仍有疑问，音乐也有雅俗，诗歌也有好恶，同是瓦格纳，有人入迷，有人嗤鼻，同是诗歌，有人爱曹丕，有人爱曹植。老师说，这是兴趣。至此，"趣味无高下"。但若继续追问下去，何以有此兴趣，培养什么样的纯正的趣味，养成什么样的心性，又是另一番问题了。

老师对诗有很纯正的兴趣与极深的造诣，他对我说过，早年在干校待过一段，钱锺书先生教他念一部《仇注杜诗》，当时《秋兴八首》尚吟然成诵。1988年在福州开会，发言时首引杜诗"人生不相见，动如参与商"情动于中。私下曾对我说，杜诗是真正的诗，像"草昧英雄起，讴歌历数归。风尘三尺剑，社稷一戎衣"好极。郭沫若的"共和三脱帽，光复一戎衣"全袭此句。我后来在船山《唐诗评选》中看到这两首诗，深为感慨。

出于好奇，我有时喜欢问先生当代名家之中，谁的学问最大？

先生说了一则故事。在干校的时候，有一次，一位不知名的年轻人读

《易经》"大壮"卦上六爻"羚羊触藩",不解其意。当时,那里有三位先生,钱锺书、任继愈、沈有鼎。遂一一持问,其一语焉不详,其一不知所云,唯钱先生三言两语,令年轻人解颐而去。钱先生的学问,在近百年内无人可比。他在 24 岁已读完唐以前的书,留英后,遍涉西洋著述。80 年代,当我们通过译著勉强知道西方现代哲学大略时,他早在几十年前已读过诸人的原著,"才情学识谁堪俱,新旧中西子竟通"。没有幼年沉湎于经史,长而熟谙西洋文字的经历,奢谈中西文化,模糊影响而已。

栾先生有一篇很著名的文章,《现象环与中国古代美学思想》,文章发表了很长时间,人们都不明白,到底要说什么?

实际上,这篇文章是老师读书数十年对中国古代思想智慧的领悟,远非美学可以解说,或者应当这样说,从美学或者其他诸如政治、哲学、伦理、文学、宗教等等任意一种学说来概括中国古人的思想智慧,都是对古人的贬诋。论文的缘起,先生曾经告诉我是对"圆"的理解,中国人喜欢讲"圆",老师说,这是钱锺书先生要他留意的。

我想,"圆"在先秦诸子那里意味尚明而未融,到了宋初,为了与影响日大的道家、佛家的学理相抗衡,才被发挥出来,此即"太极图"。周敦颐说"无极而太极,太极本无极"。为了两句话,朱子与象山往复论难,超过万言。象山不能容忍"无"字,认为与道家虚无之说暗通,思想不纯,到底是朱子博大。但其实无须辩说,未来的世界,一定是"无极"的世界。"极"即顶点、极致。"无极"即没有极致、没有顶点。在圆周之任意一点均可以是顶点,均可以是极致。

先生在很长一段时间酷爱"两端论",犹如国际政治之美苏争霸,犹如围棋里的"双活",犹如哲学中的"唯物"和"唯心"。他喜欢说"制衡之术",即驾驭两端,谁都动弹不得。但"冷战"终于有终结的一日。"唯物与唯心"的对立,终于被后现代消解。(钱先生妙译为"解构主义"),多元的、无极的时代不可阻挡地来临了。

先生离开我已经五年了,我常想着当年每周去大北窑劲松区他的住处的情景。对于我,他是浑然太一的栾先生。但如果有人问:你的栾先生到底是什么样的人呢?我不能遽答。

栾先生在他的时代,没有功业,只能以文章名世,这在他,是常常不满的。即以文章言，他雅不愿入"文苑传"，又入不得"儒林传"，似有"羚羊触藩""进退失据"之意，岂当时戏言成谶？

2012 年 6 月 4 日于合肥

（作者供职《安徽商报》）

到那个世界，我还做您的学生

刘岸挺

我是 1985 年拜识先生的，那是在苏州大学参加中国社科院文学所主办的"文学观念与方法"研讨会上。会间，杜书瀛先生说，你喜欢庄子，我给你介绍一位老师，于是把我带到先生面前。记得先生当时打量着我，笑道："年轻人也喜欢庄子？该是上年纪的人才会感兴趣啊。好，我们聊聊。"先生瘦小，却目光如炬，解庄论道，声若振玉，辞如贯珠，神采奕奕，意气飞扬，立即吸引了我。从此，我就成了先生的"私淑弟子"。与先生讨论越多越深入，越渴望能够师从先生，随时亲聆教诲，多次想报考先生的研究生，可外语关难过，终不能如愿。然而，多年来通信通话引导点拨，以及难得的先生两次来扬耳提面命，我受教受惠，仰承师恩，却是山样的重、海样的深！

从苏州会议回去后，我给先生写信，寄上我的《谁解其中味——庄子论》，先生很快复信，肯定了我的学术敏感和悟性，语重心长地希望我多读书，不要急于写文章，更不要急于发表。先生批评学术界的浮躁风气，希望我真正踏实做学问，厚积薄发，不做"黑漆皮灯笼"。他指出：治学有进门、登堂、入室三阶。"'进门'只是理解，是知识性的；'登堂'才是'史识'：有了自己的思想。而更难的是'入室'。文本是客观的。一个思想深邃的作者，他所创作的文本，不仅仅表达了自己明确意识到了的东西，而且其中还可能潜藏着作者尚未意识到的东西。研究者挖掘出这部分成果，才真正算是有了贡献，表现了'智慧'。这三阶中有一种危险，那就是牵强附会，这是学人应当时刻提防的。提防是谨慎，绝不是惧怕。懦夫是搞不了科学研究的。所以有'识'还须有'胆'，有胆有识，方有创造。"先生强调治学的本质是创造，"切不可将我们的头脑变成前人的跑马场"，为此必须积累知识，独立思考。从此我遵从教诲，潜心读书和思考，练笔则努力做到"文章不写半句空"。

我常向先生求教，先生从来都是认真地有问必答，有时凌晨一点半还在复信。通话通信，先生几乎每次都要提到学术界的急功近利现象，告诫我要涵养正气，保持纯洁自由的心灵，不为邪气所侵，强调学术和人生的意义在创造，由此我深切认识到先生是一位当代非常难得的有坚守的真正的学者，由衷钦敬他。因为佩服，所以希望得其赏识，特别珍视他的评价。在读《文选》时我注意到张衡《思玄赋》篇末的系诗是一首完整的七言诗，而权威文学史认为中国第一首完整的七言诗是张衡的《四愁诗》或曹丕的《燕歌行》，于是我写了《我国第一首完整的七言诗辨》发表在1987年第1期《齐鲁学刊》上，引起较大反响，接着又写了《一点补充》及《再辨》。我征询先生意见，先生思索着说，止于现有文献来看，你的发现很有意义，结论成立。我又报告说有人说我得理不让人，先生朗声大笑道："这是做学问啊！做人要宽容，做学问就是要当仁不让，坚持真理。"得了先生的肯定，我读书更加用心。

由读庄子，我对浪漫主义精神现象产生浓厚兴趣，一有心得便报告先生，先生总是鼓励我大胆设想，小心求证，随时提醒我注意相关问题，并提供相关书目。后来我选"五四"时期浪漫主义文学做硕士论文，题为《五四浪漫主义文学类型概说》，系统地提出与既有定论不同的观点。这需要勇气，为此我常和先生讨论，每每得到先生肯定，而先生点头，我就底气更足。记得最初在给"五四"浪漫主义文学划分类型时有些问题想不清楚，请教先生，先生说："分为思想型、政治型、文化型三类更好。"啊！刹那间我只觉电光一闪，通篇思路一下子被这句话点亮了！真是茅塞顿开，不禁十分佩服先生高屋建瓴的理论眼光、洞察幽微的思考力和游刃有余的治学智慧。先生常说研究问题要"居高临下，目光四射"，这原是他的"夫子自道"啊！完成论文后，寄呈栾先生和杜书瀛先生，杜先生非常谦虚，说自己不搞现代文学专业，看过又转给樊骏先生。杜老师来信说，樊先生看完问："作者在哪里，是搞理论的吧？"并打算让《中国现代文学研究丛刊》选登一部分。论文思辨性强，还不是栾先生的点化之功吗？我心中充满对先生的感激之情。栾先生看了论文后，则出了一道题：他说他写了副对联，上联是"岸挺文章真岸挺"，让我对下联。我不会做对子，只是体会到他对我的褒奖，便据实以告我不会做。他后来给出下联"如瑛风范亦如瑛"。我这才知道先生拿我们父女名字做了对子。我把信给父亲看，父亲笑着拨通了先生的电话。

　　自我拜识先生后，先生和家父也成为挚友，先生治古典美学，父亲治诸子，他们都是严谨求是而淡泊宁静的创造型学者，虽未谋面却相互心仪，神交深厚，谈笑甚得，传书通话，互赠墨宝。后来我报考南京大学许志英先生的博士生，先生为我连夜写长信向许先生"作了诚挚的推荐"，虽因外语考试不过而落榜，但先生对我的殷切期望和深厚情义，却是我终生难忘的！从此，先生、许先生和父亲三人成为至交。宁扬咫尺，许先生每次来学校主持研究生答辩都先来看望家父，父亲赴宁时也总去拜望许先生。许先生治中国现代文学，他们一见如故，谈笑风生，学术、人生，历史、现实，社会、家庭，无话不谈。而此前父亲和许先生只是相互知道，是栾先生将他们联络在一起，成为相互倾慕、亲密无间的朋友。远在北京的栾先生，1998年春返乡办事，先到扬州，一下车就和家父相会。神交12年后第一次见面，他们都非常激动兴奋。在扬数日，父亲联系了文学院邀请先生为师生做了学术报告。活动之余，他们每天都交谈到很晚，先生才意犹未尽地回宾馆休息。其间，父亲的研究生夏雷和我们一家一道陪同先生游览瘦西湖。湖上泛舟，赏心悦目，先生触景起兴，激情洋溢地讲到他的"环论"和"两端论"。看着先生心情愉悦，神采飞扬，思如泉涌，诗兴遄飞，我想：这精瘦的小老头儿，胸中蕴藏着多大的精神能量啊！

　　曹丕说"文人相轻，自古而然"，而栾先生、许先生和父亲三人个性差异颇大，却能够成为相知很深的朋友，我以为这是由于他们有着共同的人生理想、学术追求、胸襟怀抱、生存状态。他们都是正直善良、关心祖国前途和人类命运的知识分子，都是固守原则与道德、以学术为生命的学者，都精神富足而强大，却贫弱困厄处境艰难。尽管这个世界给予他们的极少，他们却为这个世界创造出价值永恒的精神成果。他们超越了现实生活中的痛苦，坚持着精神的飞扬与创造，正像父亲诗中所说："心唯圣哲书中意，身外英雄榜上名。"栾先生每每写道："我仍然在思考人世间的问题，精神仍在天地间遨游，这也是改不了的毛病，没法儿治。""我正在写作《中国古代美学思维结构论纲》（中国古代混沌论之三），心潮澎湃，欲言不尽。"他有时自嘲："满面浮尘君莫笑，一身浩气我无亏！"更多的是自励："知宇内，风来风去；望窗外，云起云飞"。他说"'望'是用眼，'知'是用心"。他瘦弱到体重只有70来斤，照旧背负青天，一刻也不停止飞翔。

困窘中的坚守使他们相知相慕相响相濡。栾先生多次写道："刘先生的处境很艰难，学问一道依然锲而不舍，真是令人钦敬。""我真佩服尊大人，他的旷达、他的毅力、他的执着，都是罕见的。用传统的观点看，他真称得上是个圣人！""刘老夫子为人刚健，真是了不起。我辈当学其刚健，热爱人生，无愧于时代。"这是赞叹家父的困守，更是表达先生反抗命运献身学术的坚定意志。先生的困境在三人之中应是最令人扼腕的。许先生和家父尚可写出他们的书，而栾先生却是既贫且穷，连写作的基本条件也没有，"我就像一只困兽"，"就像在黑洞里，时间和空间都变成了零！""这次志英到北京来，两次见面，相聚甚欢！他对我的处境，内心甚凄楚，然而他的处境原来比我更恶，只是刚刚好转罢了……糊里糊涂受罪，倒也罢了，偏偏受罪而又如此清醒，真是令人难以承受。"一个满腹经纶、戛戛独造的当代学者，几乎用了一生来耕耘来探索来创造，却无法完成他的巨著以贡献给他热爱的事业。就像辛劳了一年的农夫，丰收季节眼看着满地的庄稼烂在地里却无法收割。这是何等的痛苦啊！真是穷途末路啊！许先生对我说过，他曾劝栾先生调回江苏以缓解生活困难，栾先生没有采纳，因为"文学所治学环境更好"。未料无法完成赖以安身立命的学术专著，却正是他为学术付出的代价！真是太悲摧太残酷了！看着先生陷于无法摆脱的宿命，看着先生的焦虑随着时间推移而加剧，我能体会他内心的痛苦无奈与绝望，常为他不平：这世界上有很多人无所事事却有很多大房子很多时间，而极需时间和空间来著述的先生却被挤对得只剩下一个特别能思索的大脑！我恨自己无能，我若有子贡之才能赚很多钱就好了，一定让先生有个安静的空间，写出他的书来。这是多么可笑的空想啊。父亲也深为先生难过，而安慰和些微帮助解决不了根本问题。许先生则通过他的学生们为栾先生安排到各地讲学。

2002年10月，先生和李芹老师共同来扬，适逢扬州中学百年校庆，先生在文学院为研究生和教师做了关于"学人知识结构与古代美学研究"的学术报告后，由古风教授和我陪同回母校参加校庆，在树人堂前留影。后来游览瘦西湖、平山堂、博物馆、迎宾馆等，都留下了珍贵照片。与上次返乡相比，先生这次显得衰弱，动作变缓了，挂上了手杖，身材越发瘦小，两颊下陷，远观只见宽阔的脑门，和一双深陷却黑亮的眼睛。在扬州中学朱自清雕像前，先生点燃一支烟，并不多抽，只是让它自燃，青烟中，他微微眯缝着眼睛，目光却越过校园里涌动的人群和飘动的彩旗，伸向远方，两点星星似的小火苗在深潭似的眸子上跳跃。他静静地挂杖站立，若有所思地，似乎忘记了存在。我突然感觉他很像鲁迅！在平山堂栖灵塔也给我同样的强烈印象，他一手夹烟，默默地凭栏远眺，仲秋的夕阳中显得静穆孤独而忧郁。先生的形神给人以难以名状的复杂感受：形的衰败病弱引起你的怜悯与疼痛，而神的不屈与健旺使你领略到悲壮与崇高。正像汤学智先生所说的，两个生命集于栾先生一身：肉体生命贫弱瘦小，弱不禁风；精神生命充盈强大，锐不可当。其实这是先生生命的两种状态，无论弱强，都由坚定的信念和强大的精神支撑着。在文学院讲学时就是这样，为照顾他的身体，只安排了一小时，他起先低缓地讲着，不一会儿语速越来越快，音调越来越高，两目炯炯，精神抖擞，声如洪钟，滔滔不绝，一气讲了三个多小时。他完全沉浸在思想里，享受着思考和创造的快乐。

扬州之行结束后，我送先生和李老师赴宁到许先生家。先生先后到南京大学、东南大学及淮阴、南通、安徽等地高校讲学，这都是许先生安排的。这次南下讲学，先生心情很好，但在后来的几年里，先生仍然处于无条件著述的困扰中。他曾提出想到我校文学院或广陵学院来，一面上课，帮助培养学生和青年教师，一面写书。他说不给学校添麻烦，可以不要报酬，只需一小间宿舍可以容身可以放下一张小书桌就行，嘱我找文学院院长姚文放教授帮忙。我明白，他出此计议主要是想找一个可以写书的地方，把书写出来。可是这也落空了。我把联系结果报告先生时，先生反过来安慰我，语气显得很轻松。其实我知道，他突破困境的努力又一次失败了，随着生命的一天天老去，他是多么无奈而绝望啊。

尽管绝望，先生仍未放弃研究与思考。他始终都没有放弃希望！我每次问候先生，先生总在电话中健朗地说："放心，我会维护自己的存在。我现在半日读书半日静坐，静坐就是养气，是气功，我不会倒下的，我的使命未完，我的精神不倒。""我身上基本无肉，还剩 70 斤，除了皮和筋骨，就剩下一腔热血和一副清醒的大脑啦。我的精神很好，脑子动得歇不下来。有机会回南方，我要亲自给你讲环中论。""关于人生，关于学问，我尚未有机会同你详谈。理解人生，是门大学问，文学本身算不了什么。"几乎每次电话先生都要说他的新思考与新发现，并且都说要找机会详细地给我讲。先生一直不放弃希望，我也一直期盼着，相信机会会有的，著述终究会完成的。我绝没想到，一次感冒引发的肺炎，竟夺去了先生的宝贵生命，留下了无尽的遗憾！

在写这篇悼文时，重读先生来信，不禁潸潸，百感交集。2006 年 3 月 20 日的信是先生给我的最后一封，此后就都是电话联系了。这也是最长的一封，整整十页，四页是信，六页是先生为我摘录的文献资料。那时我为研究生准备"关于中国古代文化与现代文学"专题课而请教先生，先生专此从其笔记中摘出相关资料，并指出："文学问题应该放在文化大系统内研究"；"两端论与矛盾论是不同的"；"谈文化要目光四射，不可拘于一面，比如文化的传承、实用与发展三者应放在过去、现在、未来三时中考虑，方可得其要领。文化问题说到底是人化问题，这与文学即人学相通。谈到人学，中国文化与文学的优长之处就显示出来。为政以德与为文以德是相通的，两者在艺术上也相通"。"一切文学都是人学，一切文学都是诗学。中国的经学包括文、史、哲三者，真是绝妙！关于诗、礼、乐人文特点可以验之于《论语》"。信发出后，先生又专门打来电话，具体阐述我国古代文化理论及特点，并详细指导我如何分层次讲述这些问题。先生极其认真，嘱我用笔记录电话，时间很长，速记就有四页。此刻，先生的教导言犹在耳，这一切仿佛就发生在昨天。

可是，如今，许先生；栾先生；我父亲，他们一个一个地都走了，我再也听不到他们的交谈了。过去，我特别爱听他们谈话。那时我感觉到他们共同构成了我的学术和精神生长天空，我在这天空下感到得天独厚的温润、充实与满足。

人要死，为何生？注定要走，何必又来？终究别离，何苦相聚？庄子说："泉涸，鱼相与处于陆，相呴以湿，相濡以沫，不如相忘于江河。"

然而，既已相识相知，又如何相忘？敬爱的栾先生，您在天上好吗？我只有一个愿望，那就是，到那个世界，我还做您的学生。

2012 年 6 月 13—16 日

（作者为扬州大学文学院教授）

他在灯火阑珊处

——悲送栾勋师

梁长峨

积厚德，薄享受，天涯作客，痛哉斯人已乘黄鹤去；

做学问，终其生，遥居道山，悲哉吾师何日再归来。

这是四年前，我为栾勋师写的未能送到他灵前的挽联。

那是个寒冷的初春早晨，我在沉睡中突然接到师母的电话。她在那一端说："你老师走了！"我问："什么时候？"她说："已送到八宝山几天了。我当时脑子一片空白，几乎什么都想不起来了，才没及时告诉你。"她的声音很低，且发颤。但我听得出师母心中凝着无法测度的沉重和痛苦。是啊，老师走了，这对风雨同行一辈子的师母意味着什么！这个世界还有比自己最亲的人，永远地走了，更痛彻心扉的吗？

师母说的噩耗，让我的手冷凝僵硬，不停地发抖，心如一根针突然猛刺一般疼痛，一时无法自禁。栾勋。离世。我从不曾也不愿将这两个句子放在一起想！一个正在学界横刀立马的人，怎么可能突然让这两个句子真真切切地联系在一起呢？！我很长时间都不相信他走了，一次又一次否认，可事实一次又一次无情地横在我的眼前，任凭我如何痛苦挣扎不相信，如何迫切希冀看到他一如既往伏在书桌前那智慧鲜活可观可触的音容，可他离去的无情事实却最终彻底淹灭我的希冀。我只能默默地想，万劫千生再见难，英姿睿容留心头。天实为之，我复何言！我复何言！

栾勋师的离去，不知震痛多少知他懂他人的心。我所以望着这已被拉上死的帷幕，久久绝望、发呆，久久吞咽苦涩的泪，久久被这死的尖锐刺痛，就是因为我是最知最懂先生中的一个。

先生生于具有物华天宝、人杰地灵之称的扬州。家境赤贫，却胸有大志。天资聪颖加之勤奋，让他顺利考上北京大学中文系。后来，他又进到中国社会科学院。在这里，他如鱼得水。老师是一流的，可以随时请教；年轻同行是一流的，能够随时争论，这里有的是对手；图书馆也是一流的，他每每踏进去，都感到像是闯进了一座宏伟庄严的科学殿堂，眼花缭乱，目不暇接，迷醉不已。

然而，他还没有来得及展翅高翔，中国跨进了一个愚蠢的年代。所有外国书籍除了马列著作都被横加批判，所有中国古代书籍都被当成封建糟粕而统统扫地出门。他怀着百般依恋的心情把他细心做的资料卡片烧了，把他费心写的论文草稿烧了，把他辛苦收集的外国书籍也烧了。望着这一切刹那间变成熊熊的火光，跳动的火舌无情地吞噬着自己的生命，他那颗心在痛苦地抽泣、滴血。

烈火能吞掉他的论文他的资料，却烧不掉他的心啊！一看到名著，一谈到学问，他就无法克制内心的冲动，感情的烈火又熊熊燃烧起来。但他只能让自己宏大的欲望在内心冲撞和燃烧，在发配到水库劳动的他，只能忍受着自己大脑中的知识和智慧被糟蹋被窒息。

历史终于走完了那段沼泽地，结束了那个特殊的岁月。栾勋师被囚禁十年的青春热情和能力以势不可挡的劲头呼啸而出。他站在选择的路口上，回顾来路，觉得他读过的中国古籍中蕴涵着许多美学思想、观点和资料。他想，要是全部挖掘出来，让世界领略内中之奇妙那该多好哇！

他非常兴奋地说："人们隔着遥远的年代、遥远的地域，赞叹着古希腊辉煌的文化成果，怀着崇敬的心情谈论着它的雕塑和建筑，欣赏着它的戏剧和史诗，并且怀着同样的心情聆听着古希腊人关于美的见解。……然而，倘有通才博雅之士立志撰写一部世界美学史，那么，从什么地方开篇，从谁写起，就成了一件颇费心思，需要商讨的事情了。因为在喜马拉雅山的东面矗立着一个中国！差不多与古希腊文化繁荣的同时，在中华民族的历史上出现了空前的文化繁荣的时代。其时间延续了四五百年之久，涌现的文化巨人数量之多，在世界史上是罕见的。"

他坚信自己选择的道路是灿烂的。他时刻都在想着怎样才能将中国美学史高峰攻下来。为此，他把自己单薄的生命整日整夜死死关在书本里，目光惊异着,在五光十色的知识世界中沉醉。一本本书读完了,一本本笔记做出来了,一篇篇论文的草稿写出来了。他凭着一颗金子般纯洁的心,雄心勃勃,进行著述。

他在《论"神思"》中首先提出了灵感是一种思维的见解;在《中国古代美学的理性主义》中首先提出了儒家美学思想的理性主义特征;在《中国古代美学概观》中首先提出了道家美学思想的非理性主义与儒家美学思想的理性主义的对立;在《魏晋时期文学思想的发展》中首先提出了中国古代诗歌思想到魏晋时期发生了从"言志"向"缘情"的转变……

1978年以后,栾勋师连续不断发表高质量的论文。他在中国古代美学研究的山道中呼呼直上,成绩斐然。当那一篇篇闪烁着自己的心血和智慧的论文发表后,他的心头总要涌起自豪和幸福的热流。但这只是短暂的,他很快就冷静下来,目光严峻地盯着那险峻而又辉煌的中国古代美学史的高峰,重新抖擞精神,全力以赴向上攀登。

有两位学者评论栾勋师的研究成果时写道:现实中的中国古代美学史研究有三种情形:一是"以经注经",即以今人、洋人之"经",去注古人之"经"。这种"借光照明",由于光源、光色及亮度之不同,会对古人之"经"有不同侧面不同程度的发现与阐释,但其究竟在何种程度上切合了思想史,特别是中国美学史的实际,是颇有疑问的。二是"六经注我"。这种研究突出了研究者的主体意识,可以把一部美学史引发为"我的美学史"。这其中尽管可能闪耀着某些独特的发现,但就总体而言,距科学地说明中国美学生命历程的客观规律性还有一段距离。三是力图对中国古代美学发生发展的历程作出客观性描述,或试图构建中国古代美学思想的范畴体系。这自然是一种很大的进步,但仍未能进入更深的层次,还不是美学史研究的最高境界。美学史研究的最高境界应该是:揭示古人审美思维结构的秘密。而栾勋的研究则进入了这个境界。

长期以来,栾勋师始终在这个最基本的问题上进行思考。一些问题经常萦绕在他的脑际:真正制约思想观念变化的内在机制是什么?为什么孔、墨、老、庄提出这样的观点?而宋、元、明、清的一些学者又出现那样一些观点?除了社会文化诸条件之外,作为思想主体的人的内因是什么?

　　这个问题，从萌芽到成熟，耗费了他十几年的时光。现在找准目标了，他不顾一切地扑了过去。他张起全身灼热的神经，目光如冒着火焰的剑，把一本又一本巨著高挑起来化为胸底的层峦叠嶂。他大汗淋淋，气喘吁吁，忘记一切，边思考，边读书，边做笔记，在美学研究的深层领域里不停地开掘。单单是资料笔记算起来足有300万字！

　　就在他向美学史高峰攀登的时候，突然冒出的急病把他击倒了。这时他的大脑作出的第一个反应是：我的理想恐怕难以实现了。

　　命运之神就是这样叩门的！它早不来，晚不来，专门在你出师要获大捷的时候来。多么粗暴！多么凶狠！命运啊，原来是个残酷无情的暴君！

　　奇哉！命运的暴君突然变成了一个慈祥的老人，留栾勋师一命活在人间。

　　住院期间，医生再三嘱他不要看书不要写作。他怎能忍受这样"清闲"的日子啊！在病苦中，他一分钟一秒钟焦躁地等待。但在身体稍微好转时，他立马又不顾一切了。"朝闻道夕死可矣"这种精神支撑着他那风雨飘摇的身体，去进行着极为艰难的攀登。

　　他用他的笔，他的思维触角深入到美学史的深层结构中去了。他从大量的资料中，提炼出美学史上中国式的思维结构模式，即"三论""三环"说。这是他的一大发现，也是他对中国美学史的一大贡献。

　　他认为，从中国大量的古代典籍中可以看出中国古人的思想具有"两端——中和——神秘"的倾向。无论是谈天地之道、阴阳之事、宇宙的发端、生命的起源都是这样。"君子之道，造端乎夫妇，及其至也，察乎天地！"他说：中国古代哲人构造思想体系，在方法上"近取诸身，远取诸物"，从切近的男女两性关系的研究，产生了中国古代的生命学，由此远推，又从而产生了中国古代的宇宙学，中国古人对天地宇宙的最初的观察和哲学提炼，起源于对人的生命本体的认识。这个论点极为重要。李卓吾也说："极而言之，天地一夫妇也。"从两端出发，自然达到中和。中和不是清晰的合一，而是一个瞬间状态，一种调节的中介，它通向神秘，通向非理性所能把握的一个世界。

　　他的"三论"揭示出中国古代美学生成发展的思维机制与思想路线，他提出的"三环"则进而划出了它的主要领域，思想环是精神领域，宇宙环是自然领域，而现象环则是这两大领域的综合。他说得好，人所认知的现象里，以人为中心，构成了一个"互不相离，运动不止，生生不息的连环套"。既然提出了现象世界的构成，就不能不涉及中国古人所一再论及的"道"。他认为"道"是现象环的本体，道之为道，"于大不终，于小不遗"。这样一个既可作精神解，又可作物质讲的中国古代独有的现象——本体论，使得他所极力肯定的中国古代的"三论"有了哲学依据。道为本体，本体的发展就是两端："太极生两仪，两仪生四象，四象生八卦"，"道生一，一生二，二生三，三生万物"，这些朴素的哲理使展开的现象环获得了较深层的结构性支撑。

人们从他总结的中国古代美学思维的模式中，可以看出其演进的逻辑规则：从两端而达中和，中和而趋神秘，起始是对立之两极，过程是互渗之流程，结果是未测之未来。而且，他认为，这个有方向的思维发展过程并不是直线状的，而是环状的，成为环状相套的螺旋形。这有点像列宁所描绘的人类的认识圆圈，但又不完全相似。它的起始和终端都是未知域，在过程中又呈两极状，成为一个生生相套的开放的体系。如他所说，这就是我们中国古代哲学——美学思想发生、发展的模型，是我们中国古圣先贤们精心制作的一串神秘的圆圈。

显然，先生的这种探索具有很高的独创性和巨大的潜在意义。首先，它第一次将美学史看作是思维结构发展史，从而代替那种排列观点罗列材料的初级状态的描述。我们目前所能接触到的中西美学史，几乎全是清一色的观点、人物罗列史。这实在需要有人大胆敏锐探索，使美学史研究深入到一个新的境界。栾先生做到了。其次，它将直接影响到文学和艺术理论的建树。从中国美学思想的思维结构研究出发，文学思维的秘密也将获得揭示。由此，中国文学史的研究将进入新的层次。在一般艺术理论研究中"思维"也将成为一个最核心的部分。中国审美思维的结构状态究竟是如何的？栾勋师的研究提供了一个范示。

我们已有相当长的时间感到了文学研究疲惫。原因之一，是无法找到具有新意的研究课题与研究角度。在已有的研究课题上，旧话重提或新说再说，人人都感到了重复的厌烦和无话再说的心理惆怅。而栾先生的论文在研究的内容和角度上提供了一种启示：将研究深入到思维领域去，这样有希望改变目前文学史研究徘徊的状态。围绕这个焦点，作为文学思维史的文学史将一展风采；对文学批评的研究将以"批评的思维"为题达到一个新的层次。

　　作为研究的方法论基础，思维结构问题的提出将使人们面临真正的"艰难的选择"。传统的研究方法在当代中国学术界显然已显得比较疲软无力；但在方法热的浪潮中，我们并没有获得长足的进展。另外一些零星的移植式研究（例如运用现代语言学的分析等等），也由于理论背景上缺乏系统的支撑而失之浅陋。在这一系列困惑面前，怎么办？先生的文章启示我们要走上"思维变革"之路。

　　一篇文章能有这样的重大发展，能给人如此重要的启示，很了不起呀！多年来，他在自己构筑的迷人天地里，遇到浓重的夜雾，也遇到颠狂的风暴，现在云开日朗，雨过天晴，一种巨大的幸运感把他过去的辛酸和苦难抵消了。

　　栾勋师作为一位学者，一个美学史研究专家，有这么多发现和创造，特别是他的《现象环与中国古代美学思想》，以新颖独特的论点，卓尔不群的发现，深刻周密的论述，让同道们拍手叫好，已不枉活了。在中国社会科学院这个中国最高学术机构中，在中国这块古代美学研究强手如林的土地上，能高人一头，让人惊叹，何其难矣！这里是知识的海洋，他们中的每一个人都是一个知识的大河，百川相汇，任何浅浮的泡沫，都会被这里的巨浪推到一边去。他们每一个人都具有非常丰富的大脑，独特敏锐的眼光和极为卓越的思辨能力，他们每一个人都难以驳倒和难以说服啊！

　　可是，先生从没有因为这些而满足过。一种强烈的创造的激情之火，总是在他的胸中不停地燃烧。古代美学史占据了他那颗不能安分的心。

　　先生从医院出来了，身体骨瘦如柴，极为虚弱。可他并没有因此放松自己的学术研究。就在他以虚弱之身进行学术研究难以支撑的时候，师母被一场奇特的大病击倒，长期住院，三次手术。谁来照顾呢？过去，他住院，师母照顾，现在师母住院，只有他照顾了，尽管他身体很弱，尽管他还有学术研究。在师母动手术期间，他竟然奇迹般地守护120个小时没有睡觉。奇怪，简直是暗中"神"佑！每一天买菜、做饭、洗衣、服侍病人，全落在他的身上，还有美学研究的缠绕呢，让他心力交瘁啊！

　　这种烦琐的体力劳动和高强度的脑力劳动，全靠他对于事业和家庭双重的如宗教徒那样虔诚而坚定的信念支撑。他那宽大的前额，一双黑亮的眼睛，闪烁着贫贱不移的光芒："我可以抛弃一切，只要中国美学史！"

为了他心目中神圣的中国美学史，他可以忍受一切！骑车坐车时思索，淘米做饭时思索，服侍病人时思索。洗衣时，他一边洗着衣服，一边放着书；他会突然扔下切菜刀，急急忙忙地去寻纸笔；他会在炒菜锅油沸之际，突然转身去翻书。

此种困境下的先生，既是学者，又是仆人，脑子高消耗，身体超支出。日日琐碎、繁重的事集于他一身，几乎把他的身心肢解了。人生长途的劳顿，使他也想安安静静坐着，看飞鸿之远逸。但是不能，前边总像有什么声音在呼唤着，催促着，使他不得安宁，必欲不断地进取。他在中国美学史王国里已越过了一座座山跨过了一条条河。但他还是不愿停下来，因为他炯炯的目光，正盯着中国美学史的巍巍峰巅呢！

更有甚者，是他的经济拮据呀。在当代中国没有一个人靠体制内的工资日子过得好的。不用说当官的有惊人的灰色收入，就是如今开车的、开电梯的一月挣多少钱？钉鞋的、卖糖葫芦的一月挣多少钱？相比之下，中国社会科学院的高知栾勋者们寒酸极了！谁来关心他们，国家关心他们吗？栾勋师长期有病，师母长期有病，其儿子长期有病，且都是重病，这仅靠先生微薄的工资怎么活啊！

每一天，他吞食的是劣质的"饲料"，而奉献的却是优质的"牛奶"。白天，他忙着家务，服侍病人，很难伏案踏踏实实地用功。到了晚上，到了家务干完了的时候，到了病人入睡的时候，他虽然已筋疲力尽，但一种强烈的欲望却驱使他在书桌边坐下，深入到他的美学王国里去，接受美学世界给予他的精神补养。如此艰难的情形，也不免使先生心生怅惘。他曾经哼出一首旧词断章："月夜披襟南望，山河雾路迷茫，雄风不快楚襄王，但道年来无恙。"虽然怅惘，但胸怀仍然是达观的！为了中国的美学史，古道热肠和勃勃雄心，溢于词间。

中国知识分子是"士"的后代，身上打着祖先的烙印，流着祖先的血，在他们为祖国献身的时候，仍然像诸葛孔明一样"鞠躬尽瘁，死而后已"。中国知识分子的历史，是一本充满魅力的书，是人类文明史的奇观。在栾勋师身上，我们仍然看到了这种传统。

这种传统好是好，但有多少天才在发扬它的时候，"出师未捷身先死"，把自己伟大的志愿】横溢的才华带进坟墓去了。多年前我在一篇文章中十分担心地写道："现在如栾勋者仍然活着，一直在超负荷、高消耗下拼搏着。这不能不让人担心，他们那单薄的生命会突然在哪一天结束。"未曾想到我不幸言中了，2008年初春栾勋师在向美学史昆仑巅峰奋力攀登时，突然倒下，再也没有起来。

突然倒下，是突然吗？不！是身体长期亏损造成的呀！是几十年精神紧张、生活条件不好、医疗保健不行、又加上高强度脑力劳动而逐渐垮了的呀！面对栾勋师和如他一样的学者的遗体，任凭人们痛哭、饮泣、哀叹、感慨，对于他们都已毫无意义了。告别仪式的规模，治丧委员会的规格……这些都是给活着的人看的，他和他们并不需要这样的哀荣，他和他们只需要继续活下去，安安静静地、专心致志地、身体健康精神充沛地、无后顾之忧地从事自己视如生命的科学研究，然而他和他们却永远不可能了！我们活着的人本应给他和他们做到这些而并没有做到，那么，面对他和他们的遗体不感到愧疚吗?!

死者长已矣，他们永不再发言了，只有活着的人在诉说。但是，能补过去于万一，现在于万一吗?!

栾勋师走了，永远地走了。他是在奔向中国美学史的昆仑巅峰，正要有更重大突破时，在半山道突然走的。遗憾啊！太遗憾了！他辜负了胸中万卷诗书和智慧深邃的大脑。他一定不会瞑目，一定心有不甘。尽管他的身体如蜡烛熬尽了最后的光亮，离去是解脱，活下去更痛苦，他也不会瞑目，他也心中不甘。我宁愿相信：他的生命不会在那静寂的世界里静寂。他的灵魂从自己衣饰中脱身仍在中国历史文化的长廊里翱翔，以自己的睿智澄明着幽深的古典美学的宇空。只有这样才能弥补和慰藉先生未能登上昆仑巅峰的遗憾！

（作者为中国作家协会会员，中国散文家协会常务副会长，宿州市作家协会主席。）

栾勋老师的"文学即人学"

朱广清

    2008 年 3 月 9 日那一天，我正在全国人大、政协"两会"忙于采访，噩耗传来，我尊敬的老师栾勋先生辞世。即刻，重病中老师沙哑的声音响在耳畔，那是此前不久我与老师在电话中的一次沟通。不曾料想，那次对话竟是永别。

    我与我的同学们得与老师相遇，称得上是一种很特别的师生机缘，那是"文革"万劫不复悲哀时代过后一种"偶然"的机遇，是我与我的同学们的人生大幸。

    1966—1976 年，"文化大革命"长达 10 年。那段时间，学校基本处于停课状态，学生主要从事"战备"劳动，挖防空洞、制作砖坯，随时准备应对"苏修"发动战争。

    "文化大革命"开始时，我与我的同龄人尚在小学读书。在那极不正常的年代，我们的初中基本未读，而高中根本无缘就读——那时已无高中可读。就在"老三届"学生"上山下乡"去农村、去建设兵团的热潮过后，我们这些 16 岁的北京中学生赶上了首届留城分配工作，虽则全部是体力劳动，然而已是不幸一代中万幸的一部分。

    "文化大革命"过后的 1977 年，高考恢复，可对于我们这些失学 10 年的一代人来讲，上大学谈何容易。它绝不仅仅是基础知识的缺失，尚有另类悲哀。当我向单位领导提出参加高考的申请后，被党支部书记痛批"与没有职业的人抢饭碗"。若想采用调换休息日的办法赢得一点复习功课的时间，绝无可能。就这样，由于未曾读过高中，我的高考总分被数学分数无情地拉下。我未考取大学，还获罪"不安心本职工作"。

1980 年，各类职工大学、业余大学，在百废待兴的中国那荒漠的教育土地上逐渐兴起，失学多年的我们终于有了白天工作而夜晚读大学课程的机会。这一年春天，我以优异成绩考取这类大学。当时，学校按分数排序班次，我被排序在 80 级中国文学专业第 1 班。得益于教务长严把教学质量关，凡聘请外单位兼职授课教师，须遵守一条铁律：非北京大学毕业者不得成为我们的授课教师。

就这样，满腹经纶的栾勋老师站在了我们班的讲台，讲授中国古代文学史，这一讲就是两年。

我永远感激栾勋老师给予我们的特别关照——他坦言为我们教授的课程，实际上是为研究生讲授的课程。这对我与我的同学们而言，真乃不幸时代的幸运儿。尤其是老师那极具深厚底蕴且具洞穿力的学术思想与点化人生的大爱，使我们感受到他至高的学问境界与人生境界，这让我们受益无穷。

在诠释"什么是文学"这一文学本源问题时，栾勋老师的定义是："文学即人学"。他特别揭示了中国文学的美学价值："中国的人学、美学和道学，蓄积着中华民族的文化精神，研究它关系着修身、齐家、治国、平天下的大道理。""中国古代人学，是中国古代美学的母体；中国古代美学，以人和人的价值为中心议题。""中国古代美学的理论框架，是在世俗真、善、美之上，耸立着'大全大美'这一层次，其特征是：以人为中心，由人连通艺术；真、善、美以善为核心；世俗的真、善、美与超世俗的大全，构成理论框架。""中国人的性格，中国人的价值观，总是同修身、齐家、治国、平天下的理想抱负联系在一起，千条理万条理，无益于此不算理；千般善万般善，无益于此不称善；千种人万种人，无益于此不能成为中国人！这就是中国人学中的美学精神。"

老师让我辈懂得，"人学"是一部大自然与人类社会有着深刻内在联系的大书，是一部关乎人类生存与发展亦即命运的大书。我辈当以全身心阅读这部大书。

栾勋老师尤其推崇孟子的"吾善养吾浩然之气"。他认为这种浩然之气"就是涵养正气，涤除邪气；就是开阔胸襟，放开眼界；就是关心祖国的前途和人类的命运；就是培养自己具有强烈的历史责任感；不为一己的私利所动，不为一时的邪气所侵"，此乃真"人气"而非"鬼气"……

栾勋先生是才华横溢的大学问家，他做学问与做人的浩然之气，同我的家学相契合——我的父亲毕业于北京师范大学，是教育家，同样是一位大学问家，他们的学术境界与对人类的大爱所凝结的浩然大气，应当成为我们精神与生命的一部分。

1985年1月，经过初试、复试和面试，我考入中国新闻社做编辑。然而，囿于当时我所在的基层单位的"人才为单位与部门所有"的思想禁锢，我未能如期前往工作。这一次，中国新闻社等待我足足有半年时间。此后，我相继考入另外一些新闻单位和中国科学院文献情报中心，均因同等命运未能如愿。后来，我接连攻读了英文第二学历，史学史专业硕士研究生学历。最终，我走进新闻单位，成为一名科学记者。

文学是人学，新闻学更加是人学。做科学新闻报道二十多年来，我始终以我的老师栾勋先生和家父为榜样，感悟他们的学问与人生两重境界。

2006年，我有幸受公派访问素有世界第一大报称誉的英国《泰晤士报》和路透社、BBD广播电视公司，站在世界科学新闻前沿，同国外同行研讨与交流，进一步探究"人学"。期间，我有机会访问了莎士比亚故居。站在莎士比亚铜像前，我思绪万千，感慨良多——文学是人学，新闻学更加是人学，如何探究博大精深的"人学"，怎样让人类远离天灾与人祸而谋求幸福，多么需要人类推进文明不断前行！

路漫漫其修远兮，吾将上下而求索。

写于2012年7月19日

（作者为《中国科学报》记者）

栾勋之死留下的思考

汤学智

栾勋是中国社会科学院文学研究所一位满腹经纶、才华横溢、具有"独特贡献"的学者。2008年3月9日，他在北京大学首钢医院无奈地驾鹤西归，留下诸多遗憾，发人思考。

在我看来，他的遗憾主要有三点：

其一，死的遗憾。据医院出具的北京市居民死亡医学证明书显示：栾勋是因慢性阻塞性肺疾病急性发作死亡。据我所知，栾勋的确患有慢性阻塞性肺疾病，去年年底曾有发作，送301医院抢救，但已好转并得到控制。正是有了这个基础，才在出院一段时间后，于今年2月22日转到这家医院的——因为301医院对病人作了多项检查，虽发现多处疾病，身体虚弱，但未见致命性顽症，故建议病情稳定之后，重点转向消化系统，争取增加进食，改善吸收，以提高自身康复能力。病人在入院的时候，也确实体温正常，头脑清醒，能说话，能吃一些东西。住院最初一些天，病情比较稳定，还曾有所进步。这本是一个好兆头，倘若能够保持下去，慢慢康复是完全可能的。他本人对康复充满着期待，准备待病情好转，去做白内障手术，然后着手进行酝酿已久的雄文的写作。

不幸的是3月4日起，不知什么原因开始发烧。自此至8日下午，连续发烧不止。期间虽然采取过一些措施，如通风、敷冰袋、打柴胡，以致注射泰能（据说是最好的退烧药）等，但不仅无效，反使病情加重，出现异常。这些事实，本应引起医生高度重视，采取更为有效的措施。然而他们却视若无睹，漠然处之。

更令人不可思议的是，接下来从8日夜11时到次日晨7时，整整8

个小时时间里，病人始终处于高烧危重状态，家属和护工焦急万分，多次去叫医护人员，临床的病友看不过去也帮着去喊。可每次都是只闻"知道了"，不见"人来到"，直到最后，才有护士来打了一针柴胡（早已证明是不顶用的东西）应付一下。不久，病人便命入垂危。在家属大声疾呼之下，医生终于赶来。"抢救"约1小时，匆匆宣布病人死亡；而当家属来看时（抢救时不让家属在场），"死者"竟还睁着眼睛——这说明他还没有死，至少还没有完全死！然而，还是进了太平间……就这样，老栾不明不白地"走"了！一切期盼都化为泡影，这不是天大的遗憾吗？

在我的观念中，救死扶伤是医院的天职，任何一位负责任的医生，当他发现所谓"最好"的退烧药都不能奏效反而出现异常的时候，一定会变换思路，请专家会诊，及时调整治疗方案的，如果这样，就有可能避免后来的危情；即使有了危急情况，也绝不会在尚有机会的8个小时内拒不作为，而一定是抓紧时间，及时抢救，那样也就不排除脱离危境的可能。据此，我认为栾勋原是可以不死的；也就是说，他的死医院是负有责任的。他们本应该抓住案例，深刻反省，总结经验，吸取教训，并对病人家属作出交代和应有的赔偿。然而医院却在推脱这份责任——这恐怕于事、于理、于情、于德，都是说不过去的。（按：后来经反复交涉，医院承担了责任，并给予相应经济赔偿。）

由此我想到医院的冠名：列在最前面的是"北京大学"。说实在的，病人和家属原来对这家医院是并不了解的，之所以敢于进入，"北京大学"这块名牌是起了决定性作用的。病人原是北京大学的学子（1963年毕业于该校中文系），凭着对母校的信任入住了这家医院，本指望能够得到积极救治，早日康复的，没想到却在这里"献出"了生命。我不知道在这件事情上，按照法律，北大要不要负责任？该负什么样的责任？据悉，死者家属曾持"上访信"到北大有关部门反映情况，请求帮助，得到的回答是：这家医院是"挂靠"北大的，我们不直接管理，你的信只能转到所属医院。这算什么规则？实在搞不懂。我想，北大如果负不了责任，又为何非要把一个八竿子打不着的医院也拉到自己旗下？难道这也叫教育改革?!

其二，生的遗憾。在我们这个人民当家做主的社会主义国度里，无论从哪一方面讲，栾勋都不应该是一个生活在底层的"受苦人"：他出身贫

下中农，解放军中服过役，北京大学读过书，1963 年起一直在中央直属
的国家最高研究机构——中国社会科学院从事文学研究，是"造诣高深"
的学者，又是中共党员，照理应该衣食无忧。可是他却生活得非常艰难。
1995 年，他按期退休，退休金仅有 650 余元，直到病逝也不足 2 700 元。
老伴是一位退休多年的癌症病人，长期需要治疗和保养，儿子也因病无法
就业。两个人一月的退休金，除去医疗费用，维持基本的生活都有困
难……院老干局的同志到他家看过后十分惊讶，说这是全院最困难的人
家。面对此种境况，栾勋只好病人优先，自己尽量节衣缩食，一般的病能
忍则忍，决不轻易就医，长此以往，终于酿成多病缠身。到了实在撑不下
去，方才入院就医。试想，如果他的收入能够高一些（那是完全应该
的——新中国成立前不用说，就是"文化大革命"之前，一个教授、副
教授的工资养活一个三口之家，都是没有问题的，何况他们还是两份工资
呢），平时营养好一些，有病能够治疗及时一些，又怎么会落到这样的地
步？每念及此，我的心就感到一种莫名的难受与悲哀，只觉心头发堵，欲
说无言。

　　我又想到栾勋的同辈学子。这是新中国培养的较早期的一批号称
"自己的大学生"。青年时期，他们以"党叫干啥就干啥"无私奉献为荣，
后来改革开放最艰难的创业期，又埋头苦干是各行各业的顶梁柱，到了可
以收获回报的时候，已入离岗退休行列。他们中的大多数，既没有享受过
老一辈知识分子的高待遇，也与新一代学人的高薪金无缘，成为被遗弃的
一辈。当然不同的单位，不同的个人会有所不同，但总体处境大体相近。
在这个群体中，又数中国社会科学院情况最差，以文学所为例：据最新
（2008 年）统计，现年 65—75 岁的退休学者百余人，每月薪金最低者不
满 2 000 元，大多数在 2 000—3 000 元内，小部分在 3 000—3 500 元间，
能够达到 4 000 元的是尚在接受返聘的个别人。他们奉献了一辈子，所得
仅够正常条件（指没有突发灾病）下维持基本生活的需求。这是目前我
国高知中一个特殊的弱势群体。

　　其三，学术遗憾。栾勋身居陋室，家徒四壁，处境十分艰难。他活得
很苦，也很累。但他的精神始终遨游在思想和学术的极处，可以用"视
通万里，思接千载"来形容。那里是他神往的心灵家园，一旦融入，神
采飞扬，思如泉涌，揭往圣之真谛，辨天下之大势，谈古论今，妙语连

珠，判若两人。我清晰地感觉到他身上的两个生命：一个是肉体生命，贫弱瘦小，似乎一阵风可以吹倒；一个是精神生命，充盈强大，穷天究地，锐不可挡。长期以来，他以贫弱之躯，经风雨，历磨难，靠的就是这种精神之力。在他看来，一个有所建树的学者，不止要有知识，更需有思想，要有"真正的自由解放的心灵"。而这就需要"养气"。所谓"养气"，"就是涵养正气，涤除邪气；就是开阔胸襟，放开眼界；就是关心祖国的前途和人类的命运；就是培养自己具有强烈的历史责任感；不为一己的私利所动，不为一时的邪气所侵"；这样才能凝聚良知良能，成为有"人气"而无"鬼气"的真人。这既是他的肺腑之言，也是他的经验之谈。正是这种精神力量使他具有了超出常人的智慧与境界，在学术上取得了令人瞩目的创造性成果。关于这一点，文学所在他的《讣告》中给出了准确评价，兹引录如下：

> 栾勋同志作为一位孜孜不倦的学者，主攻中国古代文论和古典美学，造诣高深，多有创获，是我国学界一位有独特贡献的研究家。他精读古代文献，烂熟于心，厚积薄发，所写论著，深得中国古典美学之精髓，又能结合现实提出新思想、新观点，发前人所未发。他的"混沌论"思想的精到阐发，开辟了中国美学史研究的一个新视野，他的《中国古代美学概观》一书和《"现象环"与中国古代美学思想》一文，提出十分重要的学术思想，一时成为古代文论研究中的学术亮点，发生了重大影响；尤其是他撰写的论文《说"环中"》，见解独特、深刻，受到学界广泛好评，获得中国社会科学院优秀科研成果奖。栾勋同志文采斐然，深受青年学子欢迎，许多青年学生乐于以他为学术引路人。他提出的研究中国古代美学要从古代的"人学"入手的思路，以及有关"从矛盾论到两端论""经权论"等重要思想观点的论述，对后学思考中国古代文艺思想具有很大的启示意义。

让人难以置信的是，这样一位具有"独特贡献"的学者，在职时竟然未能评上研究员，真乃咄咄怪事！一位资深学术委员为此表示了深深的无奈和遗憾。他说很难怪某一个人，这是现行评审体制造成的。现在看来，这个"体制"正是令卓有才华的栾勋走向悲剧的重要原因：职称影响了收入——低收入使他面对妻儿长期病情，陷入无法解脱的困境和矛盾——困境和矛盾损害了他的身心健康——多病的身体和贫寒的家境又剥夺了写作的条件……如此恶性循环，使他再也无力自拔！然而即便在这样的逆境中，他的脑海里依然活跃着自己的学术思考。在住院期间，他向前来看望的领导和朋友，说的最重要的事，就是心中酝酿多年呼之欲出的雄文《从矛盾论到两端论》和《经权论》。在他的脑子里有不少已经成熟的优质成果，只要身体条件允许，他就会一一亲手摘下，奉献给社会。他是多么期盼着这样的收获啊。可现在已经永远不可能了。

在我国古代美学界，他的奉献，是别人所难以替代的。他的死，是一个重要损失。他的死，也留给人们无尽的思索！

栾勋是一位不幸的才子。他原本可以活得更久一些，可是没有；他原本应该活得更好一些，也没有；他原本能够做出更丰硕的学术成就，仍然没有。这是一种怎样的无奈与悲哀呀！

斯人已去，我辈无力回天，仅以一位友人一副令人回肠荡气的挽联，告慰他的在天之灵：

一身傲骨满腹经纶沥血呕心穷天究地尽作混沌论

万卷诗书终生困顿殚精竭虑执两用中都成现象环

我以为，这是对栾勋一生最准确最传神的概括，说出了学界友人的共同心声。

2008 年夏急就于北京城南陋室

二 栾勋先生墓碑记

栾勋先生墓碑记

何西来

栾勋先生为予之故人，谢世已两越寒暑。今岁清明，将归葬故丘。行前，其妻李芹嘱予为记。先生为人耿介，学问渊深，有天下志；与予交往，逾四十五载，且曾风雨同舟。故作文以彰其德，以慰其灵，予义不容辞焉。

先生一九三三年十二月十三日生于祖籍江苏省江都县浦头乡承仪村，小名松涛，谱名承鼎，读书后取名栾勋，遂以行世；晚号鲁谷子，以其寓居地自谓也。先生之祖父讳家珍，字宝珠，祖母亲郭氏，均农耕为业；父讳其瑛，字玉华，稍通文墨，精于砖石砌筑，手艺高强，曾领工效力南京中山陵之修筑。母姓高氏，讳素清，以勤俭贤淑闻于乡里。

栾勋七岁启蒙，一九五〇年考入扬州中学，成绩优异。一九五六年自该校参军，服役二年，于一九五八年六月由中国人民解放军海军一七四八部队复员，同年考入北京大学中文系汉语言文学专业，萤窗雪案，刻苦攻读，颇得师友好评。一九六三年七月毕业，分配至中国科学院文学研究所。一九八二年加入中国共产党。历任研究实习员，助理研究员，副研究员，研究员。先生品格坚毅，虽箪食瓢饮，身居陋室，犹心牵国运，系念苍生，不泯初心。其治学也，博览群籍，参证古今，每有所得，即笔之于册簿，数十年如一日，遂累筒盈箧，量足等身。先生之著述，厚积薄发，见人所未见，发人所未发，而又谨严细密，言之有物，持之有故，亦足以为后来者法。代表作有：《中国古代美学概观》、《现象环与中国古代美学思想》等。其《说"环中"——"中国古代混沌论"之一》获中国社会科学院论文大奖；《学人的知识结构与中国文论研究》获《文学评论》优秀论文奖。先生文风清俊劲利，一如其人，有锋芒，见硬汉气概。晚年，虽体弱多病，仍沉潜于学问，终以痼疾难愈而入住北京首钢医院，又因医人疗救疏失，而于二〇〇八年三月九日凌晨五时逝世。

先生初娶同乡栾月琴为妻，情爱深笃，生长子必方。月琴贤惠干练，事亲至孝，且任乡镇干部，勤勉公务，口碑甚佳，后代人值班，不幸触电身亡，先生悲痛之极。乃将必方托月琴之胞妹李芹带，李芹善良，抚育必方，视同己出。先生深为感动，后经亲友撮合，遂亲上加亲，续娶李芹为妻。芹生次子必圆，且与先生相伴终生。

栾勋先生人虽离去，往事历历，犹如昨日。呜呼，生死悬隔，泉台幽邈，谨以此文致献于先生归葬故园之日，哀哉尚飨！

二〇一〇年三月廿六日何西来撰文并书

墓碑照

编后记

这本历经坎坷磨难的书，终于可以付梓出版了，无论如何，应该是件可喜的事。但作为编者，我的心绪却相当复杂。借此，我要真实地写下我的所历，所感，所思。

首先是出版之难。在我的观念中，学术论著能否出版，最根本的是看作者的学识才华、论著质量、文品人格，是否达到了相当的高度和水准。在这方面，栾勋的状况怎样呢？他逝世后，中国社科院文学所在"讣告"中给予了高度评价。称他主攻中国古代文论和古典美学，出经入史，孜孜不倦，造诣高深，屡出新见，厚积薄发，文采斐然，其代表作如《中国古代美学概观》《现象环与中国古代美学》《说"环中"》等，在学界发生重大影响，受到广泛好评，后者荣获社科院优秀成果一等奖，对后学思考中国古代文艺思想具有很大的启示意义，是一位有独特贡献的研究家。

毫无疑问，他的论著出版是没有问题的。他自己自然也是这样认为，早在上世纪80年代末，就设想出版自己的论文集。90年代前期，当他自信满满地搜罗文章、修订编排，直到交出版社排出清样，这才突然发现面前耸立着一座难以跨越的"金"山——原来出书的先决条件是要自己提供出版费！这一点触犯了他的尊严，毅然索回书稿，一拖就是10多年，直到生命的最后，也未得面世之缘。2008年夏，他不幸故世，遗体告别那天，文学所理论研究室领导及部分同仁聊天时，又谈起此事，大家认为应该设法为他实现此愿。但也因顾虑经费难筹迟迟未能落实。很快三年过去，到2011年春，我与栾勋挚友何西来先生再谈此事，共同认为不能等下去了。他建议由我来具体操作，编成之后，他写序文，经费到时再说。我因已是退休之人，与在职人员相比，还比较自由，便承担下来。之后，经向理论室（我们同属文学所理论室）领导汇报，征得同意和支持，并定为该室的一项任务。由此，担子落到我的肩上。

当年栾勋自己选定的只是论文17篇。现在情况发生了变化，经征求师友意见，决定将内容扩大为三个部分：（1）栾勋遗文集；（2）栾勋读书笔记选；（3）纪念栾勋文集（作为"附件"）。这样就从单一论文变成三合一的复合体，可以从多侧面更好地展现栾勋的学术、文品和人格。根据新设想，历时近一年，从论著增补重整（共19篇）、笔记摘选（共5万余言）、纪念文组稿（共17篇），到电脑录入（含校对），排版编辑，书稿基本完成。其中难度最大的是笔记摘选，要从海量复杂纷繁的读书笔记中精选出具有代表性的5万余言，不仅得花大量时间，更需有学识慧眼，有古典文论的深厚修养。这一项由专攻中国古代文论（美学）的彭亚非研究员带领他的研究生完成。对此，何西来十分欣赏，称赞为全书增添了光彩，功不可没。在组织电脑录入和整体编排等方面，刘方喜和王莹二位出力最多，不厌其烦，为了赶时间，方喜还常动员爱人参与其中，令人感动。后来的样稿校对，出力较多的有刘方喜、彭亚非、贺学君、靳大成及其研究生等。此外，这期间也会有必要的经费支出，由于作为室主任兼副所长高建平的关心支持，都得以顺利解决。这些帮助，因为都是自己人，就不言谢了！

这次为了攻克"经费"难关，不再留下遗憾，我与建平多次共商，建议由文学所作为特例批报院老干局争取出版资助。事也凑巧，据说自2012年起，老干局出版资助范围有所扩大（原来是不包括论文集的），建平和我又分别找老干局领导细说特殊性、必要性，结果就顺利通过了。苍天不负有心人。我们终于可以告慰栾勋在天之灵了。

又据近悉，由于经费原因，明年起院里对过世学者出版文集不再给予支持。如此说来，老栾还真是赶上了好运！

二是对栾勋学术特点的几点强烈感受。

1. 深厚的历史蕴涵——他是在对研究对象及其所赖以生成、传播和衍变的社会政治经济文化环境经历十年精研细读、烂熟于心基础上进行写作的，故能厚积薄发，史论交融，既有理论高度，又具历史质感，宛若一座雄伟的建筑，扎实而凝重。

2. 鲜明的时代精神——他研究古典文论古代美学，内心却深藏着强烈的民族文化（社会）复兴的现代意识和责任担当，故能视界开阔，立意高远，融通古今，回应现实，面向未来。读他的作品，不觉时间之隔，常有心灵交汇，思想碰撞，理论激发，如会良师益友。

3. 突出的创新意识——他不以阐释历史为满足，而是站在哲学和时代高端，打通文史哲，贯穿人学美学道学，将自己的思维触角深入中国古代文化和美学的生命核心，精心探求其最神秘的基因图谱，进而提炼聚化、推陈出新，故能形成超越常俗视界完全属于自己（也是民族）的新见解。他的研究，对象是中国的，理论创见是中国的，语言概念也是中国的，无论在国内还是国际学界都是独一无二难以比较的。

4. 高度的方法论自觉。他既关注研究对象本身，也十分重视研究方法，自觉按照科学方法最佳要求调整和完善自己的知识结构与研究方式，故能使思维纵横捭阖、深挖广聚，神思激荡。不仅强化了成果理论含金量，在体制结构、语言表达上，也巧思妙运，文采飞扬，形质兼美，既启思益智，也愉悦心神，有一种审美的享受。

由于以上特点，他的代表性论著当时震撼文坛，于今依然生力不衰，少有人能够企及，成为新时期我国古代美学文艺学研究一份具有开创性、标志性、传承性意义的优秀成果。我想，当代学术史家是不会忘记他的。正如王保生所说：栾勋走了，他的文章还在！

当然，栾勋的论著也并非完美无缺，写于70年代末80年代初的一些文章，虽然功底厚实，见解深刻，仍难免留有长期传统观念、知识架构、思维方式等造成的局限与不足，这是那一特殊历史时段学界的共同缺憾。为了真实地反映这段历史，在编辑过程中，我们对相关文字一律保持原貌。相信读者朋友会以历史眼光予以理解的。

三是读书笔记别出心裁。栾勋文章写得少而精，但读书笔记十分丰富，先后计有38本，370余万字。这些笔记，以所读原典要文摘录为中心，同时将其他阅读中相关知识，以前后左右、眉题旁注方式集于一起，相互参照比较，反复研判体悟，每有发现和心得，便"批""按"于侧，不断累加，形成一种立体复合开放式的活的知识场。因此就不只是简单的佳句摘抄，也不限于相关知识的集汇，而是涌动着思想与智慧光能的信息单元，是他独创性理论的孵化园地和有机组成，本身就具有学术价值。借此，可以直接进入他研究的潜过程，更真切地领略其治学之道。因难得一见，特摘选片段并配原件映像与大家分享。

四是纪念文集感人至深。所收文章 17 篇，为部分朋友、同学、学生所写。或忆朋友相处的往昔趣事，或谈文革荒唐岁月中的特殊经历，或记难忘的精彩演讲，或写师教的独特方式和受益终身的收获，或诉师生之间的深厚情谊，或论老师的学术贡献……言语间充满对逝者的挚爱与钦敬，惋惜与哀伤。情真意切，发自肺腑，感人至深！从另一侧面生动见证了他的思想、学问与人品，成为本书一个不可或缺的补充。故作"附件"一并刊出。

还要说明的是，为了力求圆满，全书又增加了三项内容。其一，正文前，加一组相关照片——可能与个性有关，栾勋照片甚少，特别是和好友、同仁合影，少之又少（所见三张悉数收入），因此多选了几张个人照，颇能反映他的精神风貌。其二，正文中除原定论著、读书笔记和纪念文集，追补诗文三篇，置于卷首"论著"之前。这些诗文个性十分鲜明，如见其人，如闻其声，如感其思，可以加深读者对他的了解。其三，书末"附件"栏，另添何西来为栾勋撰写的墓碑记文及其碑刻照片。碑文和序文同为何西来所作，美辞深情，凝聚并见证了两人数十年的诚挚友谊。

栾勋的论文大多发表于 20 世纪 80 年代，引文注释大多为简注，不注明出版社、版次等信息，为保持历史原貌，本书未添加详注，特此说明。

写到这里，面对即将面世的书稿，我的脑海又一次浮出这位不幸才子的身影，一种莫名的哀伤涌上心头……

安息吧，亲爱的朋友！

汤学智

2014 年 9 月 28 日于北京城南陋室